科学出版社“十三五”普通高等教育本科规划教材
高等学校水土保持与荒漠化防治特色专业建设教材

水土保持工程学

（第二版）

主　编： 张胜利
副主编： 段喜明　郑子成　高国雄
王　健　许　丽
编　委（按姓氏笔画排序）：
王　健（西北农林科技大学）
许　丽（内蒙古农业大学）
何淑勤（四川农业大学）
张若婵（天津市水务规划勘测设计有限公司）
张胜利（西北农林科技大学）
武　敏（沈阳农业大学）
郑子成（四川农业大学）
段喜明（山西农业大学）
高国雄（西北农林科技大学）
主　审： 崔云鹏（西北农林科技大学）

科学出版社
北　京

内 容 简 介

本书主要就黄土高原小流域水土流失综合治理中常见的水土保持工程措施的适用条件、结构形式、布置、设计、水土保持工程投资概预算、施工等内容进行介绍。同时，本书还简单介绍了洪沙资源利用工程和河道护岸工程的相关内容。此外，本书针对近年来生产建设项目多，在其施工和建成运行过程中，形成边坡和产生弃土、弃石、弃渣等易引发水土流失的现实，就边坡防护工程和拦渣工程布置、设计等内容进行介绍。

本书可作为高等农林院校水土保持与荒漠化防治专业本科生、研究生的教材，还可供从事农业、林业、水利、环境保护等行业的专业技术人员和管理人员参考。

图书在版编目（CIP）数据

水土保持工程学 / 张胜利主编．—2 版．—北京：科学出版社，2022.3
科学出版社“十三五”普通高等教育本科规划教材　高等学校水土保持与荒漠化防治特色专业建设教材
ISBN 978-7-03-071649-1

Ⅰ．①水…　Ⅱ．①张…　Ⅲ．①水土保持－高等学校－教材　Ⅳ．① S157

中国版本图书馆 CIP 数据核字（2022）第031511号

责任编辑：王玉时　韩书云 / 责任校对：杜子昂
责任印制：张　伟 / 封面设计：蓝正设计

科 学 出 版 社 出版
北京东黄城根北街16号
邮政编码：100717
http://www.sciencep.com

北京科印技术咨询服务有限公司数码印刷分部印刷
科学出版社发行　各地新华书店经销
*
2012年 1 月第　一　版　开本：787×1092　1/16
2022年 3 月第　二　版　印张：15
2024年 1 月第十三次印刷　字数：403 000

定价：49.80元
（如有印装质量问题，我社负责调换）

前 言

水土流失是我国最严重的生态环境问题之一，加之近年来，随着经济的快速发展，由项目建设引起的水土流失问题更为严峻。为有效防治水土流失，水土保持工程措施有了新的发展，其建设的重点也有所变化；另外，科学技术的不断发展，导致水土保持工程在规划、设计、施工等方面有了相应改进，与此相关的规范和标准也被不断修订和出新。为反映和适应这些变化，编者在科学出版社出版的《水土保持工程学》第一版的基础上，对其进行修订。

本次修订编者仍以水土保持工程建设的实际需求为出发点，以水土流失严重的黄土高原地区小流域综合治理中常见的水土保持工程措施为主体，同时根据时代发展，扩充了项目建设水土流失防治工程措施内容和当前较突出的水土流失灾害防治工程措施内容，既体现黄土高原水土保持工程措施的特色，又符合生产实践需求。本书内容尽力做到既有广适性，又有针对性，还具实用性。

全书分为七章。第一章在介绍小流域坡面水土流失治理工程措施类型和适用条件的基础上，详细介绍了主要工程措施设计的原理与方法。第二章首先介绍了边坡坡面防护工程的类型、适用条件和结构形式，较陡边坡削坡开级的形式和防护措施，然后重点介绍了防治边坡失稳的工程措施——重力式挡土墙的布置原则、设计方法及其施工注意事项，并对滑坡防治的措施和方法做了简要介绍。第三章在介绍小流域沟道水土保持工程措施类型、形式和适用条件的基础上，重点对淤地坝、小型水库的布置、设计原理、方法进行了叙述，同时还对水坠坝的特点及设计做了简要介绍，最后还补充了沟道拦渣工程的相关内容。第四章在介绍泥石流的概念及其特征参数估算方法的基础上，重点介绍了泥石流拦沙坝的设计原理、方法及其消能防冲工，另外对泥石流排导工程和停淤工程设计做了简要介绍。第五章介绍了洪沙利用工程的组成和设计，还就河道护岸工程设计做了简要介绍。第六章在介绍水土保持工程投资概预算相关基本概念及工程定额、工程费用、基础单价等的基础上，对水土保持概（估）算编制的方法和程序进行了介绍。第七章对主要的水土保持工程措施施工放线及其关键部位施工方法、要点及注意事项进行了介绍。

本书绪论部分由张胜利编写；第一章第一节由许丽编写，第二节由何淑勤编写；第二章第一节、第二节和第四节由张胜利编写，第三节由武敏编写；第三章第一节、第二节由许丽编写，第三节、第五节、第六节、第七节、第九节由段喜明编写，第四节、第八节由张胜利编写；第四章由郑子成、何淑勤共同编写；第五章第一节、第二节由张胜利编写，第三节由张若婵编写；第六章由王健编写；第七章由高国雄编写。本书由张胜利统稿，崔云鹏审稿。

我国国土辽阔，各地气候、地形、土壤、植被、社会经济发展水平等差异较大，防治水土流失所采取的工程措施侧重点不尽相同，具体措施也有变化。在本书修订过程中，编写人员在充分保留广适性经典内容的同时，扩充了部分实用性强的内容，如泥石流排导和停淤工程部分、拦渣工程部分和河道护岸工程部分，并注重与最新标准、规范的统一；另外从完整性考虑，还增加了水土保持工程投资概预算内容。但囿于知识水平和实践经验，书中疏漏之处在所难免，敬请各位读者批评指正，以便今后进一步修改、完善。

张胜利

2021 年 8 月

前言

目　录

绪　论

第一节　水土流失与水土保持工程学

一、水土流失

水土流失（water loss and soil erosion）是指“在水力、风力、重力及冻融等自然营力和人类活动作用下，水土资源和土地生产能力的破坏和损失，包括土地表层侵蚀及水的损失”。土壤侵蚀（soil erosion）的定义为：在水力、风力、冻融、重力等自然营力和人类活动作用下，土壤或其他地面组成物质被破坏、剥蚀、搬运和沉积的过程。土壤侵蚀可分为地质侵蚀和加速侵蚀两类。地质侵蚀又称为正常侵蚀或自然侵蚀（natural erosion），是指在不受人为影响的自然环境中发生的土壤侵蚀。自从地球形成以后，自然侵蚀过程总是在发生着。加速侵蚀是指受人为影响的侵蚀过程，诸如陡坡开荒，不合理利用土地，乱砍滥伐森林，采矿修路和各项建设随意弃土弃渣而造成的水土流失等。

水土流失是全球性的问题，不仅我国存在，世界上许多国家都存在，不过因自然条件和治理情况的不同，有的国家或地区轻微，有的严重罢了，绝对不流失的地区较少。从土壤侵蚀方式看，有的国家或地区以水蚀（water erosion）为主，有的以风蚀（wind erosion）为主，有的二者兼有，还有部分国家和地区重力侵蚀较严重。据联合国开发计划署估计，单是由于土壤侵蚀，全世界每年要失去可耕地 500 万～700 万 hm^2，而且还有可能上升。

中国是世界上水土流失最严重的国家之一。虽然新中国成立后水土流失综合治理取得了巨大成就，但根据水利部发布的《中国水土保持公报（2018 年）》，2018 年，全国水土流失面积仍有 273.69 万 km^2（未含香港特别行政区、澳门特别行政区和台湾地区），占陆地国土面积的 28.5%。其中水蚀面积 115.09 万 km^2，风蚀面积 158.6 万 km^2。按侵蚀强度分，轻度、中度、强烈、极强烈、剧烈侵蚀面积分别为 168.25 万 km^2、46.99 万 km^2、21.03 万 km^2、16.74 万 km^2、20.68 万 km^2，分别占水土流失总面积的 61.48%、17.17%、7.68%、6.11%、7.56%。西北黄土高原是中国土壤侵蚀最严重的地区，在其 57.46 万 km^2 的总面积中，水土流失面积 21.37 万 km^2，占总面积的 37.19%。其中，水蚀面积 16.29 万 km^2，风蚀面积 5.08 万 km^2。侵蚀强度强烈及以上的达 3.71 万 km^2，占总面积的 6.5%。侵蚀严重的部位，土壤侵蚀模数高达 20 000～30 000 t/km^2，沟壑密度为 6～8 km/km^2，国土面积的 30%～50% 成为沟壑，高者则达 60% 以上。根据水利部《2018 中国河流泥沙公报》，2018 年黄河潼关水文站（控制流域面积 68.22 万 km^2）输沙量 3.73 亿 t，多年平均输沙量 9.78 亿 t。黄河泥沙 90% 来自中游，即内蒙古河口镇—陕西潼关区间。黄河上、中游大量的泥沙输入导致下游河床泥沙淤积严重，河床每年抬高 8～10 cm，成为悬河。例如，黄河郑州段，河床高出地面约 13 m。不仅如此，我国北方干旱和半干旱地区沙漠化也极为严重。根据国家林业局 2015 年发布的《中国荒漠化和沙化状况公报》，截至 2014 年，全国沙化土地总面积 172.12 万 km^2，占国土总面积的 17.93%，主要分布在新疆、内蒙古、西藏、青海、甘肃 5 省（自治区），面积分别为 74.71 万 km^2、40.79 万 km^2、21.58 万 km^2、12.46 万 km^2、12.17 万 km^2，5 省（自治区）沙化土地面积占全国沙化土地总面积的 93.95%。流动沙地（丘）面积 39.89 万 km^2，占全国沙化土地总面积的 23.17%；半固定沙地（丘）面积

16.43 万 km^2，占 9.55%；固定沙地（丘）面积 29.34 万 km^2，占 17.05%；露沙地面积 9.10 万 km^2，占 5.29%；沙化耕地面积 4.85 万 km^2，占 2.82%；风蚀劣地（残丘）面积 6.38 万 km^2，占 3.71%；戈壁面积 66.12 万 km^2，占 38.41%。轻度沙化土地面积 26.11 万 km^2，占全国沙化土地总面积的 15.17%；中度沙化面积 25.36 万 km^2，占 14.74%；重度沙化面积 33.35 万 km^2，占 19.38%；极重度沙化面积 87.29 万 km^2，占 50.71%。2009～2014 年，全国平均每年出现沙尘天气达 9.4 次。沙尘暴频发，造成的灾害巨大。例如，1993 年发生在甘肃、宁夏、内蒙古阿拉善盟的一次特强沙尘暴波及方圆 500 km^2 以上，造成直接经济损失 6.4 亿元，300 余人伤亡。

历史上，美国的水土流失也比较严重。在干旱的 1933～1934 年，美国西部连续发生两次毁灭性沙尘暴（即黑风暴），席卷了 2/3 的美国国土，吹走了耕地表土的 1/4～1/2，使 45 万 km^2 耕地被毁，数十万农民流离失所。事后，为恢复遭受破坏的环境，美国投入的财力是美国西部开发创造利润的几倍甚至十几倍。近年来，美国水土流失仍遍布 50 个州，其中西部 17 个州尤为严重，年土壤侵蚀速率达 2500～3000 t/km^2，个别地区甚至超过 10 000 t/km^2。美国年均土壤流失量约 50 亿 t，其中水蚀 40 亿 t，风蚀 10 亿 t。40% 的侵蚀来自坡耕地，25% 来自河道、河岸侵蚀，25% 来自林地、城市用地和道路，10% 来自牧场和草地。流失土壤有 3/4 淤积在河道，只有 1/4 输入海洋。据美国有关专家估算，每年水土流失造成的经济损失达 30 亿～60 亿美元。

日本是一个多山的岛国，国土面积 37 万 km^2，其中，山地面积占国土面积的 67.7%，坡度大于 15° 的土地占到国土面积的 55%。火山、地震等地质构造运动频发，导致山地岩石破碎，加之山高坡陡，降雨丰沛，全国多年平均降雨量均在 1000 mm 以上，且暴雨多，山洪灾害（崩塌、滑坡、泥石流）时有发生。第二次世界大战后，由于森林遭到严重破坏，灾害加剧。日本每年从山坡上冲下的泥土量达到 2 亿 m^3，土壤冲蚀量 780 m^3/（km^2·年），个别地方地面冲蚀厚度达 10 cm（如阿苏火山山坡及天龙川流域，天龙川流域面积 5050 km^2，年输沙量高达 3800 万 t）。

20 世纪 50 年代后期，苏联盲目开荒引发了严重的土壤侵蚀，黑风暴多次席卷新垦区。据苏联《农业科学通报》报道，土壤侵蚀面积占到农田地的 1/3，每年水土流失量约 18 亿 t，欧洲部分以水蚀为主，约有 50 万 km^2，东部以风蚀为主，约有 45 万 km^2，在中亚和外高加索还有山洪泥石流，1973 年 7 月，哈萨克斯坦共和国首都阿拉木图几乎被泥石流冲毁。

澳大利亚国土面积 769 万 km^2，干旱、半干旱土地面积占 75%，干旱、半干旱地区降雨量平均只有 270 mm，常年风多且大，极易受到风蚀影响。历史上，澳大利亚除部分原始沙漠以外，到处分布着原始森林和天然草地。随着 200 多年前欧洲人在澳大利亚的定居和开发，大面积桉树被砍伐开辟为农地和牧场，植被遭到了严重破坏，加之澳大利亚矿产资源丰富，大规模的矿业开采破坏了当地的土地资源和自然植被，以及过度放牧和野兔成灾等原因，造成了严重的水土流失。20 世纪 20 年代红土尘暴席卷各州，进一步加剧了水土流失。

印度各地均存在不同强度和类型的土壤侵蚀，全国年均土壤侵蚀强度约 1650 t/km^2，相当于每年流失 1 mm 深的土壤，远高于全国土壤侵蚀允许值 450～1120 t/km^2。印度国土面积 297.47 万 km^2，每年因土壤侵蚀而流失的土壤和水分分别达到 53.36 亿 t 和 180 亿 m^3，其中 175 万 km^2 的土地需要采取相应的水土保持措施。

二、水土保持与水土保持工程学

（一）水土保持

水土保持（soil and water conservation）是指防治水土流失，保护、改良与合理利用水土资源，维护和提高土地生产力，减轻洪水、干旱和风沙灾害，以利于充分发挥水土资源的生态效益、经济效益和社会效益，建立良好生态环境的综合性科学技术。

（二）水土保持工程学

水土保持措施（soil and water conservation measure）是为防治水土流失，保护、改良与合理利用水土资源，改善生态环境所采取的工程、植物和耕作等技术措施与管理措施的总称。在水土流失综合防治中，水土保持措施主要有三大类，分别是水土保持工程措施（engineering measure of soil and water conservation）、水土保持林草措施（vegetable measure of soil and water conservation）和水土保持耕作措施（agriculture measure of water and soil conservation）。

水土保持工程学（soil and water conservation engineering）是一门专门研究为防治土壤侵蚀，保护与合理开发利用水土资源而兴建的治坡、治沟、治沙、治滩等工程措施的规划和设计等内容的科学。

水土保持工程是通过工程措施来改变小地形（如坡改梯、引水拉沙等），拦蓄地表径流，增加土壤入渗，防止地面再度侵蚀，改善农业生产条件，充分利用光、热、水、土资源，建立良好的生态环境，达到减少或防止土壤侵蚀，合理开发和利用水土资源的目的。

水土保持涉及的范围非常广泛。目前，对水土保持工程措施尚无较为标准、系统的分类方法。习惯上，从流域综合治理的角度看，水土保持工程一般包括坡面治理工程、沟道治理工程、河道护岸工程、水力综合治沙工程等。此外，随着经济的发展，工程建设无论是规模还是密度均不断增大，产生的水土流失对环境等的危害也愈来愈严重，特别是公路和铁路建设、采矿等开挖形成的边坡和弃土弃渣，如不进行整治和处理，不仅水土流失严重，危害环境，而且对工程自身运营和人民生命财产安全均构成威胁，因此，对其进行整治和处理的工程措施，如边坡防护工程、拦渣坝、拦渣堤等，也逐渐成为水土保持工程的重要组成部分。

1. 坡面治理工程　坡面治理工程（slope treatment for erosion control）有梯田工程（如水平梯田、条田、坡式梯田、隔坡梯田等）、蓄水工程（蓄水池、水窖）、坡面截排水工程（截水沟、排水沟等）、坡面整地工程（水平阶、水平沟、鱼鳞坑等）和坡面道路工程等。

（1）*梯田工程*　主要改变坡面小地形，变坡地为平地（水平梯田），截短径流流程，拦蓄径流，减少土壤侵蚀，提高土壤肥力，增加农作物产量。

（2）*蓄水工程*　主要用以拦蓄山坡、村庄、场院、道路、农田的降雨径流，减轻土壤冲刷，为农田灌溉、人畜用水提供水源。

（3）*坡面截排水工程*　在北方超渗产流区，截流工程的作用在于拦截坡面来水，使雨水在截水沟等富集叠加，增加土壤水分，减轻土壤冲刷；在南方蓄满产流区，坡面截排水工程如山边沟，意在分散径流，防止农田等冲刷和崩岗。

（4）*坡面整地工程*　多为造林整地工程，主要有拦蓄坡面径流，改善造林地土壤水分、养分及光照等立地条件的作用。

（5）*坡面道路工程*　坡地修成梯田后，地面被梯坎截断，人畜通行受阻，这时需修筑上山和通往农田的道路，以利耕种和收获。

2. 沟道治理工程　沟道治理工程（gully erosion control works）主要布设在干、支、毛沟的沟头及沟床中，包括沟头防护工程、谷坊工程、淤地坝工程、山塘水库等小型蓄水工程、引洪漫地工程、山洪及泥石流排导工程，以及沟壑水资源利用工程等。此外，为处理工程建设所产生的弃土弃渣和滑坡泥石流土石体，一些沟道内还设有拦渣坝、拦沙坝等工程措施。

（1）*沟头防护工程*　主要用于防止沟头溯源侵蚀。黄土高原不少地方沟头溯源侵蚀仍十分活跃，导致沟壑面积不断扩大，严重蚕食土地资源。例如，宁夏固原沟头年均伸延达

6.78 m，其中最严重的赵新庄沟达15.7 m，12年被蚕食耕地1 hm^2，全市每年被蚕食耕地有333.3～400.0 hm^2。

（2）谷坊工程　主要用于巩固或抬高沟床的侵蚀基准，减缓流速，制止沟床下切和沟岸扩张，拦蓄径流泥沙，为沟床上的林草繁殖创造良好的生态环境。谷坊有土谷坊、石谷坊和柳谷坊等。

（3）淤地坝工程　是修建于水土流失区干、支沟道中的坝工建筑物。其作用是拦泥淤地，控制沟床下切和沟岸扩张，合理利用水沙资源。坝地水肥条件优越，是很好的基本农田。黄河流域最早的淤地坝是由天然塌方形成的。明隆庆三年（1569年），陕西省子洲县裴家湾乡王家圪洞因山体滑坡，壅塞沟道，形成了天然聚湫，坝高62 m，淤成坝地53.3 hm^2，坝地连年丰收，每公顷产量达3750 kg。人工修筑淤地坝，有资料可考的，是在明万历年间（1573～1620年），建于山西省汾西县，距今已有400多年的历史。

（4）拦沙坝工程　主要建于发生泥石流的沟道中，用于拦蓄泥石流固体物质与径流，减轻泥石流对下游的危害。

（5）山塘水库　常建于沟道和山冲等径流汇集处，拦蓄坡、沟洪水和泥沙，承纳农田排水，调节径流、洪水，还可满足灌溉及人畜饮水要求。

（6）引洪漫地工程　是指为引导山洪、坡洪、路洪、村洪、沟洪和河洪漫淤农田而修建的拦洪坝、引洪渠、分洪闸、田间蓄洪围堤等工程的总称。洪水中含有大量细土、黏粒和牲畜粪便等有机养分，可改良土壤结构，提高土壤肥力。

（7）山洪、泥石流排导工程　主要用于防止山洪、泥石流的危害，保护村庄、道路、工矿企业及其生产安全。

（8）沟壑水资源利用工程　在黄土高原地区，许多沟道中常有泉水，可将其汇聚，然后用于灌溉或作为居民点人畜用水，为此而修建的工程即沟壑水资源利用工程。

3. 河道护岸工程　河道护岸工程（bank protection works）是防治山区河道（沟道）河岸冲刷及塌岸扩张的重要措施，可分为护岸堤与导流堤两类，护岸堤起防止山洪横向侵蚀的作用，导流堤起改变洪水流向的作用。

4. 水力综合治沙工程　水力综合治沙，是以水为动力改造利用沙漠、开发土地资源的一种方法，是对沙区进行综合治理的措施之一。在沙区，利用河流、海子（湖泊）、水库的水源，自然引水或机械抽水冲拉沙丘，将沙挟带到人们需要的位置的措施，叫引水拉沙。用这种方法造田，叫引水拉沙造田；用来筑坝，叫引水拉沙筑坝；用来修渠，叫引水拉沙修渠；用来筑堤，叫引水拉沙筑堤。

陕西榆林地区府谷、神木、榆林、横山、靖边、定边紧靠毛乌素沙地南缘，有1.76万km^2沙化土地。经过多年引水拉沙改造荒沙、荒滩等治理，有效地遏制了沙漠南侵的势头，实现了人进沙退，沙区自然面貌和生态环境发生了巨大变化，为资源开发和经济持续发展创造了条件。

实践证明，在小流域水土流失综合治理过程中，只有将工程措施与生物措施、农业耕作措施等科学配置，方能取得较好的效益。

5. 边坡防护工程　边坡防护工程（slope stabilization project）既包括坡面防护，也包括坡体防护。坡面防护措施主要有植物防护、坡面夯实、浆砌石护坡、骨架护坡等。坡体防护是指坡度较陡、高度较大时，为增加边坡的稳定性或防治滑坡而采取的一系列措施，如削坡开级、挡土墙、抗滑桩及排水措施等。

第二节　水土保持工程学发展简况

一、水土保持工程发展历史

水土保持工程和其他技术科学一样，是人类实践经验的科学总结。

早在奴隶社会时期，黄河流域就有大禹“平治水土”的传说。从距今3000多年前的西周，到春秋战国、秦、汉、魏、晋，随着农业生产的发展，合理利用土地的要求逐步被提出，并采用了蓄水保土、保护山林和在缓坡平整土地等保持水土的措施。唐、宋以后，进一步创造了在塬坡及丘陵坡地修筑梯田和在沟壑中筑坝拦泥淤地等措施；一些干旱地区，群众还创造了水窖、涝池、山塘等小型拦蓄工程等。

《左传》记载，鲁襄公二十五年（公元前548年），楚国蔿掩在《庀赋》中，对不同类型土地，提出了不同利用方式和征收赋税的原则。《商君书》记载，先王时代，有“任地待役之律”，即一个地区各类土地的利用，要有一定的比例。具体要求是：山林占十分之一，湖沼占十分之一，溪流占十分之一，城镇道路占十分之一，恶田占十分之二，良田占十分之四。这种利用土地的原则，开创了我国及世界合理利用土地规划的先河。黄河流域是我国文化的发祥地，早在4000多年前，后稷就开始采用畎田法；到商代，伊尹创造了区田法；西汉时，农官赵过把畎田种植等技术进一步发展为代田法，并将其推广到河南、山西、陕西及甘肃东部一带，比一般耕田法增产25%～50%。

周代时，在平原下湿地开发“沟洫”，起到蓄水保土、减轻土壤冲刷的作用。开沟取土时，培土于沟上或沟下，就形成了沟坡式坡式梯田。沟洫的发展与梯田的产生和发展，有较密切的联系。沟洫留下地塄，田面虽未水平，但从上至下，台阶分明，初步显现出梯田的雏形。在我国水土流失地区，梯田是极为重要的基本农田，始见于南宋范成大（1126～1193年）的《骖鸾录》：“出庙三十里至仰山，缘山腹，乔松之磴甚危，岭阪上皆禾田，层层而上至顶，名‘梯田’”。

中国现代水土保持始于民国时期，水土保持研究是在美国学者罗德民等的帮助下开展的。作为国际水土保持学科奠基人之一的罗德民教授，于1922年来到中国，在南京金陵大学森林系任教，1923年在河南、陕西、山西等地调查森林植被与水土流失的关系，1924年和1925年带领李德毅、任承统、蒋英等金陵大学森林系的师生，在山西进行水土流失的试验，1926年在山东进行雨季径流和水土流失的研究。傅焕光于1945年6月被民国政府农林部派往美国学习水土保持知识，在美国农业部水土保持局、华盛顿大学等地进行学习和研究，考察了美国水土保持工作和公园、森林、农场、林场等地。任承统于1945年6月到1946年6月在美国学习水土保持知识。蒋德麒于1947年赴美国，考察美国东部、中西部以及西南部30多个州的水土保持工作。自20世纪40年代开始，民国政府在全国许多地方设立了水土保持实验区，大部分位于黄土高原地区。例如，1941年1月，黄委会在甘肃天水成立陇南水土保持实验区，1941年7月，在关中和陇东分别成立关中水土保持实验区和陇东水土保持实验区。1942年8月，农林部在天水成立农林部天水水土保持实验区，在平凉、兰州等地成立水土保持工作站。民国时期，关于水土保持工程的研究较少，所采取的水土保持工程措施多是当地农民在实践的基础上总结出来的，具有自发性。这一时期，由于政局动荡、社会落后、经济衰败，黄土高原地区水土流失不但没有得到有效治理，反而愈演愈烈。

新中国成立后，水土保持事业得到了巨大发展，根据水利部第一次全国水利普查水土保持情况通报，截至 2011 年底，全国水土保持措施面积 99.16 万 km^2，其中，工程措施 20.03 万 km^2，全国共有淤地坝 58 446 座，淤地面积 927.57 km^2，其中，库容在 50 万～500 万 m^3 的治沟骨干工程 5655 座，总库容 57.01 亿 m^3。

国外的水土保持工程始于荒溪治理（torrent control）。早在 15 世纪，阿尔卑斯山区的人们就自发地实施了以防治山洪、泥石流为目的的各种措施，但这些措施仅局限在荒溪的冲积扇范围，治理效果十分有限。19 世纪中叶，工业资本在欧洲兴起并迅速得以发展，大规模地砍伐森林，采矿修路，架设电线，使阿尔卑斯山区的自然资源急剧减少，植被遭受严重破坏，生态环境恶化，山洪、泥石流、雪崩等各种山地灾害大规模发生，为与山地灾害做斗争，荒溪治理工程措施随之出现并在欧洲得以广泛应用。19 世纪 40 年代，赛肯道尔夫结合法国荒溪治理的思想，建立了奥地利初期的荒溪治理体系。这一阶段，主要以防治山洪、泥石流为目的，以工程措施和造林措施为主，工程措施主要为拦沙坝。日本学者诸户北郎博士，在本国治山治水传统思想的基础上，吸收了欧洲荒溪治理学的科学思想，于 1928 年创立了具有日本特点的砂防工程学。19 世纪后半叶，土壤侵蚀防治引起了俄罗斯的高度重视；第二次世界大战后，苏联投入大量资金开展了大范围农田土壤侵蚀防治工作，工程措施主要有人工坡式梯地（artificial slop terracing）、沟头分水坝（water diversion dam）、小型水库（small reservoir）等。工程措施相对于植物措施和农业技术措施，建设和运行费用较为昂贵，但在控制泥沙方面也最有效。

梯田是世界范围内规模最庞大的水土保持工程措施，几乎与农业一样古老，广泛分布于世界许多地区，如北非、地中海沿岸、中美洲及亚洲等地，法国、日本、印度、菲律宾、韩国等均有数量不等的梯田。秘鲁安第斯山地区保存有 2500 年以上的水平梯田。水平梯田是我国年代久远的水土保持方法，举世闻名，我国台湾地区的水平梯田修筑技术，初由大陆农人传入，主要用于水稻栽培；日本占领时代，则曾在蔗园、茶园和桑园推广，现今仍是台湾地区的主要水土保持措施，占全部水土保持工作量的 50% 以上。

19 世纪中叶，美国曾盛行从欧洲传入的山边沟。20 世纪初期，在威斯康星州开展水平梯田试验研究，并在若干地区应用，后因其修筑费工，又碍耕作，且不利施工机械化，决定扬弃。现在，美国坡耕地治理的工程措施主要为宽垄水平梯田、地埂、隔坡梯田和垄沟区田等。

波多黎各分布有内斜式水平梯田，日本主要为外斜式水平梯田。

我国黄土高原是世界范围内水土流失最为严重的地区之一，具有一些独特的水土保持工程措施，如淤地坝和引洪漫地工程。

淤地坝是黄河流域群众独创的水土保持工程措施。地处黄土高原的山西省汾西县修筑淤地坝已有 400 余年的历史，洪洞、赵城（旧县名，现属洪洞）等县的部分坝地已有 100 多年的历史，且集中连片，实现了沟地川台化，至今一直发挥着增产、减沙的作用。

引洪漫地在我国黄土高原地区也有悠久的历史。陕西省富平县赵老峪的引洪漫地起源于战国时的秦国，距今已有 2300 多年，它使"地土高燥的穷乡僻壤"变成"土润而腴的肥沃良田"。相传赵老峪的东宫渠是秦朝大将王翦所修，大水峪的李贤渠开设于明朝万历年间，距今也有 400 多年的历史。富平县赵老峪与定边县八里河、礼泉县赵镇、泾阳县冶峪河，合称陕西四大古老引洪灌区。内蒙古境内的大黑河引洪漫地工程，在清代的 200 多年时间里，先后修建了 4 条引洪渠，每条可引洪漫地万亩①以上，共发展了引洪漫地数万亩。

① 1 亩≈666.7 m^2

二、美国、日本治理沟道的主要措施

美国在治理沟道时，采取的水土保持措施主要有以下几种。

1）草皮排水道：就是对田间原有的天然水道修整种草，排水道适宜集水面积为0.6～0.8 km^2，否则草皮难以稳定。

在西欧和东欧一些国家（如罗马尼亚），草皮排水道也得到广泛应用。

2）封沟育林育草：封沟、禁止放牧是治理中、小沟道最简单且最经济的方法之一。

3）沟头防护：在沟头地形合适部位修建土坝，在坝的迎水面坡脚处设竖管型井式排水，竖管顶端高程以保证坝上可形成稳定比降为准，竖管连接到卧管上，卧管则穿过坝体至其背水坡坝脚处，水流从卧管出口排出。

4）削坡填沟：利用推土机将沟岸的土堆入沟中，种植草皮。

5）坝库工程：对大、中型沟道，可于沟中修建坝库工程，坝库设有溢洪道，采用25年或100年一遇洪水设计标准。

日本由于火山、地震等地质构造运动，岩石破碎，加之山高坡陡，降雨量大，常发生山洪、泥石流等“土砂灾害”，因而多采用钢板桩上焊接钢丝网，并在网上喷水泥砂浆的方式，以固结护坡；在沟道中，常修建砌石、钢构式和混凝土拦沙坝，以拦截泥石流，日本称其为砂防工程。日本典型的砂防工程有富士川砂防工程、云仙火山砂防工程、大和川龟濑滑坡砂防工程、新潟砂防工程、六甲山砂防工程等。其中云仙火山砂防工程区域的水无川河已建砂防坝3座，在流域下游新开了一条2.5 km的河道，修建了15组雁行导流堤，以便发生泥石流时将其直接排泄入海，而将原河道作为排水之用。所建的1号砂防坝，全长870 m，是日本最长的砂防坝，可蓄积泥沙100万 m^3。

第一章　流域坡面治理工程

我国山区、丘陵区面积约占全国国土面积的 2/3，坡面面积较大，其中不少为坡耕地，水土流失严重。坡面既是山区、丘陵区农林牧业生产集中之地，又是沟道泥沙和径流的起源地，因此加强坡面治理具有重要意义。坡面治理在控制水土流失的同时，还可改善生产用地的水土条件，促进农林牧业发展，并可为沟道治理奠定基础。

坡面治理工程措施主要有梯田工程、坡面截排水工程、坡面蓄水工程、坡面整地工程等。其主要作用在于：使坡耕地变为梯田，提高作物产量；改变小地形就地蓄水拦沙，减少坡面径流，增加坡面生产用地土壤水分；将未能就地拦蓄的径流引入小型蓄水工程，充分利用水资源；减少坡面侵蚀泥沙汇入沟道，降低泥沙对下游的危害。

第一节　坡面治理工程措施的类型及其适用条件

一、梯田工程

梯田是在坡地上沿等高线修筑的水平台阶式或坡式断面的田地，是山区、丘陵区常见的一种基本农田，由于地块顺坡按等高线排列成阶梯状而得名。

梯田的修筑不但历史悠久，而且数量大、分布广。我国是世界上最早修筑梯田的国家之一，距今已有 3000 多年，目前我国有水平梯田约 4 亿亩。除我国外，世界上其他国家，如奥地利、澳大利亚、意大利、法国、加拿大、美国、日本等，都有不同类型数量较大的梯田，但以亚洲最多。

（一）梯田的作用

梯田（terrace）是坡面上基本的水土保持工程措施，对减少坡面径流和土壤侵蚀、增加田面降水蓄渗、改良土壤、增加产量、改善农业生产条件和生态环境等都具有很大的作用。

根据陕西省水土保持局实测资料，坡地修成水平梯田和水平埝地后，可拦蓄 70%～95% 的径流、90%～100% 的侵蚀泥沙。修筑标准高、质量好的梯田可以拦蓄全部流失土壤，且每年发挥作用，效益非常显著。坡地改为 3° 以下的缓坡地或水平梯田，一次可以拦蓄降雨 70～100 mm。

内蒙古自治区喀喇沁旗小牛群镇狮子沟试验站多年观测结果表明，梯田年平均拦截天然降水 3525 m^3/hm^2，比坡地多拦蓄近 100 mm 的降水。

此外，修建梯田对提高土壤肥力也具有明显的效果。研究表明，在四川盆地中部丘陵区，土壤有机质含量，坡地仅为 0.69%，梯田则为 1.70%，比坡地高 146.4%；土壤全氮含量，坡地仅为 0.06%，梯田为 0.11%，比坡地高 83.3%。

梯田的作用归纳如下。

1）减缓坡面坡度，缩短坡长，拦截径流和泥沙。梯田一般可以拦截径流的 70% 以上，泥沙的 90% 以上。

2）增加水分入渗，提高土壤含水量，蓄水保墒，保肥，提高地力，增加粮食产量。据测定，梯田土壤含水量比坡耕地高 1.3%～3.3%，可增产 30% 以上。

3）有利于实现机械化和水利化。梯田田面平整，随着山、水、田、林、路综合规划的实施，机耕和灌溉更为方便。

（二）梯田的分类

梯田的种类较多，可根据断面形式、建筑材料、土地利用方向、施工方法等进行分类。

1. 按断面形式分类　梯田按修筑的断面形式，可分为水平梯田、坡式梯田、反坡梯田、隔坡梯田和波浪式梯田等类型。

（1）水平梯田（bench terrace）　田面呈水平状，田坎均整，采用半填半挖方式修筑而成（图 1-1）。由于其耕作方便，蓄水保土能力强，是应用最为广泛的一种梯田类型，适用于种植小麦、水稻、旱作物和果树等。

（2）坡式梯田（sloping terrace）　是顺坡每隔一定间距沿等高线修筑地埂，依靠逐年耕翻、径流冲淤及加高地埂，使田面坡度逐年变缓，最终变成水平梯田的一种过渡形式的梯田（图 1-2）。坡式梯田的蓄水保土能力较差，但修筑省工，适宜于坡度较缓、水土流失较轻、劳力较少的地区应用。

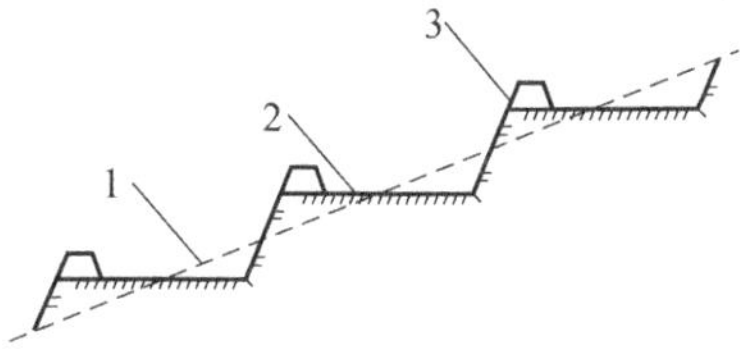

图 1-1　水平梯田断面示意图
1. 原地面；2. 田面；3. 地埂

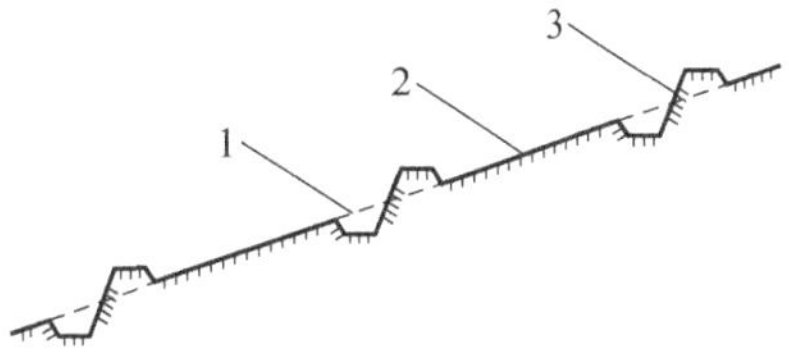

图 1-2　坡式梯田断面示意图
1. 原地面；2. 田面；3. 地埂

（3）反坡梯田（back-slope terrace）　断面与水平梯田相似，但田面微向内侧倾斜，倾斜反坡一般不超过 2°（图 1-3）。反坡梯田能增加田面蓄水量，并使暴雨时过多的径流由梯田内侧安全排走，不致冲毁田坎。反坡梯田多为窄带梯田，适宜种植果木及旱作作物。干旱地区造林的反坡梯田，一般宽仅 1～2 m，反坡角度为 10°～15°。

（4）隔坡梯田（interval terrace）　相邻两水平阶台之间隔一斜坡段的梯田，从斜坡段流失的水土可被截留于水平阶台，有利于农作物生长；斜坡段则种草、经济林或林粮间作（图 1-4）。隔坡梯田适用于地多人少、坡度较陡、降水较少的地区。隔坡梯田也可作为水平梯田的过渡形式。

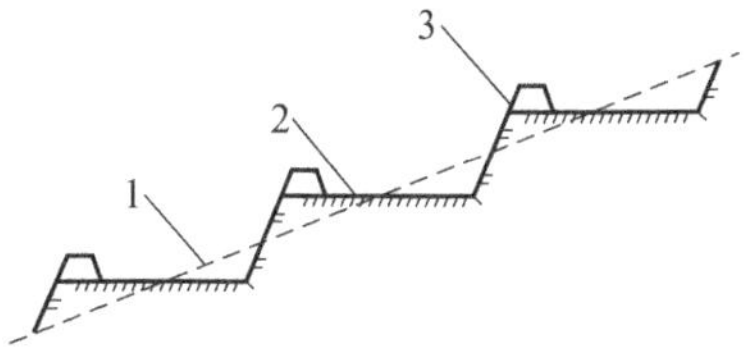

图 1-3　反坡梯田断面示意图
1. 原地面；2. 田面，反坡角度一般不超过 2°；
3. 地埂

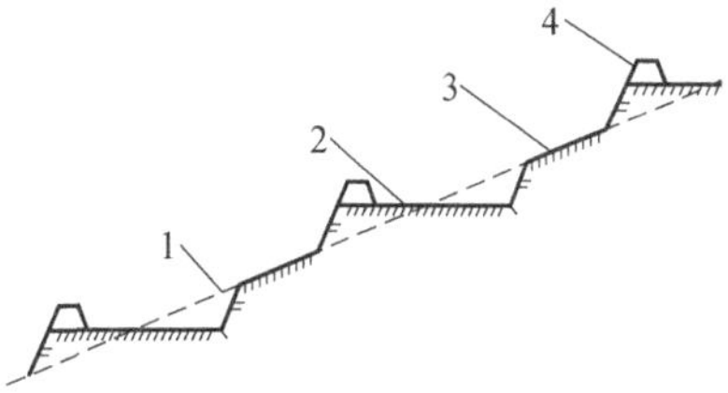

图 1-4　隔坡梯田断面示意图
1. 原地面；2. 田面；3. 所隔坡面；4. 地埂

（5）波浪式梯田　又名软埝或宽埂梯田。一般是在小于 7° 的缓坡地上，每隔一定距离沿等高线方向修软埝和截水沟，两埝之间保持原来坡面（图 1-5）。软埝有水平和倾斜两种。水平软埝能拦蓄全部径流，适于较干旱地区；倾斜软埝能将径流由截水沟安全排走，适于较湿润地区。软埝的边坡平缓，可种植作物。两埝之间的距离较宽，面积较大，便于农业机械化耕作。波浪式梯田在美国较多，苏联、澳大利亚等国也有一些。

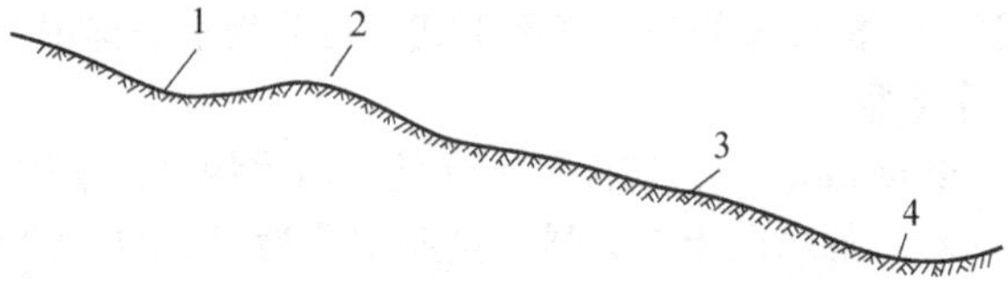

图 1-5 波浪式梯田断面示意图

1. 截水沟；2. 软埝；3. 田面；4. 原地面

2. 按建筑材料分类 梯田按田坎建筑材料，可分为土坎梯田、石坎梯田、植物坎梯田等。黄土高原地区，土层深厚，年降水量少，土料取用方便，一般修筑土坎梯田。石质山区或土石山区，石多土薄，降水量多，石料丰富，修筑石坎梯田坚固耐用。黄土丘陵地区地势较为低缓的地带，可采用以灌木、牧草为田坎的植物坎梯田。

3. 按土地利用方向分类 梯田按土地利用方向，可分为农用梯田、果园梯田、造林梯田和牧草梯田等，以农用梯田和果园梯田最为普遍。还可以灌溉与否，分为旱作梯田和灌溉梯田等，有水源条件之地，尽可能配套建设灌溉梯田。

4. 按施工方法分类 梯田按施工方法，可分为人工梯田和机修梯田。对于面积较小、田面较窄的土坎梯田或者石坎梯田，一般采用人工修筑；而在坡度平缓、田面设计较宽、劳力较少的土质山区，大面积修筑水平梯田，宜采用机修的方法，可节约劳力，提高修筑质量，尽快实现山区梯田化。

二、坡面截排水工程

坡面截排水工程可保护梯田、坡耕地及坡面林草地的安全。其主要包括截水沟、排水沟、沉沙池、蓄水池等设施。

（一）坡面截排水工程的类型

我国南北方自然条件差异较大，各地蓄排要求不同，坡面截排水工程在各地的功能不同，表现形式也不同。可根据所处空间、排蓄要求、主要功能等进行分类。

按所处空间，可分为地面排水工程和地下排水工程。

地面排水工程按排蓄要求，可分为多蓄少排型、少蓄多排型和全排型。北方少雨地区，应采用多蓄少排型；南方多雨地区，应采用少蓄多排型；东北黑土区如无蓄水要求，应采用全排型。

地面排水工程中的截水沟按其功能，可分为蓄水型和排水型。

地下排水工程可用于东北黑土区涝渍灾害、侵蚀沟和坡耕地水土流失治理，南方地区坡耕地实施横向垄作需进行地下排水的也可采用。

（二）常见的坡面截排水工程

1. 多蓄少排型 多蓄少排型应采用蓄水型截水沟，并应沿治理坡面等高线或沿梯田傍山一侧边界水平布置；当治理区坡面的坡长较大时，应增设多级截水沟，间距应根据其控制面积、坡面产流量、蓄水能力，通过计算结合地形确定；蓄水型截水沟的两端应就近接入排水沟或承泄区；排水沟与坡面等高线应正交布设，梯田两端的排水沟应大致与梯田两端的道路同向；排水沟连接蓄水池或天然排水道，宜布置在低洼地带，并尽量利用天然沟道；排水沟间距应根据排水流量、地形条件等因素综合分析确定；排水沟之间及其与承泄河道之间的交角宜为30°～60°，出口宜采用自排方式；排水承泄区应保证排水系统的出流条件良好，即具有稳定的河槽或湖床、安全的堤防和足够的承泄能力，且不产生环境危害。

2. 少蓄多排型 少蓄多排型应采用排水型截水沟，并应沿治理坡面等高线方向或沿梯田傍山一侧边界布置，其纵向比降宜为1%～2%；当治理区坡面的坡长较大时，应增设多级截水沟，间距应根据其控制面积、坡面洪峰流量、排水能力，通过计算结合地形确定；排水型截水沟较低的一端应就近接入排水沟或承泄区；少蓄多排型截水沟布置与多蓄少排型截水沟布置相似。

3. 全排型 全排型截水沟应布设在坡耕地的上方与林地或荒地交接的边界处，或布设在较长的坡面及坡度变化大的地点；截水沟为排水型，基本上应沿等高线方向布设，纵向比降取1%～2%，沟线应顺直；应分级截流泄洪，分割水势、分散排泄。

4. 地下排水工程 地下排水工程由暗管、鼠洞和排水沟组成。鼠洞为一级暗排，暗管为二级暗排，应根据不同的地貌类型，采取不同的组合方式。鼠洞应布设在有一定塑性的黏性土壤中，坡度随地面坡降，鼠洞末端连接固定排水沟道，对于线型洼地，鼠洞应与布置在洼地中轴线的集水暗管相通，再与周边固定排水沟网或承泄区连接。暗管布局分为棋盘型、鱼刺型和不规则型等形式，根据地形条件，暗管应布设在线型洼地的中轴线上，坡降根据地形条件选定。

三、坡面蓄水工程

坡面蓄水工程主要用于山区、丘陵区坡面径流集蓄利用，应与坡面截排水工程配套使用。南方地区应以排为主，排蓄结合；半干旱地区、岩溶、石漠化地区应以蓄为主，蓄排结合。坡面蓄水工程主要包括蓄水池、水窖、山塘、沉沙池等。

（一）蓄水池

蓄水池（water storage pool）又称为涝池，一般布设于坡面或者村庄产流集中的地方，如场边、沟头及坡面低洼处。常采用砖、块石砌筑或就地挖深修建，多不做防渗处理。涝池的主要作用是拦蓄径流，保持水土，制止沟头前进；同时，蓄水供农业灌溉和牲畜饮用。涝池主要分布于我国南方山地、黄土高原沟壑区。

涝池根据其结构分为封闭型涝池和敞开式涝池，我国南方多为敞开式涝池。根据其建筑材料分为浆砌条石池、混凝土池、砖砌池、三合土池等。根据其形状分为圆形池、矩形池等。

（二）水窖

水窖（water cellar）一般是在干旱且地下水缺乏的地区，为解决人畜生活用水及节水农业灌溉用水问题而修筑的贮水建筑物，水窖建筑在地面之下，也称旱井。在水土流失严重的山区和丘陵区，水窖也广泛分布于坡面上，以集蓄坡面径流，减轻坡面土壤侵蚀，并为坡面农林牧业发展提供灌溉水源，成为坡面蓄水工程及灌溉工程的重要组成部分。

受自然条件和经济条件的限制，我国中西部干旱山区很难修建大型骨干水源工程，干旱缺水长期制约着当地农业和社会经济的发展。水窖作为主要的微型蓄水设施，在我国具有悠久的历史，也积累了丰富的经验。水窖施工方便，造价低廉，便于使用，因此目前仍是一种广泛应用的雨水集蓄利用工程。

水窖根据其结构不同，可分为井窖和窑窖。根据建筑材料的不同，又可分为黏土水窖、浆砌石水窖、混凝土水窖等。

混凝土水窖一般结构为井式，形状有瓶形或球形（图1-6）。根据施工特点，混凝土水窖可分为现场浇筑和预制件装配修筑两种。目前，混凝土水窖在人畜饮水及灌溉工程中应用广泛。

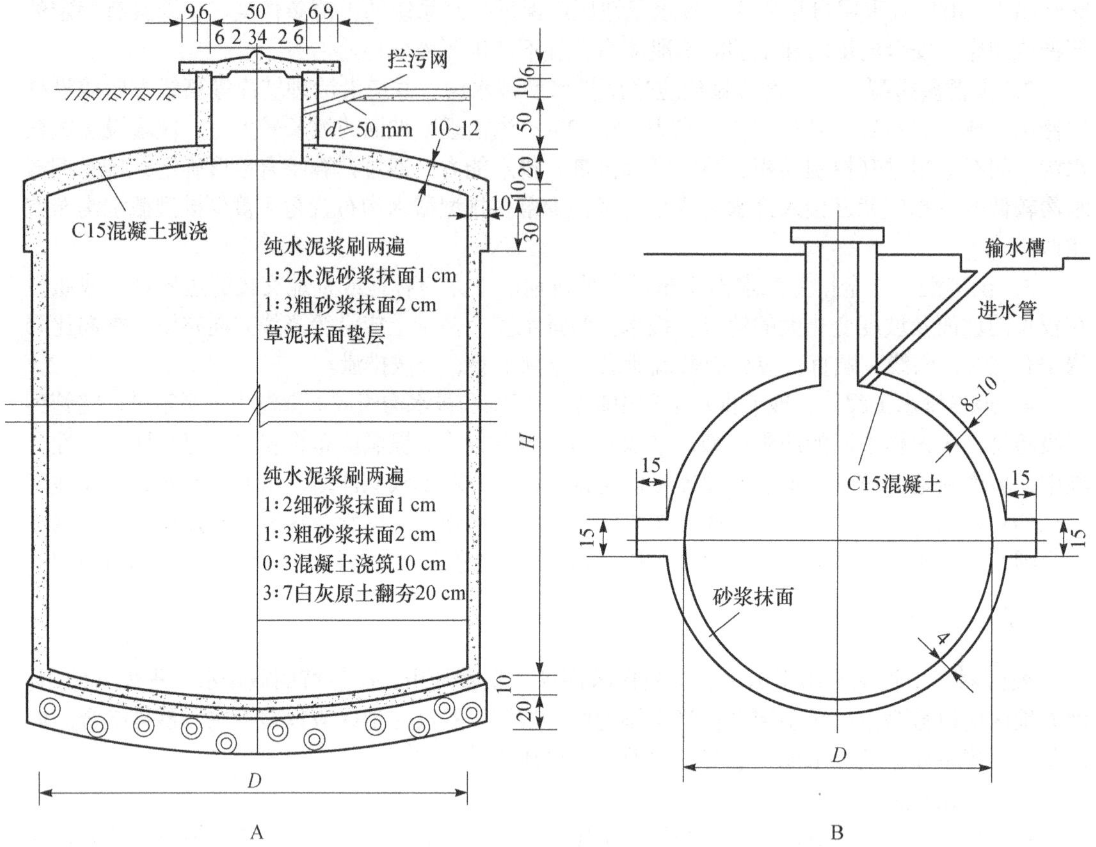

图 1-6　混凝土水窖断面示意图（单位：cm）

A. 瓶形；B. 球形

四、坡面整地工程

坡面上的水平阶、水平沟、鱼鳞坑等工程措施，既是坡面水土保持措施，又是造林整地工程，既有拦蓄坡面径流、固持土体、防治坡面水土流失的作用，同时又能改善造林地土壤水分、养分及光照等立地条件，促进林木生长。

（一）水平阶

水平阶（horizontal stage）是沿等高线将坡面修筑成狭窄的台阶状台面。阶面水平或稍向内有 3°～5° 的反坡；阶面宽因地形而异，石质山地较窄，一般为 0.5～0.6 m，土石山地及黄土地区较宽，可达 1.5 m；阶长视地形而定；阶外缘可培修（或不修）20 cm 高土埂。上下两阶的水平距离，由满足设计的造林行距，以及在暴雨中各台水平阶间斜坡径流能全部或大部分容纳入渗确定。水平阶设计规格应因地制宜。

水平阶适用于坡面较为完整、土层较厚的缓坡和中等坡。

（二）水平沟

水平沟是沿等高线布设的一种坡面防护及整地措施，沟的断面呈梯形，由半挖半填的方式修筑而成，沟内侧挖出的生土用于外侧做埂，树苗栽植于沟埂内侧。沟间距和沟埂的具体尺寸，一般根据坡面暴雨径流和造林行距确定。通常情况下，水平沟底宽 0.5～0.7 m，沟深 0.5～0.7 m，边坡 1∶1（图 1-7）。

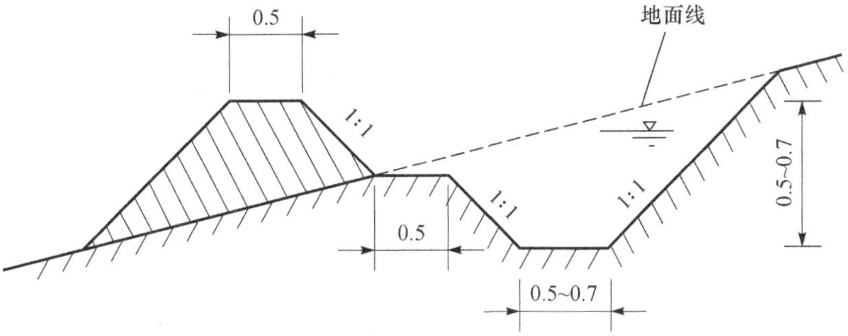

图 1-7　水平沟示意图（单位：m）

由于水平沟容积大，能够拦蓄较多的地表径流，加之沟壁还有一定的遮阴作用，沟内温度较低，减少了土壤水分蒸发，因此，沟内水分条件较好，改善立地条件的作用较大。但水平沟整地动土量较大，较为费工，适用于水土流失严重的黄土地区和较陡的坡面。

（三）鱼鳞坑

鱼鳞坑（fish scale pit）为近似于半月形的坑穴，一般长径（l）为 0.8～1.5 m，短径（R）为 0.5～0.8 m，坑深 0.3～0.5 m，坑内取土在下沿筑成弧状土埂（中部较高，两端较低），高 0.2～0.3 m。各坑在坡面沿等高线布置，上下两行坑口呈“品”字形排列。可根据坡面径流量和造林设计的株行距，确定鱼鳞坑的行距和穴距，苗木栽植于坑内距下沿 0.2～0.3 m 位置，坑的两端各开挖宽深 0.2～0.3 m、倒“八”字形的截水沟（图 1-8）。

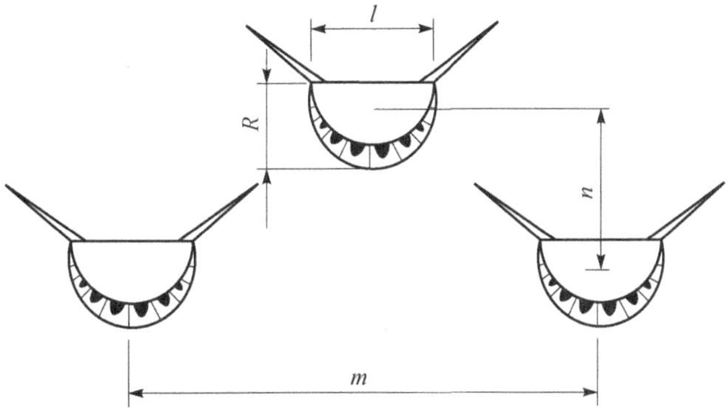

图 1-8　鱼鳞坑示意图

鱼鳞坑具有一定的保持水土效能，适于地形破碎的沟坡或较陡的坡面。

第二节　坡面治理工程措施设计

一、水平梯田

梯田设计是在合理规划的前提下，根据实际情况和当地建筑材料，确定梯田类型；遵循机耕方便、田坎稳定、修筑省工的原则，设计梯田的田面宽度、田坎高度、田坎侧坡等要素；计算田坎占地面积和工程量大小等。

（一）田面布设

在陡坡区，田块布设大致沿等高线，大弯就势，小弯取直，田块长度尽可能在100～200 m，便于施工和耕作。对梯田不能全部拦蓄暴雨径流的地方，应布设排水工程；在山丘上部有地表径流进入梯田的区域，应布设截水沟等小型蓄排水措施，以保证梯田安全。

在缓坡区，以道路骨架划分梯田，梯田田面长200～400 m，对少数地形有波状起伏的区域，梯田应顺地势呈扇形划分，其埂线则随之略有一定的弧度。

（二）断面要素及其相互关系

1. 梯田的断面要素　土坎水平梯田的断面要素如图1-9所示。

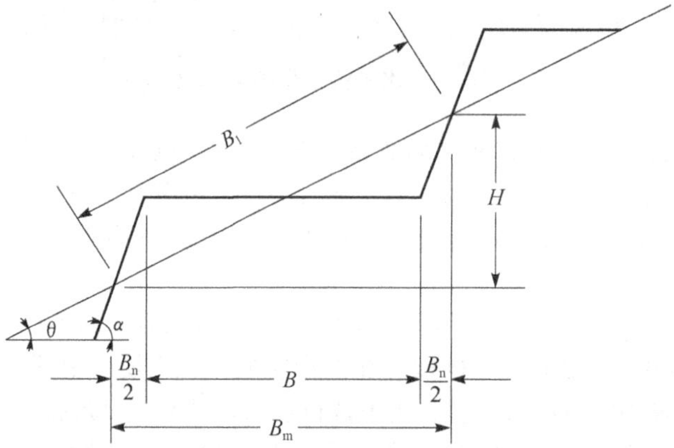

图1-9　水平梯田的断面要素

θ. 原坡面坡度（地面坡度，田面坡度）；H. 田坎高度；B. 田面净宽；α. 田坎坡度；B_m. 田面毛宽；B_l. 田面斜宽；B_n. 田坎占地宽

2. 各要素之间的关系　若水平梯田的田面净宽为B，田坎高度为H，原坡面坡度为θ，田坎坡度为α，田面毛宽为B_m，田面斜宽为B_l，田坎占地宽为B_n，则断面各要素之间的关系如下。

田面毛宽：
$$B_m = H \cdot \cot\theta \tag{1-1}$$

田坎占地宽：
$$B_n = H \cdot \cot\alpha \tag{1-2}$$

田面净宽：
$$B = B_m - B_n = H(\cot\theta - \cot\alpha) \tag{1-3}$$

田坎高度：
$$H = \frac{B}{\cot\theta - \cot\alpha} \tag{1-4}$$

田面斜宽：
$$B_l = \frac{H}{\sin\theta} \tag{1-5}$$

从上述关系可以看出，田面净宽（B）和田坎坡度（α）是断面要素中起决定作用的因素。

3. 工程量的计算

（1）单位面积土方量　修筑水平梯田时，如果挖填方相等，则梯田挖（填）方断面面积（S）可由下式计算。

$$S = \frac{1}{2} \times \frac{H}{2} \times \frac{B}{2} = \frac{H \cdot B}{8}\ (\text{m}^2) \tag{1-6}$$

再根据每亩田面长度（L）

$$L=\frac{666.7}{B}\ (\mathrm{m}) \tag{1-7}$$

计算出每亩梯田土方量（V）

$$V=S\cdot L=\frac{H\cdot B}{8}\times\frac{666.7}{B}=83.3H\ (\mathrm{m}^3) \tag{1-8}$$

根据式（1-8），计算出不同田坎高度时每亩梯田土方量（指挖方），见表 1-1。

表 1-1　不同田坎高度与每亩梯田土方量的关系

田坎高度 /m	1.0	1.5	2.0	2.5	3.0	3.5	4.0
每亩梯田土方量 /m^3	83	125	167	208	250	292	333

（2）梯田的用工量　　梯田的用工量也称需功量，是指土方量与运距之积。修筑水平梯田时不仅要考虑土方量的多少，还要考虑运距，这样才能比较准确地说明修筑梯田的工作量。

每亩梯田的用工量（W_a）：

$$W_a=V\cdot S_0 \tag{1-9}$$

式中，W_a 为每亩梯田的用工量，m^3 · m；V 为每亩梯田的土方量，m^3；S_0 为土方的平均运距，m。

根据数学原理有

$$S_0=\frac{2}{3}B$$

所以

$$W_a=83.3H\cdot\frac{2}{3}B=55.5B\cdot H$$

将式（1-4）代入上式，则有

$$W_a=55.5B^2\frac{1}{\cot\theta-\cot\alpha} \tag{1-10}$$

由式（1-10）可知，梯田的用工量与田面净宽的平方成正比，故田面净宽的选择对于梯田的设计十分重要。

（三）梯田设计标准

根据地形、地面组成物质等，参考《水土保持工程设计规范》（GB 51018—2014），基于梯田面积、土地利用方向或水源条件，可将其划分为 4 个类型区，并界定不同梯田工程级别，见表 1-2。

表 1-2　不同类型区梯田工程级别

类型区	级别	面积 /hm^2	土地利用方向或水源条件
Ⅰ区	1	＞10	口粮田、园地
	2		一般农田、经果林
	2	3～10	口粮田、园地
	3		一般农田、经果林
	3	≤3	—
Ⅱ区	1	＞30	口粮田、园地
	2		一般农田、经果林
	2	10～30	口粮田、园地
	3		一般农田、经果林
	3	≤10	—

续表

类型区	级别	面积 /hm²	土地利用方向或水源条件
Ⅲ区	1	＞60	口粮田、园地
	2		一般农田、经果林
	2	30～60	口粮田、园地
	3		一般农田、经果林
	3	≤30	—
Ⅳ区	1	＞50	好
	2	20～50	一般
	3	≤20	差

注：Ⅰ区主要包括西南岩溶区、秦巴山区及其类似区域；Ⅱ区主要包括北方土石山区、南方红壤区、西南紫色土区（四川盆地周边丘陵区及其类似区域）；Ⅲ区主要包括黄土覆盖区、土层覆盖相对较厚及其类似区域；Ⅳ区主要为黑土区

根据《水土保持工程设计规范》（GB 51018—2014）中“梯田工程”的规定，不同类型区梯田工程设计标准，见表 1-3。

表 1-3　不同类型区梯田工程设计标准

类型区	级别	田面净宽 /m	设计标准	灌溉设施
Ⅰ区	1	＞（6～10）	10 年一遇～5 年一遇短历时暴雨	灌溉保证率 P≥50%
	2	（3～5）～（6～10）	5 年一遇～3 年一遇短历时暴雨	具有较好的补灌设施
	3	＜（3～5）	3 年一遇短历时暴雨	—
Ⅱ区	1	＞10	10 年一遇～5 年一遇短历时暴雨	灌溉保证率 P≥50%
	2	5～10	5 年一遇～3 年一遇短历时暴雨	具有较好的补灌设施
	3	＜5	3 年一遇短历时暴雨	—
Ⅲ区	1	≥20	10 年一遇～5 年一遇短历时暴雨	有补灌设施
	2	≥15	5 年一遇～3 年一遇短历时暴雨	—
	3	≥10	3 年一遇短历时暴雨	—
Ⅳ区	1	＞30	10 年一遇～5 年一遇短历时暴雨	灌溉保证率 P≥75%
	2	（5～10）～30	5 年一遇～3 年一遇短历时暴雨	灌溉保证率 P 为 50%～75%
	3	＜（5～10）	3 年一遇短历时暴雨	—

（四）田面宽度设计

田面宽度的设计应便于机耕，利于灌溉，同时土方量、用工量要小。考虑机耕方便时，宽度一般不小于 8 m；考虑灌溉节水时，对于畦灌不大于 40 m，对于喷灌也不大于 40 m。

梯田田面宽度受多种因素的制约，应根据各类型区不同梯田工程级别、梯田面积、土地利用方向或水源条件，合理选择。具体可参考表 1-3 或表 1-4 取值。对于机修梯田而言，最优断面应满足机械施工、机械耕作及灌溉要求的最小田宽和保证梯田稳定的最陡坎坡，以减少修筑工作量和埂坎占地。一般缓坡地田宽 20～30 m、一般坡地田宽 8～20 m、陡坡地田宽 5～8 m 即可满足机械施工和耕作要求。

在黄土高原地区，根据经验，较优的田面宽度如下。

表 1-4　水平梯田断面尺寸参考数值

适应地区	地面坡度（θ）/（°）	田面净宽（B）/m	田坎高度（H）/m	田坎坡度（α）/（°）
中国北方	1～5	30～40	1.1～2.3	85～70
	5～10	20～30	1.5～4.3	75～55
	10～15	15～20	2.6～4.4	70～50
	15～20	10～15	2.7～4.5	70～50
	20～25	8～10	2.9～4.7	70～50
中国南方	1～5	10～15	0.5～1.2	90～85
	5～10	8～10	0.7～1.8	90～80
	10～15	7～8	1.2～2.2	85～75
	15～20	6～7	1.6～2.6	75～70
	20～25	5～6	1.8～2.8	70～65

资料来源：本表来自《水土保持综合治理　技术规范　坡耕地治理技术》（GB/T 16453.1—2008）

注：本表中的田面净宽与田坎坡度适用于土层较厚地区和土质田坎。至于土层较薄地区，其田面净宽应根据土层厚度适当减小

1）缓坡地（地面坡度在 5° 以下），根据机耕和灌溉要求，地面坡度为 1° 时，田面宽度为 50～60 m；地面坡度为 2°～3° 时，田面宽度为 30～40 m；地面坡度为 4°～5° 时，田面宽度为 15～20 m。

2）中坡地（地面坡度 5°～15°），田面宽度为 15～20 m，山坡顶部可取 10～15 m。

3）陡坡地（地面坡度 15°～25°），田面宽度为 7～10 m，果园梯田可在 7 m 以下。

（五）田坎设计

土坎水平梯田田坎设计主要是确定田坎高度和田坎外坡。

在一定土质和坎高条件下，田坎外坡缓，其稳定性好，但田坎占地和用工量大；外坡陡，田坎占地和用工量小，但稳定性差。田坎外坡设计的基本要求是，在一定的土质和坎高条件下，保证田坎稳定，并尽可能少占地、少用工。因此，田坎设计时，须进行稳定分析计算，具体见土力学有关内容。

通常情况下，田坎高度宜取 1.2～2.0 m，田坎侧坡坡比宜取 1∶0.1～1∶0.4。

梯田还需有一定拦蓄径流和泥沙的能力，因此田边一般设有蓄水埂，埂高应根据能拦蓄设计频率暴雨所产生的全部径流原则来核算确定。一般情况下，蓄水埂高 0.3～0.5 m，顶宽 0.3～0.5 m，当需要结合生产路布置时，应适当加宽，田埂内外坡比约为 1∶1。我国南方多雨地区，梯田内侧应有排水沟。排水沟具体尺寸应根据降雨、土质、地表径流情况通过计算确定，同时考虑一定的安全超高。

梯田埂坎宜充分利用，可种植经济价值高、胁地小的植物，以乡土植物为主。梯田设埂时，宜在埂内种植一行乔灌木或草本植物。

土坎水平梯田的断面尺寸可参考表 1-4。

（六）石坎梯田设计

石坎梯田的田坎可用条石、块石、卵石、片石或土石混合料修筑。土层薄且地面有砂页岩出露的地方，宜选用毛条石修筑；石灰岩、花岗岩不便开成料石，故石灰岩、花岗岩丰富的地区，宜选用块石修筑；靠近河谷或沉积带卵石分布广的地方，宜用卵石修筑；千枚岩、片麻岩

等区域宜用片石修筑；有石料，但造价高、土层厚的地方，为减少占地，增加田坎稳定性，可选用田坎下段为砌石、上段为土料的土石混合坎。

1. 田面宽度 石坎梯田田面宽度的设计，应考虑坡地土层厚度（图 1-10）。修平后，梯田内土层厚度应大于 30 cm。

石坎梯田田面宽度按下式计算：

$$B=2(T-h)\cot\theta \tag{1-11}$$

式中，B 为田面净宽，m；T 为原坡地土层厚度，m；h 为修平后挖方后缘处保留的土层厚度，m；θ 为地面坡度，(°)。

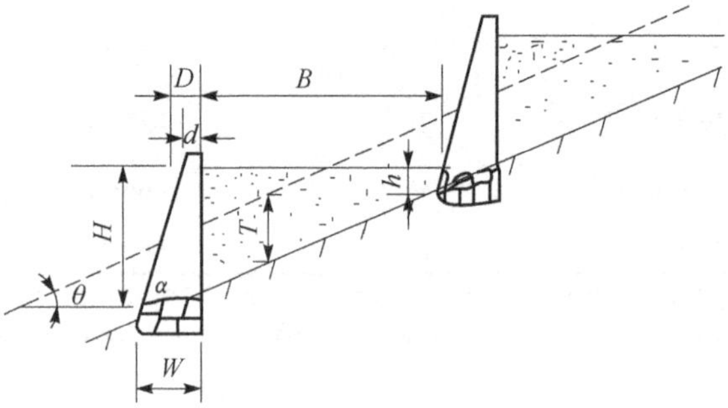

图 1-10 石坎梯田断面图

2. 田坎 石坎梯田田坎高度可用下式计算确定。

$$H=B/(\cot\theta-\cot\alpha) \tag{1-12}$$

式中，H 为田坎高度，m；B 为田面宽度，m；θ 为地面坡度，(°)；α 为田坎坡度，(°)。

田坎高度加上田埂（蓄水埂）高即埂坎高。

石坎梯田田坎高度一般为 1.0～2.5 m，外坡 1∶0.75；内侧接近垂直，顶宽 0.4～0.5 m。

3. 断面尺寸设计规格 石坎梯田断面尺寸设计规格见表 1-5。

表 1-5 石坎梯田断面尺寸参考数值

地面坡度 / (°)	田面净宽 (B) / m	田坎高度 (H) / m	田坎外侧坡度 (α) / (°)	土石方量 / (m^3/hm^2)
10	10～12	1.9～2.2	75	2370～2745
10	10～12	1.8～2.1	85	2250～2625
15	8～10	2.3～2.9	75	2880～3630
15	8～10	2.2～2.7	85	2754～3375
20	6～8	2.4～3.2	75	3000～4005
20	6～8	2.3～3.0	85	2880～3750
25	4～6	2.1～3.2	75	2625～4005
25	4～6	1.9～2.9	85	2370～3630

注：主要适用于长江流域以南地区，北方土石山区或石山区可参考

二、隔坡梯田

隔坡梯田上方坡地产流可被下方水平田面拦蓄利用，是一种典型的径流农业，增产效果显著且修筑省工。

隔坡梯田的田面布设与水平梯田相似，其断面形式见图 1-11，设计的主要任务是确定梯田斜坡部分与水平部分的宽度及二者间的相对比例。

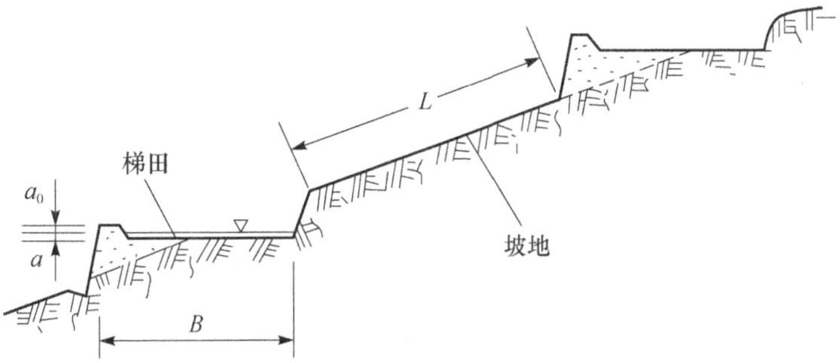

图 1-11　隔坡梯田断面图

设计时应考虑两方面的要求：一是原坡面应有一定宽度，以便为水平田面提供一定的水量；二是梯田能拦蓄设计频率降雨产生的径流和泥沙。

（一）坡地部分产流产沙量估算

暴雨时，水平田面不仅要承纳自身范围内的雨水，还要接纳坡地部分的来水和泥沙。因此，正确估算坡地的产流产沙量，对隔坡梯田断面尺寸的设计至关重要。

陕北黄土丘陵区不同频率的一次降雨最大径流量与年最大冲刷深度（冲刷深度是按全年雨季降水 450 mm 计算的）可参阅表 1-6。

表 1-6　陕北黄土丘陵区不同频率的一次降雨最大径流量与年最大冲刷深度

处理	频率 /%	一次降雨最大径流量 /mm	年最大冲刷深度 /mm
斜坡种草	10	9.5	5.5
	5	15.0	
斜坡为农地	10	21.0	12.0
	5	28.0	

（二）平台（水平田面）宽度

平台宽度要能适应种植要求。根据隔坡梯田适应的地面坡度（15°～25°），水平田面宽度一般为 5～10 m，坡度缓的可宽些，坡度陡的可窄些。

（三）斜坡宽度

斜坡宽度（按垂直投影计）常以其与水平部分宽度的比值表示，即斜宽比，一般为 1∶1～3∶1（或者更大）。干旱少雨地区斜宽比可大些，雨量较多地区应小些。斜坡宽度可根据地面坡度、土质、植被状况和当地的降雨情况确定，一般应以斜坡部分在 10 年一遇一次暴雨中，每平方米产生的径流和泥沙量作为确定斜坡宽度的主要依据。同时，要求在设计频率暴雨下，水平田面能全部拦蓄斜坡径流，不发生漫溢。此外，还需计算斜坡上全年的地表径流，了解其对水平田面提供径流下泄的水量，如水量偏小，则需适当加大斜坡宽度。

斜宽比可通过下式计算：

$$m=\frac{L}{B}=\frac{a-a_0}{nS} \tag{1-13}$$

式中，m 为斜宽比；n 为隔坡梯田设计年限；B 为平台宽度，m；L 为斜坡宽度，m；S 为年最大冲刷深度，mm；a 为蓄水埂有效拦蓄高度，cm；a_0 为安全超高，取值一般为 5 cm。

陕北黄土丘陵区隔坡梯田断面尺寸可参考表 1-7。

表 1-7 陕北黄土丘陵区隔坡梯田断面尺寸参考表

地面坡度/(°)	斜坡种草				斜坡为农地			
	平台宽度/m	斜坡宽度/m	平坡比	蓄水埂高度/m	平台宽度/m	斜坡宽度/m	平坡比	蓄水埂高度/m
5	18.0	54.0	1 : 3.0	0.3	18.0	27.0	1 : 1.5	0.3
10	12.0	36.0	1 : 3.0	0.3	12.0	13.5	1 : 1.5	0.3
15	8.5	25.5	1 : 3.0	0.3	8.5	12.8	1 : 1.5	0.3
20	6.5	16.3	1 : 2.5	0.3	6.5	6.5	1 : 1.0	0.3
25	5.0	12.5	1 : 2.5	0.3	5.0	5.0	1 : 1.0	0.3

注：平坡比为隔坡梯田平台宽度与斜坡宽度的比值，即斜宽比的倒数

三、坡式梯田

坡式梯田是坡地变为水平梯田的过渡形式，通过逐年加高土埂、耕作翻土和上半部径流对土壤的冲刷，埂间地面坡度不断减缓，最终变成水平梯田。

坡式梯田有助于扩大坡耕地治理面积，加快水土流失治理速度，对劳力缺乏的地区最为适宜。设计的主要任务在于布设地埂和确定地埂的断面尺寸。

（一）地埂布设

对于坡度在 5° 以下的大块缓坡地，坡度比较均匀，田面较平整，地埂线可沿等高线平行布设。考虑机耕时，地块宽度一般取为 20～40 m，长度不宜小于 100 m，地块两头和局部洼地之间的高差不宜大于 2 m。

对于 5° 以上的坡耕地，力求田块集中连片，地埂基本按等高线布设，尽量利用天然地坎。田面宽度和地埂线弯度要能满足机耕要求。

（二）地埂设计

如图 1-12 所示，地埂拦蓄量可按最大一次暴雨径流深度、年最大冲刷深度与多年冲刷深度之和进行计算。地埂间距可按水平梯田设计。地埂应逐年加高，一般三年可加高一次。

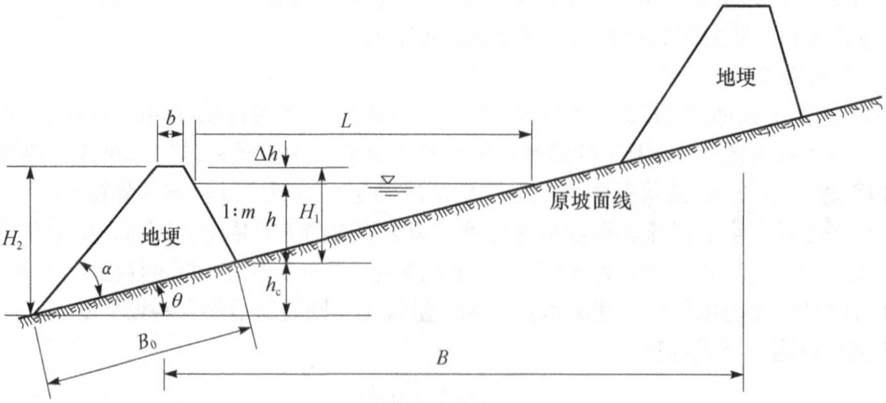

图 1-12 地埂断面及拦蓄容积

L. 最大拦蓄高度时的回水长度，m；H_2. 埂外侧高度，m；B_0. 地埂铺底宽度，m；b. 地埂顶部宽度，m；h_c. 地埂内外侧高度差，m

地埂内侧高度：

$$H_1 = h + \Delta h \tag{1-14}$$

式中，H_1 为地埂内侧高度，m；h 为地埂最大拦蓄高度，m；Δh 为地埂安全加高，可采用 0.05～0.10 m。

地埂最大拦蓄高度可根据单位埂长的坡面来洪量（包括洪水和泥沙）确定。

每米埂长来洪量为

$$W = B_m(h_1 + h_2) + Q \tag{1-15}$$

式中，W 为每米埂长来洪量，m^3；B_m 为田面毛宽，m；h_1 为最大一次暴雨径流深度，m；h_2 为三年冲刷深度，即年最大冲刷深度（$h_{大}$）与多年平均冲刷深度（$h_{平}$）的 2 倍之和，即 $h_2 = h_{大} + 2h_{平}$；Q 为三年耕作翻入埂内的土方量，m^3。

年最大冲刷深度因自然条件（地面坡度、土质、降雨等）的不同，各地有所差别，应通过实验调查来确定。例如，陕北榆林地区设计时采用 $h_{大}$=10 mm；黄土高原不同地区年最大冲刷深度可按表 1-8 选用；山西省年最大冲刷深度可参考表 1-9 选用。

表 1-8　黄土高原不同地区年最大冲刷深度　　（单位：mm）

原地面坡度	5°	10°	15°	20°	25°
陇东南区及陕北区	3	4	5	6	7
晋陕北部区及晋陕最北区	5	7	10	13	15

表 1-9　田面坡度与径流深度、冲刷深度、耕作土方量关系表

田面坡度 /（°）	最大一次暴雨径流深度 /mm	年最大冲刷深度 /mm	多年平均冲刷深度 /mm	三年冲刷深度 /mm	每年耕作下翻土方量 /（m^3/m）	三年耕作下翻土方量 /（m^3/m）
3	20	0.4	0.3	1.0	0.03	0.09
5	24	0.5	1.0	2.5	0.04	0.12
10	35	3.0	2.0	7.0	0.04	0.12
15	40	5.0	3.0	11.0	0.05	0.15
20	46	7.0	4.0	15.0	0.06	0.18

每米埂长最大拦蓄量（V）：

$$V = \frac{1}{2}Lh = \frac{h^2}{2}\left(m + \frac{1}{\tan\theta}\right) \tag{1-16}$$

式中，L 为最大拦蓄高度时的回水长度，m；m 为地埂内侧边坡比；θ 为田面坡度，（°）。

设计时取 $V=W$，将 W 代入式（1-16），则地埂最大拦蓄高度（h）为

$$h = \sqrt{\frac{2W\tan\theta}{1 + m\tan\theta}} \tag{1-17}$$

坡式梯田筑埂时，埂顶宽一般取 30～40 cm，埂高取 50～60 cm，外坡边坡比取 1∶0.5，内坡取 1∶1。

黄土高原坡式梯田规格可参阅表 1-10。

表 1-10　黄土高原坡式梯田规格参考表

田面坡度 /（°）	梯田间距 /m	埂高 /m		侧坡		底宽 /m	每亩埂长 /m	每米筑埂土方量 /m^3	每亩筑埂土方量 /m^3	每米梯田土方量 /m^3	
		内	外	内	外					水平时	3°
3	40	0.30	0.47	1∶0	1∶0.2	3.4	16.7	0.80	13	9.8	—
5	20	0.31	0.48	1∶0	1∶0.2	1.9	33.4	0.50	17	4.4	1.5
10	15	0.43	0.73	1∶3	1∶0.2	1.7	44.5	0.67	30	5.1	3.6
15	10	0.56	0.92	1∶2	1∶0.2	1.5	66.7	0.72	48	3.7	2.7
20	8	0.66	1.02	1∶1	1∶0.2	1.1	83.4	0.61	51	3.1	2.7

（三）变平年限估算

坡式梯田变为水平梯田，主要由耕作（犁）翻土（将梯田上半部翻入下半部填方内）、上半部径流冲刷土壤至下半部淤积及在埂下方取土培埂而变平。冲刷面积可按梯田面积之半计算。则变平年限（T）为

$$T=\frac{V_1-A}{S+F+G} \tag{1-18}$$

式中，T 为变平年限；V_1 为坡地变梯田的土方量，m^3，可按田面坡度达到 3° 的土方量计算；A 为第一次培埂土方量，m^3；S 为平均一年的冲刷量，m^3；F 为平均每年耕作下翻的土方量，m^3，根据各地试验资料选用；G 为平均每年加高地埂的土方量，m^3。

不同田面坡度与变平年限的关系如表 1-11 所示。

表 1-11　坡式梯田变平年限计算表

田面坡度 /（°）	每年填土区增加的土方量 /（m^3/ 亩）				梯田土方量 /（m^3/ 亩）		变平年限（T）/ 年
	合计	冲入土方量	翻入土方量	加高地埂土方量	水平时	3°	
3	2.81	0.11	0.50	2.2	164	—	—
5	4.36	0.22	1.34	2.8	147	50	12
10	7.56	0.78	1.78	5.0	227	160	21
15	12.56	1.22	3.34	8.0	247	180	14
20	15.20	1.70	5.00	8.5	259	225	15

根据以上计算，当田面坡度在 5°～20°、地埂间距在 8～20 m，每年翻耕两次，地埂三年加高一次，田面坡度减缓到 3° 时，需 10～20 年。

四、坡面蓄水工程

（一）蓄水池

蓄水池又称涝池或塘堰，可用以拦蓄地表径流，防止水土流失，是山区、丘陵区满足人畜用水和灌溉用水的一种有效措施。蓄水池一般为圆形或椭圆形。大的蓄水池可占几亩地，容积可达几百立方米，甚至几千立方米。山坡地上的蓄水池，因受地形条件限制要小一些，蓄水量一般为 50～100 m^3。

1. 蓄水池类型　蓄水池按建筑材料可划分为土池、三合土池、浆砌条石池、浆砌块石池、砖砌池和钢筋混凝土池等；按建筑形式可划分为圆形池（图 1-13）、矩形池（图 1-14）、椭圆形池等几种类型。按池口的结构形式可划分为封闭式和开敞式两大类。

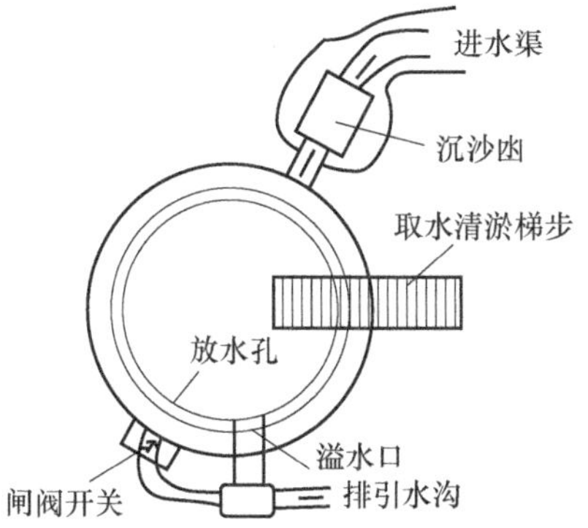

图 1-13　圆形池平面布置图

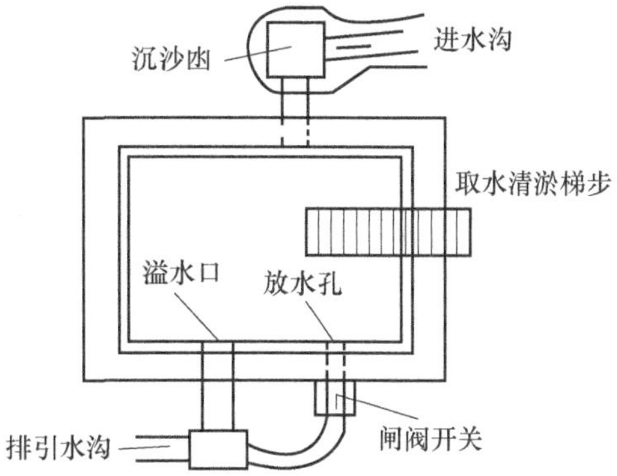

图 1-14　矩形池平面布置图

封闭式蓄水池是在池顶增加了封闭设施，使其具有防冻、防高温、防蒸发功能，可用于人畜饮水，但工程造价相对较高，单池容量比开敞式小。

2. 蓄水池位置选择　蓄水池多建于乡村附近、路边、梁峁坡和沟头上部。池址土质应坚实，最好为黏土或黏壤土。砂性大的土壤容易渗水，易造成陷穴，故不宜在其上修建蓄水池。选择蓄水池位置时，还应该注意以下几点。

1）有足够的来水量。

2）小股泉水出露的地方，可在其附近选择合适的地点修建蓄水池，长蓄短用。

3）尽量选在地面较低处，以利于控制较大集水面积。对于灌溉农田的蓄水池，尽可能做到自流灌溉（一般高于被灌田面 2～3 m，用于滴灌、微喷灌时，应高于田面 5～8 m），同时还应注意排水及来沙情况，以防池顶漫溢或泥沙入池降低蓄水效能。

4）蓄水池基础应坚实，不能离沟头、沟边太近，以防渗水引起坍塌，距崖坎应保持至少 5 m 的距离，池壁外 4 m 之内无根系发达的树木。

3. 蓄水池布置形式　蓄水池一般布置在来水充足、蓄引方便、基础稳固处，尽量少占耕地。蓄水池配套设施有引水渠、排水沟、沉沙池、过滤池（有人畜饮水要求）、进水和取水设施（放水管或步梯）等。房前屋后或道路旁的开敞式蓄水池还应加设栏杆或围坪，人畜饮水用的蓄水池一般为封闭式，以保证卫生和安全。蓄水池的布置形式通常有下列几种。

（1）*平地蓄水池*　修在平地的低凹处，一般是将凹处再挖深，挖出的土培在周围。

（2）*沟头蓄水池*　在沟头附近汇水较多且安全处开挖蓄水池，拦蓄坡面地表径流，防止沟头前进。

（3）*沟底坡脚蓄水池*　沟底坡脚常有地下水渗出，可在附近开挖蓄水池，用以灌溉农田或为人畜饮水提供水源，但应注意避免岸边坍塌。

（4）*灌溉蓄水池*　在山地渠道边，每隔适当距离开挖蓄水池，蓄水池与渠道连接处设闸门，将多余的水存储在池内，以便灌溉时供水。

（5）*连环蓄水池*　蓄水池与蓄水池之间由小水渠或暗管连通，多修在道路的一侧，以防止道路冲刷，有时也修在坡面浅凹地处，一般为方形或长方形，单个蓄水池蓄水量可达 10～15 m^3。

4. 蓄水池容积设计

（1）*调节水量计算法*　在了解来水量的情况下，根据当地用水情况确定调节周期，如日调节、多日调节、季调节、年调节等，按照既保证用水要求，又节省工程量的原则，通过调节水量计算（具体可参考水库兴利调节计算），确定蓄水池容积。

（2）利用经验公式估算容积　当水源为小河流或地面径流时，常因无法掌握实际的来水过程，所以不具备进行调节计算的条件，一般可采用经验公式估算蓄水池的容积。

1）按来水量计算容积。

$$V=K\cdot W_0 \tag{1-19}$$

式中，V为蓄水池容积，m^3；W_0为多年平均年来水量，m^3；K为调节系数。根据经验，K为0.3～1.0，在雨量较丰沛、沟道经常有水的情况下，K取小值；在干旱少雨、沟道时常断水的情况下，K取较大值；在集水面积小，平常无水，仅汛期大雨时才有径流汇集的情况下，K取最大值。

2）按用水量计算容积。

$$V=\frac{K\cdot W}{1-\rho} \tag{1-20}$$

式中，V为蓄水池容积，m^3；W为多年平均灌溉用水量，m^3；ρ为蓄水池渗漏、蒸发损失水量的百分数，一般小型蓄水池可按10%～20%考虑。

确定蓄水池容积，应根据上述两种计算结果，取其中较小者。即当用水量小于来水量时，一般应按用水量确定容积；当用水量与来水量差值较小或两者持平时，也可按来水量设计；当用水量大于来水量时，按来水量设计，再根据来水量确定灌溉面积，其计算公式为

$$A=\frac{W_0(1-\rho)}{E} \tag{1-21}$$

式中，A为灌溉面积，亩；E为毛灌溉定额，即每亩地一年灌溉用水总量，m^3/亩，可参考当地试验资料确定；其余符号意义同前。

蓄水量加上超高部分的容积即蓄水池总容量，由总容量及蓄水池的形状即可定出蓄水池的具体尺寸。

（二）山塘

山塘是南方丘陵区应用十分普遍的一种蓄水灌溉工程。山塘通常布设在坡麓、分水鞍部、居民点附近和山冲中央，以承纳山坡径流和房屋、禾场等硬地面径流及稻田暴雨时的排水。

山塘容积较大，小者有500多立方米，大者可超过1万m^3。

1. 山塘位置选择

1）山塘应布设于有较大集流面积的径流汇集处，如山腰居民点附近、山冲中央。

2）要选择建在黏结性强、渗透性小的土质基础上。

3）山塘的高程，一般要高过最高一台梯田的田面，以便自流灌溉，同时还要留溢洪道，以排泄超标准洪水。

4）集水坡面要采取林草措施固土，防止流失泥沙淤塞山塘。

5）山塘应尽量与一些较大的灌溉工程渠系串联在一起，平时引渠水回灌山塘，旱时取山塘水灌溉，以提高山塘利用效率。

2. 山塘容积　山塘容积与集水面积内的来水量和灌溉需水量有关。后者根据稻田的日耗水量和需要抵御连续干旱的天数来确定。若来水量大于灌溉需水量，则需考虑排水或者缩小山塘开挖体积；若小于灌溉需水量，则要另行开辟水源或缩小灌溉面积。

设计过程中，山塘的开挖容积一般有以下两种估算方法。

1）依山坡来水量定容积。

$$V=0.667F\varphi h_1-0.667fhn-Q_p \tag{1-22}$$

式中，V为山塘蓄水容积，m^3；F为山塘集水区面积，亩；φ为径流系数，可查当地水文手册确定；h_1为多年平均降水量，mm；f为山塘所控制的灌溉面积，亩；h为水稻日平均耗水量，mm；n为水稻生长期内灌水天数；Q_p为暴雨期排水总体积，m^3。

位于山冲中间的山塘，开挖容积（V）为

$$V=Q_l+Q_t-0.667fhn-Q_p \tag{1-23}$$

式中，Q_l为上一级山塘排水量和集流区内径流量，m^3；Q_t为本山塘集流区内稻田在踩田和晒田期间的退水量，m^3；其他符号意义同前。

2）依据山塘控制灌溉面积内连续干旱天数所需灌溉水量定容积。

$$V=0.667fhn_g \tag{1-24}$$

式中，n_g为水稻生长过程中关键需水期（如拔节至抽穗开花期）天数，可取30～50天；其他符号意义同前。

（三）水窖

水窖是指修建在地面以下并具有一定容积的蓄水建筑物。其主要用于拦蓄雨水和地表径流，为人畜饮水和旱地灌溉提供水源，同时可减少水土流失。

1. 水窖的类型　水窖的类型较多，主要有井窖、窑窖等。水窖在使用时，可根据实际情况，采取多窖串联或并联，以充分发挥其调节用水的功能。

（1）井窖　在黄河中游地区分布较广，主要由井筒、旱窖、散盘、水窖、窖底等部分组成，如图1-15所示。

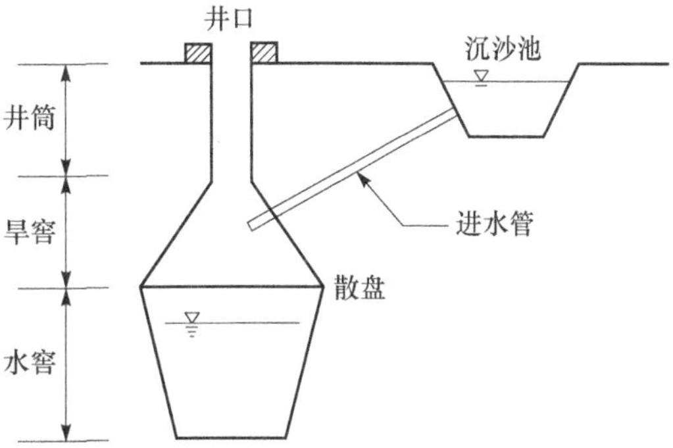

图1-15　井窖结构示意图

1）井筒：是指从井口到扩散段的竖直部分，井筒直径不宜过大，一般为0.6 m左右。井筒深度随土质不同而异，一般为1～2 m。土质坚实时，井筒可短些。

2）沉沙池：位于进水管末端，其边墙及池底应衬砌，沉沙池出口应设置简易拦污栅，以最大限度地减少污物进入窖中。

3）进水管：根据地形条件，一般可用铁管、塑料管、水泥管等，将水源和蓄水设施连接起来。

4）散盘：是水窖与旱窖相连接的地方。

5）旱窖：是指从井口下方到散盘这一段，一般不上胶泥，也不存水。

6）胶泥层：用来防止渗漏。用胶泥糊制的水窖，使用年限长。

7）水窖：主要用来蓄水，四周窖壁捶有胶泥以防渗漏。窖中的水是固定的死水，杂质沉淀后会产生一种臭味，土窖中的黄土可渗透吸附这种味道，但水泥混凝土窖不具有这种作用。

（2）窑窖　窑窖与西北地区群众居住的窑洞相似。横断面同窑洞，主要由窑门、窑顶、水窖、沉沙池等组成。窑顶一般矢量跨比为1∶2，跨度3～4 m，窑高1.5～2.5 m，窑长8～15 m，蓄水部分为上宽下窄的梯形槽，边坡比为8∶1，深3～4.5 m，底宽1.5～4.5 m。修建时，先把岩坎或陡坡修成垂直的竖面，在竖面上挖洞，再在其底挖窑，窑是储水主体。窑的四壁及底面需夯实，再用砖砌铺面，然后抹上几层水泥砂浆进行防渗处理和稳固窑壁（底）（图1-16）。窑窖宜从入口进水，也可从顶部进水，但须做好防渗措施，以防渗漏引起窑顶坍塌。

窑窖与井窖相比，容量较大，技术简单，施工容易，取水方便，可自流引水。

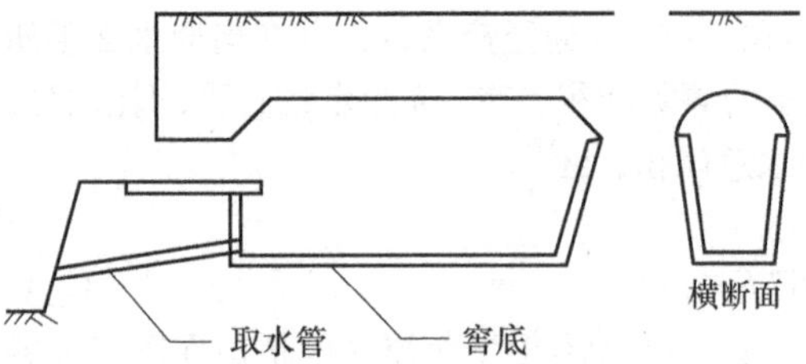

图 1-16 窑窖结构示意图

2. 窖址选择 选择窖址时，应注意以下问题。

1）有足够的水源。

2）土层深厚、坚硬，水窖一般应设在质地均匀的土层上，以黏性土壤最好，黄土次之。

3）便于人畜用水和灌溉农田。

3. 水窖的配套设施 水窖的配套设施主要包括沉沙池、过滤池、拦污栅等。

沉沙池一般距离水窖（池）3.0～4.0 m。根据来沙情况，可设为一级沉沙或多级沉沙，池底比降，可为平坡、逆坡或顺坡，一般顺坡的沉沙效果较差。

用于解决群众饮水的蓄水工程，对水质要求高，需建过滤池。过滤池和沉沙池可单独布设，也可联合布设。

拦污栅布设在沉沙池、过滤池的前方，用于拦截杂草、枯枝落叶及其他较大的漂浮物。

五、截水沟和排水沟

（一）截水沟

当坡面下部是梯田或林草，上部是坡耕地或荒坡时，应在其交界处布设截水沟。当坡面无水土保持措施且坡长太大时，应在此坡面增设几道截水沟。增设截水沟的间距一般为 20～30 m，应根据地面坡度、土质和暴雨径流情况，通过设计计算具体确定。

1. 设计标准 根据《水土保持工程设计规范》（GB 51018—2014）中“坡面截排水工程”的规定，坡面截排水工程的洪水标准取 3 年一遇～10 年一遇短历时暴雨（表 1-12）。由于山区、丘陵区、平原区地形及降雨后形成洪峰存在差异，因此不同区域可根据具体情况选择短历时暴雨。

表 1-12 坡面截排水工程设计标准

级别	排水标准	超高 /m
1	5 年一遇～10 年一遇短历时暴雨	0.3
2	3 年一遇～5 年一遇短历时暴雨	0.2
3	3 年一遇短历时暴雨	0.2

注：①1 级指的是配置在坡地上具有生产功能的 1 级林草工程、1 级梯田的截排水沟；2 级指的是配置在坡地上具有生产功能的 2 级林草工程、2 级梯田的截排水沟；3 级指的是配置在坡地上具有生产功能的 3 级林草工程、3 级梯田以及其他设施的截排水沟。②永久排水沟顶超高 0.2～0.4 m，临时排水沟顶超高 0.1～0.3 m，根据工程级别的高低来确定，级别高的取上限，级别低的取下限

2. 断面设计

（1）蓄水型截水沟 截水沟的容量：

$$V=V_w+V_s \tag{1-25}$$

式中，V 为截水沟容量，m^3；V_w 为一次暴雨径流量，m^3；V_s 为 1～3 年土壤侵蚀量，m^3。

V_w 和 V_s 可分别按下式计算：

$$V_w=M_w\times F \tag{1-26}$$

$$V_s=3M_s\times F \tag{1-27}$$

式中，F 为截水沟的集水面积，hm^2；M_w 为暴雨径流模数，m^3/hm^2；M_s 为一年土壤侵蚀模数，m^3/hm^2。

截水沟断面面积：

$$A_1 = V/L \tag{1-28}$$

式中，A_1 为截水沟断面面积，m^2；L 为截水沟长度，m。

截水沟一般由半挖半填做成梯形断面，其断面要素可参考表 1-13。

表 1-13　截水沟断面要素常用数值

沟底宽（B_d）/m	沟深（H）/m	内坡比（m_i）	外坡比（m_0）
0.3～0.5	0.4～0.6	1 ∶ 1	1 ∶ 1.5

（2）排水型截水沟　排水型截水沟可分为多蓄少排型和少蓄多排型两种。

多蓄少排型截水沟，暴雨产生的坡面径流大部分蓄于沟中，只排除不能容蓄的小部分。断面尺寸参照蓄水型截水沟，沟底取 1% 左右的比降。

少蓄多排型截水沟，暴雨产生的坡面径流小部分蓄于沟中，大部分排入蓄水池。断面尺寸参照排水沟的断面尺寸，同时取 2% 左右的比降。

（二）排水沟

排水沟防御暴雨标准与截水沟相同，其断面根据设计频率暴雨坡面最大径流量，按明渠均匀流公式计算：

$$A_2 = \frac{Q}{C\sqrt{Ri}} \tag{1-29}$$

式中，A_2 为排水沟断面面积，m^2；Q 为设计坡面最大径流量，m^3/s；C 为谢才系数；R 为水力半径，m；i 为排水沟比降。

其中，设计坡面最大径流量：

$$Q = \frac{F}{6}(I_r - I_p) \tag{1-30}$$

式中，I_r 为设计频率 10 min 最大降雨强度，mm/min；I_p 为相应时段土壤平均入渗强度，mm/min；F 为坡面汇水面积，hm^2。

排水沟断面多为梯形，设计时应考虑不冲不淤流速，具体可参考表 1-14 和表 1-15。

表 1-14　不同流量的不淤比降

流量 /（m^3/s）	0.5	1.0	2.0	3.0	5.0
比降 /%	1.0～2.0	0.7～1.0	0.5～0.7	0.4～0.5	0.3～0.4

表 1-15　土质渠道允许最大流速（干容重 1.3～1.5 t/m^3）

渠道土质	轻壤土	中壤土	重壤土	黏土
允许最大流速 /（m/s）	0.60～0.80	0.65～0.85	0.75～0.95	0.80～1.00

第二章　边坡防护工程

近年来，随着我国经济的快速发展，工程建设规模巨大，每年新产生的人工边坡数量十分庞大。其中部分人工边坡和一些自然边坡常因坡度较大或地下水活动等因素的影响发生崩塌、滑坡等灾害，既危害工程自身安全，也常引发事故，同时产生水土流失，破坏生态环境。为防止这些灾害的发生，防治水土流失，并满足人民生活水平提高对环境美化的要求，需要对这些人工边坡和自然边坡采取一定的防护措施，这些措施就属于边坡防护工程。边坡防护工程的形式多种多样，本章主要从防治水土流失角度出发，就常见边坡防护工程的类型、形式、适用条件、设计等做简要介绍。

第一节　坡面防护工程

近年来，边坡坡面防护工程发展很快，形式多种多样，但主要有植物防护、坡面夯实、干砌石护坡、浆砌石护坡、浆砌石（混凝土）骨架护坡和浆砌石护墙等形式。采取这些措施的目的在于防止斜坡的变形和破坏，直接或间接保护相关工程及其附属设施的安全，防止事故发生，保护和改善生态环境，并有美化环境的作用。

一、植物防护

边坡失稳主要有三种类型：表面运动、浅层失稳和深层失稳。表面运动包括土壤的蠕动、冰融和土壤侵蚀运动；浅层失稳是指发生在地面下 2 m 内的滑移、转动和两者相结合的破坏形式；深层失稳破坏深度超过了大多数树根和灌木根系所能伸展到的范围。研究表明，边坡植被对边坡的表面稳定和浅层稳定具有重要作用。

坡面用植物防护即所谓的植被护坡，该方法最早是用于河堤的护岸及荒山的治理，直到20世纪初，植被护坡技术才被重新发现和认识。20世纪30年代后，美、英、法等国相继开始研究液压喷播种植技术，并应用于国内的农业及道路边坡工程。20世纪50年代，液压喷播技术先在欧美国家发展起来，继而在东南亚国家蓬勃兴起。

植物防护措施施工简单，费用低廉，固土、防冲刷效果较好，且可改善生态环境，并有美化环境的作用。凡适宜于植物生长，且坡度、高度不大的边坡，如挖、填方量不大的道路边坡等，均应优先采用植物防护。防护选择的植物品种应适应当地的气候和土壤条件，易于管护。

我国传统的植物防护措施主要有种草、平铺草皮和造林等。

（一）种草

种草适用于适宜草类生长的土质边坡防护，其坡度一般小于 1∶1.5，且高度不大。若边坡土层不宜直接种草，则可将边坡挖成台阶，然后铺一层 5～10 cm 厚的种植土，再种草。

草种应根据当地土壤和气候条件，在干旱、半干旱地区尤其要注意降水量情况，选用根系发达、茎秆低矮、枝叶茂盛、耐旱、抗寒、生长力强的多年生品种，如绣球小冠花（*Coronilla varia*）、紫苜蓿（*Medicago sativa*）、驴食草（*Onobrychis viciifolia*）、黑麦草（*Lolium perenne*）、狗牙根（*Cynodon dactylon*）、冰草（*Agropyron cristatum*）、高羊茅（*Festuca elata*）和斜茎黄耆

（*Astragalus adsurgens*）等。为使坡面覆盖较好，以防有些草种难以适应局部小气候条件，最好选用几种草籽混合播种。需要说明的是，随着人民生活水平的提高，选用草种时还应考虑美化要求，种草后 1～2 年内，应进行必要的封禁和采取抚育措施。

草宜在春、秋季播种，播种方式可以为撒播、行播或坑播。撒播、行播时，为使草籽均匀分布，防止出苗过密，可先将其与沙子、干土或锯末混合，再行播种。

种草还可和其他边坡坡面防护工程结合起来，如在浆砌石骨架护坡骨架内种草等。

近年来，我国在借鉴国外先进技术和成功经验的基础上，加上需求推动发展，种草护坡新技术、新材料发展很快，如土工格室植被护坡、植生带护坡、三维植被网护坡等，这些技术适用条件宽泛，如可适应坡面土壤及其水分条件较差的地段，且施工速度快，具出苗迅速、整齐等优点，应注意根据当地条件灵活选用。

1. 土工格室植被护坡　土工格室（geocell）是 20 世纪 80 年代国外开发的一种新型特种土工合成材料。土工格室主要是将聚乙烯（PE）、聚丙烯（PP）材料经过造袜工序制成工程所需的片材，再经专用焊接形成的立体格室。应用时通过单元间的连接，可组成工程中需要的规格（图 2-1）。目前，较先进的土工格室连接方法为插件连接，它是将组成塑件焊接在土工格室单元的前后端部或左右端面上，连接时，将未展开的土工格室组件并齐，对准相应的连接塑件，插入特制圆销钉即可。

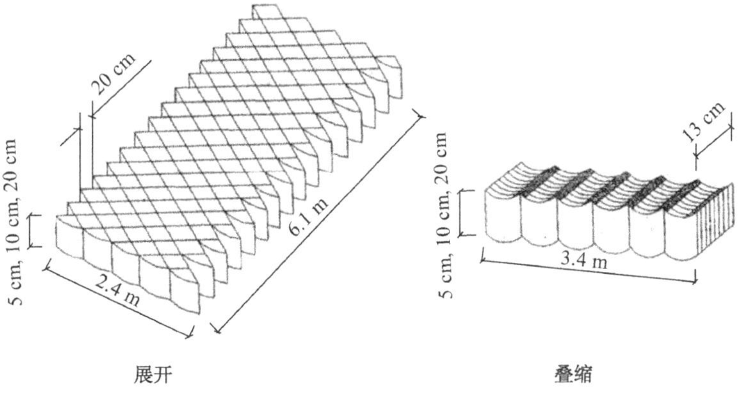

图 2-1　土工格室的单件构造图

土工格室植被护坡是指在展开并固定在坡面上的土工格室内，填充改良客土，然后在格室内撒播草籽，或在格室上挂三维植被网，进行直接播种或喷播施工的一种护坡技术。土工格室可为草坪植物生长提供稳定、良好的生存环境。采用土工格室植草，可使不毛之地的边坡充分绿化，带孔的格室还能增加坡面的排水性。

土工格室高度一般为 5～20 cm（常用 8～10 cm），焊点间距为 300～400 cm（常用 400 cm）。

土工格室用于防护易受冲刷的土质坡面，不适宜防护长期浸水的边坡。施工宜在春季和秋季进行，应尽量避免在暴雨季节施工。

土工格室植被护坡的施工工序为：①平整坡面；②土工格室施工；③回填客土、撒播草籽；④前期养护。

坡面平整程度关系到土工格室植草护坡工程的成败，坡面凹凸不平时，铺设土工格室易产生集中应力，使得格室焊点开裂，造成格室垮塌等。因此，须整平坡面以满足设计要求，并采用人工修坡，清除坡面浮石、危石等。

铺设土工格室时，用较长的固定钉或木桩，先在坡顶固定，再在坡脚固定（图 2-2）。格室中间部位，间隔采用销钉或短木桩固定，短木桩长度为 20～50 cm，桩径 3～5 cm，以竹、木材料为宜。坡面较缓时（坡比缓于 1∶2），可仅在单片格室的角、边设置定位固定桩，使格室充分展开。坡面陡于 1∶2 时，除设置定位固定桩外，还必须在格室内部设置一定数量的抗滑固定桩。

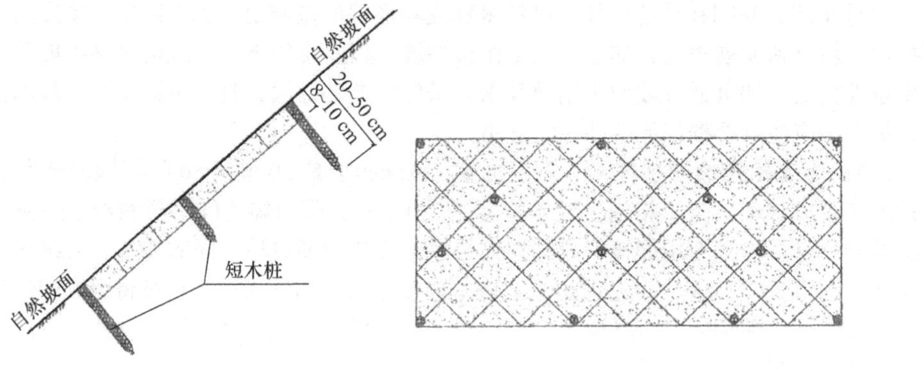

图 2-2　土工格室植被护坡设计图

土工格室固定好后，即可向格室内填充改良客土。原则上以原土为主，可填充碎石土、砂土、粉土及黏性土。充填时，要轻拍使之密实，靠近表面时用潮湿的黏土回填，回填过程中可撒播适宜当地生长的草籽。

播种后，应洒水养护，草种发芽后，还应及时对稀疏无草区进行补播，并需防治病虫害、施肥等。

2. 植生带护坡　植生带是将种子、肥料、土壤改良剂、保水剂等组分，按照一定配合比例固定在可以自然降解的无纺布和高孔隙的纤维带或纸基上制成的护坡产品。使用时，直接将植生带铺于边坡坡面，然后用锚钉或木（竹）销将其固定即可。

植生带各地区均可应用，但在干旱、半干旱地区应用时，应注意洒水养护。

植生带一般用于土质路堤边坡，土石混合路堤边坡经处理后可用，也可用于土质路堑边坡。常用边坡为 1∶2.0～1∶1.5，边坡超过 1∶1.25 时，应结合其他方法使用。坡高一般不超过 10 m。

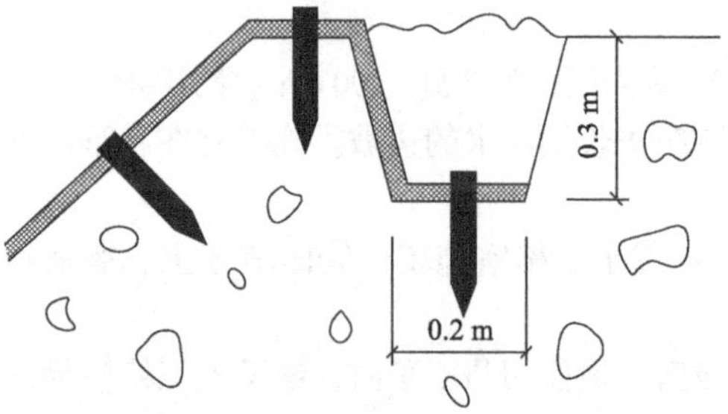

图 2-3　植生带锚固沟搭接示意图

植生带施工一般应在春季和秋季进行。施工时，注意在坡顶及坡底沿边坡走向开挖一矩形沟槽，沟宽 20 cm，沟深不少于 10 cm。坡面顶沟离坡面 20 cm，用以固定植生带。铺植生带前 1～2 天，应在坡面洒水，并保持湿润。植生带的接头处，应重叠 5～10 cm，植生带上下两端应置于矩形沟槽内，并填土压实（图 2-3，图 2-4）。

植生带铺好后，用筛子均匀地在其上覆上细土，厚度为 0.3～0.5 cm。覆土后，应及时洒水。第一次洒水一定要浇透，使植生带完全湿润。

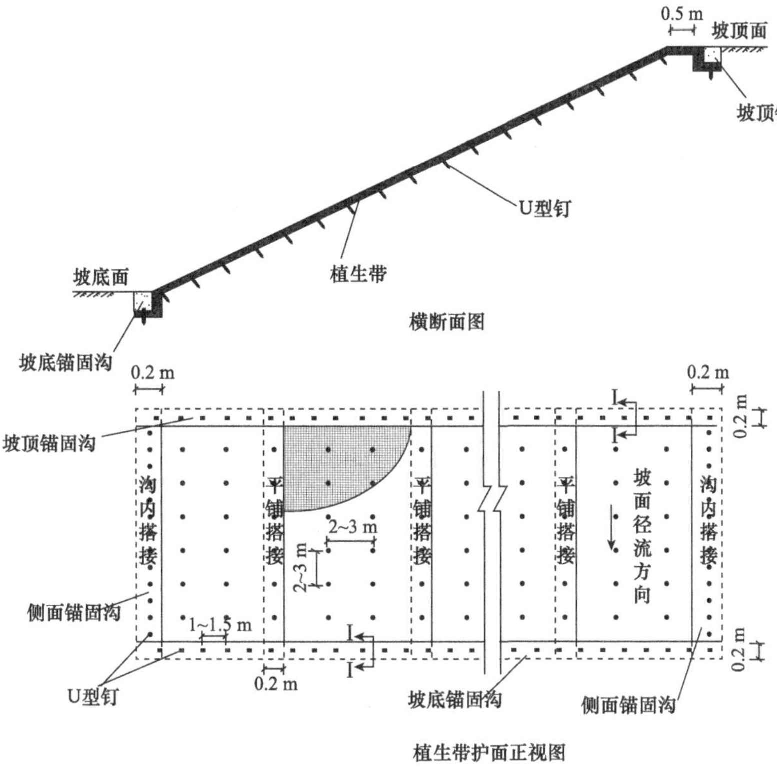

图 2-4 植生带护坡设计图

3. 三维植被网护坡 三维植被网，也称固土网垫，是以热塑性树脂为原料，经挤出、拉伸等工序相互缠绕，在接点上相互熔合，底部为高模量基础层的三维立体结构网垫。三维植被网的基础层由1～3层经双向拉伸处理后得到的均匀的方形网格组成，拉伸后的方形网格质轻、丝细且均匀，具有很好的适应坡面变化的贴状性能（图 2-5）；三维植被网的上部为1～3层网包层，上下两层结构的复合即形成三维植被网垫。在坡面上经铺网、固定、覆土、播种后，形成三维植被网护坡。三维植被网的基础层和网包层网格间的经纬线交错排布，对回填客土起着加筋作用，而且随着植草根系的生长发达，三维植被网、客土及植草根系相互缠绕，形成网络覆盖层，以增加边坡表层的抗冲击能力。三维植被网表面有波浪起伏的网包，对覆盖于网上的客土、草种有良好的固定作用，形成初期还可减少雨水的冲蚀。

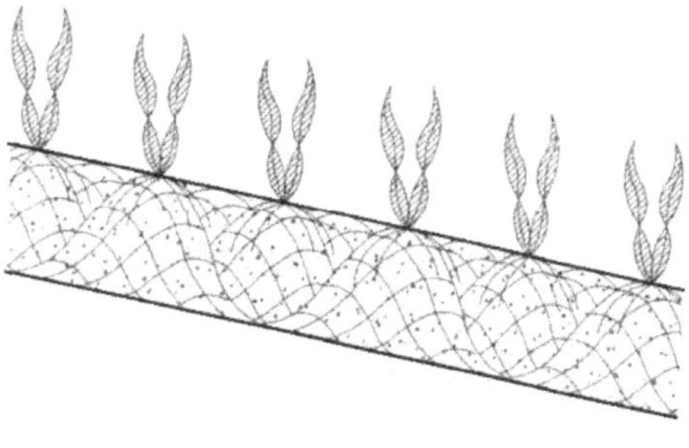

图 2-5 三维植被网垫结构示意图

三维植被网护坡各地区均可应用，但在干旱、半干旱地区应用时，应注意洒水养护。

三维植被网护坡适宜于防护各类土质边坡、强风化岩石边坡，但在土石混合边坡应用时，边坡需经处理。常用边坡坡比为1∶1.5，一般不陡于1∶1.25，陡于1∶1.0时，应慎用。坡高一般不超过10 m。

三维植被网护坡一般应在春季和秋季施工，应尽量避免在暴雨季节施工。其施工程序如下。

（1）准备工作　准备工作包括：平整坡面，客土改良，开挖沟槽和设置排水设施。

开挖沟槽是指在坡顶及坡底沿边坡走向，分别开挖一矩形沟槽，沟宽 30 cm，沟深不小于 20 cm。坡面顶沟离坡面 30 cm，用以固定三维植被网。

对于高陡边坡，坡顶、坡脚及平台均须设置排水沟。坡面是否设置排水沟，要根据坡面产流量的大小确定。一般坡面排水沟横向间距为 40～50 m。

（2）铺网　三维网的剪裁长度比坡面长 130 cm，顺坡铺设。铺网时，应尽量使网与坡面贴附紧实，并保持平整，不产生褶皱，网之间要重叠搭接，搭接宽度为 10 cm。

铺网后需固定，建议采用 U 型钉或聚乙烯塑料钉固定，也可用钢钉，但需配上垫圈。钉间距一般为 90～150 cm（包括搭接处），在沟槽内也应按约 75 cm 的间距设钉（图 2-6）。

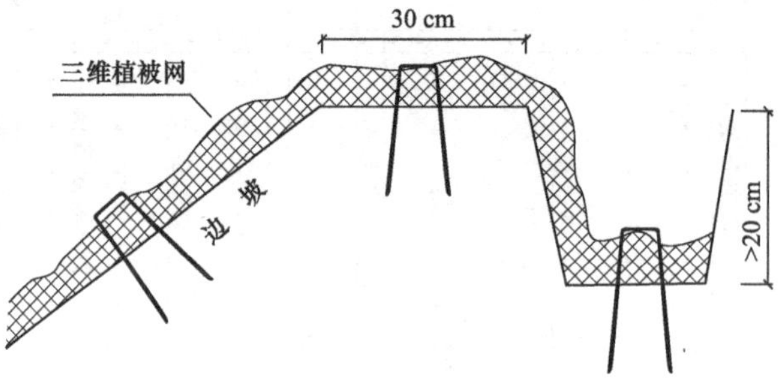

图 2-6　网边缘固定示意图

（3）覆土　覆土用土以肥沃表土为宜，对于瘠薄土应添加有机肥、泥炭、化肥等提高其肥力。为保证覆土充满网包，不压包，应分层多次填土，且需洒水浸润，至网包层不外露为止。

（4）播种　草种选择同前。播种可采用人工撒播，也可采用液压喷播。采用人工撒播后，应撒 5～10 mm 细土。

雨季施工，为使草种免受雨水冲失，并实现保温保暖，应加盖无纺布，促进草种发芽生长，也可采用稻草、秸秆编制席覆盖。

（5）前期养护　前期养护主要为洒水保湿。另外，在草种发芽后，应及时对稀疏无草区进行补播。

（二）平铺草皮

平铺草皮是一种快速恢复边坡坡面植被的措施，适用于各种土质边坡、风化极严重的岩石边坡和风化严重的软质岩石边坡，一般坡度较小。草种一般选用根系发达、茎矮、叶茂、适应当地气候条件的耐旱品种。草皮一般厚 5～10 cm。铺前，边坡表层应松土整平，洒水湿润；铺时草皮与坡面紧贴，四周用木桩或竹桩固定。草皮铺设应超过坡肩至少 100 cm，或铺至天沟。铺设宜于春季或初夏进行，气候干燥地区应在雨季进行。黄土高原地区因气候干燥，铺草皮时养护费用较高，该法被使用得较少。

（三）造林

边坡坡度 10°～20°，在南方坡面土层厚 15 cm 以上，北方坡面土层厚 40 cm 以上，立地条件较好的地方，可采用造林护坡，经常浸水、盐土边坡不宜采用造林的方法。

黄土高原地区气候干燥，造林树种应选择根系发达、适应当地条件的低矮灌木，如紫穗槐（*Amorpha fruticosa*）、柠条锦鸡儿（*Caragana korshinskii*）等。乔木一般多在河、沟护岸或距水源较近的坡面采用。栽植一般于当地植树季节进行，苗木宜带土栽植，并应适当密植。

二、坡面夯实

坡面夯实一般有灰土夯实和素土夯实两种。其适用于易受冲刷的土坡，边坡坡度一般不大于 1∶0.5，无地下水影响。

坡面夯实厚度一般不小于 30 cm。边坡较低时，多采用等厚度截面；边坡较高时，宜采用上薄下厚的截面。素土夯实时，土质最好为黏土，且土壤含水量需达到一定的要求，土过干时应洒水以提高土的含水量，夯实后土的干容重须达到 1.5 t/m^3 以上。灰土一般为 3∶7 灰土或 2∶8 灰土，土的含水量也不能过低，过低时应洒水以提高土的含水量，夯实后土的干容重应达到 1.6 t/m^3 以上。

坡面夯实应注意与未防护坡面的衔接，衔接处应封闭。

坡面夯实与原土层接茬处，夯实前应松土，以便和夯实土衔接良好。

坡面夯实基础处还应做好排水措施，以防集流冲刷而导致基础损毁。排水措施常见者为浆砌石排水渠。

三、干砌石护坡

干砌石护坡适用于易受地表水冲刷或常有地下水渗出而产生小型溜坍的土质边坡，边坡坡度较缓（1∶2.5～1∶3.0）。坡面有涌水现象时，应在护坡下铺设 15 cm 以上厚度的碎石、粗砂或砂砾作为反滤层。干砌石厚度一般为 0.3 m，干砌石石料单块质量大于 25 kg，中部厚不小于 0.15 m，强度等级不低于 MU25，软化系数不小于 0.75，没有显著的风化迹象，无裂缝，不含易风化矿物，质地坚硬。

干砌石护坡基础应选用较大块石砌筑，埋深至侧沟底部，基础与侧沟相连时，应采用浆砌石，砌筑水泥砂浆强度等级为 M5 或 M7.5。基础应置于原土层内，严禁放在松土、软土或未经处理的回填土上。

干砌石护坡砌筑石块应自下而上，彼此镶紧，接缝要错开，缝隙用小石块填塞。

四、浆砌石护坡

浆砌石护坡适用于各种易风化的岩石、土质边坡，边坡坡度在 1∶1.0～1∶2.0。浆砌石护坡由面层和起反滤作用的垫层组成。面层一般采用等截面，厚度根据坡高和坡度而定，一般为 30～40 cm。边坡过高时应分级设平台，每级高度不宜超过 20 m，平台宽据上级护坡基础的稳定要求确定，一般不小于 1 m。垫层又分单层和双层两种，单层厚 5～15 cm，双层厚 20～25 cm。原坡面如为砂、砾、卵石，可不设垫层。

当护坡面积较大、边坡较陡时，为增加护坡的稳定性，可采用肋式护坡（图 2-7）。形式有以下几种。

（1）外肋　用于岩层破碎，不易挖槽的岩石边坡。

（2）里肋　用于土质和软岩边坡。

（3）柱肋　用于表层发生过溜坍，经刷方修整后的土坡。

大面积防护时，应在坡面适当位置设台阶形踏步，以利于维修和养护。

浆砌石护坡石料单块质量一般应大于 25 kg，中部厚不小于 0.20 m，强度等级不低于 MU50，软化系数不小于 0.75，没有显著的风化迹象，无裂缝，不含易风化矿物，质地坚硬。

浆砌石护坡水泥砂浆的强度等级一般为 M5 或 M7.5，有较高耐久性要求的部位，如水位

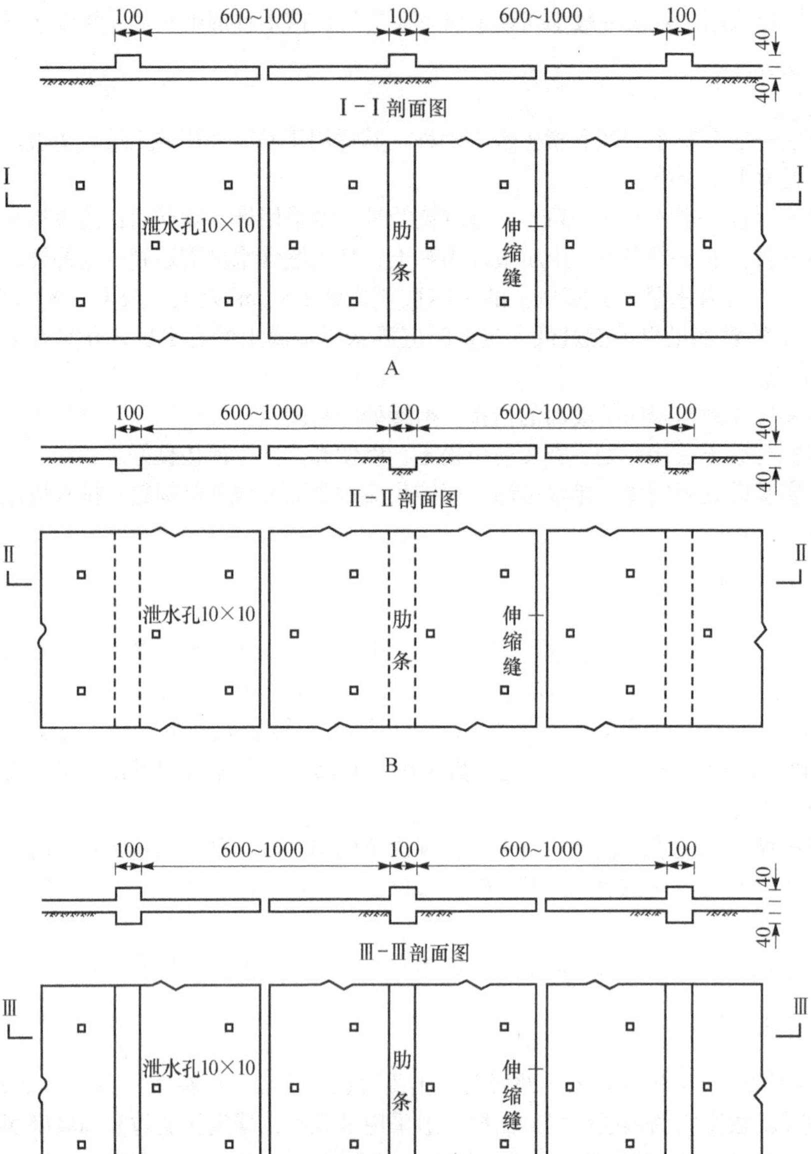

图 2-7 肋式浆砌石护坡（单位：cm）

A. 外肋式；B. 里肋式；C. 柱肋式

反复变化且容易产生冻融破坏的部位，可采用 M10 及其以上的砂浆。勾缝砂浆强度等级为 M10。

为防止不均匀沉陷和温度应力对浆砌石护坡产生破坏，浆砌石护坡沿身长每隔 10 m 左右应设一道 2 cm 宽伸缩缝，用沥青麻（竹）筋填塞，深入 10~20 cm，浆砌石护坡基础修筑在不同地基上时，应在其相邻处设置一道沉陷缝，要求同于伸缩缝。浆砌石护坡中下部还应设置泄水孔，泄水孔间距为 2~3 m，孔口大小，一般矩形 10 cm × 10 cm，圆孔直径 10 cm。在泄水孔后面，应用碎石或砂砾石做成反滤层。

五、浆砌石（混凝土）骨架护坡

浆砌石骨架护坡适用于坡面冲刷严重或边坡潮湿的土质边坡和风化极严重的岩石边坡。浆砌石骨架一般采用方格形，间距 3～5 m，与水平线成 45° 角，护坡顶部 0.5 m 及坡脚 1 m 用浆砌石镶边，砂浆强度等级为 M5 以上。

骨架内可根据边坡土质、坡度及当地材料来源情况选用铺草皮、捶面或栽砌卵石。

骨架应嵌入坡面一定深度，一般应大于 30 cm，其表面与草皮或捶面齐平。降雨量大且集中的地区，骨架上部可设截水沟，以分流排除地表水。

浆砌石骨架也可做成拱形（图 2-8），主骨架间距 4～6 m，拱高 4～6 m，视岩层的软硬程度和坡面变形等情况而定。浆砌石骨架还可用“人”字形。

浆砌石骨架施工前应清除坡面浮土碎石，填补坑凹。骨架内草皮或捶面应与坡面和骨架紧贴，以防地表水渗入。骨架内捶面或栽砌卵石应在浆砌石强度达到 70% 后，方可进行施工。

在石料缺乏的地区或浆砌石骨架难以满足强度、抗冻性、施工进度等要求时，浆砌石骨架也可改为混凝土预制块骨架或混凝土骨架，甚至钢筋混凝土骨架。当采用混凝土或钢筋混凝土骨架时，骨架断面尺寸可根据需要做相应调整，厚度较小时，可加止滑设计如止滑挡块等。例如，青海川口至大河家公路路基边坡防护就采用 C25 混凝土预制骨架护坡。采用混凝土预制骨架护坡，可加快施工进度。

六、浆砌石护墙

浆砌石护墙适用于各类土质边坡和易风化剥落的岩石边坡，边坡坡度不宜大于 1∶0.5。浆砌石护墙常用者为实体护墙。实体护墙可分为等截面护墙和变截面护墙（图 2-9）。

（一）护墙高度

等截面护墙高度，当边坡为 1∶0.5 时，不宜超过 6 m；当边坡小于 1∶0.5 时，不宜超过 10 m。

变截面护墙高度，单级不宜超过 20 m，否则应采用双级或三级护墙，但总高度一般不宜超过 30 m。

双级或三级护墙的上墙高度不应大于下墙高度，下墙截面应比上墙大，上下墙之间应设错台，错台宽度应使上墙修筑在坚固牢靠的基础上，一般不应小于 1 m。

（二）护墙厚度

等截面护墙厚度一般为 0.5 m。

变截面护墙厚度，顶宽 b 一般为 0.4～0.6 m，底宽 B 根据墙高 H 而定，即

边坡坡度为 1∶0.5 时　　$B = b + H/10$（m）　　（2-1）

边坡坡度为 1∶0.5～1∶0.75 时　　$B = b + H/20$（m）　　（2-2）

（三）护墙边坡

等截面墙背坡边坡系数 n 与墙面坡边坡系数 m 相同。

变截面：

$$n=m-1/20 \text{ 或 } n=m-1/10$$

（四）护墙基础

基础应设在可靠的地基上，埋置深度应位于冻土层以下 0.25 m。如地基承载力不够，应采用适当的加固措施，墙底一般做成向内倾斜的反坡。

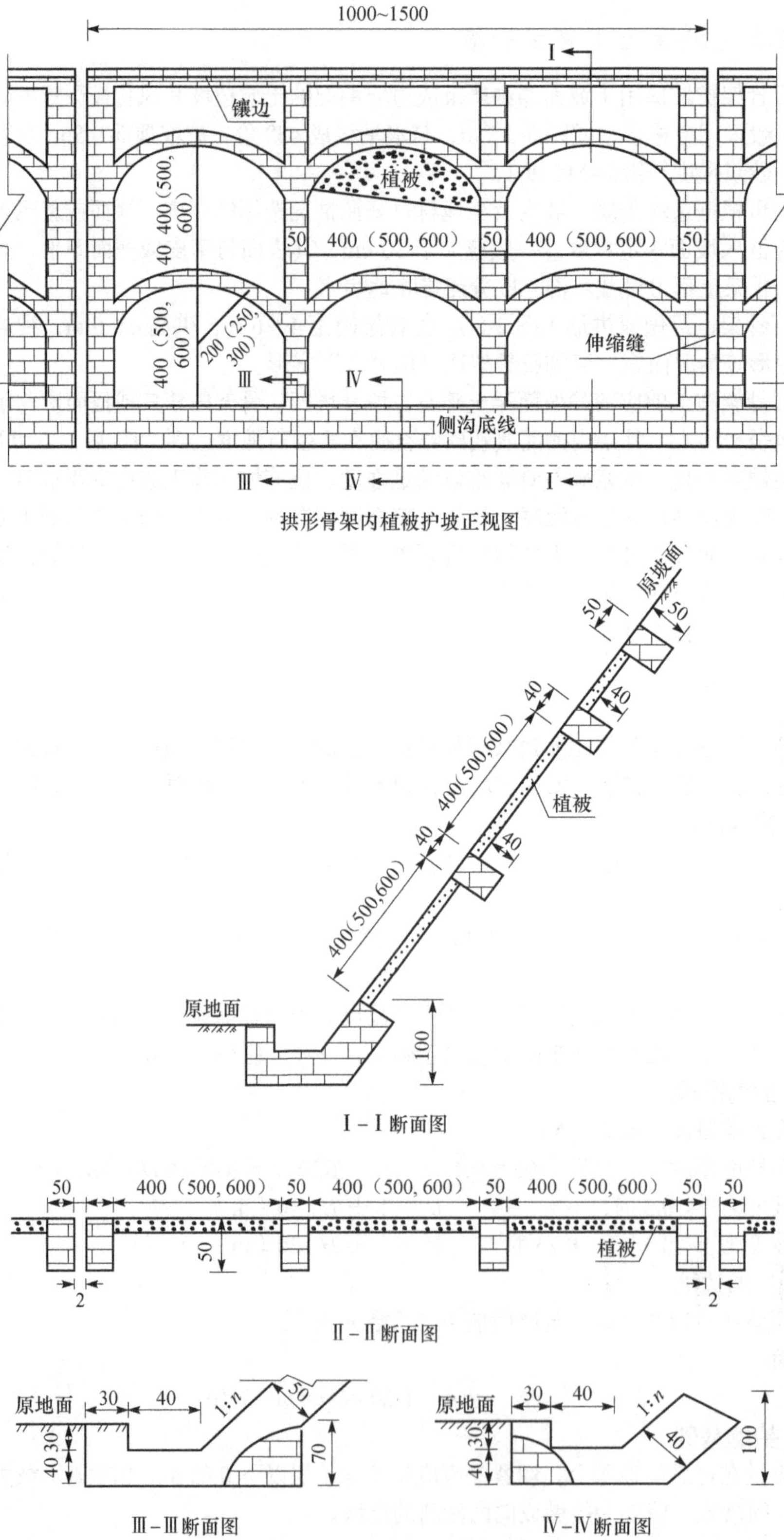

图 2-8 浆砌石拱形骨架护坡（单位：cm）

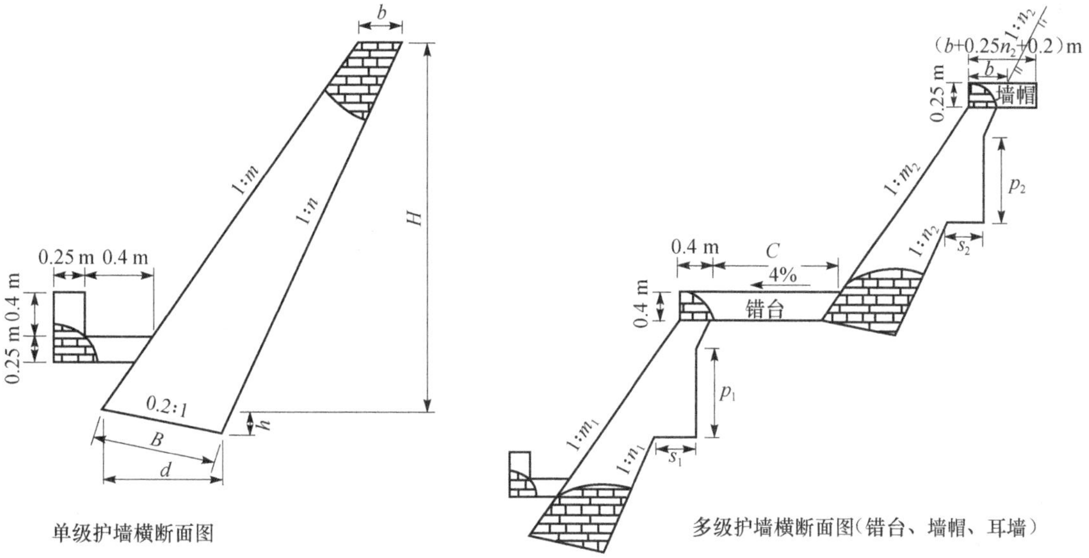

单级护墙横断面图　　多级护墙横断面图（错台、墙帽、耳墙）

图 2-9　变截面实体护墙

d. 墙底水平宽度，m；*p*. 耳墙高度，m；*s*. 耳墙宽度，m

（五）耳墙

当护墙较高时，为增加护墙的稳定性，在墙背合适部位，局部增大墙体截面，并使其嵌入边坡岩、土体，嵌入岩、土体中的凸出部分类似耳朵状，因此称为耳墙。

耳墙的设置，当墙高大于 8 m 时，在墙背中部设置一道耳墙；当墙高大于 13 m 时，设置两道耳墙，间距 4～6 m。耳墙的宽度一般为 0.5～1.0 m。当墙背坡大于 1∶0.5 时，耳墙宽 0.5 m；当墙背坡小于 1∶0.5 时，耳墙宽 1.0 m。

（六）墙帽

护墙墙顶均应设 20～30 cm 厚的墙帽，并使其嵌入边坡内至少 20 cm，或者顶部应用原土夯填，以防雨水灌入墙后引起破坏。

护墙高大于 6 m 时，应设置检查梯和拴绳环，多级护墙还需在上下检查梯之间的错台上设置安全栏杆，检查梯可兼作排水用。

边坡上的凹陷部分，施工时，应用与墙体相同的材料砌补。

浆砌石护墙对石料的要求与浆砌石护坡相同，砌筑砂浆的强度等级一般为 M5 或 M7.5，勾缝砂浆为 M10。

浆砌石护墙沿墙身每隔 10 m 左右长度应设置一道 2 cm 宽的伸缩缝，用沥青麻（竹）筋填塞。浆砌石护墙基础修筑在不同地基上时，应在其相邻处设置一道沉陷缝，要求同伸缩缝。墙身还应设置泄水孔，泄水孔上下左右间距约 3 m，孔口一般为矩形，尺寸为 10 cm × 10 cm。泄水孔后还须有用碎石或砂砾石做的反滤层。

第二节　削坡开级

人工或天然边坡坡度较陡、高度较大时，可采取削坡开级措施，以降低下滑力，增加边坡的稳定性。削坡开级又称为刷坡，是一种控制边坡高度和坡度而无须对边坡进行整体加固就能使边坡达到稳定的措施，施工方便，且较为经济，故在边坡防护中常被采用，如图 2-10

所示。该方法适用于岩层、塑性黏土和良好的砂性土边坡，并要求地下水位较低，有足够的施工场地。

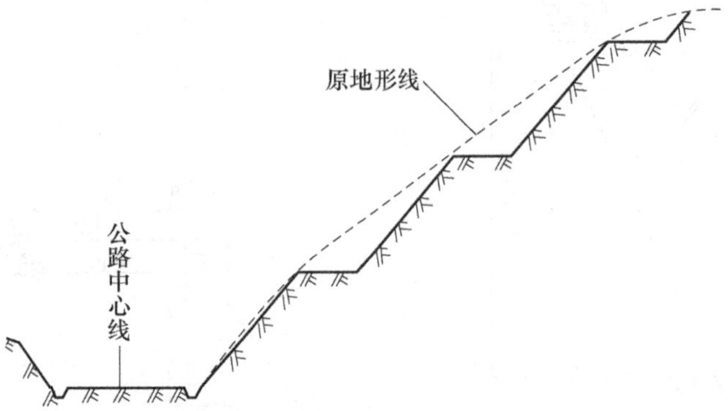

图 2-10　分级削坡

削坡开级设计的关键是在保证边坡稳定的情况下确定边坡的形状和坡度，其设计内容主要包括确定边坡的形状、边坡的坡度和验算边坡的稳定性，同时还需设计坡面防护措施。下面主要就土质坡面和石质坡面削坡开级设计做简要介绍。

一、土质坡面

土质坡面的削坡开级主要有直线形、折线形、阶梯形、大平台形 4 种形式（图 2-11）。

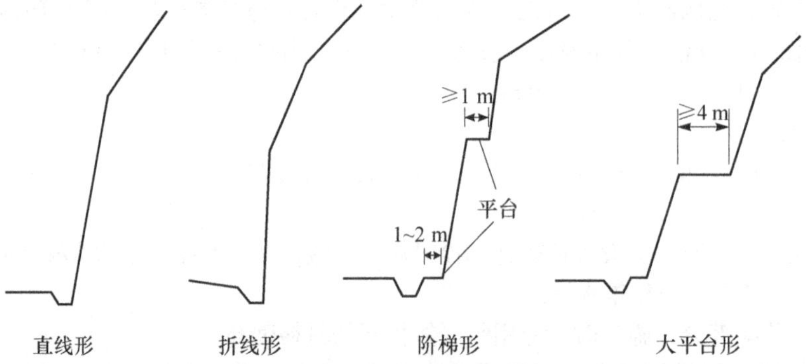

图 2-11　削坡开级的形式

（一）直线形

直线形是坡面从上到下，削成同一坡度，削坡后比原坡度减缓，达到该类土质的稳定的坡度，适用于高度小于 20 m、结构紧密的均质土坡，或高度小于 12 m 的非均质土坡，对有松散夹层的土坡，其松散部分应采取加固措施。

（二）折线形

折线形重点是削缓坡面上部，削坡后保持上部较缓、下部较陡的形状，从剖面看形似折线。折线形适用于高 12～20 m、结构比较松散的土坡，尤其是上部结构较松散、下部结构较紧密的土坡。削坡时，坡面上下部的高度和坡比，根据土坡高度与土质情况，具体分析确定，以削坡后能保证稳定、安全为原则。

（三）阶梯形

阶梯形适用于高 12 m 以上、结构较松散，或高 20 m 以上、结构较紧密的均质土坡。每一阶小平台的宽度和两平台间的高差，根据当地土质与暴雨径流情况确定。一般小平台宽 1.5～2.0 m，两台间高差 6～12 m。干旱、半干旱地区，两台间高差大些；湿润、半湿润地区，两台间高差小些。无论如何，削坡开级后应保证土坡稳定。

（四）大平台形

大平台一般开在土坡中部，宽 4 m 以上。平台具体位置与尺寸，需根据《建筑抗震设计规范》对土质边坡高度的限制确定。适用于高度大于 30 m，或在 8 度以上高烈度地震区的土坡。大平台尺寸基本确定后，需对边坡进行稳定性验算。

二、石质坡面

石质坡面的削坡开级，除坡面石质坚硬、不易风化的外，削坡后的坡比一般应缓于 1 : 1。此外，削坡后的坡面，应留出齿槽，齿槽间距 3～5 m，齿槽宽度 1～2 m。在齿槽上修筑排水明沟和渗沟，一般深 10～30 cm，宽 20～50 cm。

三、削坡后坡面与坡脚的防护

削坡开级后的坡面，应采取植物防护措施。在阶梯形的小平台和大平台形的大平台中，宜种植乔木或果树，其余坡面可种植草类、灌木，以防止水土流失，保护坡面。

削坡后因土质疏松可能产生碎落或塌方的坡脚，应修筑挡土墙予以防护。此外，无论土质削坡或石质削坡，都应在距坡脚 1 m 处，开挖防洪排水渠，排水渠断面尺寸根据坡面来水情况计算确定。

四、均质土边坡稳定性验算

削坡开级设计一般根据前面相关要求和经验确定边坡形状和坡度，然后对其进行稳定性验算，以确定边坡形状和坡度是否经济、安全，否则重复前述过程。稳定性验算，对于土质较均一的边坡，可采用条分法进行，具体见岩土力学相关内容。初步设计时，黄土边坡坡度设计可参考表 2-1。

表 2-1　黄土边坡坡度设计参考值

地区	黄土类型		边坡高度 /m				
			≤6	6～12	12～20	20～30	30～40
东南地区	新黄土（马兰黄土）	坡积	1 : 0.5	1 : 0.5～1 : 0.75	1 : 0.75～1 : 1.0		
		洪积、冲积	1 : 0.2～1 : 0.3	1 : 0.3～1 : 0.5	1 : 0.5～1 : 0.75	1 : 0.75～1 : 1.0	
	新黄土（马兰黄土）		1 : 0.3～1 : 0.4	1 : 0.4～1 : 0.6	1 : 0.6～1 : 0.75	1 : 0.75～1 : 1.0	1 : 1.0～1 : 1.25
	老黄土（离石黄土）		1 : 0.1～1 : 0.3	1 : 0.2～1 : 0.4	1 : 0.3～1 : 0.5	1 : 0.5～1 : 0.75	1 : 0.75～1 : 1.0
中部地区	新黄土（马兰黄土）	坡积	1 : 0.5	1 : 0.5～1 : 0.75	1 : 0.75～1 : 1.0		
		洪积、冲积	1 : 0.2～1 : 0.3	1 : 0.3～1 : 0.5	1 : 0.5～1 : 0.75	1 : 0.75～1 : 1.0	
	新黄土（马兰黄土）		1 : 0.3～1 : 0.4	1 : 0.4～1 : 0.5	1 : 0.5～1 : 0.75	1 : 0.75～1 : 1.0	1 : 1.0～1 : 1.25
	老黄土（离石黄土）		1 : 0.1～1 : 0.3	1 : 0.2～1 : 0.4	1 : 0.3～1 : 0.5	1 : 0.5～1 : 0.75	1 : 0.75～1 : 1.0
	红色黄土（午城黄土）		1 : 0.1～1 : 0.2	1 : 0.2～1 : 0.3	1 : 0.3～1 : 0.4	1 : 0.4～1 : 0.6	1 : 0.6～1 : 0.75

续表

地区	黄土类型		边坡高度 /m				
			≤6	6～12	12～20	20～30	30～40
西中地区	新黄土（马兰黄土）	坡积	1∶0.5～1∶0.75	1∶0.75～1∶1.0	1∶1.0～1∶1.25		
		洪积、冲积	1∶0.2～1∶0.4	1∶0.4～1∶0.6	1∶0.6～1∶0.75	1∶0.75～1∶1.0	
	新黄土（马兰黄土）		1∶0.4～1∶0.5	1∶0.5～1∶0.75	1∶0.75～1∶1.0	1∶1.0～1∶1.25	1∶1.25
	老黄土（离石黄土）		1∶0.1～1∶0.3	1∶0.2～1∶0.4	1∶0.3～1∶0.5	1∶0.5～1∶0.75	1∶0.75～1∶1.0
北部地区	新黄土（马兰黄土）	坡积	1∶0.5～1∶0.75	1∶0.75～1∶1.0	1∶1.0～1∶1.25		
		洪积、冲积	1∶0.2～1∶0.4	1∶0.4～1∶0.6	1∶0.6～1∶0.75	1∶0.75～1∶1.0	
	新黄土（马兰黄土）		1∶0.3～1∶0.5	1∶0.5～1∶0.6	1∶0.6～1∶0.75	1∶0.75～1∶1.0	1∶1.0～1∶1.25
	老黄土（离石黄土上部）		1∶0.1～1∶0.3	1∶0.2～1∶0.4	1∶0.3～1∶0.5	1∶0.5～1∶0.75	1∶0.75～1∶1.0
	老黄土（离石黄土下部）		1∶0.1～1∶0.2	1∶0.2～1∶0.3	1∶0.3～1∶0.4	1∶0.4～1∶0.6	1∶0.6～1∶0.75

第三节　挡　土　墙

挡土墙是一种承受土压力，防治土体滑坍的构筑物，种类较多。按材料划分，可分为石砌挡土墙、混凝土挡土墙、钢筋混凝土挡土墙。按结构形式划分，可分为重力式挡土墙、半重力式挡土墙、衡重式挡土墙、悬臂式挡土墙、扶壁式挡土墙、桩板式挡土墙等。

水土流失综合防治措施中，最常用的是重力式挡土墙。重力式挡土墙主要依靠自身重量以维持稳定，一般用浆砌片石构筑而成，缺乏石料的地区有时可用混凝土预制块作为砌体，也可直接用混凝土浇筑，一般不配钢筋或只在局部范围配置少量钢筋。

重力式挡土墙按墙背的倾斜方向划分，可分为俯斜式挡土墙、仰斜式挡土墙和垂直式挡土墙（图 2-12）。

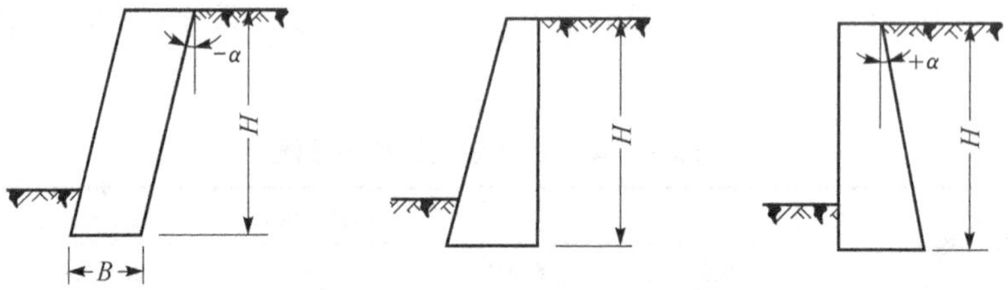

仰斜式　　　　垂直式　　　　俯斜式

图 2-12　挡土墙的形式

B. 墙底宽度；*α*. 墙背与垂直面夹角；*H*. 墙高

当挡土墙用于维护土体边坡稳定时，仰斜式挡土墙墙背主动土压力最小，俯斜式挡土墙主动土压力最大。边坡为挖方时，仰斜式较合理，因为仰斜式墙背可与开挖地的临时边坡紧密贴合；填方时，宜采用俯斜墙背或垂直墙背，以便填土，容易夯实。墙前地形平坦时，用仰斜式较好；墙前地形较陡时，用仰斜墙会使墙身增高很多，用垂直式较好。综上所述，仰斜式挡土墙最好，垂直式次之，俯斜式最差，应优先采用仰斜式挡土墙。

为了减小作用在挡土墙墙背上的主动土压力，除可采用仰斜式挡土墙外，还可从选择填料与墙身截面形状方面来考虑，如墙后设减压平台（图 2-13）。减压平台一般设置在墙背中部附近，向后伸得越远则减压作用越大，以伸到滑动面附近为最好。

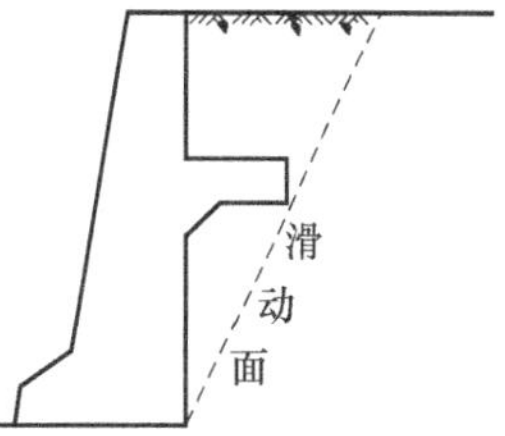

图 2-13　设减压平台的挡土墙

一、挡土墙布置原则

1）对于滑坡和变形体，挡土墙宜设置在其下部或抗滑段。

2）当滑动面出口位于坡脚且有平缓地形时，挡土墙宜设置在距滑坡前缘一定距离外，墙后填筑土、石料加载，以增强抗滑力，减小挡土墙承受的下滑力。

3）当滑动面出口在斜坡上时，可根据滑床地质情况确定挡土墙位置。

4）对于多级滑坡，可根据具体情况设置多级挡土墙支撑。

5）根据地质条件、地形情况、滑坡推力、土压力的变化情况，可沿挡土墙走向分段（一般不宜小于 10 m）设计不同截面的挡土墙及确定沉降缝和伸缩缝的位置。

6）河沟地段的挡土墙，应注意挡土墙前后的水流平顺，以免形成旋涡，产生局部冲刷，也不可挤压河道。

二、挡土墙设计

挡土墙是用来防止边坡坍塌的支挡构筑物，因此，必须充分保证它对滑动和倾覆的稳定性以及墙体本身的强度；此外，还应保证它的基底压应力小于地基的容许承载力。挡土墙的设计，先依据经验选定墙型和拟定墙身的截面尺寸，然后通过墙和地基的强度与稳定性验算确定。

（一）稳定性及强度验算

1. 作用在挡土墙上的力　作用在挡土墙上的力由三部分组成，即主要力、附加力和特殊力。

1）主要力：有土压力（滑坡推力）、墙身重力、墙顶上的有效荷载、墙背与第二破裂面之间的有效荷载、基底法向反力及摩擦力、常水位时的静水压力和浮力。

2）附加力：有计算水位的静水压力和浮力、水位退落时的动水压力、波浪压力、冻胀压力和冰压力、温度变化的影响力等。

3）特殊力：有地震力、临时荷载、其他特殊力等。

作用在挡土墙上的力，一般只考虑主要力。只有在浸水和地震等特殊情况下，才考虑附加力和特殊力的作用。

挡土墙前部的被动土压力，一般不予考虑。当基础埋置较深，且地层稳定，不受水流冲刷和扰动破坏时，结合墙身的位移条件，可考虑适量的被动土压力。

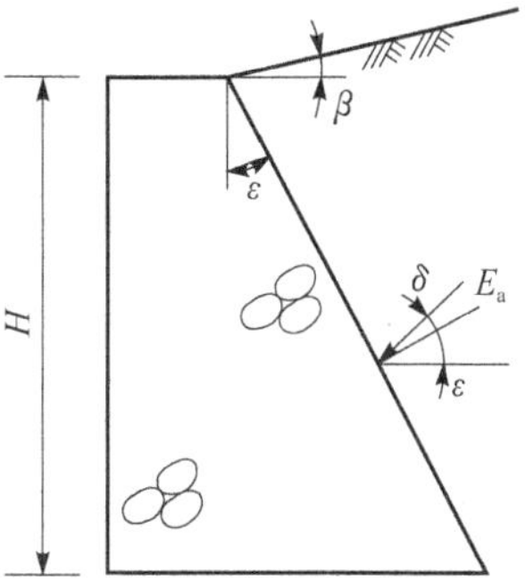

图 2-14　挡土墙主动土压力

2. 挡土墙土压力计算　作用在挡土墙上的土压力，根据挡土墙是否发生位移和移动方向分为主动土压力、被动土压力和静止土压力。

一般建造在土基上的独立挡土墙都受主动土压力的作用，因此，该处主要介绍主动土压力的计算。

当墙后填土为均质无黏性土时，作用在重力式挡土墙结构上的主动土压力（图 2-14）可根据墙后填土性质、挡土墙高度、填土顶面坡角因素，按下式进行计算。

$$E_a=\frac{1}{2}\gamma H^2 K_a \tag{2-3}$$

式中，E_a为作用在挡土墙上的主动土压力，kN/m；H为挡土墙高度，m；γ为挡土墙墙后填土容重，kN/m^3；K_a为主动土压力系数，可按下式计算。

$$K_a=\frac{\cos^2(\varphi-\varepsilon)}{\cos^2\varepsilon\cos(\varepsilon+\delta)\left[1+\sqrt{\dfrac{\sin(\varphi+\delta)\sin(\varphi-\beta)}{\cos(\varepsilon+\delta)\cos(\varepsilon-\beta)}}\right]^2} \tag{2-4}$$

式中，β为挡土墙墙后填土表面坡角，(°)；ε为挡土墙墙背面与铅直面的夹角，(°)；φ为挡土墙墙后回填土的内摩擦角，(°)；δ为挡土墙墙后填土对墙背的摩擦角，(°)。

δ值可按表 2-2 采用。

表 2-2 δ值

挡土墙墙背面排水状况	δ值
墙背光滑，排水不良	(0.00～0.33) φ
墙背粗糙，排水良好	(0.33～0.50) φ
墙背很粗，排水良好	(0.50～0.67) φ
墙背与填土之间不可能滑动	(0.67～1.00) φ

对于重力式挡土墙，当墙后填土表面水平时，主动土压力系数可按下式计算。

$$K_a=\tan^2\left(45°-\frac{\varphi}{2}\right) \tag{2-5}$$

当挡土墙墙后填土为黏性土时，可采用等值内摩擦角法（又称等代内摩擦角法）计算作用于挡土墙上的土压力。等值内摩擦角可根据挡土墙结构高度、墙后所填黏性土性质及浸水情况等因素，参照已建工程实践经验确定。

等值内摩擦角法就是把墙后黏性填土的内聚力折算成所谓的等值内摩擦角 φ_D，也就是说适当加大土的内摩擦角，把内聚力概括进去，而后按式（2-3）计算主动土压力，这样计算简单，关键是怎样确定等值内摩擦角。实际应用时，对一般黏性土，地下水位以上常设 φ_D 为 35° 或 30°，地下水位以下用 25°～30°。但是，等值内摩擦角并非一个定值，随墙高而变化，墙高越小，等值内摩擦角越大。如墙高为定值，则等值内摩擦角将随内聚力的增加而迅速递增。计算结果表明：对于高墙而填土土质较差时，用 $\varphi_D=35°$ 计算，偏于不安全；对于低墙而填土土质较好时，用 $\varphi_D=35°$ 计算，却又偏于保守。可见用一个等值内摩擦角来代替填土的实际强度，不能很好地符合实际情况，也并不都偏于安全。最妥当的办法还是根据土的 c、φ 值来计算相应的 φ_D 值而后加以选用。

3. 挡土墙稳定性和强度验算

（1）*强度和抗滑稳定验算*　土质地基和软质岩石地基上的挡土墙基底应力计算应满足下列要求。

1）在各种计算情况下，挡土墙平均基底应力不大于地基允许承载力，最大基底应力不大于地基允许承载力的 1.2 倍。

2）挡土墙基底应力的最大值与最小值之比不大于规定的允许值（表 2-3）。

表 2-3　挡土墙基底应力最大值与最小值之比的允许值

地基土质	荷载组合	
	基本组合	特殊组合
松软	1.5	2.0
中等坚实	2.0	2.5
坚实	2.5	3.0

注：对于地震区的挡土墙，其基底应力最大值与最小值之比的允许值可按表列数值适当增大

硬质岩石地基上的挡土墙基底应力计算应满足下列要求。

1）在各种计算情况下，挡土墙最大基底应力不大于地基允许承载力。

2）除施工期和地震情况外，挡土墙基底不应出现拉应力；在施工期和地震情况下，挡土墙基底拉应力不应大于 100 kPa。

挡土墙基底应力应按下式计算。

$$P_{\substack{max\\min}}=\frac{\sum G}{A}\pm\frac{\sum M}{W} \tag{2-6}$$

式中，$P_{\substack{max\\min}}$为挡土墙基底应力的最大值或最小值，kPa；$\sum G$为作用在挡土墙上全部垂直于水平面的荷载，kN；$\sum M$为作用在挡土墙上的全部荷载对于水平面平行前墙墙面方向形心轴的力矩之和，kN · m；A为挡土墙基底面的面积，m^2；W为挡土墙基底面对于基底面平行前墙墙面方向形心轴的截面矩，m^3。

土质地基上挡土墙沿基底面的抗滑稳定安全系数，应按式（2-7）或式（2-8）计算：

$$K_c=\frac{f\sum G}{\sum H} \tag{2-7}$$

$$K_c=\frac{\tan\varphi_0\sum G+c_0A}{\sum H} \tag{2-8}$$

式中，K_c为挡土墙沿基底面的抗滑稳定安全系数；f为挡土墙基底面与地基之间的摩擦系数，可由试验或根据类似地基的工程经验确定；$\sum H$为作用在挡土墙上全部平行于基底面的荷载，kN；φ_0为挡土墙基底面与土质地基之间的摩擦角，（°），可按表 2-4 选用；c_0为挡土墙基底面与土质地基之间的黏结力，kPa，可按表 2-4 选用。

表 2-4　φ_0、c_0 值

土质地基类别	φ_0 值	c_0 值
黏性土	0.9φ	（0.2～0.3）c
砂性土	（0.85～0.9）φ	0

注：① φ 为室内饱和固结快剪试验测得的内摩擦角，（°）；② c 为室内饱和固结快剪试验测得的黏结力，kPa

黏性土地基上的 1 级、2 级挡土墙，沿其基底面的抗滑稳定安全系数宜按式（2-8）计算。

岩石地基上挡土墙沿基底面的抗滑稳定安全系数，应按式（2-7）或按下式计算。

$$K_c=\frac{f'\sum G+c'A}{\sum H} \tag{2-9}$$

式中，f'为挡土墙基底面与岩石地基之间的抗剪断摩擦系数，可按表 2-5 选用；c'为挡土墙基底面与岩石地基之间的抗剪断黏结力，kPa，可按表 2-5 选用。

表 2-5 f'、c' 值

岩石地基类别		f' 值	c' 值 /MPa
硬质岩石	坚硬	1.3～1.5	1.3～1.5
	较坚硬	1.1～1.3	1.1～1.3
软质岩石	较软	0.9～1.1	0.7～1.1
	软	0.7～0.9	0.3～0.7
	极软	0.4～0.7	0.05～0.3

注：如岩石地基内存在结构面、软弱层（带）或断层，f'、c' 值应按现行的国家标准 GB 50287—2016 的规定选用

当挡土墙基底面向填土方向倾斜时，沿该基底面的抗滑稳定安全系数可按下式计算。

$$K_c=\frac{f\left(\sum G\cos a+\sum H\sin a\right)}{\sum H\cos a-\sum G\sin a} \tag{2-10}$$

式中，a 为基底面与水平面的夹角，(°)，土质地基不宜大于 7°，岩石地基不宜大于 12°。

挡土墙沿基底面的抗滑稳定安全系数，不应小于规定的允许值。

按表 2-4 的规定采用 φ_0 值和 c_0 值时，应按下式折算挡土墙基底面与土质地基之间的综合摩擦系数：

$$f_0=\frac{\tan\varphi_0\sum G+c_0A}{\sum G} \tag{2-11}$$

式中，f_0 为挡土墙基底面与土质地基之间的综合摩擦系数。

对于黏性土地基，如折算的综合摩擦系数大于 0.45，或对于砂性土地基，如折算的综合摩擦系数大于 0.50，采用的 φ_0 值和 c_0 值均应有论证。对于特别重要的 1 级、2 级挡土墙，采用的 φ_0 和 c_0 值宜经现场地基土对混凝土板的抗滑强度试验验证。

挡土墙基底面与岩石地基之间的抗剪断摩擦系数 f' 值和抗剪断黏结力 c' 值可根据室内岩石抗剪断试验成果，并参照类似工程实践经验及表 2-5 所列数值选用。但选用的 f'、c' 值不应超过挡土墙基础混凝土本身的抗剪参数值。

（2）抗倾覆稳定计算 挡土墙的抗倾覆稳定安全系数可按下式计算。

$$K_0=\frac{\sum M_V}{\sum M_H} \tag{2-12}$$

式中，K_0 为挡土墙抗倾覆稳定安全系数；$\sum M_V$ 为对挡土墙基底前趾的抗倾覆力矩，kN · m；$\sum M_H$ 为对挡土墙基底前趾的倾覆力矩，kN · m。

挡土墙的抗倾覆稳定安全系数应不小于规定的允许值（表 2-6）。

表 2-6 土质地基上挡土墙抗倾覆稳定安全系数 K_0 的允许值

荷载组合	挡土墙级别			
	1	2	3	4
基本组合	1.6	1.5	1.5	1.4
特殊组合	1.5	1.4	1.4	1.3

需要说明的是，当挡土墙建立在软土地基或下卧层内夹有软弱土层时，还需进行地基整体稳定验算。

（二）基础设计

挡土墙的破坏有许多是由地基不良或基础处理不当引起的。设计时应充分掌握基底的地质条件，再确定基础类型和埋置深度。

1. 基础埋置深度　挡土墙的基础埋置深度（如基底倾斜，基础埋置深度从最浅处的墙趾处计算）应根据持力层土的容许承载力、冻结深度、岩石风化程度、流水冲刷等因素确定。在土质地基上，基础应在冻结深度以下不小于 0.25 m，同时不小于 1 m；受流水冲刷时，在冲刷线以下不小于 1 m。在岩石基础上，则应按岩石种类把基础嵌入未风化的岩层内，嵌入尺寸见表 2-7。

表 2-7　挡土墙基础嵌入岩层尺寸

地质类别	D/m	L/m	嵌入示意图
较完整的硬岩层	0.25	0.25～0.5	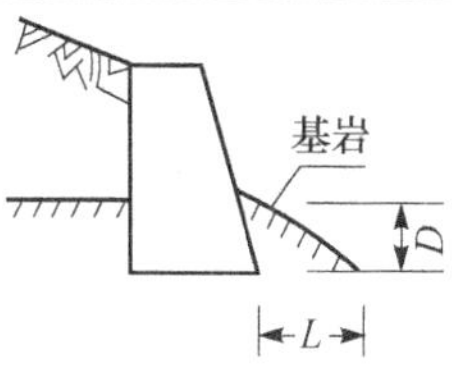
一般硬岩层	0.6	0.6～1.5	
软岩层	1	1.0～2.0	
土层	≥1.0	1.5～2.5	

注：D. 基底距未风化岩层表面的垂直距离；L. 基底距未风化岩层表面的水平距离

2. 扩大基础设计　当挡土墙受倾覆稳定、基底应力控制时，可用扩大基础，即加设墙趾台阶的方法解决。将墙趾部分加宽成台阶，或墙趾墙踵同时加宽，以加大承压面积。加宽宽度视基底应力需要减少的程度和加宽后的合力偏心距的大小而定，一般不小于 20 cm。

当基础设置在软弱土层（如淤泥、软黏土等）上，地基容许承载力不能满足设计要求时，可用质量较好的土换填一定深度，以扩散基础应力，使之均匀地传递到下卧土层中，以满足压应力小于地基的容许承载力为原则。

土质地基上的挡土墙底部宜设置齿墙，齿墙深度可采用 0.5～1.0 m。

（三）挡土墙构造

挡土墙的构造必须符合强度和稳定性的要求，并考虑就地取材、经济、施工及养护方便，按地质、地形条件通过技术经济比较后确定。

1. 墙身构造　重力式挡土墙墙面一般采用 1∶0.05～1∶0.2。当墙高较小时，可采用垂直式挡土墙，墙背可做成倾斜、垂直或台阶形。仰斜式挡土墙墙背的坡度越缓，主动土压力越小，但施工不便。一般情况下，其倾斜度不宜小于 1∶0.25。面坡应尽量与背坡平行，宜采用 1∶0.25。俯斜式挡土墙墙背的坡度不大于 1∶0.36。

一般情况下，挡土墙基础的宽度与墙高之比为 1/2～2/3，如墙身较矮，荷载较小，可采用前者。

混凝土块和块石砌体的挡土墙，墙顶宽度不应小于 0.5 m。

2. 排水设施　为使墙后积水易于排出，墙身应布置适当数量的泄水孔。泄水孔尺寸可视泄水量大小分别采用 5 cm×10 cm、10 cm×10 cm、15 cm×20 cm 的方孔，或直径 5～10 cm 的圆孔。泄水孔间距一般为 2～3 m，上下交错设置。

最下排泄水孔应高出地面或水面 0.3 m，浸水地区应高出常水位 0.2 m。如墙后渗水量较大，应根据具体情况加密泄水孔、加大泄水孔尺寸或增设纵向排水措施。

泄水孔进水侧应设置反滤层，厚度不小于 0.3 m，并在底部泄水孔以下设置隔水层，不使积水渗入挡土墙基底。若墙后填料透水性较差，应在墙后最低排泄水孔至墙顶下 0.5 m 之间填筑不小于 0.3 m 厚的砂砾石反滤层，若墙后用透水性材料回填，可不设反滤层。挡土墙墙后为膨胀性黏土，反滤层设计除按级配要求外，还应适当加厚。

3. 沉降缝和伸缩缝 由于墙高、土压力和地基土压缩性的差异，应设置沉降缝，并兼作伸缩缝。一般沿墙的长度方向每隔 10～25 m 设置一道，浆砌石挡土墙一般为 10～15 m 设置一道，视地基情况而定，为松软土质地基时可取短一些，缝宽 0.02～0.03 m，缝内填塞沥青麻筋或沥青木板等柔性防水材料，塞入深度不小于 0.15 m。凡用沉降缝隔开的各段必须设置在同一地基上。

（四）材料要求

1）有石料的地区，挡土墙应尽可能采用水泥砂浆砌筑块石。

2）石料单块质量大于 25 kg，中部厚不小于 0.20 m，强度等级不低于 MU50，软化系数不小于 0.75，没有显著的风化迹象，无裂缝，不含易风化矿物，质地坚硬。

3）砌筑水泥的砂浆强度等级一般为 M7.5，浸水地区及严寒地区为 M10，勾缝砂浆为 M10。

三、设计、施工注意事项

挡土墙施工与一般土建工程施工有相同的共性，但也有其特殊性，下面仅给出挡土墙施工时应注意的事项。

1）挡土墙基础如设置在基岩上时，应注意清除基岩表面层风化部分；基础如置于土层上，则不应将基础放于软土、松土及未经处理的回填土上。

2）受侵蚀性环境水作用的挡土墙，应采用抗侵蚀的水泥浆砌筑或抗侵蚀的混凝土灌注，否则应采用其他的防护措施。

3）砌筑挡土墙时，不得做成水平通缝，墙趾台阶转折处，不得做成竖直通缝。

4）墙体砌出地面后，基坑必须及时回填夯实，并做成不小于 4% 的向外流水坡，以免积水下渗，影响墙体稳定。

5）施工前应做好地面排水系统，保持基坑干燥，考虑好基坑内排水及内支撑，以保证施工安全。

6）浸水挡土墙墙后回填应尽量采用透水性较好的土，以利于迅速排除积水，减少由水位涨落引起的动水压力。

第四节　滑坡及其防治

滑坡是极其严重的地质灾害，不但导致水土流失，而且会危及财产和人的生命安全。黄土高原地区沟深坡陡，地形复杂，沟道下切和侧蚀以及工程建设开挖等极易导致自然或人工边坡失稳，发生滑坡，各种损失惨重。因此，需要加强重点区域坡面监测，采取综合措施对坡面实施治理，防止滑坡等地质灾害的发生，保证人民的生命财产安全。

滑坡防治措施复杂多样，涉及的基础知识较多，本节仅就常见措施作简单介绍。

一、滑坡勘察

滑坡勘察是通过调查、勘探、观测、试验等手段以查明滑坡的类型及要素，分析滑动的原因和稳定程度，并预测其发展趋势，为防治滑坡提供所需的工程地质资料和建议。

工程地质测绘与调查的范围应包括滑坡区及其邻近稳定地段，其主要内容包括：

1）查明滑坡的微地貌形态、地层结构、滑坡要素，滑坡裂隙的宽度、深度，裂隙产生的时间、切割关系和力学属性，泉和湿地的位置，并分析滑动面的可能深度及埋藏条件；

2）与附近类似地质条件的滑坡进行工程地质对比，从其相似性和差异性分析滑坡的稳定性，并取得可供利用的参数；

3）调查滑动前的迹象，分析产生滑动的内因和外因；

4）调查滑坡体上房屋、树木等的变形、位移和破坏情况；

5）调查当地整治滑坡的经验等。

勘探工作应根据工程地质测绘后所取得的资料进行。勘探可进一步了解滑坡内部的特征，并证实和完善测绘工作推断的正确性。其具体任务是要确定：

1）滑坡的范围、厚度、物质组成和含水状态；

2）滑动面（带）个数、形状、岩性结构特征和含水状态；

3）滑坡地区地下水的层数、分布、补给与排泄条件、动态及各层间的水力联系，每层地下水的水位、水量、水质及含水层厚度等。

勘探工作中通常使用的方法有钻探、物探和挖探三种，其中又以钻探为主，后两者则起配合和辅助作用。最后还应把施工开挖作为勘探工作的验证和补充。

二、滑坡预防

滑坡会造成严重的事故，因此，应对滑坡采取预防为主的方针，在勘测、设计、施工和使用各个阶段，均需采取必要的措施，预防滑坡的发生。

对于有可能形成滑坡的地段，应注意以下几个方面，并采取可靠的预防措施，防止滑坡发生。

1）加强工程地质勘察工作，对工程建设区自然或人工边坡的稳定性和稳定程度进行认真的分析与评价，特别要注意工程建设活动对建设区工程地质和水文地质条件的改变以及对边坡稳定性所产生的影响。

对具备滑坡形成条件或存在古老滑坡的地段，应采取必要的措施加以预防。

预防滑坡，应做好排水工作（包括地表水和地下水）。尽可能保持工程建设区的自然排水系统，并进行必要的整修和加固，防止渗水。截水沟的坡度要大于天然边坡的坡度，并做好防渗处理，加强维护和疏通。地表的天然植被要尽可能保护和培育，对于疏松或有大量裂缝的坡面应平整夯填，防止渗水。

2）在工程建设过程中，应尽量避免形成触发滑坡的外因。例如，在边坡附近进行爆破时，要注意其对边坡稳定性的影响，还应尽可能保持施工场地的自然排水系统，并进行必要的修整和处治，防止渗水诱发滑坡。

3）加强边坡的维修和养护。边坡的稳定性与勘察、设计、施工和使用都有密切关系。即使目前稳定的边坡，随着自然和人为条件的发展与变化，也可能有新的情况发生，触发滑坡。因此，要随时注意对边坡的养护，加强维修，并根据具体情况随时采取必要的措施。例如，新出现的裂缝要及时填平夯实，沟渠开裂渗水应及时修复等。

三、滑坡整治

滑坡发生后，应深入了解形成滑坡的内、外部条件以及这些条件的变化。针对诱发滑坡的各种因素，采取相应的措施。一般情况下，在滑坡活动初期，就应尽快整治。

整治滑坡主要用排水、支挡、减重和护坡等措施综合处理。如滑坡由切割坡脚引起，则以支挡为主，然后根据具体情况，辅以排水、减重等措施。如滑坡由水引起，则应以治水为主，辅以适当的支挡措施。

对小型滑坡，一般采用地表排水、坡面整平、裂缝夯填等措施进行整治。对中型滑坡，则需采用支挡、减重、排除地下水等措施。对大型滑坡，则需综合整治，主要有支挡结合支撑盲沟、减重结合支挡等措施。

（一）排水

排水主要是排除滑坡范围内外的地表水和地下水。

1. 滑坡范围外

（1）地表水　对地表水，应采取拦截和旁引的原则，修筑一条或多条环形的截水沟。截水沟应设在滑坡可能发展的边界约 5 m 以外，一般用浆砌石做成，厚 30 cm 左右，沟底及沟壁应用水泥砂浆抹面，防止渗漏。也可利用天然沟来布置排水系统。如天然沟向滑坡体供水，则应做好沟的防渗处理，严格防止流水下渗；如滑坡体向沟供水，则应疏通沟道，防止淤塞。

（2）地下水　拦截深层地下水，常采用截水盲沟。截水盲沟宜修筑在滑坡可能发展的范围外约 5 m 的稳定地段中，与地下水流向正交，布置成折线或环状。截水盲沟底宽不应小于 1.0 m，沟的背水面设置黏土或浆砌片石隔水层，厚度一般为 0.3～0.5 m，以防止地下水透过盲沟再渗入滑坡体内，迎水面应设置厚约 0.3 m 的粗砂反滤层。沟底用浆砌块石筑成凹槽形，厚度不小于 0.3 m，一般应埋入最深含水层以下的不透水层或基岩内，沟底纵坡不小于 4%～5%。沟内用碎石、卵石或粗砂等作为填料以利排水。盲沟一般长而深，为方便维修和疏通，在直线段每隔 30～50 m 和沟的转折点、变坡点处设置检查井（图 2-15）。

2. 滑坡范围内

（1）地表水　对地表水，应采取防渗和尽快汇集并引出滑坡体范围外为原则。防渗和排水措施常在滑坡体以外的排水系统完成后仍不能制止滑坡时才设置，对大型滑坡，则常同时设置。

为防止积水下渗，应对天然边坡整平夯实（包括裂缝处理，必要时用黏土水泥砂浆封口）。排除地表水可利用天然沟谷布置成树枝状排水系统，排水主沟应与滑坡滑动方向大体一致，支沟则与滑动方向斜交成 30°～45°（图 2-16）。排水沟每隔 20～30 m 设置一条，用浆砌石砌筑，

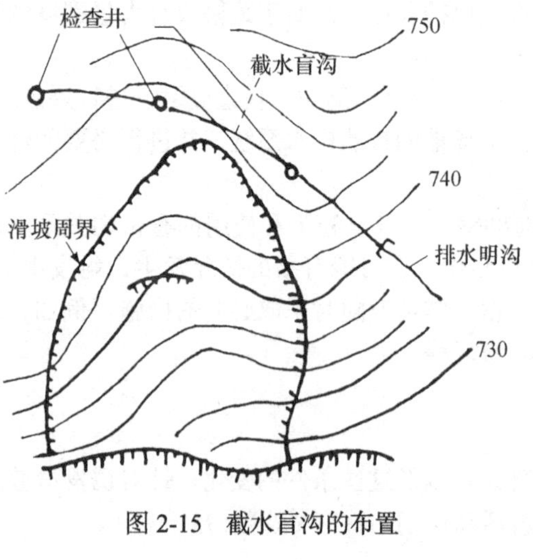

图 2-15　截水盲沟的布置

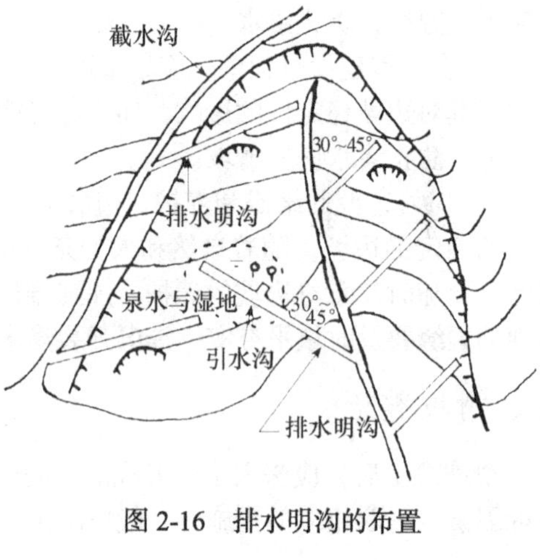

图 2-16　排水明沟的布置

厚约 30 cm。在湿地或泉水出露处，应修建渗沟和明沟等引水工程，以减少对滑坡体的供水。此外，还应做好坡面绿化工作，起隔水和疏干作用。必要时，还可加设隔水层。

（2）地下水　对地下水，应以疏干和引出为原则，一般采用支撑盲沟（同时起支撑滑坡体的作用）。支撑盲沟往往设置在地下水露头和因土中水而形成坍塌的地方，并沿滑坡的滑动方向修筑成“IYI”“YYY”和“III”形，支沟可伸出滑坡体范围以外。间距视土质情况设置成 6～15 m（图 2-17）。沟深一般从 2 m 到十几米，宽度视抗滑要求和施工方便而定，沟底一般设置在滑动面以下 0.5 m 的稳定地层中，纵坡 2%～4%。沟底用浆砌片石铺砌，内部堆砌坚硬片石，沟顶用大块片石铺砌表面，也可用黏土夯填，厚至少 0.5 m。沟侧两面应设置反滤层，一般 2～3 层，每层厚 10～20 cm，其成分和粒径大小视含水层土质条件与填料种类而定（图 2-18）。

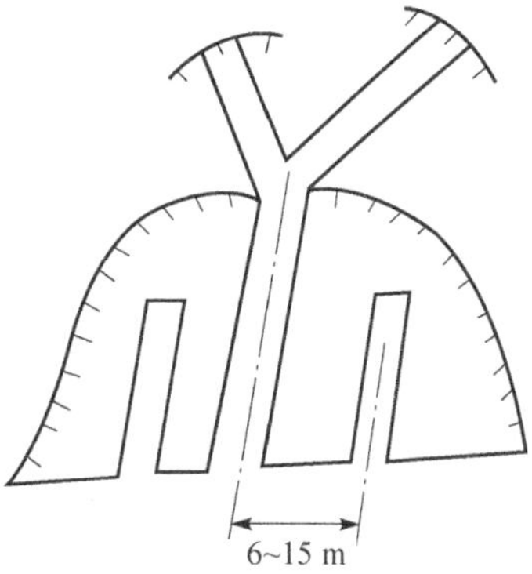

图 2-17　盲沟平面布置示意图

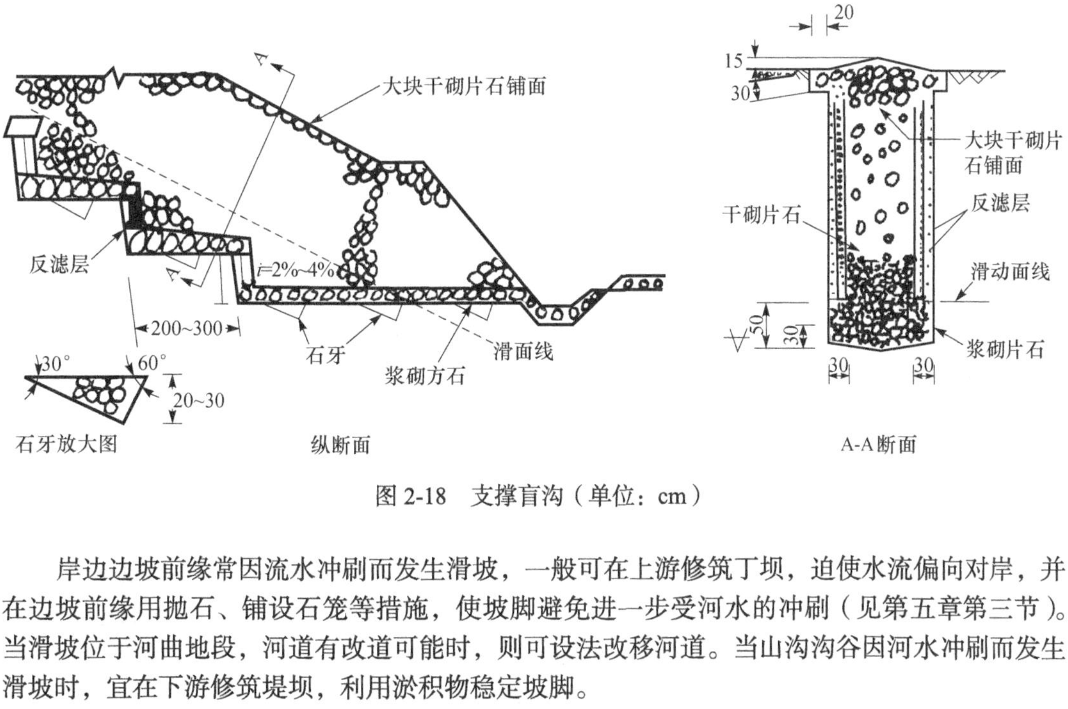

图 2-18　支撑盲沟（单位：cm）

岸边边坡前缘常因流水冲刷而发生滑坡，一般可在上游修筑丁坝，迫使水流偏向对岸，并在边坡前缘用抛石、铺设石笼等措施，使坡脚避免进一步受河水的冲刷（见第五章第三节）。当滑坡位于河曲地段，河道有改道可能时，则可设法改移河道。当山沟沟谷因河水冲刷而发生滑坡时，宜在下游修筑堤坝，利用淤积物稳定坡脚。

（二）支挡

根据滑坡推力的大小，可选用抗滑挡土墙、抗滑桩等支挡结构对滑坡进行防治。支挡结构均应埋设在滑动面下的稳定地层中，以防与滑坡体一起下滑，并常与排水、减重等措施结合使用。

1. 抗滑挡土墙　抗滑挡土墙应用广泛，且较为有效。抗滑挡土墙一般多用重力式。

（1）应用时注意事项　抗滑挡土墙应用前，应弄清滑坡的性质（牵引式还是推移式滑坡）、滑动面的层数和位置、滑坡推力等情况。在此基础上，决定是否应用并选择合适的形式，以免防治失效。

（2）设计时注意事项

1）墙背所受土压力为滑坡推力，一般大于按库仑土压力理论计算所得的主动土压力（但是对中、小型滑坡，如算得的滑坡推力不大，还应与主动土压力相比较，取其中较大值进行设计），作用点也较高。对具有明显滑坡带的中、深层滑坡，作用点在滑动面到墙顶高度的1/2.5～1/2处；对饱和黏土的浅层滑坡，作用点在滑动面到墙顶的1/3～1/2高度处，其作用方向与墙后较长一段滑动面的方向平行。

2）重力式抗滑挡土墙一般形状矮胖、胸坡平缓（常用1∶0.3～1∶0.5）。为增加墙的抗滑能力，对土质地基，基础底面常做成1∶0.1～1∶0.15的逆坡；对岩石地基，宜使作用在基础底面上的合力与其下岩层层面大致正交，把基础做成1～2个台阶。

3）挡土墙的埋置深度应位于滑动面以下，并深入完整的岩层面下不小于0.5 m，稳定土层面以下不小于2 m。

4）确定墙高时，应通过验算以保证滑坡体不致从墙顶滑出。

5）墙身内应设置泄水孔以排除地下水。

（3）施工时注意事项　施工宜在旱季进行。在一般情况下，不允许在滑坡下部全段开挖地基（特别是在雨季），应从滑坡两边向中间分段跳槽进行，以免引起滑坡滑动，或使墙的已完成部分被推倒。

2. 抗滑桩　抗滑桩是承受侧向荷载的桩体，穿越滑坡并在滑坡一定深度处锚固，抵抗滑坡推力，适用于深层滑坡和各类非塑性流滑坡，是一种经济、安全、高效的滑坡治理措施，应用普遍（图2-19）。

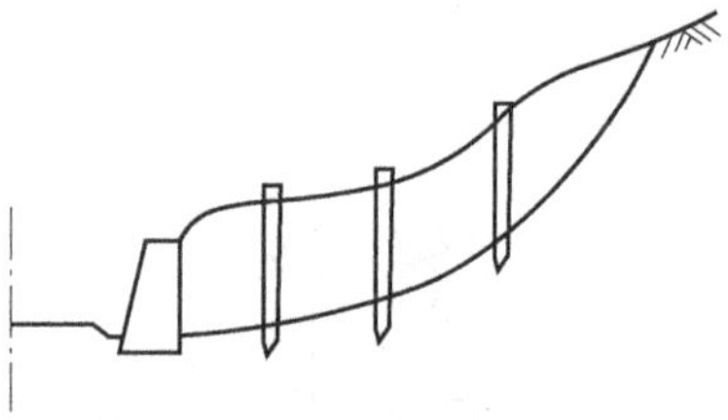

图2-19　抗滑桩示意图

（1）布设

1）平面布置：对滑坡治理工程，抗滑桩原则上布置在滑体的下部，即滑动面平缓、滑体厚度小、锚固段地质条件较好的地方，同时要考虑施工的方便。对于地质条件简单的中小型滑坡，一般在滑体前缘布设一排抗滑桩，桩排方向应与滑体垂直或近似垂直。对于轴向很长的多级滑动或推力很大的滑坡，可考虑将抗滑桩布置成两排或多排，进行分级处治，分级承担滑动推力；也可考虑在抗滑地带集中布置2～3排、平面上呈品字形或梅花桩形的抗滑桩或抗滑排架。对滑坡推力特别大的滑坡，可考虑采用抗滑排架或群桩承台。对于轴向很长的具有复合滑动面的滑体，应根据滑面情况和坡面情况分段设立抗滑桩，或采用抗滑桩与其他抗滑结构组合布置方案。

2）抗滑桩间距：抗滑桩间距受滑坡推力大小、桩型及断面尺寸、桩的长度和锚固深度、锚固段地层强度、滑坡体的密实度和强度、施工条件等诸多因素的影响，目前尚无成熟的计算方法。合适的桩间距应该使桩间滑体具有足够的稳定性，在下滑力作用下不致从桩间挤出。一般采用的间距为6～10 m。当桩间采用了结构连接来阻止桩间楔形土体的挤出时，则桩间距完全取决于抗滑桩的抗滑力和桩间滑体的下滑力。当抗滑桩集中布置成2～3排排桩或排架时，排间距可采用桩截面宽度的2～3倍。

3）桩的锚固深度：桩埋于滑面以下稳定地层内的适宜锚固深度，原则上由桩的锚固段传递到滑面以下地层的侧向压应力不得大于该地层的容许侧向抗压强度、桩基底的压应力不得大于地基的容许承载力来确定。锚固深度是抗滑桩发挥抵抗滑体推力的保证。锚固深度不足，抗滑桩不足以抵抗滑体推力，容易引起桩的失效；锚固过深则又造成工程浪费，并增加施工难度。可采取缩小桩的间距，减少每根桩所承受的滑坡推力，或增加桩的相对刚度等措施来适当减少锚固深度。

（2）桩型选择　适用于抗滑桩的桩型有钢筋混凝土桩、钢管桩、H 型钢桩等。

1）钢筋混凝土桩：钢筋混凝土桩是用得最多的桩型，其断面形式主要有圆形、矩形。圆形断面为 Φ600～Φ2000 mm，最大可达 Φ4500 mm。矩形断面可充分发挥其抗弯刚度大的优点，适用于大型滑坡推力较大、需要较大刚度的地方。一般为人工成孔抗滑桩，断面尺寸多为 1000 mm × 1500 mm、1200 mm × 1800 mm、1500 mm × 2000 mm、2000 mm × 3000 mm 等。钢筋混凝土桩的混凝土强度不低于 C15，一般采用 C20。

2）钢管桩：钢管桩一般为打入式桩，其特点是强度高、抗弯能力大、施工快、可快速形成排或桩群。桩径（D）一般为 400～1900 mm，常用的是 600 mm。钢管桩适合于有沉桩施工条件和有材料可资利用的地方，或工期短、需要快速处治的滑坡工程。

3）H 型钢桩：H 型钢桩与钢管桩的特点和适用条件基本相同，其型号有 HP200、HP250、HP310、HP360 等。

3. 锚杆（索）　岩土锚固技术是一种把受拉杆（索）埋入地层中，用以阻止岩土体移动或用以提高岩土自身强度和自稳能力的工程技术，目前应用极其广泛。采用锚杆（索）加固边坡，能够提供足够的抗滑力，并能提高潜在滑移面上的抗剪强度，有效地阻止坡体位移，如图 2-20 所示。在岩土锚固工程中，通常将锚杆和锚索统称锚杆，其结构如图 2-21、图 2-22 所示。

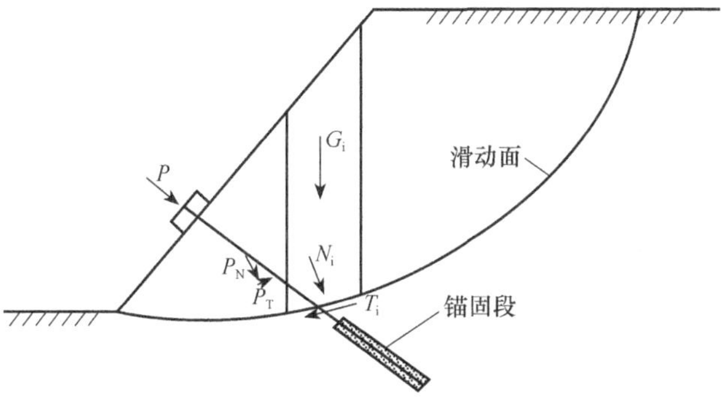

图 2-20　锚杆（索）防治滑坡示意图

P. 锚杆拉力；G_i. 重力；N_i. 作用于滑动面的压力；T_i. 作用于滑动面的下滑力；P_N. P 在垂直于滑动面上的分力；P_T. P 在沿滑动面方向的分力

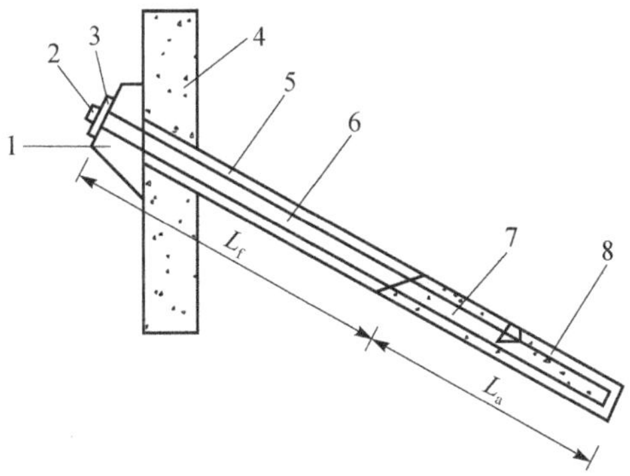

图 2-21　锚杆结构示意图

1. 台座；2. 锚具；3. 承压板；4. 支挡结构；5. 钻孔；6. 自由隔离层；7. 钢筋；8. 注浆体；L_f. 自由段长度；L_a. 锚固段长度

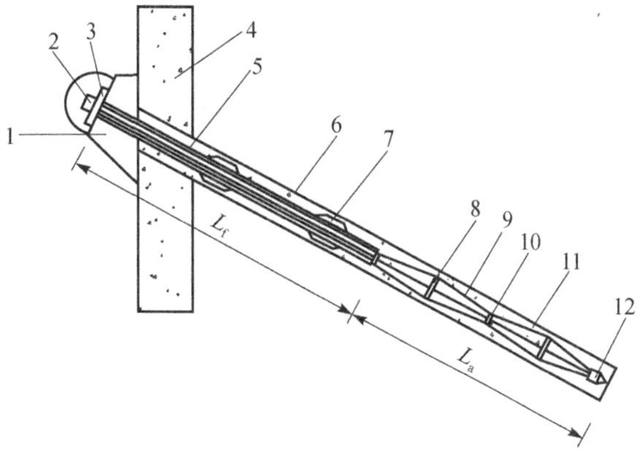

图 2-22　锚索结构示意图

1. 台座；2. 锚具；3. 承压板；4. 支挡结构；5. 自由隔离层；6. 钻孔；7. 对中支架；8. 隔离架；9. 钢绞线；10. 架线环；11. 注浆体；12. 导向帽；L_f. 自由段长度；L_a. 锚固段长度

锚杆在边坡加固中通常与其他支挡结构联合使用，如锚杆与钢筋混凝土桩联合使用，构成钢筋混凝土排桩式锚杆挡墙（图 2-23），锚杆与钢筋混凝土格架联合使用形成钢筋混凝土格架式锚杆支护（图 2-24）等，还有锚钉加固边坡措施，即在坡中埋入短而密的抗拉构件与坡体形成复合体系，增强边坡的稳定性。锚钉加固边坡在黄土高原地区长输管道边坡防护工程中使用得较多。

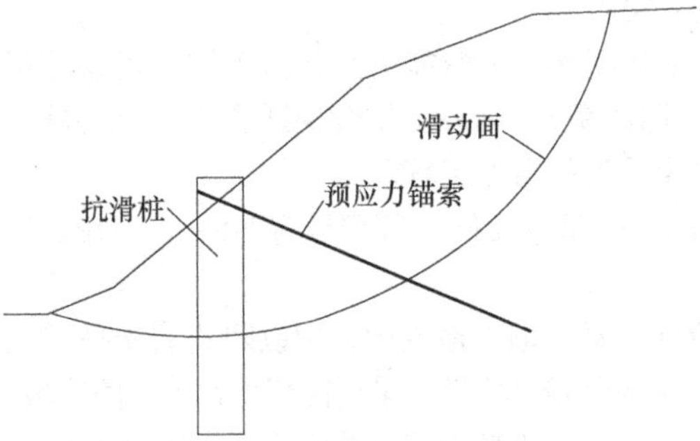

图 2-23　预应力锚索抗滑桩结构

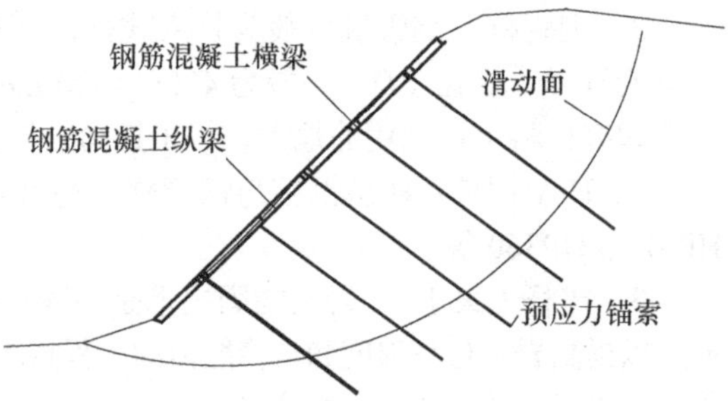

图 2-24　钢筋混凝土格架式锚杆支护

（1）设计注意事项

1）滑坡治理采用锚杆，在其布设前应认真调查与锚固工程有关的地形、场地、周围已有建筑物等周边环境条件，并进行工程地质钻探及有关岩土物理力学性能试验，以确定布设范围、控制深度、结构类型和保护方式等。

2）锚杆上的覆盖土层需保留一定厚度，一般不小于 3.0～4.0 m，以避免上部地表土层受其他荷载等影响而改变受力条件，确保预应力锚杆的锚固段注浆施工质量。

3）锚杆的锚固段一般需设置在稳定、密实的岩土层内，不宜放置在有机质土层、高塑性黏土层、松散的砂土层或破碎岩层等锚固力低且受力后变形量大的岩土层内。

4）锚杆水平与垂直间距宜大于 2.5 m，以避免应力集中，不得小于 1.5 m，以免群锚效应发生而降低锚固力。

5）锚杆倾角与水平面夹角宜为 15°～40°，倾角愈大，锚杆承担的锚固力沿滑面的分力愈小，抵抗滑坡体滑动的阻力愈小，则锚杆的数量或吨位必须加大。

（2）锚杆防腐　岩层中锚杆的使用寿命取决于锚具及杆体的耐久性，而影响其耐久性的主要因素是腐蚀，所以对锚杆须进行防腐设计。

1）锚固体防腐：一般腐蚀环境中的永久性锚杆，其锚固段内杆体防腐可采用水泥砂浆封闭，但一定要使用对中定位器使杆体居中，保证其周围水泥砂浆保护层厚度不小于 20 mm。严重腐蚀环境中的永久性锚杆，其锚固段内杆体宜用波纹管外套，管内空隙用环氧树脂、水泥浆或水泥砂浆充填，套管周围保护层厚度不得小于 10 mm。临时性锚杆因其服务时间不长，如无特殊要求或在不是特别严重的腐蚀环境中，其锚固段一般采用水泥封闭防护，杆体周围保护层厚度不小于 10 mm 即可。

2）自由段防腐：防腐构造必须不影响锚杆杆体的自由伸长。临时性锚杆自由段杆体可涂抹润滑油或防腐漆，再包裹塑料布等简易措施防腐。永久性锚杆自由段杆体表面宜涂润滑油或防腐漆，然后包裹塑料布，在塑料布上再涂润滑油或防腐漆，最后装入塑料套管中，形成双层防腐。为防地表水进入锚杆，也可在经过以上处理后，用水泥浆或水泥砂浆充填锚杆自由段的空隙。

3）锚头防腐：锚头部位是地表水进入锚杆内部的最危险通道，因此，除对锚头零部件进行防腐外，还应注意封堵和隔离地表水浸入锚杆。永久性锚杆的承压板一般要涂敷沥青，一次灌浆硬化后承压板下部残留空隙，要再次充填水泥浆或润滑油，如锚杆不需再次张拉，则锚头涂以润滑油、沥青后用混凝土封死，如锚杆需重新张拉，则可采用盒具密封，但盒具的空腔内必须用润滑油充填。临时锚杆的锚头宜采用沥青防腐。

（三）减重和反压

减重的目的在于减少滑体上部主滑部分的重量，以减小滑坡体的下滑力。

刷方减重适用于滑坡床上陡下缓，滑坡后壁及两侧岩（土）体比较稳定的情况。

滑坡体前缘有弃土条件时，可把不是很陡的边坡稍加削平，把它堆在坡前成为御土堆，起反压作用，以增加其稳定性。

第三章　流域沟道治理工程

沟道（沟壑）是各类侵蚀沟系的总称，是径流泥沙输移的通道。现代侵蚀沟系的发育，多是水力侵蚀与重力侵蚀综合作用的结果。沟道输移的泥沙大部分源自其上游的沟谷，少部分源自沟谷上方的集流坡面。一般而言，流域坡面侵蚀和沟道侵蚀互为因果关系，即坡面径流冲刷使沟蚀加剧，沟蚀的扩大又使坡面失稳发生滑坡、崩塌等重力侵蚀，蚕食坡面，使侵蚀加剧。因此，在治理坡面侵蚀的同时，还需对沟道进行治理，况且，坡面即便得到良好的治理，也很难保证没有径流泥沙进入沟道，加之沟道本身具有一定的集水面积，也会产生一定程度的水土流失，因此需要沟坡兼治，方能收到较好的治理效果。

在黄土高原地区，沟道治理工程主要有沟头防护工程、谷坊工程、淤地坝工程、小型水库和泥石流沟道中的拦沙坝工程等。当前，工程建设如火如荼，因此而产生的大量弃土弃渣，许多也弃置于沟道内，为防止这些弃土弃渣二次流失，拦渣工程建设必不可少。这些工程也自然而然地成为沟道治理工程的一部分。通常，沟道治理工程的主要作用在于：拦截沟道内的径流泥沙，减少下游洪灾和泥沙淤积；抬高侵蚀基准面，控制沟道向长、向宽和向深发展；合理配置和利用沟道内的水沙资源，从而为农林牧业发展和生态环境改善奠定基础。

沟道工程的设计标准，应根据具体情况参照国家标准或有关水土保持技术规范确定。

第一节　沟头防护工程

沟头防护是沟道治理的起点，沟头防护工程的主要作用是拦蓄或安全排泄沟头上方的地表径流，减少沟头冲刷，保护和固定沟头，以免引起沟头前进、沟底下切和沟岸扩张；同时还可拦蓄坡面径流泥沙，减少沟道泥沙输出，提供人畜用水和灌溉用水。

沟头以上坡面常伴有天然集流槽，暴雨时坡面径流由此集中泄入沟道，引起沟头剧烈前进。该处是修建沟头防护工程的重点部位。

一、形式及适用条件

黄土高原地区，沟头防护工程的形式分为蓄水型和排水型两大类型。蓄水型沟头防护工程主要有围埂式和围埂蓄水池式，排水型沟头防护工程主要有悬臂式、台阶式和陡坡跌水式。

（一）蓄水型

1. 围埂式　　围埂式沟头防护工程是在沟头上方沿等高线布设的一种等高截水围埂。围埂视沟头上方坡面完整与否，可做成连续围堰式（图 3-1）或断续围堰式（图 3-2）。连续围堰式的特点是：围埂大致与沟沿平行，并基本沿等高线连续布设；筑埂后，需在围埂内侧每隔 5～10 m 设一截水横挡，以防截水沟不水平造成拦蓄的径流过于集中而出现决口。断续围堰式的特点是：沿沟头等高线布设上下两道互相错开的围堰（短沟埂），每段围堰可长可短，具体视地形破碎程度而定。

连续围堰式适用于沟头上方坡面较平缓（4° 以下）的沟头，断续围堰式适用于沟头上方地面破碎、地面坡度变化较大，平均坡度为 15° 的丘陵地带的沟头。

2. 围埂蓄水池式　　围埂蓄水池式是将蓄水池与沟头围堰（沟边埂）结合起来的一种沟

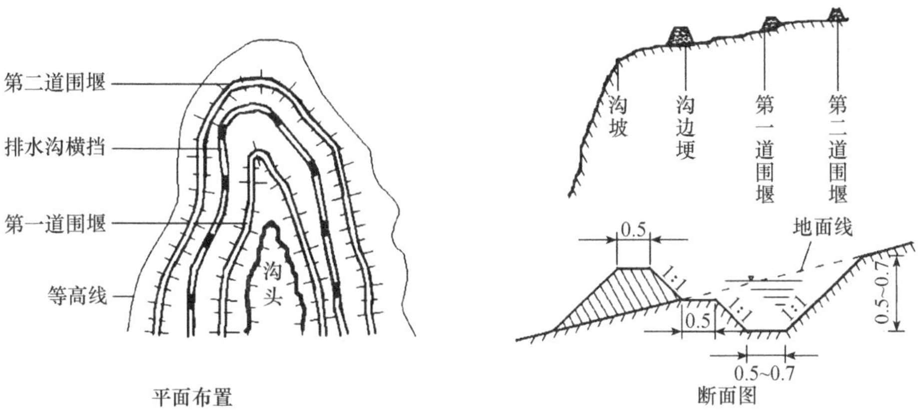

图 3-1　连续围堰示意图（单位：m）

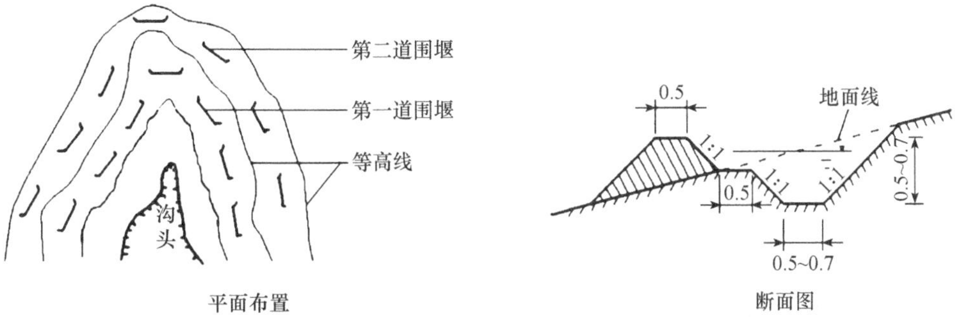

图 3-2　断续围堰示意图（单位：m）

头防护工程形式（图 3-3）。即在沟头附近先布设蓄水池，然后再与沿等高线布设的沟头围堰（沟边埂）相连接，沟头围堰（沟边埂）将其拦截的径流导入蓄水池，使蓄水池能够拦蓄更多径流。蓄水池一般布设在沟头附近地势低洼处，可以是一个或两个，也可布设为水窖等来代替。

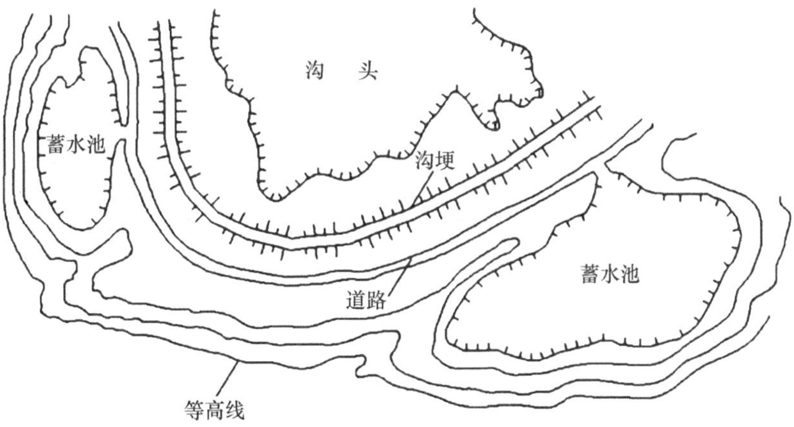

图 3-3　围埂蓄水池式示意图

围埂蓄水池式沟头防护工程适用于沟头集水面积较大、来水量较大的村头道路交叉的沟头地带。我国甘肃庆阳地区称之为涝池围墙式防护工程。

（二）排水型

蓄水型沟头防护工程主要以拦蓄为主，尽可能将沟头上部径流泥沙拦蓄利用，阻止其进入沟道。但当沟头上部集水区来水量较大、沟头附近地质条件较差，又无适当地形条件修建蓄水池时，或者有修建蓄水池的地形条件，但危及村庄及道路安全时，宜采用排水型沟头防护工程。常见的排水型沟头防护工程有悬臂式、台阶式和陡坡跌水式3种形式。

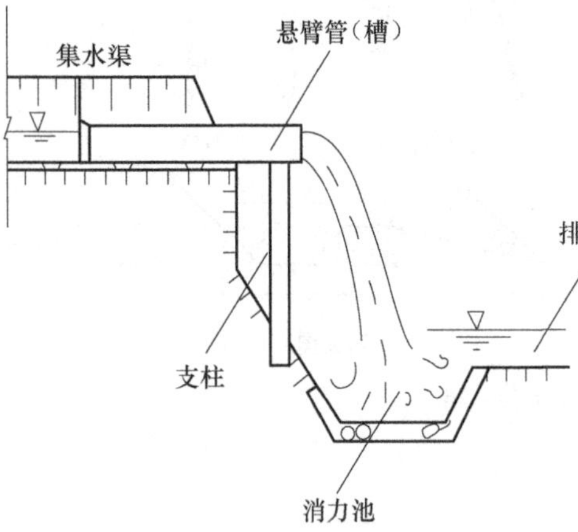

图 3-4 悬臂式排水示意图

1. 悬臂式 悬臂式沟头防护工程是在沟头上方水流集中的跌水处，用浆砌石、混凝土等做成渠槽，或者直接使用混凝土管道或陶瓷管道，使水流下泄到沟底的一种排水形式。为防水流冲刷而导致工程损毁，沟底应建消能设施，消能设施可为浆砌石做成的消力池，或堆于水流跌落处的碎石等（图 3-4）。

悬臂式沟头防护工程一般适用于沟头流量较小、沟头下方落差相对较大（数米至数十米）、沟底土质较好和沟头坡度较陡的情况。

2. 台阶式 台阶式沟头防护工程实为跌水，适用于沟头坡度较缓、落差较小、流量较大的地方。根据沟头地面坡度变化特点及落差大小又可分为单级跌水式、多级跌水式两种形式。

（1）单级跌水式 单级跌水式沟头防护工程的特点是水流一次直接泄入消力池（图 3-5）。其一般适用于沟头坡度较陡、落差较小（3～5 m）、土质坚固的沟头。

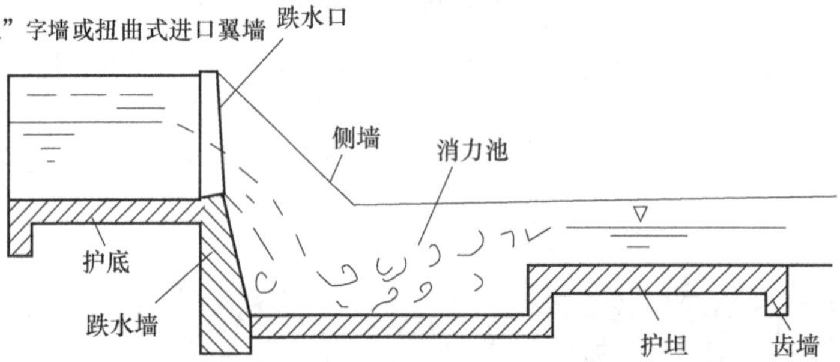

图 3-5 单级跌水式纵剖面示意图

（2）多级跌水式 多级跌水式沟头防护工程的特点是水流经过多个台阶最后泄入消力池（图 3-6）。其一般适用于沟头落差较大、地面坡度较缓、土质不良的沟头。

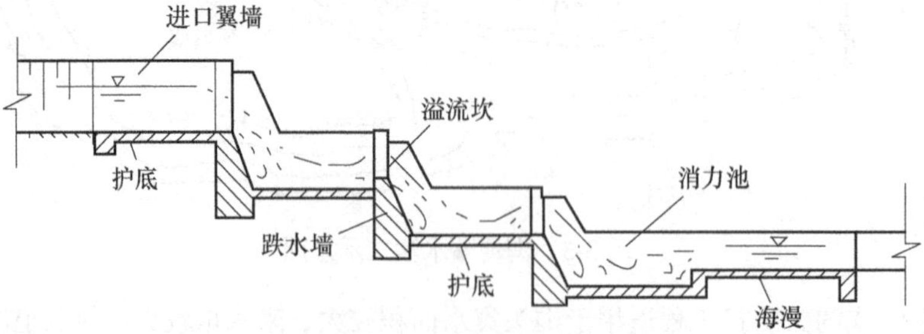

图 3-6 多级跌水式纵剖面示意图

3. 陡坡跌水式　陡坡跌水式沟头防护工程的特点是水流由沟头经过一段陡槽后，泄入消力池（图 3-7）。陡槽的底坡多大于水流临界坡度，故一般发生急流。为减少急流的冲刷作用，有时采用人工方法增加陡槽的粗糙程度。陡坡跌水式一般适用于沟头落差较大（3 m 以上）、地形降落距离较长、土质良好的沟头。

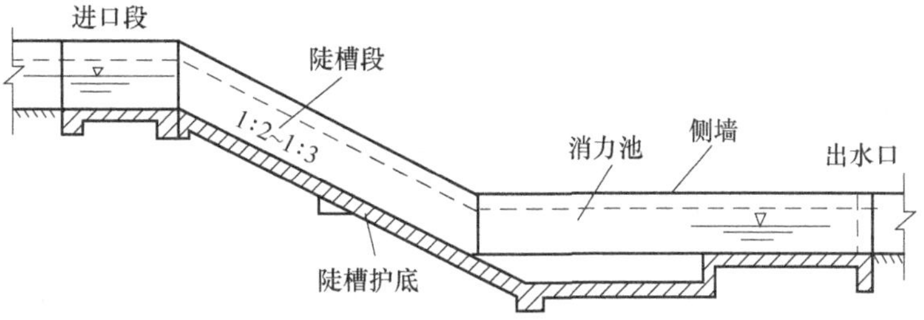

图 3-7　陡坡跌水式纵剖面示意图

二、工程设计

现行国家标准《水土保持综合治理　技术规范》（GB/T 16453—2008）规定，沟头防护工程的防御标准为 10 年一遇 3～6 h 最大降水。但根据《水土保持工程设计规范》（GB 51018—2014），沟头防护工程排水设计标准宜取 3 年一遇～5 年一遇 3～6 h 最大降水。设计中，宜根据各地情况选取。

（一）围埂

1. 围埂位置确定　围埂距沟缘要有一定的安全距离，其大小以埂坎内蓄水发生渗透时不致引起岸坡滑塌为原则，通常取 2～3 倍沟头深度的距离。沟头深度不宜大于 10 m，沟埂位置宜距沟头 3～5 m。

对于沟坡较陡的黄土地区，有时沟坡上存在陷穴或垂直裂隙，此时安全距离应预留得更大。

当一道围埂无法拦蓄全部来水时，应在其上方加设围埂。上方围埂的底部与下方围埂的顶端应基本位于同一高程。

2. 围埂断面尺寸设计　围埂断面尺寸取决于其控制集水面积的大小、雨强和降雨延续时间的长短。每米长埂坎拦蓄容积 V（不考虑开挖部分）可按式（3-1）计算。

$$V=\frac{1}{2}h_0^2\left(m+\frac{1}{\tan\theta}\right)(\mathrm{m}^3) \tag{3-1}$$

式中，h_0 为埂内蓄水深度，m；m 为埂的内边坡，一般采用 1 : 1；θ 为埂坎上部地面平均坡度，(°)。

各符号见图 3-8。初步设计时，可取围埂顶宽为 0.5 m，内外边坡均为 1 : 1，埂高 0.5～1.2 m。

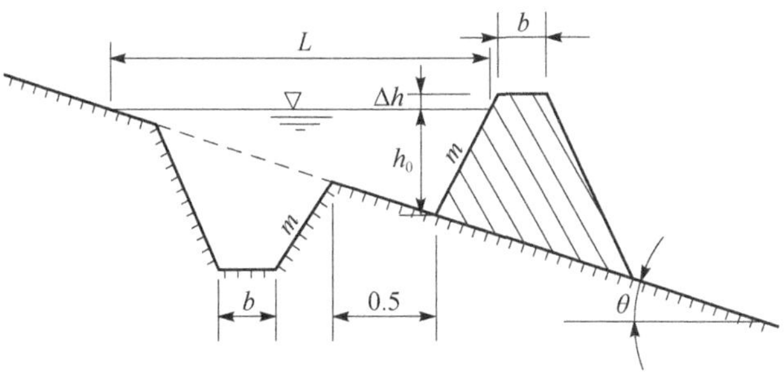

图 3-8　围埂断面示意图

围埂控制集水面积内的来水量 W 可按式（3-2）计算。

$$W=\frac{\alpha i_p Ft}{1000}(\mathrm{m}^3) \tag{3-2}$$

式中，α 为径流系数；i_p 为设计频率时的雨强，mm/min；F 为围埂控制的集水面积，m^2；t 为降雨持续时间，min。

为使围埂尺寸设计经济合理，常取单位埂坎长度的来水量 W/l（l 为埂坎总长，m）与每米埂坎长度的蓄水容积 V 相等。

当 $V=W/l$ 时，尺寸最经济；$V>W/l$ 时，尺寸偏大，应修正；$V<W/l$ 时，应设第二道埂坎拦蓄剩余水量，但须在第一道埂坎上设溢水口。

埂坎总高 h 按式（3-3）确定，即

$$h=h_0+\Delta h(\mathrm{m}) \tag{3-3}$$

式中，h_0 为埂内蓄水深度，m；Δh 为埂坎安全加高，可取 0.3～0.5 m。

（二）沟头蓄水池

沟头蓄水池设计，关键是确定蓄水池的容积。蓄水池容积 V 可按其控制集水面积内的来水量 W 设计。来水量 W 确定后，池内水深 h_0 和池底面积 A 可按式（3-4）推求。

$$V=W\approx h_0 A(\mathrm{m}^3) \tag{3-4}$$

根据地形条件确定 A 后，即可求出 h_0。蓄水池总深 $H=h_0+\Delta h$，Δh 为安全加高，可取为 0.3～0.5 m。

（三）排水管（槽）

1. 沟头来水流量确定　来水流量 Q_m 可按一般水文计算的简化公式（3-5）确定。

$$Q_m=0.278\alpha I_p F(\mathrm{m}^3/\mathrm{s}) \tag{3-5}$$

式中，α 为洪峰径流系数；I_p 为设计频率暴雨量，mm；F 为沟头集水面积，km^2。

具体应用时，径流系数 α 应根据试验资料确定，设计频率暴雨量 I_p 可按最大 30 min 的暴雨量计算，一般可从各地水文手册查得。

2. 排水管（槽）断面尺寸确定　圆形断面排水管主要是确定管径 d，通常可按无压管流流量公式试算确定。公式形式为

$$Q_m=AK_0\sqrt{i}(\mathrm{m}^3/\mathrm{s}) \tag{3-6}$$

式中，A 为系数，取决于管内充水程度，一般取管内水深 $h=0.75\,d$（d 为管径），此时 $A=0.91$；K_0 为管内完全充水时的特性流量（m^3/s），可由表 3-1 查得；i 为排水管管坡，可取 1/100～1/50。

表 3-1　K_0 取值表

d/mm	300	400	500	600	700	800	900	1000
K_0/(m^3/s)	1.004	2.153	3.900	6.325	8.698	12.406	16.998	22.439

试算时，根据 Q_m 大小先试设一个 d，然后查表 3-1 计算，当公式右端值与 Q_m 相等或略大一点时，即认为试设的 d 值合理。

对矩形断面水槽，可按式（3-7）计算槽中水深 h 及槽宽 b：

$$h=0.501\times\sqrt[3]{\frac{Q_m^2}{b^2}}(\mathrm{m}) \tag{3-7}$$

设计时，先假定 b，然后求 h，通常取 $b>h$。槽总深可取为 $h+0.3$（m）。

（四）跌水式排水

陡坡式跌水槽中的水深、底宽及槽总深，在沟头来水流量较小时，仍可按悬壁槽水力计算公式确定（矩形过水断面）；在沟头来水流量较大、过水断面缺口变化时，须按一般水利工程设计要求，分别计算其各部分尺寸。

1. 跌水的结构构造　跌水是使径流集中下泄，呈自由状态跌落于下游消力池的连接建筑物。跌水前端设有集流渠（引水渠），末端与泄水渠相连。跌水通常由 4 部分组成，即进口、跌水墙（陡坡式跌水为陡槽）、消力池和出口，现分述如下。

（1）进口　由连接段（侧墙常为“八”字墙式或扭曲面翼墙）和跌水口组成，其作用是保证集水渠水深均匀一致。连接段前端（进口端）须做齿墙深入渠底 0.3～0.5 m，以阻止渗透和增加稳定性。进口护底及侧墙常用片石或混凝土建造，用片石建造时，厚度 0.3 m；用混凝土建造时，厚度 0.1～0.12 m。连接段（渐变段）的长度可取为（2.5～3.0）h，h 为渠道水深。底部边线与渠道中心线夹角不宜大于 45°。

跌水口常采用梯形和矩形两种断面形式（图 3-9）。梯形断面适用于渠道流量频变且变化较大的情况；矩形断面适用于渠道流量变化较小的情况。

图 3-9　跌水口断面形式示意图

（2）跌水墙　跌水墙是连接跌水口与消力池的建筑物，有直墙式和倾斜墙式两种形式，常用浆砌块石做成，厚度 0.4～0.6 m，倾斜面坡比为 1∶0～1∶0.3。跌水墙对跌水安全极为重要，必须稳定可靠，通常可按重力式挡土墙设计。

（3）陡槽　陡槽有矩形和梯形两种断面形式，梯形断面边坡通常陡于 1∶1。较长的陡槽，应沿槽长每隔 5～20 m 设一接缝，并在此处设齿坎止水，以减少渗流并有利于陡槽稳定。槽底及侧墙一般用浆砌块石建造，厚 0.3～0.5 m。

（4）消力池　消力池的作用是消除跌落水流的能量，由池底板、侧墙及跌水墙组成。消力池宽度应大于跌水口宽度，以减小出口流速，防止冲刷下游渠道或沟道。消力池池底及侧墙常用浆砌块石建造，池底也可用砌石混凝土做成，厚 0.3～0.5 m。

（5）出口　出口的作用是将消能后的水流平稳地引入下游渠道，防止剩余能量冲刷渠道或沟道。其形式与进口相同。为使消能后的紊乱水流充分扩散，避免涡流，出口段长度应取为与消力池同长，并在消力池末端做一倒坡（1∶2 或 1∶3）与下游渠底相连。

2. 跌水水力尺寸计算

（1）进口　跌水进口水力计算主要是确定跌水口尺寸。跌水口一般为矩形，可按宽顶堰公式计算，即

$$Q_m = Mb_c H_0^{3/2} \tag{3-8}$$

式中，Q_m 为设计流量，m^3/s；b_c 为跌水口宽度，m；H_0 为堰顶水头，m，$H_0=H+V_0^2/2g$，H 为上游渠道水深，m，V_0 为行进流速，m/s，g 为重力加速度，m/s^2；M 为流量系数，对于扭曲面连接，$M=2.1-0.08b_c/H_0$，对于“八”字墙连接，$M=2.08-0.0075b_c/H_0$，应用范围 $b_c/H_0=1.0～4.5$。

（2）陡槽水力尺寸计算　小型陡坡式跌水的陡槽，一般不必计算水面曲线，只计算临界水深 h_k 及正常水深 h_0 即可。计算公式详见水力学相关内容。

矩形断面临界水深 h_k：

$$h_k=\sqrt[3]{\frac{\alpha q_m^2}{g}} \tag{3-9}$$

式中，α 为流速分布不均匀系数；q_m 为单宽流量，$m^3/(s\cdot m)$；g 为重力加速度，m/s^2。

梯形断面临界水深用下式试算：

$$\frac{\omega_k^3}{B_k}=\frac{\alpha Q_m^2}{g} \tag{3-10}$$

式中，B_k 为临界水深时的水面宽度，m；ω_k 为临界水深时的过水断面面积，m^2。

正常水深 h_0 按明渠均匀流公式 $Q=\omega C\sqrt{Ri}$ 试算求得，具体见水力学相关内容。

（3）消力池水力计算　消力池水力计算主要是确定池深 d、池宽 b 和池长 L（图 3-10），具体计算详见水力学相关内容。

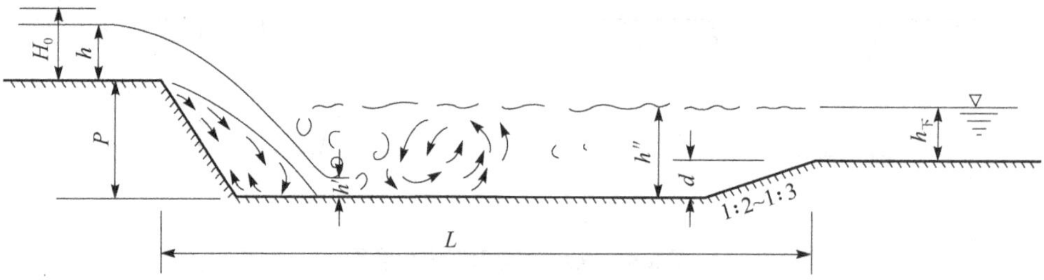

图 3-10　消力池水力计算示意图

1）池深：

$$d\geqslant\sigma h''-h_{下}\ (\mathrm{m}) \tag{3-11}$$

式中，σ 为淹没系数，取为 1.05～1.10；h'' 为跃后水深，按水力学方法计算；$h_{下}$为下游渠道水深。

2）池宽：

$$b\geqslant b_{水} \tag{3-12}$$

式中，$b_{水}$为跌水口水面宽。

3）池长：

$$L=\varphi\sqrt{H_0(2p+H_0)}+3h'' \tag{3-13}$$

式中，φ 为流速系数，取值 1.0；H_0 为跌水口上部全水头，m；p 为计入池深的水流落差，m。

消力池断面有矩形及梯形两种，求 h'' 时须分别按水力学相关方法求出。

多级跌水设计计算与单级跌水基本相同。

第二节　谷 坊 工 程

谷坊是修筑在流域支、毛沟中固定沟床，特别是发育旺盛的“V”形沟道的坝体建筑物。谷坊是控制沟道侵蚀的第二道防线，具有抬高侵蚀基点、防止沟底下切、沟岸扩张、拦蓄径流泥沙、变荒沟为生产用地等诸多作用。

谷坊工程投资较少，但兴利除害的功能较大，是治理沟道水土流失的一种常用工程措施。

一、类型及适用条件

谷坊有多种类型，按建筑材料的不同，可分为土谷坊、石谷坊、植物谷坊和混凝土谷坊等。谷坊类型的选择取决于地形、地质、建筑材料、劳力、技术、经济、防护目标和对沟道利用的远景规划等因素。一般情况下，应就地取材。在黄土区，多修筑土谷坊或植物谷坊；若有充足的石料，则可修筑石谷坊；对于为保护铁路、居民点等有特殊防护要求的山洪、泥石流沟道，则需选用坚固的永久性谷坊，如混凝土谷坊等。

实践表明，一条沟道内修筑多座谷坊，形成谷坊群后，其控制水土流失的效果较好。

以下仅就常用谷坊类型做简要介绍。

（一）土谷坊

土谷坊是由土料筑成的高度小于 5 m 的小土坝，不透水，顶宽 1.0～2.0 m，内坡 1∶1，外坡 1∶1～1∶1.5，坝体与地基以结合槽紧密连接，其断面如图 3-11 所示。由于谷坊坝面一般不过水，故须在坝顶或坝端一侧设溢洪口，溢洪口应用浆砌石或混凝土建造。当不设溢洪口而允许坝面溢流时，可在坝顶、坝坡种植草灌或用砌面防护。

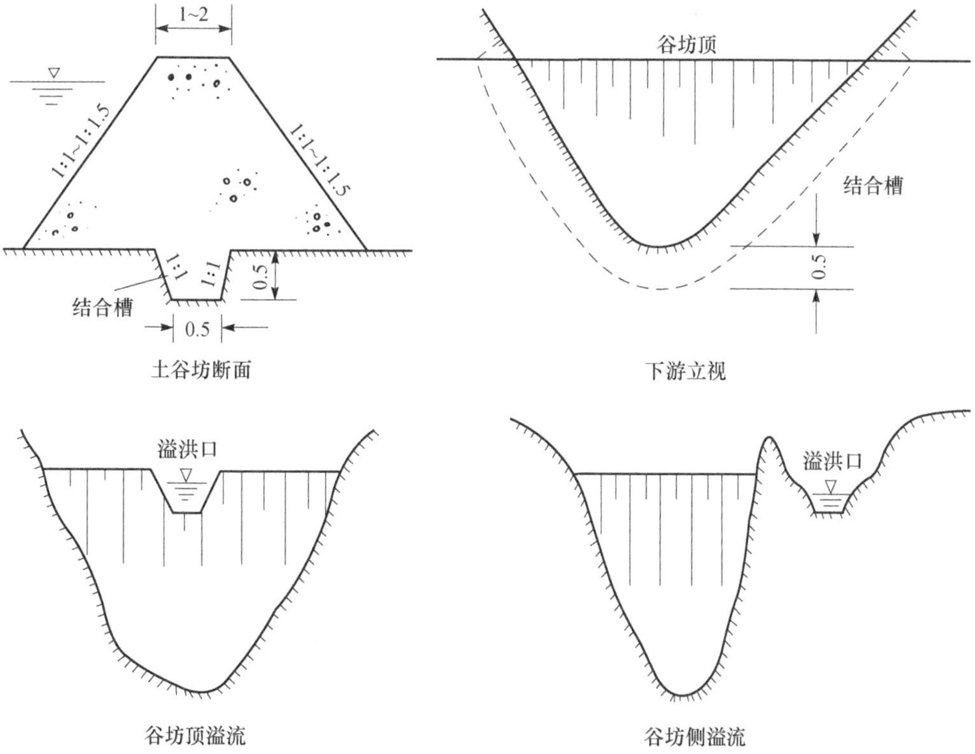

图 3-11　土谷坊示意图（单位：m）

在西北黄土高原水土流失严重地区和土质沟道地区，土谷坊广为采用。近年来，有的地方用塑料编织袋装填砂土构筑谷坊坝体，不但施工方便，而且能适应地基变形及沉陷要求，其断面尺寸构造见图 3-12。

（二）石谷坊

根据修筑方式的不同，石谷坊可分为干砌石谷坊、浆砌石谷坊和石笼谷坊等几种。

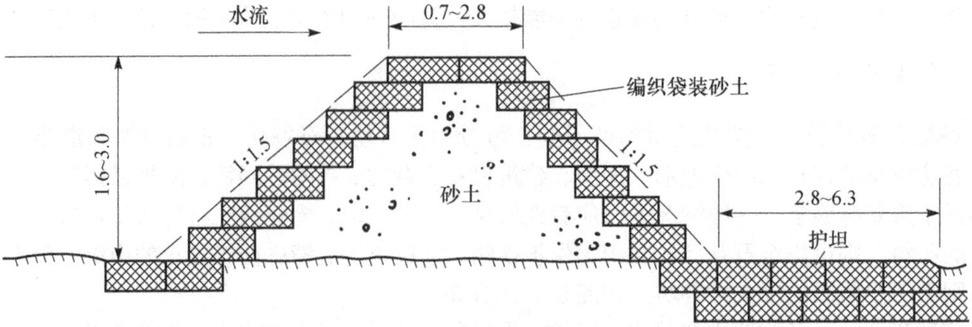

图 3-12 塑料编织袋土谷坊断面构造图（单位：m）

1. 干砌石谷坊 干砌石谷坊由块石干砌筑成，断面为梯形，顶面和下游面用毛料石护面，高度一般不大于 3 m。干砌石谷坊上游边坡一般为 1∶0.5，下游边坡为 1∶1.0，底部设有结合槽，以增加稳定性，顶宽 1.0 m（图 3-13）。为了排泄洪水，谷坊顶部可设梯形或簸箕形断面溢洪口，下游沟床铺设海漫防冲，海漫长为坝高（H）的 2～3 倍，海漫厚 0.3～0.5 m。

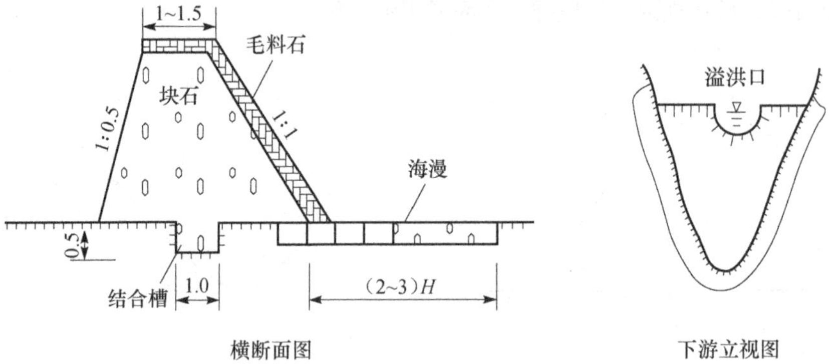

图 3-13 干砌石谷坊断面图（单位：m）

2. 浆砌石谷坊 浆砌石谷坊用块石或毛料石砌筑而成，断面为梯形（与干砌石谷坊相同）或曲线形（滚水坝）（图 3-14）。谷坊断面为梯形时，其上游坡比一般为 1∶0.2～1∶0.5，

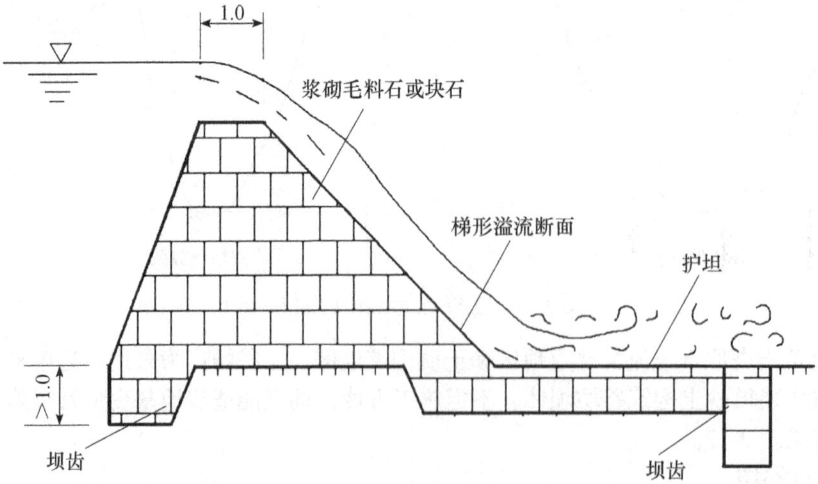

图 3-14 浆砌石谷坊断面图（单位：m）

下游为 1∶1～1∶1.5，山洪大的沟道，为增大谷坊稳定性，上游坡比可取为 1∶0.5，下游为 1∶1.5～1∶2.0。谷坊顶宽一般为 1.0 m 左右，坝基上、下游需各设一齿坎，淤积厚的地基，清基深度在 1.0 m 以上，两侧深 0.5～1.0 m。下游为了防冲，须设护坦，其长度与干砌石谷坊的海漫相同。若为岩基，可不设齿坎与护坦。

浆砌石谷坊适用于石质沟道岩石裸露或土石山区有石料的地方，谷坊高度一般为 3～5 m。浆砌石谷坊坚固安全，防冲性好。浆砌石谷坊中，断面为曲线形的过流量大，水利工程上叫滚水坝，在常流水沟道或洪水流量变化较大的沟道应用较多，其断面尺寸可用水力学相关公式求算。

3. 石笼谷坊　石笼谷坊一般是用 8 号或 10 号铅丝编网，卷成直径 0.4～0.5 m、长 3～5 m 的网笼，内装石块堆筑而成（图 3-15）。

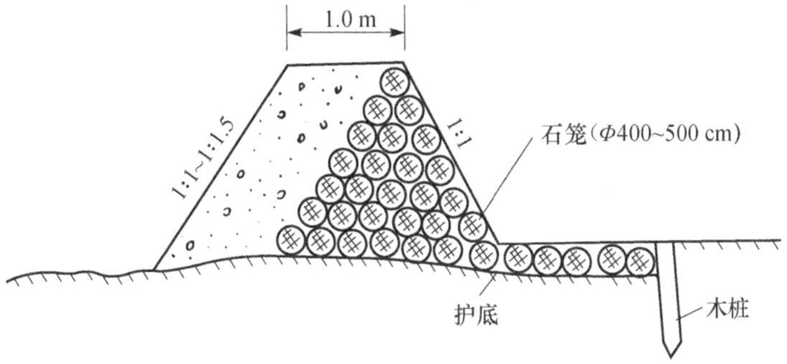

图 3-15　石笼谷坊断面图

石笼谷坊适用于清基困难的淤泥地基。施工时，为加强其整体性，常将石笼用 $\Phi8$ 和 $\Phi10$ 的钢筋串联在一起。若谷坊不需排水，可在上游填土夯实，网笼间空隙填以小石块或砾石。为防止下游冲刷，可在下游做一定长度（通常为谷坊高的 1.5～2.0 倍）的石笼护底，护底末端打木桩或混凝土桩加固保护。

（三）植物谷坊

植物谷坊是将易成活的柳、杨等植物活体材料，与土、石等建筑材料结合在一起修筑而成的谷坊。最常用的植物谷坊为柳谷坊。制作柳谷坊的材料主要是活柳枝秆。选取直径 5～10 cm 端直的活柳枝秆，截成长 1.5～2.0 m 的柳桩，将其打入沟底（入土深度 0.5～1.0 m）；然后，视沟底坡度和沟道宽窄，布设一排、两排或多排柳桩，并用柳条交叉在桩上编篱形成柳排，柳排上游底部铺垫梢枝，上压石块或堆筑塑料编织土袋，柳枝发芽成活后即成柳谷坊。

单排柳谷坊（图 3-16）仅在沟道打一排柳桩编篱即成，双排柳谷坊（图 3-17）或多排柳谷坊则需在沟道打两排或多排柳桩编篱。柳桩桩距 0.3 m，排距 1.0 m。柳谷坊通常只拦泥不蓄

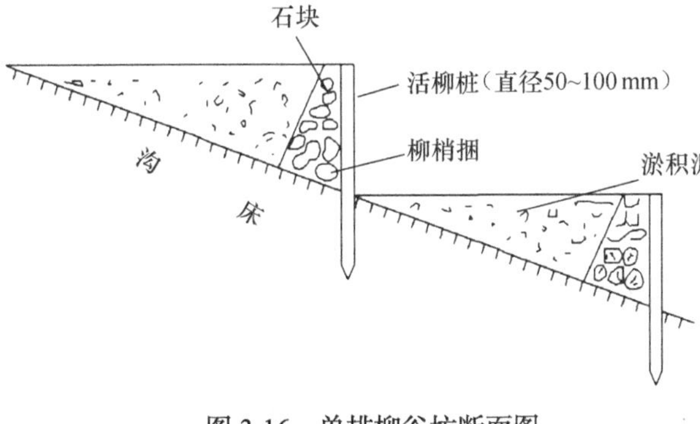

图 3-16　单排柳谷坊断面图

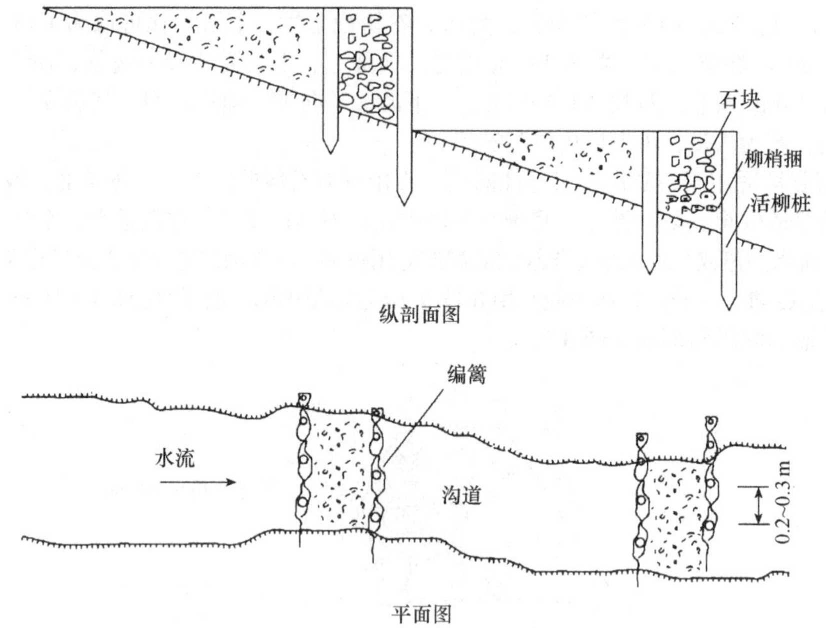

图 3-17　双排柳谷坊断面图

水，我国南、北方均可应用。

植物谷坊是一种环境友好型水土保持措施，尤其适用于较为阴湿或有长流水的沟道。

二、谷坊设计

谷坊设计的主要任务是确定谷坊布设位置、谷坊高度、谷坊的数量和间距及其溢洪口尺寸。

（一）布设位置

谷坊主要布设在流域的支毛沟中，自上而下，小多成群，形成谷坊系，节节拦蓄，分散水势，控制侵蚀。

谷坊布设的总体原则是“顶底相照”、小多成群、工程量小、拦蓄效益大。具体需注意以下几点。

1）谷坊通常选择在沟底比降大于 5% 的通直沟段布设，避免在拐弯处布设，有跌坎的沟道，应布设在跌坎上方。

2）根据“顶底相照”的原则，下一座谷坊的顶部大致与上一座谷坊基部等高（图 3-18）。

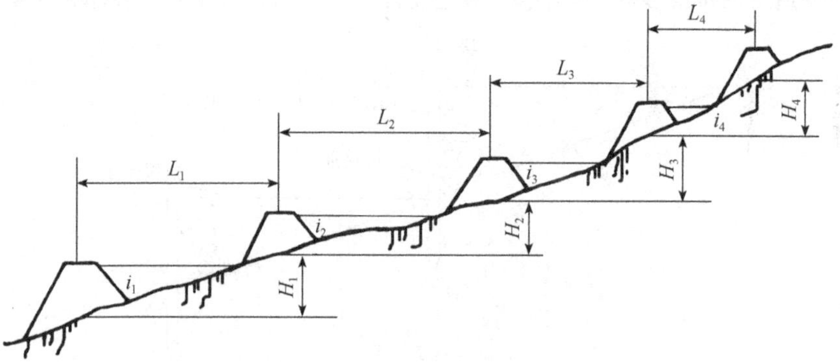

图 3-18　谷坊布设示意图

3）谷坊应布设在“肚大口小”的沟段。

4）坝址处地形、地质状况良好，无空洞或破碎地层，无不易清除的乱石与杂物。

5）坝址处建筑材料应取用方便。

（二）高度及坝体断面尺寸

1. 谷坊高度　谷坊高度的确定主要根据沟道地形、地质、径流大小、泥沙含量和谷坊类型等综合考虑确定，并坚持“顶底相照”的原则，同时还需考虑省工的要求。谷坊高度通常在 5 m 以下，一般土谷坊 3～5 m，浆砌石谷坊 3.5 m 左右，干砌石谷坊 1.5 m 左右，柳谷坊 1 m 左右。

2. 坝体断面尺寸　黄土高原地区，土谷坊是最常用的谷坊类型，其断面尺寸可参照表 3-2 确定。

表 3-2　土谷坊坝体断面尺寸参考表

坝高 /m	顶宽 /m	底宽 /m	迎水坡比	背水坡比	坝高 /m	顶宽 /m	底宽 /m	迎水坡比	背水坡比
2	1.5	5.9	1∶1.2	1∶1.0	4	2.0	13.2	1∶1.5	1∶1.3
3	1.5	9.0	1∶1.3	1∶1.2	5	2.0	18.5	1∶1.8	1∶1.5

资料来源：本表来自《水土保持综合治理　技术规范　沟壑治理技术》（GB/T 16453.3—2008）

注：①坝顶作为交通道路时，按交通要求确定坝顶宽度；②在谷坊能迅速淤满的地方，迎水坡比可与背水坡比一致

（三）数量及间距

1）底坡均匀一致，来水量大致相同的沟道，一般谷坊淤满后形成川台地，此时谷坊的间距 L 与谷坊高度 h 可按式（3-14）确定：

$$L=h/i \tag{3-14}$$

式中，i 为沟床比降。

当采用的谷坊高度 h 相同时，谷坊数量 n 按式（3-15）确定：

$$n=H/h \tag{3-15}$$

式中，H 为沟道沟头至沟口地形高差。

2）底坡不均，有台阶或跌坎的沟道，应根据台阶跌坎段间地形高差确定谷坊数量及高度，方法与上述相同。

3）沟底比降较大的沟道，谷坊淤满之后，淤积泥沙的表面具有一定的坡度 i_c（图 3-19）。考虑谷坊淤满后淤积物的比降，其布设数量将有所减少，此时谷坊间距 L 可按式（3-16）确定：

$$L=\frac{h}{i-i_c} \tag{3-16}$$

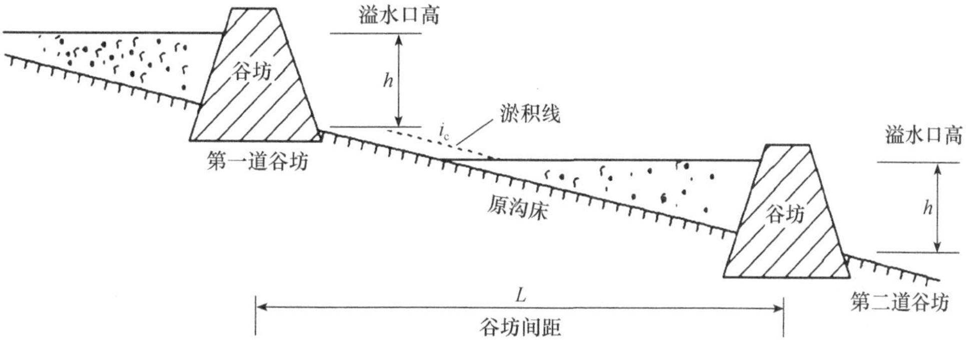

图 3-19　谷坊间距示意图

式中，i_c 为谷坊淤满后淤积物比降，见表 3-3。

表 3-3　谷坊淤满后不同淤积物形成的比降 i_c

淤积物	粗沙（夹石砾）	黏土	黏壤土	沙土
比降 /%	2	1	0.8	0.5

4）日本确定沟床工程间距的经验公式：

狭窄沟道
$$L=(1.5\sim2.0)\,p \tag{3-17}$$

宽沟道
$$L=(1.5\sim2.0)\,b \tag{3-18}$$

式中，p 为沟道纵坡比的倒数；b 为沟宽。

当采用的谷坊高度相同时，考虑谷坊淤满后淤积物的不冲比降，则谷坊数量 n 按式（3-19）确定：

$$n=\frac{H}{h+L\cdot i_c} \tag{3-19}$$

（四）溢洪口尺寸

根据现行国家标准《水土保持综合治理　技术规范　沟壑治理技术》(GB/T 16453.3—2008）的规定，谷坊工程的防御标准为 10 年一遇～20 年一遇 3～6 h 最大降水。根据《水土保持工程设计规范》(GB 51018—2014），谷坊工程溢洪口设计宜满足 3 年一遇～5 年一遇 3～6 h 最大降水过流要求。设计中，可根据各地情况选取。

溢洪口有矩形和梯形两种断面形式。石谷坊的溢洪口一般设于坝顶，采用矩形宽顶堰公式（3-8）计算；土谷坊的溢洪口设于土坝一端的坚实土层或基岩上，其下部紧接排洪渠，断面为矩形或梯形，其断面尺寸按明渠均匀流公式计算。

溢洪口尺寸确定后，尚须校核溢洪口下游端流速是否小于材料的最大允许流速 $V_{允}$（表 3-4）。下游端（末端）流速 V_k 可根据末端临界水深 h_k 按式（3-20）计算：

$$V_k=Q_m/Bh_k\,(\mathrm{m/s}) \tag{3-20}$$

式中，h_k 为下游端临界水深，m，根据试验，$h_k=(0.46\sim0.64)\,H_0$，H_0 为溢洪口顶水深（水头），m；B 为溢洪口宽，m。

表 3-4　衬砌材料 $V_{允}$ 表　　（单位：m/s）

材料种类	单层铺石	浆砌块石	混凝土	草皮	梢料
$V_{允}$	2.0～3.0	3.5～6.0	5.0～10.0	1.0～1.5	1.5～3.0

第三节　淤地坝工程

一、淤地坝的概念

淤地坝是指在沟道中为了拦泥、淤地所建的坝，坝内淤成的土地称为坝地。淤地坝是在我国古代筑坝淤田经验的基础上逐步发展起来的。据调查，陕西省佳县仁家村的淤地坝已有 150 多年的历史，山西省吕梁市离石区贾家塬的淤地坝已有 200 多年的历史。新中国成立以来，在黄河中游地区已修建淤地坝 10 余万座，淤出坝地 20 万 hm^2 以上，对发展农业生产、控制入黄泥沙发挥了重要作用。实践证明，淤地坝是我国黄河中游水土流失地区沟道治理的一项行之有效的水土保持工程措施。

20 世纪 50～80 年代，随着水坠法筑坝技术试验研究工作由陕西、山西两省向全国各地发展，以及 80 年代以后水坠法筑坝技术的逐渐成熟及其推广应用，筑坝的施工速度大为提高，投资大幅降低，为淤地坝建设创造了良好的条件。

二、枢纽工程的组成

（一）组成及作用

淤地坝一般由坝体、溢洪道、放水建筑物三部分组成，其布置形式如图 3-20 所示。坝体是横拦沟道的挡水拦泥建筑物，用以拦蓄洪水，淤积泥沙。随着坝内淤积面的逐年提高，坝体与坝地能较快地连成一个整体。溢洪道是排洪建筑物，当淤地坝内洪水位超过设计高度时，就由溢洪道排出，以保证坝体的安全和坝地的正常生产。放水建筑物用以排泄沟道常流水、库内清水等到坝的下游，常采用竖井或卧管的形式。

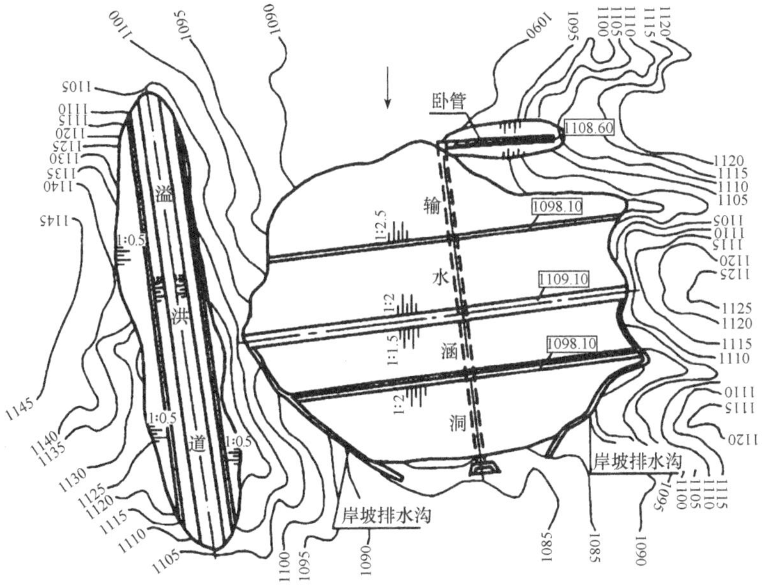

图 3-20　淤地坝枢纽工程组成

淤地坝主要用于拦泥淤地，一般不长期蓄水，其下游也无灌溉要求。

淤地坝在设计、施工、管理技术方面与水库有相同之处，也有不同之处。在构成上，淤地坝也要求大坝、溢洪道和放水建筑物“三大件”，但由于其主要用于拦泥而非长期蓄水，因此，淤地坝比水库大坝设计洪水标准低，坝坡比较陡，对地质条件的要求也低，坝基、岸坡处理和背水坡脚排水设施简单。在设计和运用上，淤地坝一般可不考虑坝基渗漏和放水骤降等问题。

（二）组成方案选择

淤地坝枢纽工程组成，实践中有三大件方案（大坝、溢洪道和放水建筑物），也有两大件方案（大坝和放水建筑物），还有一大件方案（仅大坝）。近年来，新建淤地坝工程多为两大件。

1. 组成方案特点

（1）三大件方案　　该方案防洪对洪水的处理是以排为主，工程建成后运用较安全，上游淹没损失也少，但溢洪道工程量大，工程投资、维修费较高。

（2）两大件方案　两大件方案防洪对洪水的处理是以蓄滞为主，坝高库容大，土坝工程量大，上游淹没损失多，但因无溢洪道，石方工程量小，工程总投资可能少。

（3）一大件方案　该方案对洪水的处理是全拦全蓄，工程安全性差，仅适用于集水面积很小且无常流水的小型荒沟内的防护工程，一般不主张采用，故此处不做讨论。

2. 组成方案分析　我国已建成的淤地坝枢纽工程，一般是根据自然条件、流域面积、暴雨特点、建筑材料、环境状况（如道路、村镇、工矿等）和施工技术水平选择组成方案。三大件方案适用于筑坝土料含黏粒量大、施工困难、土方造价高、流域面积大（>10 km^2）、洪流模数大、以排为主的情况。两大件方案适用于筑坝土料透水性大（土坝施工可用水坠法，造价低）、流域面积小、洪量模数小、以滞蓄为主的情况。淤地坝枢纽工程组成方案究竟如何选择，还须从技术、经济方面进行比较。

（1）拦泥　三大件泄洪安全性大于两大件，但两大件采用高坝大库容，全拦全蓄，以库容制胜洪水，能减少泄洪对下游的危害，拦蓄泥沙量比三大件多。

（2）工程投资　因建造溢洪道，三大件工程总投资远大于两大件（因土方工程造价远小于石方工程造价）。

（3）施工　两大件施工速度快，工艺相对简单（无溢洪道施工），施工费用低，工程维修方便。

（4）综合分析

1）在设计标准相同和放水洞投资相近的情况下，当两大件方案造成的上游淹没损失增加量与加高土坝投资的和大于三大件方案中的溢洪道投资时，应选用三大件方案；相近时，选用两大件方案。

2）在“V”字形断面沟道筑坝，当地无建筑溢洪道的石料，需外运时，应选用两大件方案。

3）当控制流域面积>5 km^{2}且多暴雨，下游又有重要交通道路或村镇、工矿时，应选用三大件方案。

4）当控制流域面积<5 km^2，坝址下游无重要建筑物时，应选用两大件方案。

三、分级及设计洪水标准

工程设计标准一般是根据工程重要性（在经济建设中的作用和地位）和失事后的危害性（造成下游淹没破坏等），由国家或省（自治区、直辖市）政府部门制定，通常叫规范。淤地坝设计洪水标准与淤积年限见表 3-5。

表 3-5　淤地坝设计洪水标准与淤积年限

项目		单位	淤地坝类型			
			小型	中型	大（二）型	大（一）型
库容		10^4 m^3	<10	10～<50	50～<100	100～<500
洪水重现期	设计	年	10～20	20～30	30～50	30～50
	校核	年	30	50	50～100	100～300
淤积年限		年	5	5～10	10～20	20～30

资料来源：摘自《水土保持综合治理　技术规范　沟壑治理技术》（GB/T 16453.3—2008）

注：当大型淤地坝下游有重要经济建设、交通干线或居民密集区时，应根据实际情况，适当提高设计洪水标准

实践中，在确定淤地坝分级时，往往不会完全满足表 3-5 的条件，一时难以定级。此时，可根据具体情况（尤其是库容）来决定。

四、坝址选择

坝址选择在很大程度上取决于地形和地质条件。选择坝址必须结合工程枢纽布置、坝系整体规划、淹没情况和经济条件等综合考虑。坝址选择合理与否，直接关系到拦洪淤地效益、工程量及工程安全等问题。一个好的坝址，应淤地面积大、工程量小、施工方便、运用安全可靠。

（一）地形方面

坝址要选择在沟谷狭窄、上游地形开阔平坦、口小肚大的葫芦状地形处，这样筑坝工程量小、库容大、淤地面积大。此外，还要有宜于开挖溢洪道的地形和地质条件，如有马鞍形岩石山凹或有红黏土山坡。

（二）地质方面

应选择土质坚实，地质结构均一，两岸无滑坡、崩塌的地段筑坝，且地基无淤泥、流沙和地下水出没。

（三）筑坝材料方面

坝址附近有足够、良好的筑坝土料、砂石料，开采、运输方便。水坠法筑坝，须有足够的水源和一定高度（比坝顶高约 20 m）的土料场。

（四）其他方面

库区淹没损失要小，应尽量避免有村庄、大片耕地、交通要道和矿井等被淹没。有些地形和地质条件都很好的坝址，就是因为淹没损失过大而被放弃，或者需降低坝高。

坝址还必须结合坝系规划统一考虑。有的坝址，从单坝考虑比较优越，但从坝系的整体衔接和梯级开发方面看就不一定合适。

用碾压法施工的大型淤地坝，要考虑土料运输、机械操作方便，要求坝址处地形较为平坦开阔为宜。

五、枢纽工程布置

（一）土坝布设

土坝轴线要短，大致与沟道水流方向垂直。采用分期加高的土坝，加高时，要考虑最终坝高坝轴线的位置。当坝上下游还有坝库时，应注意本坝蓄水后，水位不应超过上坝下游坡脚，下坝蓄水后，水位不要淹没本坝下游坡脚。同时须注意溢洪道和放水工程的布设要紧凑协调、操作管理方便。

（二）溢洪道布设

溢洪道轴线力争短而顺直，开挖工程量小，岸坡稳定，进口在坝端 10 m 以外，出口距下游坝脚 20～50 m 以外，转弯半径大于水面宽度的 5 倍以上。考虑土坝分期加高时，前期工程可只建简易溢洪道（可以是明渠），后期再完成永久性工程。

（三）放水洞布设

淤地坝放水洞常见的有两种结构形式，一种为卧管式，另一种为竖井式。输水洞也有两种形式，一种为无压涵洞，另一种为压力管道。

放水洞在布设时，卧管轴线与输水洞轴线应垂直或成钝角，输水洞轴线与坝轴线也应垂直，以减少其长度。

卧管、输水洞必须布设在坚实的地基上，以防不均匀沉陷。卧管消力池或竖井应布置在坝体上游坡脚以外，以备以后坝体改建。放水洞进口高程一般比沟床高，出口应在土坝下游坡脚

20～30 m 以外。

六、坝高、库容及淤地面积的确定

淤地坝坝高、库容、淤地面积，可根据坝址以上流域地形、侵蚀模数（或多年平均输沙量）、坝址控制集水面积和设计淤积年限等确定。

（一）坝高、库容和淤地面积的关系

1. 集水面积计算　淤地坝控制的集水面积可用求积仪法、方格法、称重法、梯形计算法、经验公式法求得。

（1）求积仪法　在地形图上划出坝库的集水面积范围，用求积仪量算出此范围内的图上面积，然后乘以地形图比例尺的平方值，即得集水面积。

（2）方格法　用透明的方格纸铺在划好的集水面积平面图上，数得集水面积范围内的方格数量。根据每一个方格实际代表的面积，乘以总的方格数，得出集水总面积。

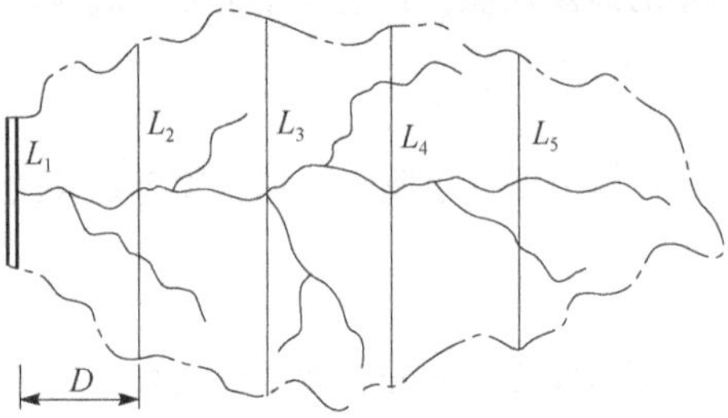

图 3-21　集水面积梯形计算法

（3）称重法　用精密天平称 100 cm^2 透明方格纸，算得每平方厘米质量；用同一透明方格纸描绘集水区范围，剪下称重；根据称得的质量，算得其平方厘米数；按所采用的比例尺，算得集水面积。

（4）梯形计算法　集水面积划分成若干梯形，然后求各梯形面积之和，如图 3-21 所示。

每个梯形面积的计算公式为

$$F_n=\frac{L_n+L_{n+1}}{2}\times D \tag{3-21}$$

式中，F_n 为某一个梯形面积，m^2；L_n 为某一个梯形上口宽，m；L_{n+1} 为某一个梯形下口宽，m；D 为上下两个宽度间的距离，m。

（5）经验公式法　当粗略计算时，可采用以下经验公式：

$$A=fL^2 \tag{3-22}$$

式中，A 为集水面积，km^2；L 为集水面积内的流域长度，km；f 为流域形状系数，狭长形为 0.25，条形为 0.33，椭圆形为 0.40，扇形为 0.50。

2. 坝高与库容、淤地面积关系的表示方法

（1）特征曲线法　淤地面积和库容是淤地坝设计与方案选择的重要依据，但其又随坝高而变化，设计时，一般需先绘制坝高与淤地面积和库容关系曲线。绘制的方法有等高线法和横断面法。

1）等高线法：利用库区地形图，首先量出各层等高线间的面积，再计算各层间库容及累计库容，然后绘出坝高 - 库容及坝高 - 淤地面积关系曲线（图 3-22）。两相邻等高线间的体积为

$$V_n=\frac{A_n+A_{n+1}}{2}\cdot H_n \tag{3-23}$$

式中，V_n 为两相邻等高线之间的体积，m^3；A_n、A_{n+1} 为两相邻等高线对应的面积，m^2；H_n 为两相邻等高线的高差，一般取 2～5 m。

2）横断面法：当没有库区地形图时，可用横断面法粗略计算。首先测出坝轴线处的横断面，然后在坝区内沿沟道的主槽中心线测出沟道的纵断面，再在有代表性的沟槽（或沟槽形状

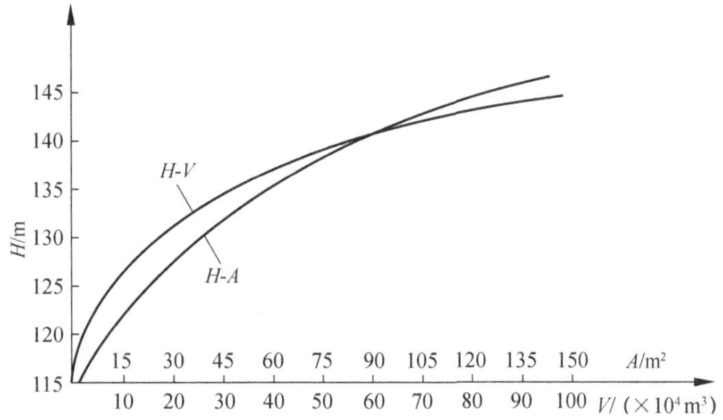

图 3-22 某淤地坝坝高（H）、淤地面积（A）及库容（V）关系曲线

变化较大）处测出其横断面。计算库容时，在各横断面图上以不同高度线为顶线，求出其相应的横断面面积，由相邻的两横断面面积平均值乘以其间距离，便得出此两横断面不同高程时的容积。最后把部分容积按不同高程相加，即各种不同坝高时的库容。同理，在上述计算过程中，量得每个横断面在同一坝高上的横断面顶部宽度，根据相邻两断面的顶部距离，则可求得两个横断面之间的水平面面积，然后把同一坝高时各个横断面之间的水平面面积累加起来，即该坝高相应的淤地面积。最后根据不同坝高时计算求得的库容和淤地面积，绘出坝高 - 库容 - 淤地面积关系曲线。坝区内如有较大的支沟时，计算时应将相应高程以下支沟中的容积和面积加入。

（2）概化数学方程法　根据已测算出的坝高 H 与库容 V 关系资料、坝高 H 与淤地面积 A 关系资料，经回归分析，用数学方法表示的关系式如下。

$$V=aH^{\alpha} \tag{3-24}$$

$$A=bH^{\beta} \tag{3-25}$$

式中，a、b 为回归分析系数；α、β 为回归分析指数。

对于一个已知坝，a、b、α、β 可用对数方法（如 $\log V=\log a+\alpha\log H$，$\log A=\log b+\beta\log H$）绘制出 H-V、H-A 对数坐标图（图 3-23，图 3-24）求得。

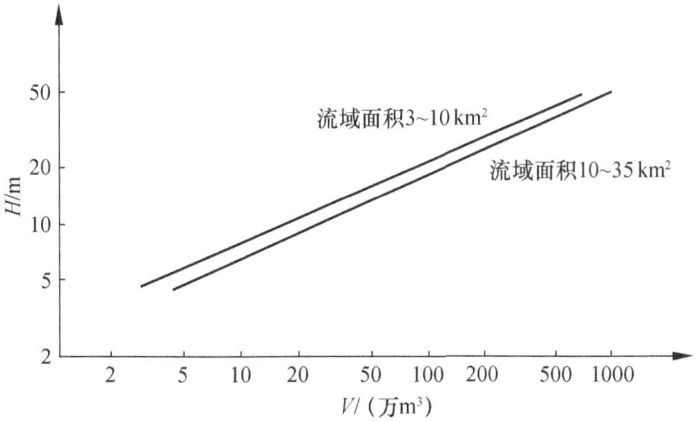

图 3-23 H-V 对数坐标图

例如，对于黄土区，求算结果近似为

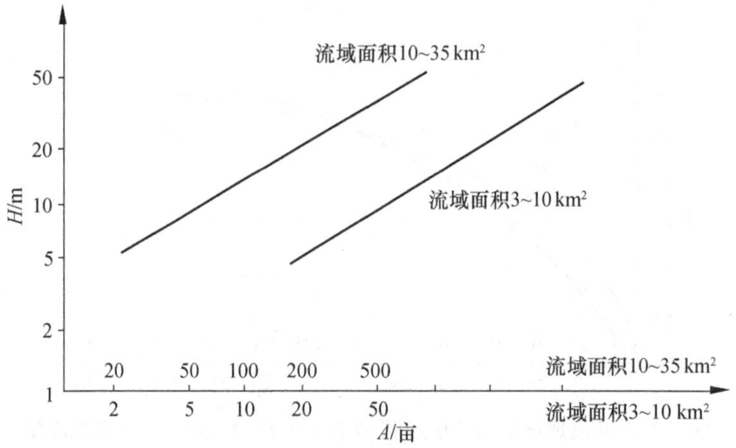

图 3-24　*H-A* 对数坐标图

流域面积 3～10 km²，
$$\begin{cases}V=0.09H^{2.252}\\A=1.461H^{1.569}\end{cases}$$

流域面积 10～35 km²，
$$\begin{cases}V=0.16H^{2.150}\\A=1.371H^{1.622}\end{cases}$$

黄土高原沟壑区因地形特征差异较大，当流域面积<3 km² 时，系数 a、b 差异很大，但指数 α、β 差异相对较小，故应用时需单独计算 a、b、α、β。

（二）坝高与库容的确定

淤地坝总高 H 由拦泥坝高 $h_{拦}$、滞洪坝高 $h_{滞}$和安全加高 Δh 三部分组成（图 3-25），即

$$H=h_{拦}+h_{滞}+\Delta h(\mathrm{m})$$

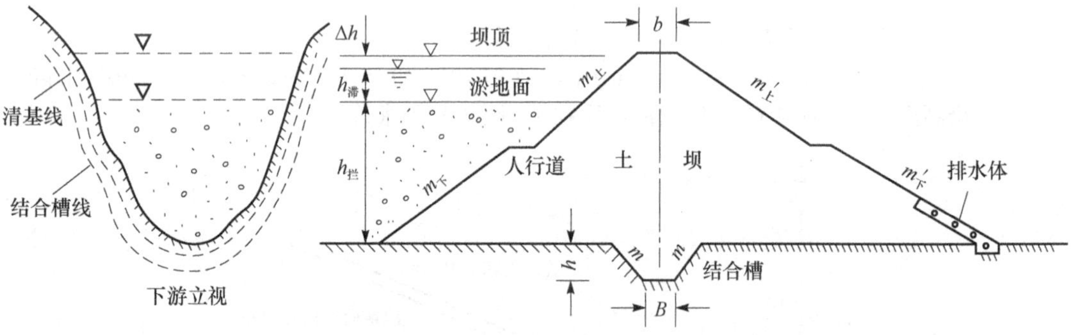

图 3-25　土坝断面结构构造图

淤地坝库容由拦泥库容和滞洪库容组成。拦泥库容的作用是拦泥淤地，故其相应坝高叫拦泥坝高。滞洪库容的作用是调蓄洪水径流，故其相应坝高叫滞洪坝高，也叫调洪坝高。由此可见，拦泥库容和滞洪库容确定后，拦泥坝高和滞洪坝高即可确定。

1. 拦泥库容及拦泥坝高的确定　　淤地坝拦泥库容和拦泥坝高存在对应关系，故一个确定，另外一个也随之确定。

淤地坝拦泥库容和淤地面积，通常随拦泥坝高的增大而增大。但因沟道地形特征不同，有的增加得快，有的增加得慢，故在决定拦泥坝高时，应使拦泥量和淤地面积最大、工程量最

小，并能达到“水沙相对平衡”时的坝高作为设计坝高，此时相应的拦泥库容 $V_{拦}$比较合理。此外，还需分析坝高 - 淤地面积 - 库容关系曲线，选定经济合理的拦泥坝高，并加上初步估计的滞洪坝高和安全加高（一般为 3.0～4.0 m），估算坝体的工程量。最后，根据施工方法、工期和社会经济情况等，综合分析，确定较为合理的拦泥坝高及其拦泥库容。一般情况下，较为合理的拦泥库容 $V_{拦}$可根据流域面积、侵蚀模数（或多年平均输沙量）、设计淤积年限、坝库排沙比，初步按下式确定。

$$V_{拦}=\frac{F\cdot K\cdot(1-n_s)T}{\gamma_s} \tag{3-26}$$

或

$$V_{拦}=\frac{W_s\cdot(1-n_s)T}{\gamma_s} \tag{3-27}$$

式中，F 为淤地坝控制的流域面积，km^2；K 为流域年平均侵蚀模数，t/（km^2·年），可查阅当地水文手册；n_s 为坝库排沙比，无溢洪道时可取为 0；T 为设计淤积年限；W_s 为多年平均输沙量，t/ 年；γ_s 为淤积泥沙的干容重，t/m^3，设计时可采用 1.3～1.35 t/m^3。

有了拦泥库容，即可根据 H-V 关系曲线（图 3-22）查出相应的拦泥坝高 $h_{拦}$。

2. 滞洪库容及滞洪坝高的确定　滞洪库容为淤地坝库最高设计洪水位与设计拦泥面高程之间的库容。该库容由枢纽工程组成和坝地运用要求而定。

1）对三大件枢纽工程，滞洪库容须通过调洪计算确定（见后）。

2）对两大件枢纽工程，可按工程的设计来水总量确定。

3）对拦泥库容已淤满，种植的作物可能淹没受损时，应将最大淹没水深（一般不大于 1.5 m）所对应的库容作为滞洪库容。

滞洪库容确定后，查 H-V 曲线，即可求得滞洪坝高 $h_{滞}$。

3. 安全加高 Δh 的确定　安全加高是考虑坝库蓄水后，水面风浪冲击，蓄水意外增大使库水位升高和坝体沉陷等附加的一部分坝高，可按有关规范选定（表 3-6）。

表 3-6　土坝安全加高值表　（单位：m）

坝高（H）	<10	10～20	> 20
Δh	0.5～1.0	1.0～1.5	1.5～2.0

七、调洪计算

（一）目的任务

当淤地坝枢纽工程有溢洪道时，须进行调洪计算。

调洪计算的目的在于确定滞洪库容（调洪库容）和相应的滞洪坝高，同时确定溢洪道设计泄洪流量和相应断面的水力尺寸。

对库容很小的淤地坝，一般不考虑调洪作用，不进行调洪计算，溢洪道的最大泄流量和断面尺寸按设计洪峰流量计算即可。对库容较大的坝（如蓄水面积与流域面积之比大于 1/20），或溢洪道过流水深较大时，应考虑其具有蓄滞洪水的作用，溢洪道最大泄洪流量可按削减后的洪峰流量计算。

（二）计算方法

水文学上调洪计算方法很多，有列表试算法、半图解法、图解法、简化三角形法等。中小型坝，一般只要求确定最大调洪库容和溢洪道最大泄洪流量，不要求计算蓄泄过程。因此，调洪计算常采用简化三角形法。

该法假定：① 设计洪水来水过程线形状为三角形（简化为三角形）；② 洪水来临前，坝库中水位（或淤积面）与溢洪道堰顶齐平，过堰泄洪流量过程线近似为折线（图 3-26）。

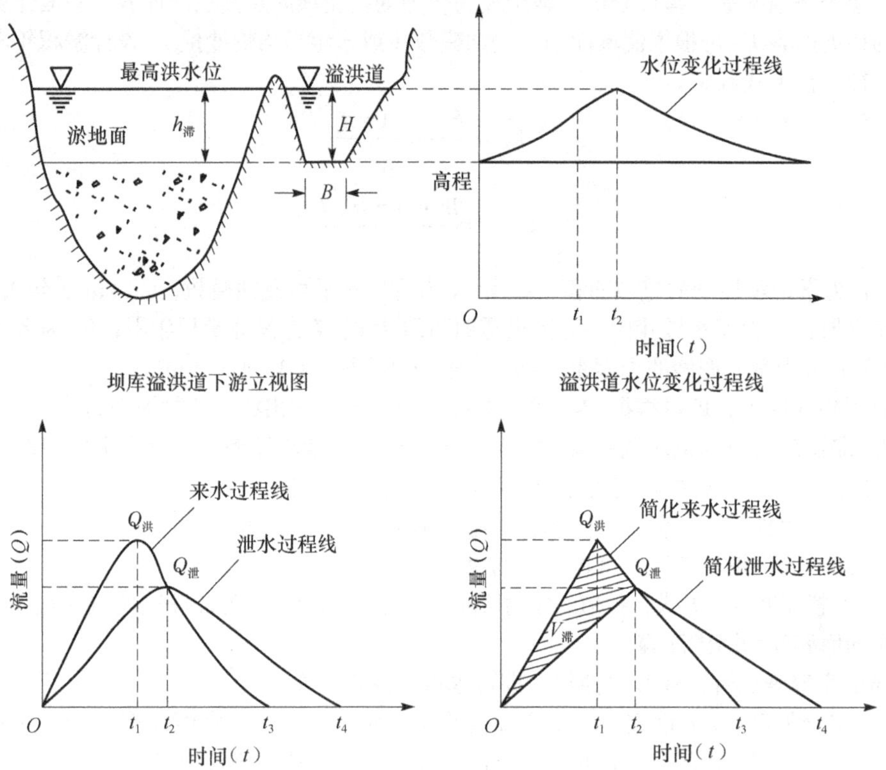

坝库溢洪道下游立视图　　溢洪道水位变化过程线

来水与泄水随时间变化过程线　　来水与泄水随时间变化简化过程线

图 3-26　坝库来水泄水过程线示意图

若设沟道来水洪峰流量为 $Q_{洪}$，溢洪道最大泄洪流量为 $Q_{泄}$，相应历时为 t_1 和 t_2，来水总历时为 t_3，泄水总历时为 t_4，滞洪容积为 $V_{滞}$，由图 3-26 可看出：

来水总量 $W_{洪}$

$$W_{洪}=\frac{1}{2}t_3\cdot Q_{洪} \tag{3-28}$$

滞洪容积 $V_{滞}$

$$V_{滞}=W_{洪}-\frac{1}{2}t_3\cdot Q_{泄}=\frac{1}{2}t_3(Q_{洪}-Q_{泄}) \tag{3-29}$$

或

$$V_{滞}=\frac{1}{2}(Q_{洪}-Q_{泄})\frac{2W_{洪}}{Q_{洪}}=\left(1-\frac{Q_{泄}}{Q_{洪}}\right)W_{洪} \tag{3-30}$$

由此得溢洪道最大泄流量 $Q_{泄}$为

$$Q_{泄}=Q_{洪}\left(1-\frac{V_{滞}}{W_{洪}}\right) \tag{3-31}$$

式中，$Q_{洪}$、$W_{洪}$一般由地区水文手册中可查出。

在溢洪道无闸门控制或闸门全开的情况下，其控制段断面尺寸可按堰流公式计算，即

$$Q_{泄}=M\cdot B\cdot H^{3/2} \tag{3-32}$$

式中，$Q_{泄}$为溢洪道的泄洪流量，m^3/s；H为溢洪道堰上水头，m；B为溢洪道堰顶净宽，m；M为流量系数，可查阅水力学方面的书籍确定。

在具体计算时，$Q_{泄}$常和溢洪道控制段断面尺寸一并求解，一次可完成全部调洪计算的工作。常见溢洪道控制段多为宽顶堰形式，故可用堰流式 $Q_{泄}=M\cdot B\cdot H^{3/2}$ 与式（3-31）联立求解，即

$$MBH^{3/2}=Q_{洪}\left(1-\frac{V_{滞}}{W_{洪}}\right) \tag{3-33}$$

求解时，可采用试算法，即根据溢洪道布设处的地形特征，先设定一个$h_{滞}$（即溢洪道堰上水深H），查坝高 - 库容关系曲线，求出$V_{滞}$，然后据式（3-33）求出溢洪道堰宽B。通过多次假设$h_{滞}$，求得多个B，最终依据经济、技术分析比较，确定较为合理的$h_{滞}$和对应的B作为滞洪坝高和溢洪道的堰宽，并以此依据坝高 - 库容关系曲线和式（3-32）获知$V_{滞}$和$Q_{泄}$。

（三）溢洪道顶坎低于淤地面时的调洪计算

实践中，在流域较大、水土流失严重、沟道有长流水、须防盐碱化的坝库中，常将溢洪道顶坎高程降低（比淤地面高程低 1.5～2.5 m），见图 3-27。

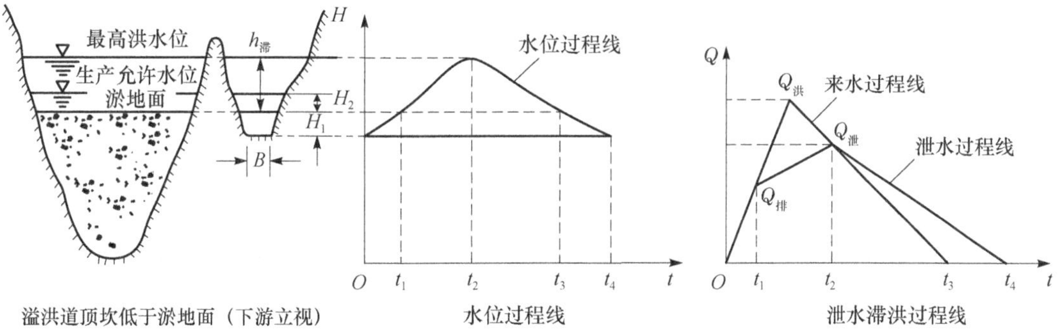

图 3-27　溢洪道顶坎低于淤地面时滞洪过程线示意图

在这种情况下，泄水、滞洪过程具有下述几个特点。

1）来水初期，洪水由排洪渠经溢洪道全部排走，洪水流量与排洪渠排走流量相等。

2）当时间到达t_1时，排洪渠排流量达到最大，此后多余洪水溢出排洪渠到淤地面上，坝库水位上升，溢洪道泄流量增大。

3）当时间到达t_2时，溢洪道流量达到最大值$Q_{泄}$，坝库水位达到最高值不再上升，之后水位渐降，直至泄完，全过程结束。

由上可见，在溢洪道宽度相同的情况下，溢洪道顶坎低于淤地面时，过堰水深加大，其泄流量较溢洪道顶坎与淤地面齐平时为大，自然滞洪库容减小。此时，溢洪道的最大泄流量$Q_{泄}$、排洪渠设计流量$Q_{排}$与滞洪库容$V_{滞}$有如下关系，即

$$V_{滞}=W_{洪}\left(1-\frac{Q_{排}+\alpha Q_{泄}}{Q_{洪}}\right) \tag{3-34}$$

式中，$V_{滞}$为滞洪库容，m^3；$Q_{排}$为排洪渠设计流量，m^3/s；$Q_{泄}$为溢洪道的最大泄流量，m^3/s；$Q_{洪}$为设计洪峰流量，m^3/s；α为系数，$\alpha=1-\frac{Q_{排}}{Q_{洪}}$；$W_{洪}$为设计洪水总量，$m^3$。

由图 3-27 可得排洪渠的设计流量 $Q_{排}$的计算公式为

$$Q_{排}=\frac{Q_{洪}\left(1-\frac{V_{滞}}{W_{洪}}\right)}{1+\alpha\beta} \tag{3-35}$$

式中，β 为系数，$\beta=\left(1+\frac{H_2}{H_1}\right)^{3/2}$；$H_2$ 为坝地允许洪水淹深，m；H_1 为溢洪道水深，m，即排洪渠最大水深；其他符号意义同前。

此种情况的滞洪库容 $V_{滞}$和滞洪坝高 $h_{滞}$可按下述步骤进行计算。

首先，根据坝地生产要求（生产防洪标准）确定溢洪道的宽度 B。

1）先根据坝地作物确定 H_2（一般为 0.5～1.5 m），由 H_2 定出生产允许滞洪库容。

2）计算排洪渠流量 $Q_{排}$。根据 $Q_{洪}$、$W_{洪}$、生产允许滞洪库容，假设一个 $Q_{排}$，代入式（3-35）试算，相等即可。

3）按 $Q_{排}=MBH_1^{3/2}$，计算溢洪道宽度 B。

其次，根据工程安全要求（工程安全防洪标准）确定 $h_{滞}$、$V_{滞}$及 $Q_{泄}$。

1）先假设一个 $h_{滞}$（可取 1～2 m），从 H-V 关系曲线上查出 $V_{滞}$，再由假设的 $h_{滞}$和求出的 B 以及公式 $Q_{泄}=MB(H_1+h_{滞})^{3/2}$，计算 $Q_{泄}$。

2）根据 $Q_{洪}$、$W_{洪}$及 $Q_{泄}$，用公式 $V_{滞}=W_{洪}\left(1-\frac{Q_{排}+\alpha Q_{泄}}{Q_{洪}}\right)$，求 $V_{滞}$，看其与上述查到的 $V_{滞}$是否相等，若不相等，则另行假设 $h_{滞}$，重复以上步骤，直至相等为止。

（四）坝系调洪计算

位于坝系中的单坝，应考虑上游各坝蓄水减沙对本坝库的作用。此时，本坝调洪及溢洪道设计流量 $Q_{泄}$可按下式计算，即

$$Q_{泄}=(Q_{上P}+Q_{区P})\left(1-\frac{V_{滞}}{W_{上P}+W_{区P}}\right) \tag{3-36}$$

式中，$Q_{泄}$为本坝溢洪道的泄洪流量，m^3/s；$Q_{上P}$ 为频率为 P 的上坝溢洪道设计流量，m^3/s；$Q_{区P}$ 为上坝之下，本坝控制区间面积内，频率为 P 时的设计洪峰流量，m^3/s；$V_{滞}$为本坝滞洪库容，m^3；$W_{上P}$ 为本坝溢洪道开始溢流到最大溢流量时段内，上坝下泄的洪水总量，m^3；$W_{区P}$ 为相应于 $Q_{区P}$ 的设计洪水总量，m^3。

第四节 土 坝 设 计

土坝是由单种或多种土料建造而成的挡水建筑物，为世界各国普遍采用的一种坝型。这种坝型之所以被广泛应用，是因为：①土坝能适应地基变形，对地形、地质条件的要求是所有坝型中最低的；②结构简单，施工工序少，施工技术容易掌握；③运用管理方便，寿命长，维修较容易；④能最大限度地利用坝址附近可开采的天然土料。黄土高原地区，土料极为丰富，且取用相对容易，加之水坠法筑坝技术的逐步成熟，极大地提高了土坝筑坝工效，降低了投资，所以土坝是该地区和类似地区淤地坝与小型水库建设中采用最多的一种坝型。

一、土坝分类及坝型选择

（一）分类

1. 按施工方法　可分为碾压坝和水坠坝（又称为水力冲填坝）。在土料丰富、水源充足、适宜水坠法施工筑坝时，应优先选用水坠坝。反之，可选碾压坝。

2. 按土坝构筑结构、组成材料　可分为均质土坝（用一种土料）、心墙坝（坝断面中部用不透水土料）、斜墙坝（坝上游面用不透水土料或混凝土构筑）、铺盖坝（坝上游库底用不透水土料铺填）等（图 3-28）。目前，均质坝被应用得最多。

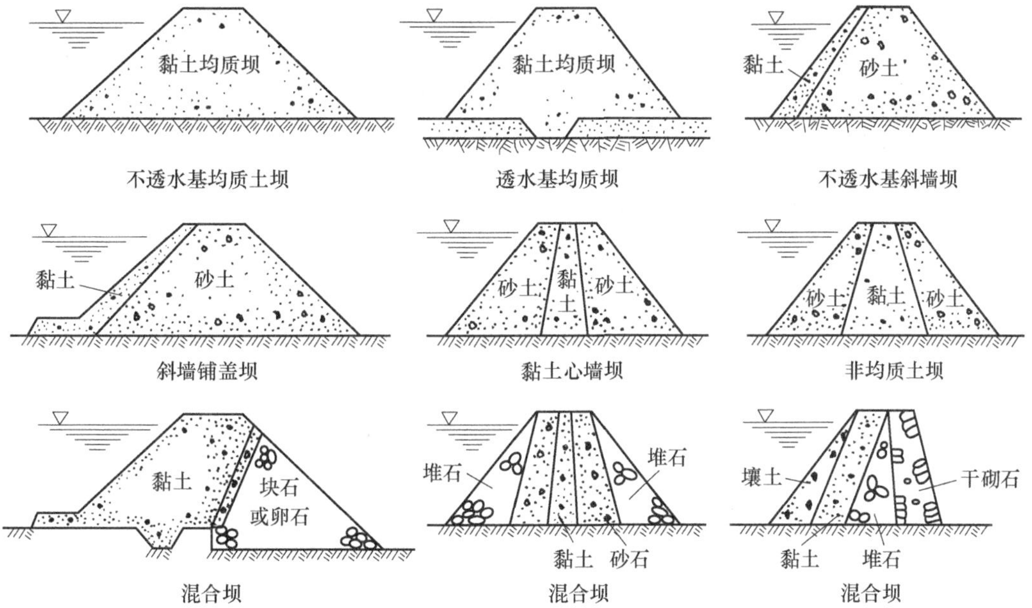

图 3-28　土坝、混合坝断面结构示意图

另外，还可根据筑坝材料情况，建造土、石混合坝。

（二）坝型选择

1. 均质土坝　均质土坝多用黏土筑成，因土料单一，施工方便，便于质量控制。我国黄土地区和南方有黏土地区均可采用该种坝型。一般要求土料黏粒含量为 10%～25%，肥黏土不宜用，某些淤地坝也可用砂土筑成。当坝址附近有性质适宜、数量足够的土料时，宜优先采用均质土坝。

2. 非均质坝　非均质坝一般用两种土料筑成，透水性小的土料用作防渗体，建筑中心主体，上下游坝面用透水性大的砂土构筑。当地有多种土料存在时，可选用这种坝。黏性土较多的地区，有时还可将坝体上游大部分用黏土构筑，下游少部分用砂土构筑。

3. 心墙坝、斜墙坝、铺盖坝、混合坝　心墙坝、斜墙坝、铺盖坝、混合坝，究竟选择何种坝型，应根据筑坝土料渗透性大小、土料多少、坝基透水深度（透水层）和施工方便与否，因地制宜确定。

淤地坝的防渗要求小于水库坝，因而常选用均质坝坝型，一般黏土、砂土均可建造。

二、筑坝土料选择

（一）土料特性试验测定

筑坝土料特性试验测定时，应现场取样，测定指标包括颗粒组成、含水量、干容重、渗透系数、崩解速度、液限、塑限、有机质含量、水溶盐含量、单位黏聚力、内摩擦角等。

（二）碾压坝筑坝土料选择

碾压法筑坝，坝体干容重要求达到 1.55 t/m^3 以上，水库坝要求在 1.65 t/m^3 以上。施工时，要在现场分层进行测定，符合要求后，方能填筑第二层。

黏性土（黄土、类黄土、红土等）、砂土、残积土均可用作筑坝土料。一般要求有机质含量不大于 2%，水溶盐含量不大于 5%，渗透系数为 1×10^{-7}～1×10^{-6} cm/s。筑坝时，根据设计，将渗透系数大的土料放在坝体下游，渗透系数小的土料放在坝体上游，以利于坝体的整体稳定并降低工程造价。

（三）水坠坝筑坝土料选择

因施工方法不同，水坠坝要求筑坝土料具有一定的透水性，遇水易于崩解，脱水固结速度快。通常用土料中的黏粒含量作为以上特性的判断指标（适宜性指标），具体选择详见表 3-7［摘自《淤地坝技术规范》（SL/T 804—2020）］。

表 3-7 筑坝土料控制性指标经验值

项目	均质坝						非均质坝
	砂土	砂壤土	壤土			花岗岩和砂岩风化残积土	花岗岩和砂岩风化残积土
			轻粉质	中粉质	重粉质		
黏粒和胶粒含量 /%	<3	3～10	10～15	15～20	20～30	15～30	5～30
砂粒含量 /%	—	—	—	—	—	砾≤30	60～80
塑性指数	—	—	7～9	9～10	10～13	—	—
崩解速度 / min	—	1～3	3～5	5～15	< 30	—	—
渗透系数 /（cm/s）	$<2.0\times10^{-5}$	1.0×10^{-5}～2.0×10^{-5}	1.0×10^{-5}～1.5×10^{-5}	3.0×10^{-6}～1.0×10^{-5}	1.0×10^{-7}～3.0×10^{-6}	$>1\times10^{-6}$	$>1\times10^{-6}$
不均匀系数	—	—	—	—	—	—	> 15

注：表中黏粒和胶粒含量是用氨水作为分解剂得出的

三、土坝断面结构构造及尺寸拟定

土坝断面为梯形，底部与地基结合设有结合槽，下游坝面坡脚设有排水体。为防库水及降水冲刷，上下游坝面及坝顶须设排水沟或种植草灌。当坝高较大（大于 15 m）时，坝体断面可设计为梯形复式断面，在断面坡比变化处，设人行道（马道），并布置水平排水沟。水平排水沟与纵向排水沟相连，最终将坝坡产生的径流排至沟道。

土坝坝顶若同时作为交通道路，则应按公路标准设计。

土坝断面尺寸可先根据坝高和工程等级、坝基情况及施工、运行条件等，参照现有工程的经验初步拟定，然后通过稳定分析计算确定。

（一）坝顶宽度

坝顶宽度可根据坝高、施工、构造及交通要求等综合考虑后确定，一般可按表 3-8 选取。对单行道车道，宽度可取为 4.5～5.0 m，人力车道可取为 2.5～3.0 m，若为国道，则须按国道公路标准确定。坝高大于 15 m 时，坝顶最小宽度为 4 m。

表 3-8　坝顶宽度与边坡比

坝型	项目	坝高 /m					备注
		6～10	11～15	16～20	21～30	31～40	
碾压坝	上游坡边坡比	1∶1.5	1∶1.75	1∶2.0	1∶2.25	1∶2.5	
	下游坡边坡比	1∶1.0	1∶1.25	1∶1.5	1∶1.75	1∶2.0	
	坝顶宽度 /m	3	3～4	4	4～5	5	不考虑交通
水坠坝	上游坡边坡比	1∶1.5	1∶2.0	1∶2.25	1∶2.5	1∶3.0	
	下游坡边坡比	1∶1.25	1∶1.5	1∶1.75	1∶2.0	1∶2.25	
	坝顶宽度 /m	3	4.5	5	6	7	不考虑交通

（二）坝边坡

坝边坡陡缓对其稳定性影响极大，应根据坝高、筑坝土质、施工方法等因素确定，初步设计时可参阅表 3-8 选择，然后进行稳定校核计算，最后定出坝的边坡比。

（三）坝坡马道

坝高大于 10 m 时，考虑到施工行人、交通、堆放材料、机件方便和坝坡排水，常在坝的中部设 1～1.5 m 宽的横向（平行坝轴线）水平通道，称为马道。马道下部坝坡较上部缓（变坡比）。马道与坝坡相连处设排水沟。

（四）坝坡保护

为防雨水等冲刷，淤积面以上的上游坝面和下游坝面，须设置保护措施。保护措施可为种植牧草、栽植灌木，也可砌石。下游坝面还须设置纵向排水沟，特别是坝端与沟坡相接处，必须做好排水设施，以防暴雨径流冲刷。

（五）坝体排水

坝库蓄水后，由于上游水压力的作用，水流会通过坝体渗透到下游坝面坡脚处，对下游坝坡产生冲刷，出现管涌和流土现象。为保证坝体安全，常在坝的下游坡脚处设置排水体（又叫反滤体）。排水体的作用是将渗流导向坝体下游，降低浸润线高度，增加坝坡的稳定性。

常见排水体有下面几种形式。

1. 表面排水　表面排水又叫斜卧式排水或贴坡排水，是用砂石料在下游坝坡坡脚最高水位以上 0.5～1.0 m 处斜卧设置的排水设施（图 3-29），其顶宽不小于 1.0 m，边坡比与坝背水坡相同。表面排水节省材料，施工简单，便于维修，但只能防止坝坡冲刷，不能降低浸润线高度，适用于小型土坝坝体排水，在石料缺乏的地方，可以采用这种形式。

2. 棱式反滤体排水　棱式反滤体一般断面为梯形（图 3-30），当用于均质坝时，反滤体高度可设为坝高的 1/4～1/6，地基透水时可低些，当下游有水时，应高出最高水位 0.5～1.0 m 或以上。顶宽采用 1.5～2.5 m，最窄不能小于 1.0 m。反滤体内坡 1∶1.0，外坡陡缓视石块大小而定，一般堆石体外坡为 1∶1.5～1∶2.0，若采用干砌块石，外坡可适当改陡，为 1∶1.0～1∶2.5。反滤料中土的含量不超过 2%，土基上的反滤体应砌入清基线以下 0.5 m。

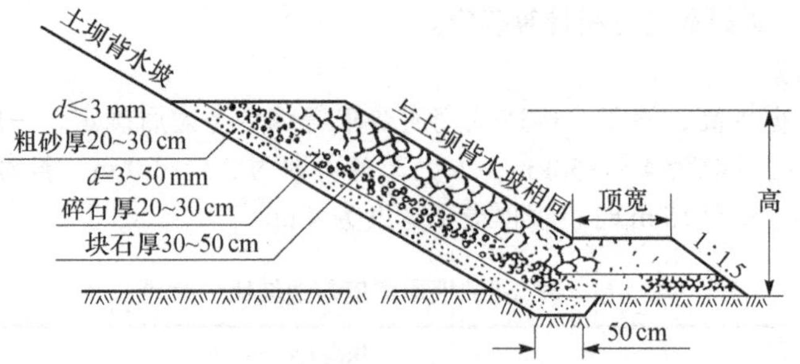

图 3-29 表面排水体结构示意图

d. 粒径

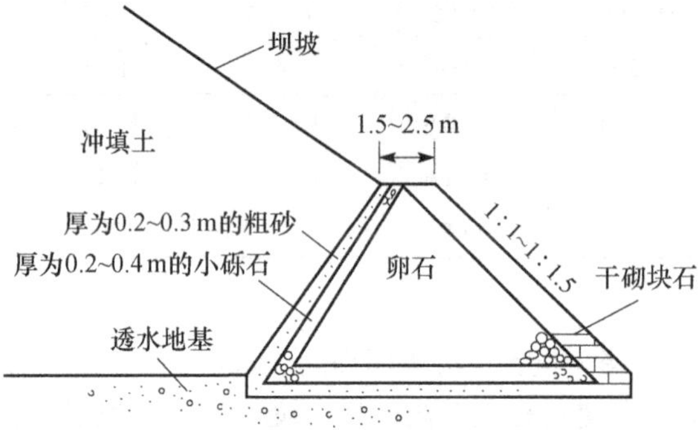

图 3-30 棱式反滤排水体结构示意图

棱式反滤体排水能够降低坝体浸润线高度，又有增加坝坡稳定的作用，但材料用量多，施工维修也不如前者方便。适用于中大型土坝或水库坝的坝体排水或坝下游有水的情况。

3. 水平砂沟（褥垫）排水 带水平砂沟（褥垫）的排水体，褥垫厚 1～2 m（图 3-31），水平褥垫的长度宜为坝底宽度的 1/3～1/2。适用于不透水地基或透水性较差的地基以及坝下游无水的情况，非常有利于水坠法施工时坝体内水分的排除。该种排水体对反滤材料的要求与棱式反滤体相同。

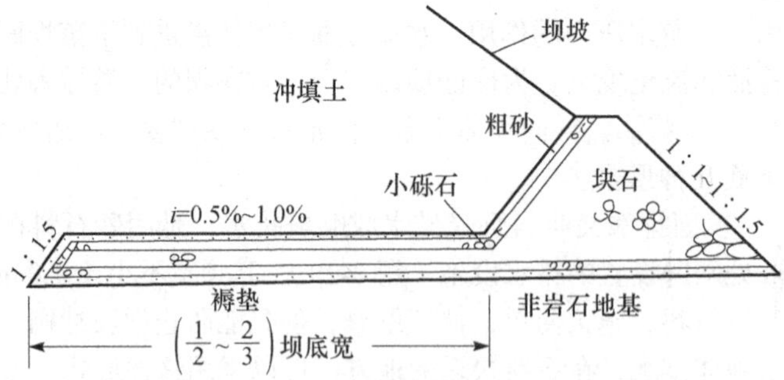

图 3-31 水平砂沟排水体结构示意图

i. 比降

除上述三种形式外，还有类似的组合式排水和管式排水等。

反滤体尺寸可根据坝高情况，按表 3-9 初步选定。

表 3-9　反滤体尺寸

项目		坝高 /m			
		10～15	15～20	20～25	25～30
反滤体高度 /m		2.0～2.5	2.5～3.0	3.0～3.5	3.5～4.0
棱式	顶宽 /m	1.50	1.50～2.00	2.00～2.50	2.50～3.00
	外坡比	1∶1.5	1∶1.5	1∶1.5	1∶1.5
	内坡比 /m	1∶1.00	1∶1.25	1∶1.25	1∶1.25
	底宽 /m	6.00～8.01	8.01～9.75	9.75～11.62	11.62～13.00
斜卧式	砂层厚 /m	0.20	0.25	0.30	0.30
	碎石层厚 /m	0.20	0.25	0.30	0.30
	块石层厚 /m	0.50	0.60	0.70	0.80
	顶宽 /m	1.00	1.50	2.00	2.00

四、土坝稳定分析计算

（一）稳定分析计算的目的

土坝由散粒状土料堆筑而成，体积较大，一经压实，通常不会沿坝基发生整体滑动。土坝坝体各部分之间的稳定主要靠土粒间的摩擦力和黏结力来维持，但渗透水流的作用会大大降低摩擦力和黏结力。当坝坡大于某一数值时，会失去平衡，发生滑坡事故，故须对坝坡进行稳定分析计算，以求得稳定状态下坝体最优的断面形状与尺寸。

（二）滑坡因素及滑坡形态

造成滑坡的团素，除与土的物理力学性质有关外，还与坝高、坡比、坝体渗透、地基土壤、施工方法、压实密度有很大的关系。一般要求坝体压实后的干容重大于 1.5 t/m^3。

土坝滑坡形态，对黏性土筑成的均质坝，滑动面呈圆弧状；砂性土筑成的坝，一般呈折线或直线状。滑坡形态在某种程度上体现了土壤的性质，即黏性土黏结力大，整体稳定性好，砂性土黏结力小，整体稳定性差，故一般情况下，砂性土坝的边坡要缓于黏性土坝的边坡。

（三）稳定分析计算的方法

土坝坝坡整体稳定分析计算，视工程大小（主要是坝高）和筑坝土料不同，应按平面圆弧滑动面，采用简化毕肖普法或瑞典圆弧法（条分法）计算。

第五节　淤地坝溢洪道设计

一、位置选择

溢洪道是三大件枢纽工程中的主要建筑物之一，它对泄洪、保障枢纽工程安全、坝地正常生产，以及下游安全都具有重要作用。由于溢洪道在枢纽工程投资中所占比例较大（可达总投资的 1/3～1/2），故需进行科学合理的设计。

溢洪道的位置取决于坝址处的地形、地质、施工条件和泄流量等。其基本要求是：

（1）工程量小　　要尽量利用天然的有利地形，将溢洪道建在坝端附近“马鞍形”地形的凹地处，或地形较平缓的山坡处，这样可减少开挖土石方量，降低工程投资，缩短工期。

（2）地质良好　　溢洪道应选在土质坚硬，无滑坡塌方，或非破碎岩基上。

（3）泄洪安全　溢洪道进口应布设在距坝端至少 10 m 以外，出口布设在距坝坡坡脚线 20～50 m 以外。溢洪道尽可能不与放水建筑物放在同一侧，以免水流相互干扰，影响放水建筑物的安全。

（4）水力条件良好　溢洪道轴线应布设为直线，若因地形、地质条件不允许而布置成曲线时，转弯半径应不小于渠道水面宽度的 5 倍，并应在凹岸做好砌护工程。

二、布置形式

根据地形条件和泄洪量大小，溢洪道常见的布置形式有两种。

（1）明渠式溢洪道　明渠式溢洪道的特点是溢洪道为一明渠（或称排洪渠），设在坝端一侧，通常不加砌护，工程量小，施工简单，一般小型淤地坝库或泄洪量较小时常用。

（2）堰流式溢洪道　堰流式溢洪道适用于流域面积较大、泄洪流量较大的情况。溢洪道常用块石或混凝土建造，其形式根据地形落差特点有跌水式和陡坡式等，最常用的是陡坡式溢洪道，具有结构简单、水流平顺、施工方便、工程量小的优点。

溢流堰根据地形条件可以布置成正堰形式（水流方向与溢洪道轴线一致）或侧堰形式（水流方向与溢洪道轴线垂直），堰本身可为宽顶堰（常用）或实用堰（需增大泄流量时用）。一般陡坡正堰式溢洪道的布置如图 3-32 所示，由进口段、陡坡段和出口段三部分组成。为使溢流通畅、工程量较小，溢流堰应有足够的长度和宽度，故溢洪道应布设在坝体一侧地形平坦、土质较好的地段。

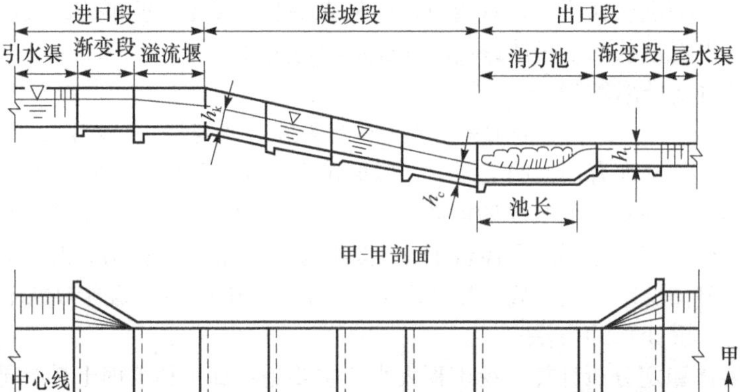

图 3-32　溢流式溢洪道断面示意图

三、水力计算

溢洪道水力计算的目的，在于确定溢洪道各部分的水力尺寸。

（一）明渠式溢洪道

土基上的明渠式溢洪道多为梯形断面，边坡视土质不同常采用 1∶1～1∶1.5，纵坡可用 1∶50～1∶100；石基上的溢洪道断面多为矩形，纵坡比土渠溢洪道稍陡。

溢洪道断面尺寸可根据明渠均匀流公式计算，泄流量根据坝库调洪计算确定。

（二）堰流陡坡式溢洪道

水力计算主要是确定溢流堰、陡坡段和出口段尺寸。

1. 溢流堰尺寸计算　当溢流堰采用宽顶堰时，可按公式 $Q=MBH_0^{3/2}$ 计算；采用实用堰时，可按水力学中不淹没实用堰流量公式 $Q=\varepsilon mb\sqrt{2g}H_0^{3/2}$ 计算。

此处需指出的是，溢流堰上水深（H）大小与工程造价关系密切。水深大，则堰顶宽度小，溢洪道开挖工程量小，造价低，但坝高增大，建坝造价增加，故应进行经济、技术方案比较确定。一般溢流堰水深以不大于 1.5 m 为宜，堰长按宽顶堰要求为（2.5～10）H，通常多采用（3～8）H。

2. 陡坡段尺寸计算　陡坡段主要尺寸需通过水力计算确定。水力计算主要是计算水面曲线，用以确定陡坡边墙高度。计算时，要先判断是否属于陡坡。当陡坡段底坡 i>临界坡度 i_k 时，即陡坡，否则不属于陡坡。

水流在陡坡内产生降水曲线，随陡坡底部高程的下降，其末端水深以正常水深 h_0 作为渐近线（图 3-33），所以只要求得临界水深 h_k 和正常水深 h_0，即可按下列步骤计算并绘制出水面曲线。

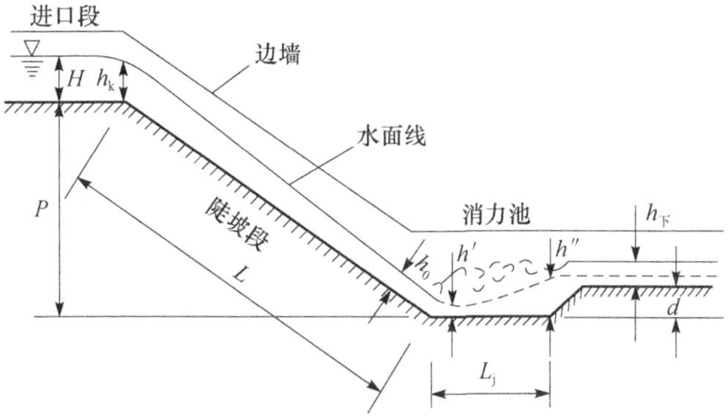

图 3-33　陡坡段尺寸计算示意图

（1）计算临界水深 h_k　对矩形断面陡槽，h_k 可采用下式计算，即

$$h_k=\sqrt[3]{\frac{\alpha\cdot q^2}{g}} \tag{3-37}$$

式中，h_k 为临界水深，m；α 为流速分布不均匀系数，一般取 1.0～1.1；q 为单宽流量，$m^3/(s\cdot m)$，$q=Q_泄/B$；$Q_泄$为溢洪道设计流量，m^3/s；B 为溢洪道宽，m；g 为重力加速度，m/s^2，一般取 9.81。

对梯形断面陡槽，h_k 可按水力学公式试算求得，即

$$\frac{\omega_k^3}{B_k}=\frac{\alpha\cdot Q_泄^2}{g} \tag{3-38}$$

式中，ω_k、B_k 分别为相应于 h_k 的过水断面面积和水面宽；其他符号意义同前。

（2）计算临界底坡 i_k　临界底坡 i_k 可用以下水力学公式计算求得。

$$i_k=\frac{g}{\alpha C_k^2}\cdot\frac{X_k}{B_k}=\frac{Q_泄^2}{K_k^2} \tag{3-39}$$

式中，K_k 为流量模数，$K_k=\omega_k C_k\sqrt{R_k}$；$C_k$、$X_k$、$R_k$ 分别为相应的临界水深 h_k 时的谢才系数、湿周和水力半径。

如求出的 $i_k<i$（陡坡底坡），或正常水深 $h_0<h_k$ 时，则陡坡水流为急流，可按陡坡计算。

（3）计算陡坡长度 L　当陡坡段总落差为 P、底坡坡度（比降）为 i 时，则由几何关系得

$$L=\sqrt{P^2+\left(\frac{P}{i}\right)^2} \tag{3-40}$$

（4）计算正常水深 h_0　　h_0 可按明渠均匀流公式 $Q=\omega C\sqrt{Ri}$，用试算法求解。

（5）计算水面曲线　　陡坡水面曲线的计算方法有分段求和法、水力指数法以及这些方法的简化法等。目前，水力学书籍中多介绍分段求和法，这种方法不受明渠形式的限制，对棱柱体及非棱柱体明渠均可适用。在此主要介绍该方法。

必须指出的是，陡坡上的水流在陡坡段变为急流状态（$i_k<i$）时，水面曲线为一降水曲线。降水曲线随它本身的长度和陡坡长度的不同将会出现两种情况：一种是降水曲线长度小于陡坡长度，即降水曲线在陡坡段中间结束，此后水流逐渐接近均匀流，到陡坡末端水流等于正常水深；另一种是降水曲线长度大于陡坡长度，此时陡坡末端水深应按明渠变速流公式计算。究竟是哪种情况，须通过计算确定。

由水力学知识可知，明渠渐变流微小流段的能量方程为 $\frac{\mathrm{d}E_s}{\mathrm{d}L}=i-J$，将此式写成下面的有限差分方程为

$$\frac{\Delta E_s}{\Delta L}=i-\bar{J} \tag{3-41}$$

式中，ΔE_s 为溢洪道陡坡段相邻两过水断面单位能（断面比能）之差，m；ΔL 为溢洪道陡坡段过水断面分段长度，m；i 为溢洪道陡坡段底坡；$\bar{J}$ 为溢洪道陡坡段相邻断面水力坡度的平均值。

将相邻两过水断面单位能（断面比能）计算式代入式（3-41），得

$$\Delta L=\frac{\left(h_2+\frac{\alpha_2\cdot v_2^2}{2g}\right)-\left(h_1+\frac{\alpha_1\cdot v_1^2}{2g}\right)}{i-\bar{J}} \tag{3-42}$$

式中，ΔL、i、$\bar{J}$ 符号意义同前；h_1、h_2 为溢洪道陡坡段相邻两过水断面的水深，m；v_1、v_2 为溢洪道陡坡段相邻两过水断面水流平均流速，m/s；α_1、α_2 为相邻过水断面动能修正系数，一般取 1.0～1.1。

公式中各符号见图 3-34。

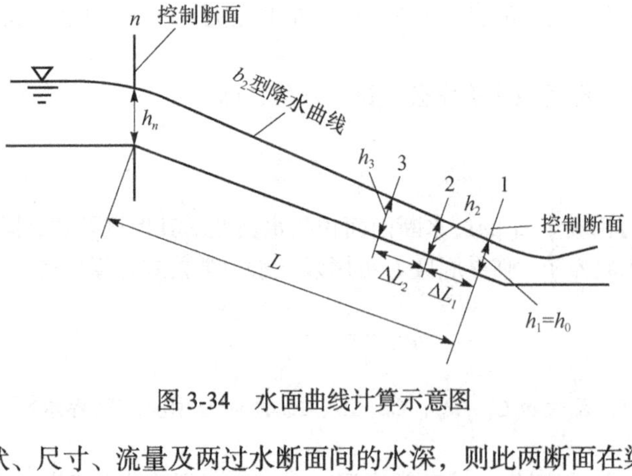

图 3-34　水面曲线计算示意图

若已知断面形状、尺寸、流量及两过水断面间的水深，则此两断面在渠道中的距离即可由式（3-42）求得。

根据谢才公式 $v=C\sqrt{Ri}$（v 为水流流速），$\bar{J}$ 可按下式计算，即

$$\bar{J}=\frac{1}{2}\left(\frac{v_1^2}{C_1^2 \cdot R_1}+\frac{v_2^2}{C_2^2 \cdot R_2}\right) \tag{3-43}$$

分段求和法是将计算渠段的总长度 L 划分为若干小流段 $\Delta L_1, \Delta L_2, \cdots, \Delta L_n$，利用式（3-41）逐一分析计算。分段的长短，视精度要求及水深变化情况而定，水深变化大的地方，分段应短。

下面以图 3-34 为例，阐述分段求和法的计算步骤。

1）根据水力学相关知识，确定水面曲线的类型及两端水深。

2）根据控制断面水深及水面曲线变化趋势，拟定该分段的另一端水深 h_2，由式（3-42）先求得 ΔL_1，依此类推，求出 ΔL_2，ΔL_3，…，ΔL_n，最后求出水面曲线的总长为

$$L=\Delta L_1+\Delta L_2+\cdots+\Delta L_n \tag{3-44}$$

3）按图中坐标，即可绘出水面曲线。

对于非棱柱形渠道，由于 $A=f(h, L)$（A 为过水断面面积），因此，用分段求和法计算水面曲线时，只假设另一端的水深还不足以求 ΔL，需用试算法，此处不再详述。

小型溢洪道可不计算水面曲线，将求出的 h_k 及 h_0 连一直线即可。

（6）确定陡坡终点水深 h_a 和末端流速 v_a　当求出的水面曲线长度 L＜溢洪道陡坡段长度 L_0 时，则陡坡末端水深 h_a＝正常水深 h_0；若求出的水面曲线长度＞溢洪道陡坡段长度 L_0 时，则须按已知 L_0 及起点水深 h_1 由变速流公式试算求得陡坡末端水深 $h_a=h_2$。

末端流速 v_a 可按下式计算，即

$$v_a=\frac{Q_{泄}}{\omega_a} \tag{3-45}$$

式中，v_a 为末端流速，m/s；ω_a 为水深为 h_a 时的过水断面面积，m^2；$Q_{泄}$为溢洪道设计流量，m^3/s。

求出的末端流速 v_a 应小于溢洪道陡坡护面材料的不冲流速。

（7）陡坡边墙（侧墙）高度 H 的确定　考虑到陡坡流速较大，掺气会使水深增加，故溢洪道陡坡边墙（侧墙）高度 H 应按下式确定，即

$$H=h+h_B+\Delta h(\mathrm{m}) \tag{3-46}$$

式中，h 为未掺气时陡坡中的水深，m。h_B 为掺气后水深增加值，m，可按下面的公式计算：

当 $v \leqslant 20$ m/s 时，$h_B=\frac{vh}{100}$；当 $v>20$ m/s 时，$h_B=\frac{v^2}{200g}$（v 为水流流速，m/s；g 为重力加速度，为 9.81 m/s^2）。

Δh 为安全加高，m，可取 0.5～1.0 m。

3. 出口段尺寸计算　溢洪道出口段一般由消能段、出口渐变段和下游尾渠组成，其尺寸确定的关键是确定消能段的尺寸。

当水流从陡坡段的急流过渡到尾渠段的缓流时，会对下游渠段产生强烈冲刷，需设消能设施，工程上称为消能工。

消能工的形式可根据地形、地质和水流特点选择，常见的有底流式消能和挑流式消能。底流式消能多为消力池消能，常用于发生远驱式水跃时的消能；挑流式消能常采用挑流鼻坎消能，适用于地形和河床地基抗冲性能良好的河道。

下面主要介绍消力池的尺寸计算。

设置消力池的目的在于增加下游水深，提供发生淹没水跃的条件，其尺寸计算主要是确定消力池的池深 S 和池长度 L（图 3-35）。

（1）消力池深度计算　当消力池断面为矩形，且消力池纵坡为水平或很小时（一般淤地坝工程均能满足要求），消力池深度 S 的计算可采用下述水力学公式联立求解，即

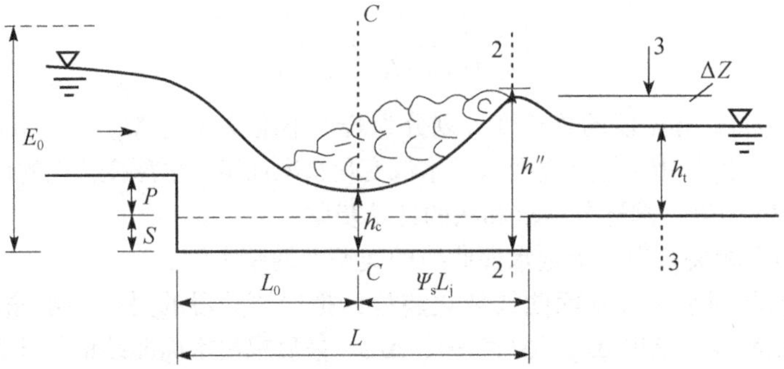

图 3-35　消力池水力计算示意图

$$\begin{cases} h_c=\dfrac{q}{\varphi\sqrt{2g(E_0+S-h_c)}} \\ h''=\sigma h_c''=\dfrac{\sigma h_c''}{2}\left(\sqrt{1+\dfrac{8q^2}{gh_c^3}}-1\right) \\ S=h''+\dfrac{q^2}{2gh''^2}-\dfrac{q^2}{2g(\varphi h_t)^2}-h_t \end{cases} \tag{3-47}$$

式中，h_c 为消力池收缩断面水深，m；q 为渠道单宽流量，$m^3/(s \cdot m)$；φ 为流速系数，初步计算可取 0.95，具体计算可参阅有关水力学书籍；E_0 为收缩断面单位能，m，详见有关水力学书籍；h_c'' 为以收缩断面水深 h_c 为跃前水深，计算出的跃后水深，m，详见有关水力学书籍；σ 为安全系数，一般取 1.05～1.10；h_t 为尾水渠水深，m；h'' 为以溢洪道陡坡段末端水深 h_a 为跃前水深计算出的跃后水深，m。

对于大多数淤地坝工程，也可采用下述经验公式近似计算消力池的深度。

$$S=1.25(h''-h_t)(m) \tag{3-48}$$

（2）消力池长度计算　消力池长度 L 由下述经验公式确定，即

$$\begin{cases} L=L_0+\psi_s L_j \\ L_0=1.74\sqrt{E_0(P+S+0.24H_0)} \\ L_j=6.9(h''-h') \end{cases} \tag{3-49}$$

式中，Ψ_s 为完整水跃长度 L_j 的折减系数，为 0.7～0.8，原因是消力池末端池壁对水流的反作用力有壅水作用，压缩了完整水跃的长度；H_0 为堰顶全水头，m；h' 为水跃跃前水深，即溢洪道陡坡段末端水深 h_a，m；L_0 为水流跌落的射程，m，如水流无跌落，则其为 0。

四、溢洪道结构设计

（一）进口段

进口段包括引水渠、渐变段和溢流堰三部分（图 3-36）。

1. 引水渠　引水渠通常为一矩形（石基）或梯形（土基）明渠。前者只需修凿平整即可，必要时加以砌护；后者需用浆砌石或混凝土衬砌。梯形渠道断面边坡可采用 1∶1.5～1∶3.0，当有塌滑危险时，应修挡土墙或护坡予以保护。

2. 渐变段　渐变段在平面上应为直线形或光滑的曲线形，导流墙可以是“八”字墙、

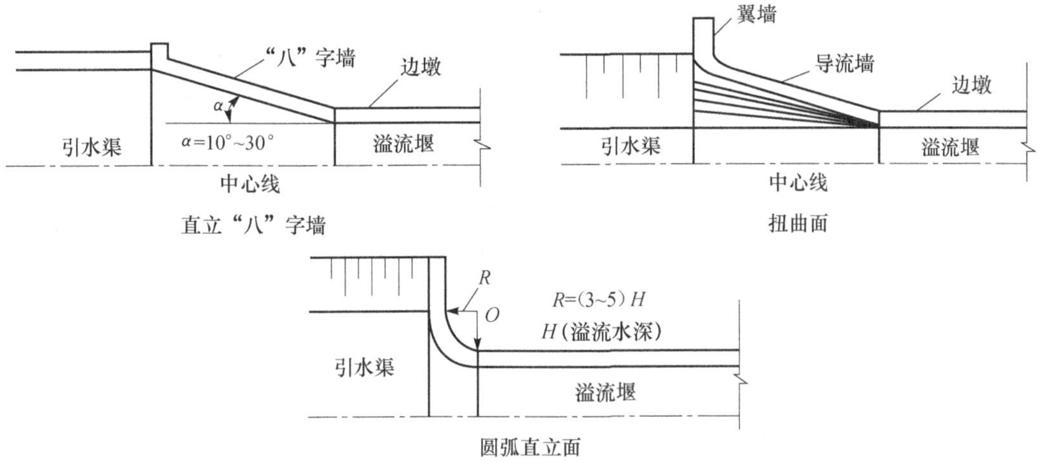

图 3-36　导流墙示意图

扭曲面或圆弧直立面（图 3-36）。当用浆砌石衬砌时，厚度为 0.25～0.4 m，导流墙与边墩用缝分开，使其各自独立工作，并适应不均匀沉陷，墙顶超高可采用 0.5～1.0 m，底板上游端应做防渗齿墙，齿墙入地基深约 1.0 m，厚 0.5 m，底板砌厚 0.3～0.5 m。

3. 溢流堰　溢流堰为溢洪道中的泄流控制建筑物，土基上，常采用宽顶堰形式；岩基上，多采用实用堰形式（图 3-37）。堰体由边墩、底板和溢流体组成。堰体底板与渐变段底板相连，连接处需做一深 0.5～1.0 m、厚 0.3～0.5 m 的防渗抗滑齿墙。堰边墙（边墩）可用浆砌石建造，为挡土墙形式（图 3-38），墙顶比溢流水面应高 0.5～1.0 m，顶宽不小于 0.4 m，墙高 H 与底宽 B 之比一般为 2∶1～3∶2，基础厚 t 为 0.3～0.5 m。溢流堰上有时需设工作交通桥，桥常用钢筋混凝土建造，宽 1.5～3.0 m，堰上一般不设闸门。

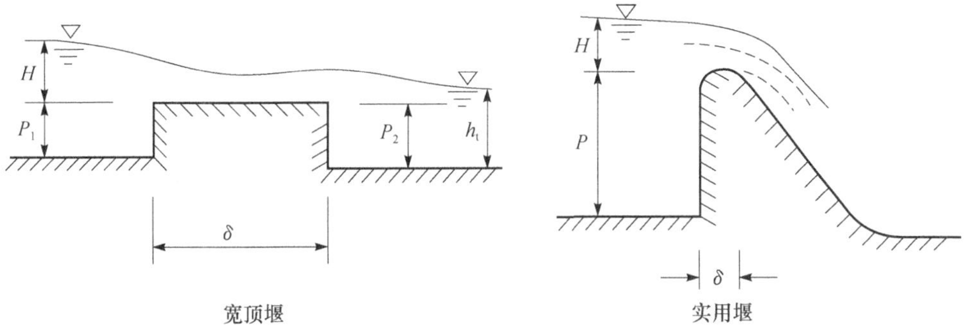

图 3-37　溢流堰剖面形式示意图

采用宽顶堰时，堰厚 δ 应为（2.5～10）H，H 为堰上水深，当 δ 为（0.67～2.5）H 时，则为实用堰。

（二）陡坡段

陡坡段纵坡应尽可能与地面坡度一致，以减少工程量。建造在土基上的陡坡，纵坡常为 1∶3～1∶5，岩基上为 1∶1～1∶3，当为减少工程量而采用两种坡度时，应上段缓下段陡，并在变坡处用曲线连接，以免水流脱槽出现负压现象。

当陡槽修建在岩基上时，其断面采用矩形，侧墙仅需修凿平整或用混凝土衬砌抹平即可；当修建在土基上时，其断面采用梯形，边坡 1∶1～1∶3，常用浆砌石建造，砌厚 0.3～0.4 m。

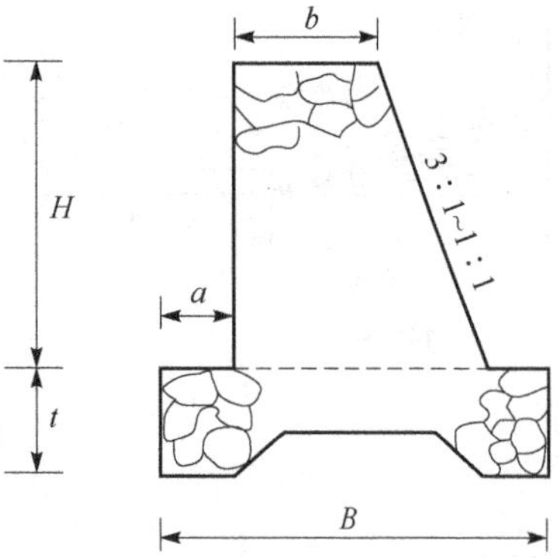

图 3-38 重力式挡土墙示意图

为防止不均匀沉降，陡槽沿纵坡每隔 5～10 m 应留一沉陷缝。岩基上的陡坡，槽底可不衬砌，仅需凿平即可，当为不良岩基且流速又大（＞10 m/s）时，可用块石或混凝土衬砌，砌厚 0.25～0.4 m（块石）或 0.1～0.15 m（混凝土）。土基上的底板必须衬砌，厚度 0.3～0.5 m（块石），为防止冰冻发生裂缝，还需在底板下铺设 0.1～0.2 m 的砂卵石垫层反滤排水及纵横向排水沟。

由于陡槽中水的流速较大，动水压力可能使底板产生振动，为稳定起见，需校核其厚度 d 是否满足要求，一般可按下式计算，即

$$d \approx 0.03a \cdot v\sqrt{h} \tag{3-50}$$

式中，d 为底板厚度，m；a 为地基条件系数，密实的黏土和亚黏土 $a=0.8$，中密黏土 $a=1.0$，亚砂土和砂土 $a=1.5$～2.0；v 为槽中流速，m/s；h 为槽中水深，m。

（三）出口段

出口段包括消力池、渐变段和尾水渠三部分。渐变段与进口渐变段相同，尾水渠即一般明渠。

消力池断面常为矩形，可用浆砌石或混凝土建造。考虑到其经常在水下或变水位下工作，受到水流冲击振动，故要求砌筑材料有一定的抗冲能力。用浆砌石建造时，池底板厚应大于 0.5 m，并在前端设厚 0.3 m、深 0.7 m 的齿墙，板下设反滤排水孔。侧墙构造尺寸与陡槽相同。池底板厚度 d 可用下式计算。

$$d \approx K \cdot V_c\sqrt{h_c} \tag{3-51}$$

式中，d 为底板厚度，m；K 为系数，$K=0.03+0.175\sin\alpha$；α 为末端射流与水平面夹角，(°)；V_c 为水跃前收缩断面处流速，m/s；h_c 为收缩断面水深，m。

消力池结构构造如图 3-39 所示。

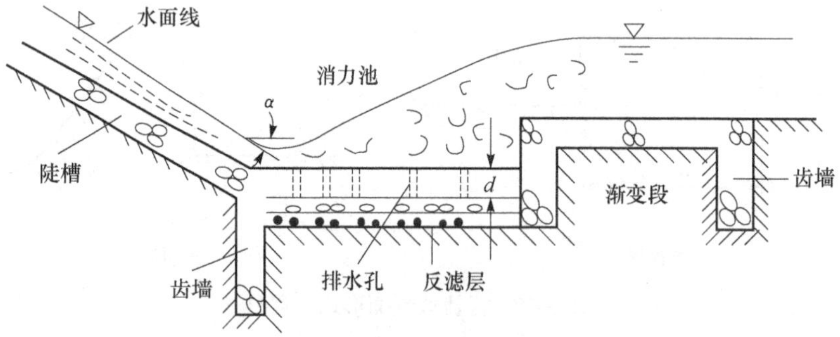

图 3-39 消力池结构构造示意图

第六节 淤地坝放水工程设计

一、组成形式及作用

（一）组成形式

放水工程由进口取水工程、输水工程和出口消能工程组成。进口取水工程常见者为卧管

（图 3-40）、竖井（图 3-41）和放水塔；输水工程常见者为坝下涵洞、管道和隧洞；出口消能工程常见者为底流消能，有时也为挑流消能。

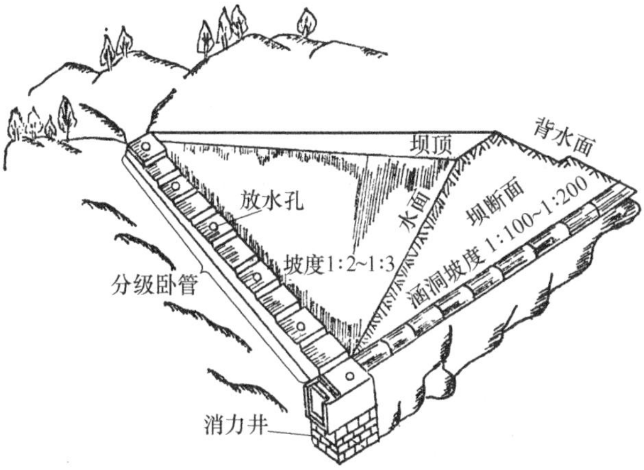

图 3-40　卧管及涵洞示意图

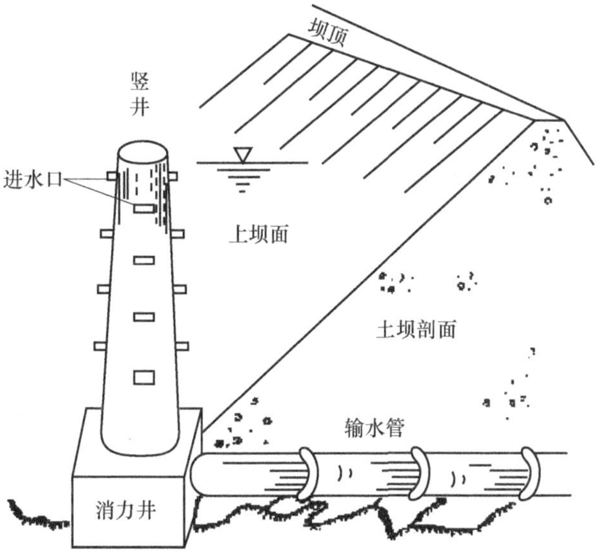

图 3-41　竖井布设立体示意图

1. 卧管　　卧管为斜置于坝端上游沟坡或坝坡上的一种台阶式取水管涵工程，管孔口有平孔、立孔和斜孔三种形式（图 3-42）。平孔各级高差为 0.3～0.6 m，立孔为 0.6～1.0 m，斜孔为 0.4～0.8 m。

卧管应用灵活，结构较简单，不易漏水，水利水保坝库工程中经常采用，适用水头 5～25 m，放水流量 0.4～4.0 m^3/s。

2. 竖井　　竖井为布设于土坝上游坝面坡脚上的一种竖向取水工程，由井体、井壁进水孔和井底消力井组成。竖井断面多为圆形，内径 0.5～2.0 m。

竖井沿竖向每隔 0.5 m 对称设进水孔（放水孔）一对，孔口尺寸高 × 宽为 0.2 m×0.3 m 或 0.3 m×0.4 m，孔口设控制插板。

竖井结构较卧管简单，施工较易，易于检修，省工省料，但取水不如卧管方便，易漏水，

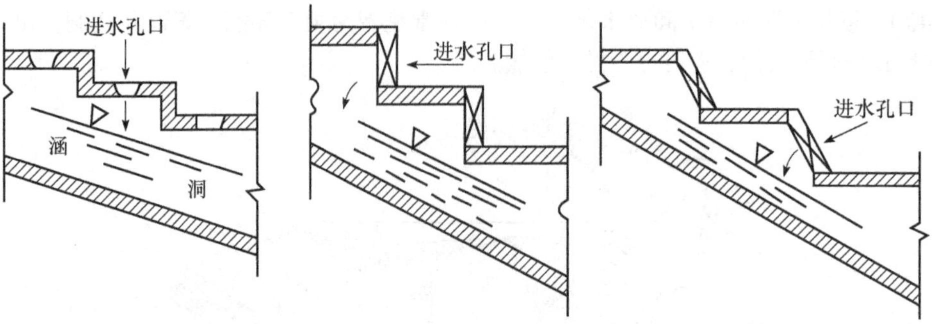

图 3-42 卧管孔口形式示意图

适用于小型淤地坝库工程。

放水塔应用得较少，此处不做介绍。

3. 卧管涵洞及输水涵洞 卧管涵洞及输水涵洞形式基本相同，一般视流量大小、地质条件和材料，有方形、拱形和圆形几种。前两种通常为无压洞，后一种可以是无压，也可为有压（水头高、流量较小时用）。

4. 输水涵洞出口段 出口段形式有陡坡消力池形式，也有挑流坎形式。后者适用于河床地质条件较好，水头、流量较大的情况。

（二）作用

对已淤成的坝库，放水工程的作用主要是排除坝内积水，保证坝地生产安全，降低盐碱化；对未淤成的坝库，主要是排水腾空库容，拦蓄径流泥沙，调节洪水径流；对有灌溉和供水要求的坝库，则还有及时放水提供需水的作用。有的工程在设计时，也考虑利用放水工程泄洪，以减少溢洪道的泄洪量。

二、工程布设

放水工程的位置选择，应考虑以下几个方面。

1）在地质上，最好修筑在基岩或坚实的土基上，以免发生不均匀沉陷，造成涵管断裂漏水，影响坝体安全。

2）涵洞进口高程应根据地形、地基、库内泥沙淤积、灌溉要求、施工导流等因素确定。一般哪个高程能较快淤出一定面积可供利用的坝地，就放在哪个高程上。若下游有灌溉任务，则应满足自流灌溉的要求。对分期加高的坝，还应考虑日后加高之便。考虑分期加高土坝时，进口应位于最终加高坝的上游坝坡处，不得设在坝体内。

3）在平面布置上，涵洞出口消能工程应布设在土坝下游坝坡坡脚以外，不能设在坝体内。尽可能放在沟道一侧，使水流沿坡脚流动，防止切割坝体。

4）卧管纵向坡度以 1∶2～1∶3 为宜，不能太陡，否则水流过急，水力条件恶化，管体稳定性较差；但也不能过缓，否则工程量会增大，投资增大。

5）输水涵洞通常埋于坝基，纵向坡度常用 1/100～1/200，涵洞轴线与坝轴线垂直，与卧管轴线呈直角或钝角。

三、水力计算

（一）卧管

卧管上端应高出坝库最高水位 1～2 m。为防卧管放水时发生真空，卧管上端顶部须设通气孔。卧管涵洞水流应保持无压自由流，为此，卧管涵洞高度应比正常水深大3～4倍，若为圆管，正常水深约为管径的40%。卧管水力计算主要是确定进水孔尺寸、卧管涵洞断面尺寸和卧管消力池尺寸（图3-43）。

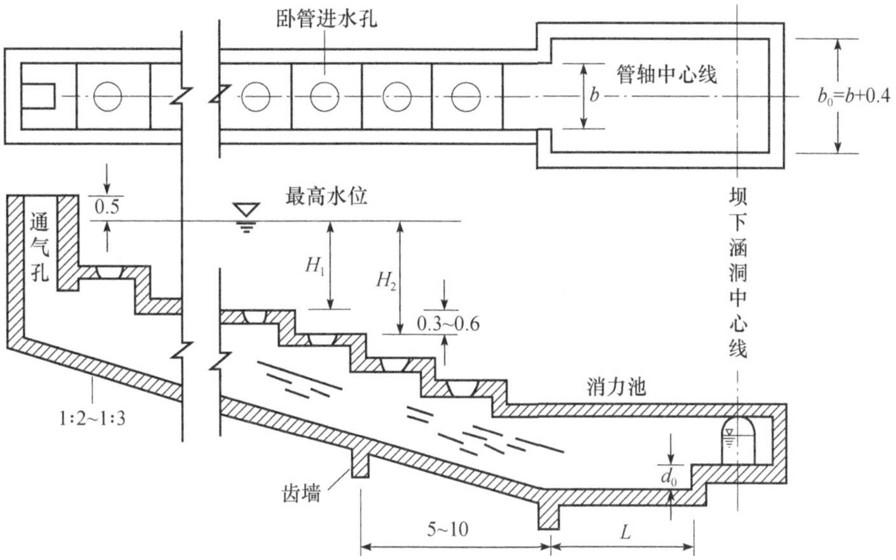

图3-43 卧管横断面示意图（单位：m）

1. 进水孔尺寸计算 单孔进水流量Q可按下式计算，即

$$Q=\mu\cdot\omega\sqrt{2gH} \tag{3-52}$$

当开上下两孔时，进水流量Q为

$$Q=\mu\cdot\omega\sqrt{2g}\left(\sqrt{H_1}+\sqrt{H_2}\right) \tag{3-53}$$

式中，Q为设计放水流量，m^3；μ为流量系数，与进口形状有关，对于圆孔，可取0.62；ω为进水孔断面面积，m^2；g为重力加速度，m/s^2，一般取9.81；H为孔口水头，m；H_1为上孔孔口水头，m；H_2为下孔孔口水头，m。

对圆形进水孔，因$\omega=\frac{1}{4}\pi d^2$（$d$为圆孔直径，m），将$\omega$代入式（3-52）或式（3-53）即可求出孔径$d$。

当求出的d大于0.4 m时，可考虑同一台阶设两个孔，以减小孔口尺寸，因为d过大时，孔口盖板尺寸太大，启闭不便。

卧管设计流量$Q_{设}$，可按坝地排水、灌溉或施工导流的要求确定。对两大件枢纽工程，可按72 h放空一次设计洪水总量确定。

2. 卧管涵洞断面尺寸计算 卧管涵洞断面尺寸，应按加大流量$Q_{加}$计算，设计时可取$Q_{加}=(1.2\sim1.25)Q_{设}$。

卧管涵洞断面通常为方形和圆形，断面尺寸可按明渠均匀流公式计算，即

$$Q=\omega\cdot C\sqrt{Ri} \tag{3-54}$$

式中，Q为流量，m^3/s；ω为过水断面面积，m^2；C为谢才系数；R为水力半径，m；i为底坡。

按式（3-54）求出的断面尺寸须满足检修要求。一般情况下，对于方形涵，底宽应大于

0.6 m，高大于 1.2 m；对于圆形涵，直径应大于 0.6 m。

（二）消力池

对于方形消力池，主要是计算池长 L、池宽 b_0 和池深 d_0，一般情况下：

$$L=(3\sim9)h'' \tag{3-55}$$

$$b_0=b+0.4 \tag{3-56}$$

$$d_0=1.25(h''-h_0) \tag{3-57}$$

式中，L 为池长，m；b_0 为池宽，m；d_0 为池深，m；h'' 为跃后水深，m，按水力学方法计算；b 为卧管宽度，m；h_0 为输水涵洞正常水深，m。

为保证池内产生淹没水跃，尚需满足以下要求，即

$$\frac{d_0+h_0}{h''}\geqslant1.05\sim1.10 \tag{3-58}$$

对于圆形消力池（消力井），主要计算池深和直径，计算原理、方法见竖井水力计算。

（三）竖井

竖井断面多为圆形，内径 0.5～2.0 m，沿竖向高度每隔 0.5 m 对称开设放水孔一对，孔口尺寸为 0.3 m×0.3 m～0.3 m×0.4 m，孔口由插板控制，如图 3-44 所示。

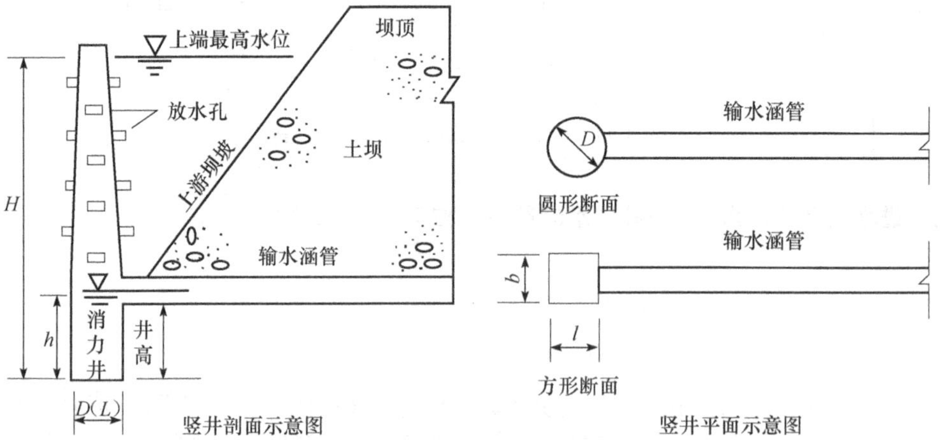

图 3-44 竖井剖面、平面示意图

竖井水力计算主要是确定放水孔尺寸和消力井尺寸。

1. 放水孔尺寸计算 计算方法与卧管进水孔水力计算相同，即利用式（3-52）或式（3-53）计算出进水孔断面面积后，便可得出孔口宽和高。

2. 消力井尺寸计算 实验表明，消力井内 1 m^3 的水体可消能 7.5～8.0 kW。据此计算出需要的消力井水体容积 V，便可确定出其各部分尺寸。

设水流由放水孔跌入消力井的高度为 H，跌入的流量为 Q，则水流所具有的能量 N 为

$$N=9.81Q\cdot H\ (\text{kW}) \tag{3-59}$$

此时，所需要的消力井最小容积（水量体积）V 为

$$V=\frac{N}{7.5\sim8.0}\ (\text{m}^3) \tag{3-60}$$

若取每立方米水体消能为 8.0 kW，则上式为

$$V=\frac{N}{8}=\frac{9.81Q\cdot H}{8}=1.23QH\ (\text{m}^3) \tag{3-61}$$

有了 V 后，便可求出消力井的断面尺寸，即

圆形断面消力井为

$$V \leqslant \frac{\pi}{4} \cdot D^2 \cdot h\,(\mathrm{m}^3) \tag{3-62}$$

方形断面消力井为

$$V \leqslant b \cdot l \cdot h \tag{3-63}$$

式中，D 为井径，m；h 为井内水深，m；b 为井底宽，m；l 为井底长，m。

为运用方便，设计时可使井径 D 与竖井直径相同，井总深不宜大于 3.0 m。

（四）输水涵洞

常见的输水涵洞有砌石方涵、砌石拱涵和钢筋混凝土圆涵（图 3-45）。

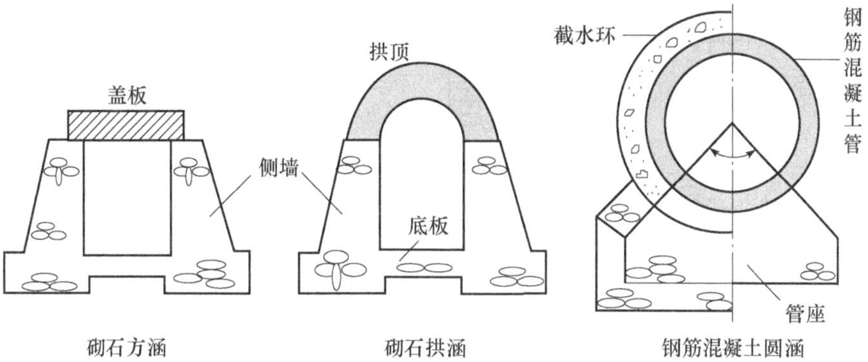

图 3-45　输水涵洞断面形式示意图

砌石方涵、砌石拱涵适用于无压流，洞内水深不大于洞高 3/4 的情况，以保证不因水流波动而破坏明流状态；钢筋混凝土圆涵适用于有压流和无压流两种情况，当为无压流时，管内水深不大于管径的 3/4。

砌石方涵适用于跨度较小的情况；砌石拱涵适用于跨度、流量较大的情况；钢筋混凝土圆涵适用于坝较高、填土压力较大的情况。

1. 无压流砌石涵洞尺寸计算　涵洞断面尺寸可按明渠均匀流公式 $Q=\omega C\sqrt{Ri}$ 计算，此处不再赘述。但需注意，求出的最小尺寸应考虑施工检修之便。

2. 钢筋混凝土圆涵尺寸计算

1）无压流时，断面尺寸按明渠均匀流公式 $Q=\omega C\sqrt{Ri}$ 计算。

2）有压流时，断面尺寸按式（3-64）计算。

$$Q=\mu_c \cdot \omega\sqrt{2gH}\,(\mathrm{m}^3/\mathrm{s}) \tag{3-64}$$

圆管 $\omega=\frac{1}{4}\pi D^2$，代入式（3-64）得圆管直径 D 为

$$D=\sqrt{\frac{4Q}{\pi \cdot \mu_c\sqrt{2gH}}}$$

式中，D 为圆管直径，m；H 为压力水头，m；μ_c 为流量系数。

$$\mu_c=\frac{1}{\sqrt{1+\sum\xi+\frac{\lambda \cdot L}{D}}}$$

式中，$C=\frac{1}{n}R^{1/6}$（$n=0.017$；$R=\frac{D}{4}$）；$\sum\xi=1.1$；$\lambda=\frac{8g}{C^2}$；$g=9.81\ \mathrm{m/s^2}$；L 为管长，m。

涵洞出口消能水力计算与溢洪道相同。

四、工程结构设计

（一）卧管及其消力池

卧管、消力池断面一般为方形或圆形。方形时侧墙和底板常用浆砌石建造，盖板用石板或钢筋混凝土板，侧墙视上部承受的水压力和泥沙压力大小不同，可做成等厚（图 3-46A）或下部较厚［图 3-46B（条石）、图 3-46C（浆砌石）］的重力式挡土墙形式，一般墙顶厚 0.3～0.5 m，底厚 0.4～1.0 m（图 3-46）。

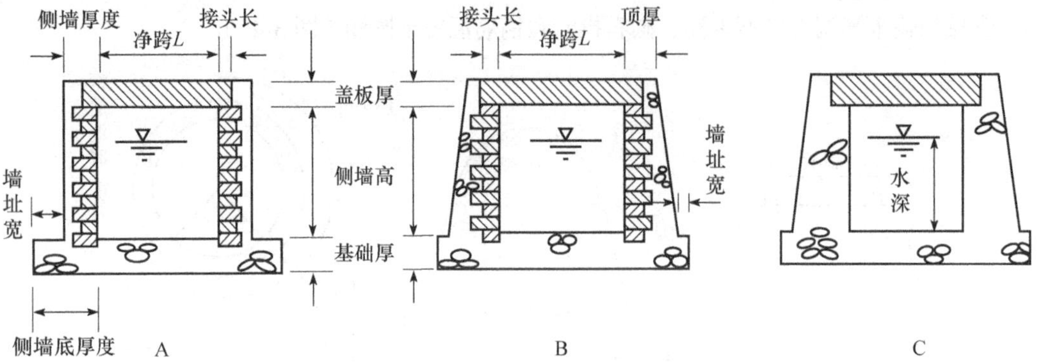

图 3-46　卧管、消力池结构构造图

圆形卧管多为钢筋混凝土建造，下端消能若采用圆形消力井时，用浆砌石建造，与竖井下部消力井相同。

卧管、消力池结构设计，主要是计算盖板厚度和侧墙尺寸及稳定性，水土保持工程上对侧墙设计可按构造确定尺寸。

1. 条石盖板和混凝土盖板厚度计算　　作用于盖板上的力主要有水压力和泥沙压力，根据盖板的结构特点，盖板跨中最大弯矩 $M_{大}$可按简支梁受均布荷载计算，即

$$M_{大}=\frac{1}{8}q\cdot L_0^2 \tag{3-65}$$

式中，$M_{大}$为最大弯矩，kN · m；q 为均布荷载，kN/m，$q=\gamma_{土}H$（$\gamma_{土}$为土壤饱和容重，kN/m^3；H 为盖板上泥沙淤积高度，m）；L_0 为计算跨度，m，$L_0=1.05L$（L 为净跨）。

最大剪力 $Q_{大}$可按下式计算，即

$$Q_{大}=\frac{1}{2}q\cdot L_0^2 \tag{3-66}$$

式中，符号意义同前。

板厚 h 则根据最大弯矩和最大剪力分别按下式计算并取其中较大值，即

$$\left.\begin{aligned} h&=\sqrt{\frac{6M_{大}}{\delta\cdot b}} \\ h&=\frac{1.5Q_{大}}{\delta_{T}b} \end{aligned}\right\} \tag{3-67}$$

式中，h 为板厚，m；b 为盖板单宽，m，取 1.0 m；δ 为条石或混凝土弯曲时的允许拉应力，kPa，可查有关手册；δ_T 为条石允许剪应力或混凝土的允许拉应力，kPa，可查有关手册。

2. 钢筋混凝土盖板厚度计算　　当作用于盖板上的压力（土、水）较大（如淤厚>20 m）

和设计盖板跨度较大（如>0.6 m）时，为减少板厚，可采用钢筋混凝土盖板。计算盖板厚度 h，可按钢筋混凝土结构学介绍的方法进行，这里仅列出一般公式、计算步骤，公式中各符号及设计要求请参阅钢筋混凝土结构学方面的书籍。

盖板跨中最大弯矩计算见式（3-65）。

板有效高度（厚度）h_0 为

$$h_0=\gamma\sqrt{\frac{K\cdot M_{大}}{b}}$$

板总厚 h 为

$$h=h_0+a$$

式中，a 为保护层厚度，cm，一般取 3～5 cm；K 为混凝土构件抗压强度安全系数；γ 为系数。

钢筋断面积 F_a 为

$$F_a=\mu\frac{b\cdot h_0}{100}$$

最大剪应力 $\tau_{大}$所产生的最大主拉应力 $\sigma_{拉}$应满足：

$$\sigma_{拉}=\frac{\tau_{大}}{0.9bh_0}\leqslant[\sigma]$$

式中，$[\sigma]$ 为材料的允许拉应力，kPa；μ 为适宜配筋率。

（二）竖井

竖井断面一般为圆形，用浆砌石建造，壁厚 0.3～0.6 m。根据井高，壁厚可以等厚，也可以下厚上薄，结构设计主要是校核井壁厚度 δ。

竖井主要承受外部的土压力和水压力，尤以井内无水、外部泥沙淤积最高或库水位最高时，井壁下部受力最大，最危险。

计算时按受力最大情况，先计算下部壁厚，再在上部取一断面计算壁厚即可。荷载组合以井壁外部最大水压力 $P_{水}$和土压力 $P_{土}$为设计校核依据。

为了简化计算，视井壁为一厚圆筒，见图 3-47。

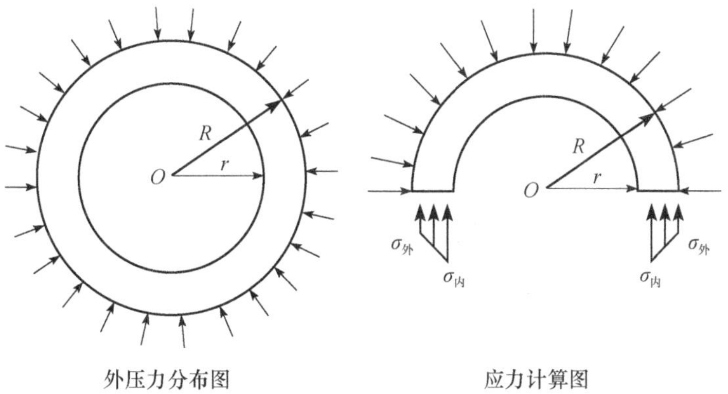

图 3-47 竖井井壁厚度计算示意图

同一高度上的外部荷载按均布荷载考虑，则在外力作用下，井壁内、外侧边缘应力分别为

$$\sigma_{外}=\frac{R^2+r^2}{R^2-r^2}P \tag{3-68}$$

$$\sigma_{内}=\frac{2R^2}{R^2-r^2}P \tag{3-69}$$

式中，$\sigma_{外}$、$\sigma_{内}$分别为井壁外缘和内缘应力，kPa；R、r 分别为井壁外半径和内半径，m；P 为井壁外部水压力 $P_{水}$和土压力 $P_{土}$之和，kPa。

按式（3-68）、式（3-69）求出的应力 $\sigma_{外}$、$\sigma_{内}$应小于砌体允许应力（通常都满足）。如按此计算出的壁厚 $\delta=R-r$ 太小时，应按构造要求确定 δ，一般井壁下部 $\delta>0.6$ m，顶部 $\delta>0.3$ m。

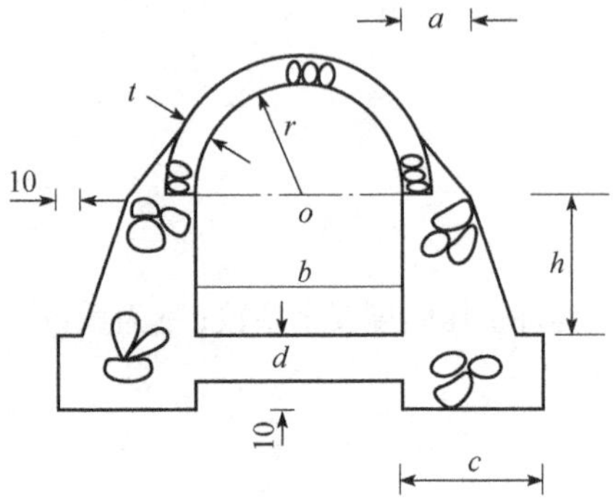

图 3-48 砌石拱涵断面图（单位：cm）

（三）坝下输水涵洞

坝下输水涵洞与卧管涵洞相同，应用较多的为盖板式方涵、砌石拱涵、混凝土圆涵和钢筋混凝土圆涵等。

盖板式方涵多为高而窄的长方形断面，这样可使盖板跨度和厚度最小。淤地坝库的坝高和流量较小时，应用得较多。

砌石拱涵适用于流量较大的坝下埋设涵洞，其设计主要是计算拱厚、侧墙厚和底板厚，即拱圈、拱台的设计（图 3-48）。

钢筋混凝土涵管，常用的有预制管及现浇管两种。预制管主要按设计要求的强度和刚度到生产厂家选购即可，现浇管需自制。此类管的设计详见钢筋混凝土结构学方面的书籍。现将设计计算步骤说明如下。

1）计算作用于管上的垂直土压力 $q_{土}$：

$$q_{土}=\gamma_{浮}H_1+\gamma_{湿}H_2\text{（kPa）} \tag{3-70}$$

2）计算作用于管的侧向土压力 $P_{土}$：

$$P_{土}=(\gamma_{浮}H_x+\gamma_{湿}H_2)tg^2\left(45°-\frac{\varphi}{2}\right)\text{（kPa）} \tag{3-71}$$

3）计算管壁任意断面处的内水压力 $P_{内}$：

$$P_{内}=\gamma_{水}(H+H_i)\text{（kPa）} \tag{3-72}$$

对无压流

$$P_{内}=\gamma_{水}H_i\text{（kPa）} \tag{3-73}$$

4）计算外部水压力 $P_{外}$：

$$P_{外}=\gamma_{水}H_x\text{（kPa）} \tag{3-74}$$

5）计算管自重 G：

$$G=2\pi r_c\gamma_{钢}\delta\text{（kPa）} \tag{3-75}$$

式中各符号意义如图 3-49 所示及下解释。式中，$\gamma_{浮}$为坝体浸润线以下土的浮容重，kN/m³；H_1 为管顶至浸润线的填土高度，m；$\gamma_{湿}$为浸润线以上土的湿容重，kN/m³；H_x 为管计算部位到浸润线高度，m；φ 为土的内摩擦角，(°)，以浸润线分界，上部用水上土的内摩擦角，下部用水下土的内摩擦角；$\gamma_{水}$为水的容重，kN/m³；H 为管顶以上水头，m；H_i 为管壁任意断面处水深，m；π 为 3.14；r_c 为管平均半径，m；$\gamma_{钢}$为管容重，kN/m³，约为 25 kN/m³；δ 为管壁厚，m。

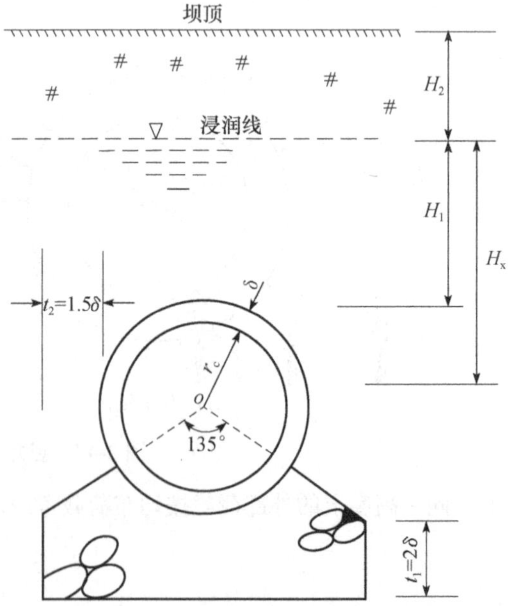

图 3-49 钢筋混凝土管涵埋设状况分析

设计荷载组合可按下述三种情况，选其最危险组合作为设计依据。

1）施工期：土压力 ＋ 管自重。

2）正常放水运用期：内水压力＋土压力＋外水压力＋管自重。

3）闭管检修期：土压力＋外水压力＋自重。

第七节　小 型 水 库

一、在沟壑治理中的作用

流域沟壑治理中的水库工程，有两种运用方式，一种是坝系中的水库，另一种是沟道中的独立水库。前者与坝系工程联合运用，主要用以拦蓄拦洪坝、淤地坝下泄的清水流量，为周围农地和下游坝地提供灌溉水源，并参与坝系调洪防汛，提高坝系防洪安全和综合效益；后者一般独立运用，具有蓄水、灌溉、防洪、调洪、养殖供水和水力发电等作用。坝系中的水库常见于水土流失严重的黄土丘陵沟壑区，枢纽工程可以是两大件（土坝和放水建筑物），也可以是三大件（考虑汛期上游坝库超标准泄洪保证工程安全）。独立水库常见于一般沟道中，枢纽工程均为三大件。

黄土高原沟壑区的水库，运用二三十年后大多淤满。因此，近年来在水土流失比较严重的沟道［土壤侵蚀模数在5000～10 000 t/（km^2·年）］修建水库时，常在上游规划1～2座小型拦泥坝，以延长水库寿命，增加水库运用效益。

近十几年来，随着国内经济的迅速发展，人民群众生活水平大幅提高，对各种环境尤其是生活环境有了新的要求。水库除固有作用外，其所形成的人工水域无疑是一种重要的景观资源，如目前各地快速增加的各种水利风景区。因此，今后在建设水库时，还须考虑改善沟壑生态环境和自然景观，把水库建设与旅游事业等相联系，提高水库的效益。

二、组成、等级及洪水标准

水库是综合利用水利资源的有效措施，除灌溉农田外还可以防洪、发电、供水、治涝、改善通航条件等。水库一般由挡水坝、溢洪道、放水建筑物三部分组成，通常称为水库的三大件。

在流域水土流失综合治理中，水库多为坝高在30 m以下的小型水库。

我国按水利水电工程的规模、效益及其在经济社会中的重要性划分其等别。然后按水工建筑物所在工程的等别、作用和其重要性划分级别。按国家规定标准，库容在100万～1000万m^3的叫“小（1）型水库”，库容在10万～100万m^3的叫“小（2）型水库”。工程等级及设计标准参见《水利水电工程等级划分及洪水标准》（SL 252—2017），具体如表3-10～表3-13所示。

表3-10　水利水电工程分等指标

工程等别	工程规模	水库总库容/亿m^3	防洪			治涝	灌溉	供水		发电
			保护人口/10^4人	保护农田面积/10^4亩	保护区当量经济规模/10^4人	治涝面积/10^4亩	灌溉面积/10^4亩	供水对象重要性	年引水量/亿m^3	装机容量/MW
Ⅰ	大（1）型	≥10	≥150	≥500	≥300	≥200	≥150	特别重要	≥10	≥1200

续表

工程等别	工程规模	水库总库容/亿 m^3	防洪			治涝	灌溉	供水		发电
			保护人口/10^4人	保护农田面积/10^4亩	保护区当量经济规模/10^4人	治涝面积/10^4亩	灌溉面积/10^4亩	供水对象重要性	年引水量/亿 m^3	装机容量/MW
Ⅱ	大（2）型	<10，≥1.0	<150，≥50	<500，≥100	<300，≥100	<200，≥60	<150，≥50	重要	<10，≥3	<1200，≥300
Ⅲ	中型	<1.0，≥0.1	<50，≥20	<100，≥30	<100，≥40	<60，≥15	<50，≥5	比较重要	<3，≥1	<300，≥50
Ⅳ	小（1）型	<0.1，≥0.01	<20，≥5	<30，≥5	<40，≥10	<15，≥3	<5，≥0.5	一般	<1，≥0.3	<50，≥10
Ⅴ	小（2）型	<0.01，≥0.001	<5	<5	<10	< 3	< 0.5	一般	<0.3	<10

注：1）水库总库容指水库最高水位以下的静库容；治涝面积指设计治涝面积；灌溉面积指设计灌溉面积；年引水量指供水工程渠首设计年均引（取）水量。

2）保护区当量经济规模指标仅限于城市保护区；防洪、供水中的多项指标满足1项即可。

3）按供水对象的重要性确定工程等别时，该工程应为供水对象的主要水源

表 3-11　永久性水工建筑物级别

工程等别	主要建筑物	次要建筑物	工程等别	主要建筑物	次要建筑物
Ⅰ	1	3	Ⅳ	4	5
Ⅱ	2	3	Ⅴ	5	5
Ⅲ	3	4			

注：1）永久性水工建筑物指工程运用期间长期使用的水工建筑物。根据其重要性分为主要建筑物和次要建筑物。主要建筑物指在工程中起主要作用、失事后将造成严重灾害或严重影响工程效益的水工建筑物，如堤坝、水闸、泵站及电站厂房等；次要建筑物指在工程中作用相对较小、失事后影响不大的水工建筑物，如失事后不影响主要建筑物和设备运行的挡土墙、导流墙及护岸等。

2）临时性水工建筑物指仅在工程施工及维修期间使用的水工建筑物，如导流建筑物、施工围堰等

表 3-12　山区、丘陵区水库工程永久性水工建筑物洪水标准

项目		永久性水工建筑物级别				
		1	2	3	4	5
设计（重现期）/年		1 000～500	500～100	100～50	50～30	30～20
校核洪水标准（重现期）/年	土石坝	可能最大洪水（PMF）或 10 000～5 000	5 000～2 000	2 000～1 000	1 000～300	300～200
	混凝土坝、浆砌石坝	5 000～2 000	2 000～1 000	1 000～500	500～200	200～100

表 3-13　平原、滨海区水库工程永久性水工建筑物洪水标准

项目	永久性水工建筑物级别				
	1	2	3	4	5
设计（重现期）/年	300～100	100～50	50～20	20～10	10
校核洪水标准（重现期）/年	2000～1000	1000～300	300～100	100～50	50～20

三、坝址选择

坝址选择是水库工程中有关全局的问题，应从经济、安全、合理等多方面考虑。在要求上，除满足一般淤地坝坝址要求外，重要的是要有良好的地质条件，即坝址处无喀斯特溶洞和严重透水层，以保证水库不漏水，安全可靠。为达此目的，需对坝址处地基土壤、覆盖层、淤积层、泉眼、流沙层、风化层、断层、洞穴、岩石性状、节理裂隙以及库底是否漏水等，进行勘探、调查，作出评价。由此可见，水库坝址比淤地坝坝址选择在地质、土壤方面要求严格。

四、坝系中水库库容确定

淤地坝坝系中的水库，有的布设在坝系拦泥坝或淤地坝下游，有的布设在种植淤地坝的上游、拦泥坝的下游，有的布设在坝系的上游。第一种情况，水库库容主要根据上游拦泥坝或淤地坝（库）下泄水量和本坝控制流域面积一次设计洪水总量确定。第二种情况，主要根据拦泥坝下泄水量和本坝控制流域面积一次设计洪水总量确定。这两种情况的水库库容组成，可以不考虑淤积库容。第三种情况，库容确定同于沟道中的独立水库。

五、沟道中独立水库库容确定

（一）水库的水位及库容

独立水库的水位有设计低水位（死水位）、设计蓄水位、设计洪水位和校核洪水位（图 3-50）。

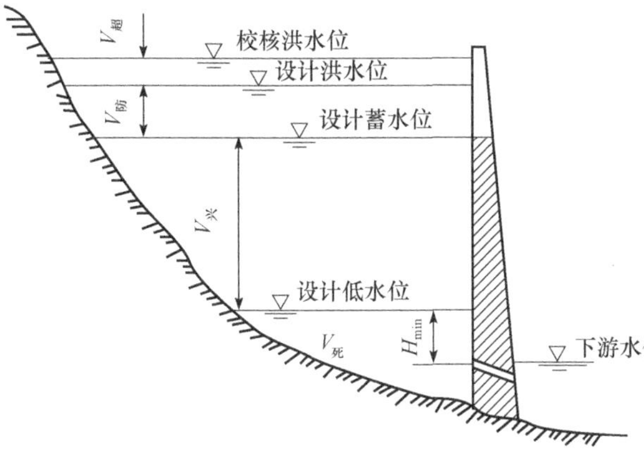

图 3-50　水库的特征水位示意图

1. 设计低水位（死水位）（$H_{低}$）　保证放水建筑物泄放渠道设计流量的最低水位；同时应满足水库泥沙淤积、发电、养鱼等多方面的要求。设计低水位以下的库容称为死库容（$V_{死}$）。

2. 设计蓄水位（$H_{设}$）　在设计情况下，蓄水至满库时的水位称为设计蓄水位。若采用自流溢洪道，则溢洪道底坎高程就是水库的设计蓄水位（图 3-50）。如水库溢洪道上装有闸门或其他控制设备，水库的设计蓄水位略低于闸门顶高程。设计低水位以上、设计蓄水位以下的库容叫兴利库容（$V_{兴}$）。

3. 设计洪水位（$H_{洪}$）　水库遭遇设计洪水，溢洪时达到的最高水位称为设计洪水位。设计蓄水位到设计洪水位之间的库容称为防洪库容（$V_{防}$）。

4. 校核洪水位（$H_{校}$）　水库遭遇到比设计洪水更大的校核洪水，溢洪时所达到的最高水位称为校核洪水位，此时，不允许洪水漫过坝顶。设计洪水位到校核洪水位之间的库容称为超高库容（$V_{超}$）。

独立水库的总库容 $V_{总}$由 4 部分组成，即 $V_{总}=V_{死}+V_{兴}+V_{防}+V_{超}$。

（二）死库容和死水位确定

以灌溉为主的小型水库，死库容主要满足两个要求，一是应保证水库自流灌溉，二是应满足泥沙淤积。

1. 保证水库自流灌溉 保证水库自流灌溉的死水位主要由灌区高程控制条件决定。由灌溉区规划可推算出渠首设计引水高程，也就是放水建筑物的下游水位，即图 3-51 上的 *B* 点高程，该高程加上泄放渠道设计流量时放水建筑物所必需的最小水头 H_{min}，便可得到设计低水位。但在特枯年份的抗旱季节，只要水库有水就应尽量泄放，故设计低水位以下到放水建筑物进口底坎 *A* 点高程之间的水库库容也可利用，故真正的死库容是放水建筑物进口底坎高程以下的那部分库容。

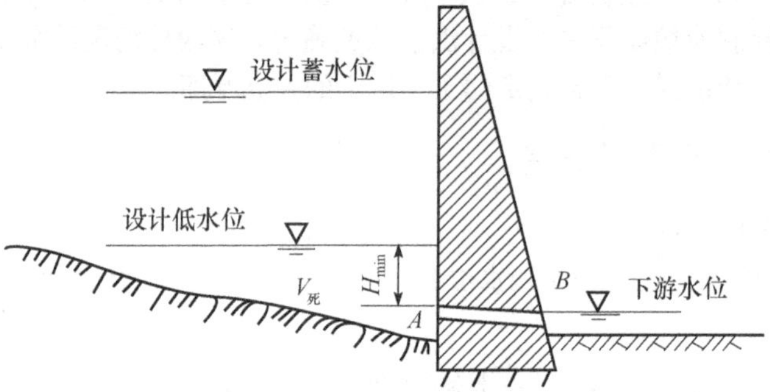

图 3-51 水库设计水位示意图

2. 满足泥沙淤积 以灌溉为主的水库，主要满足上述的条件。但对于多沙性河流，还必须校核死库容能否满足泥沙淤积的要求。一般小型水库可按下列三种方法计算年淤积量，进而根据死库容计算水库使用年限，校核死库容能否满足泥沙淤积的要求。

（1）有泥沙观测资料时

1）年淤积量计算公式：

$$V_{m,0}=\frac{\rho_0 \cdot \omega_0 \cdot m}{(1-\rho)\gamma_s} \tag{3-76}$$

式中，$V_{m,0}$为多年平均淤积量，m^3/年；ρ_0为径流多年平均含沙量，kg/m^3；ω_0为多年平均径流总量，m^3；m 为库中泥沙沉积率；ρ 为淤积体的孔隙率，$\rho=0.3\sim0.4$；γ_s为淤积物的容重，kg/m^3。

式（3-76）仅对悬移质而言，若推移质所占比例较大，应进行专门的计算。

2）水库使用年限 *T* 计算公式：

$$T=\frac{V_{死}}{V_{m,0}} \tag{3-77}$$

式中，$V_{死}$为水库拟定的死库容。

（2）无泥沙观测资料时

1）悬移质多年平均输沙量估算如下。

A. 参证站水文比拟法：当水库所在河流无实测泥沙资料时，可选择一个气候、土壤、植被、地形、水文地质等自然地理特征相似的参证流域来估算水库坝址以上流域悬移质输沙量。

$$R_0=\gamma_{0参}\cdot F \tag{3-78}$$

式中，R_0 为本流域多年平均年悬移质输沙量，t；$\gamma_{0参}$为参证流域多年平均年悬移质输沙模数，t/km^2；F 为本流域集水面积，km^2。

B．经验公式法：一些地区的观测资料证明，悬移质输沙量与河床平均比降、年径流总量及侵蚀系数有关，可列出如下的经验公式。

$$R_0=\frac{\alpha\cdot\sqrt{J}\cdot\omega_0}{100} \tag{3-79}$$

式中，J 为河床平均比降；ω_0 为多年平均径流总量，m^3；α 为侵蚀系数，一般对于冲刷极微的流域可选 $\alpha=0.5\sim1.0$，冲刷轻微的流域 $\alpha=1\sim2$，冲刷中等的流域 $\alpha=2\sim6$，冲刷极强的流域 $\alpha=6\sim10$。

C．查等值线图：查各省水文手册中绘制的多年平均侵蚀模数等值线图，可得本流域多年平均年悬移质输沙模数（γ_0），代替式（3-78）中 $\gamma_{0参}$，计算多年平均输沙量（t/年）。

2）推移质多年平均输沙量估算如下。

一般按推移质与悬移质有一定比例关系估算，即

$$S_0=\beta R_0 \tag{3-80}$$

式中，S_0 为多年平均年推移质输沙量，t/年；R_0 为多年平均悬移质输沙量，t/年；β 为推移质输沙量与悬移输沙量的比值，一般情况下，平原地区河流可采用 $\beta=0.01\sim0.05$，丘陵地区河流 $\beta=0.05\sim0.15$，山区河流 $\beta=0.15\sim0.30$。

3）平均年淤积量及水库淤积年限的估算如下。

$$W_{m,0}=mR_0+S_0 \tag{3-81}$$

式中，$W_{m,0}$ 为平均年淤积量，t/年；m 为库中泥沙沉积率。

淤积年限为

$$T=\gamma_d\frac{V_{死}}{W_{m,0}} \tag{3-82}$$

式中，T 为淤积年限；$V_{死}$为拟定的死库容，m^3；γ_d 为淤沙体的干容重，t/m^3，一般取 1.1～1.3 t/m^3。

（三）水库兴利调节计算及设计蓄水位确定

设计低水位选定以后，就可依据水库来水及用水资料进行兴利调节计算，求出兴利库容。若灌溉面积大，天然径流量小，则还有一个经济比较的问题，即先拟定几个方案进行调节计算，选择出经济合理的灌溉面积，从而定出设计蓄水位。

1．调节的概念 水库来水和用水之间，往往不相适应，这种不适应有的反映在 1 年之内，如有的月份来水大于用水，有的月份来水小于用水，但整年的来水量可满足年用水量要求；有的则不仅在年内，同时还存在于年与年之间，即丰水年的年来水量大于年用水量，而枯水年的年来水量小于年用水量。为满足一定设计保证率下的用水要求，对于前一种情况，只要对径流的年内变化按用水要求重新分配便可解决，这种调节周期不超过 1 年，称为年调节；对后一种情况，不但要对径流的年内变化，而且要对年与年之间的变化，按用水量要求重新分配才能解决，调节周期超过 1 年，称为多年调节。本处仅就年调节计算作说明。

图 3-52 表示某水库来水量 W 和用水量 M 的频率曲线，二线在 S 点相交，其交点所对应的频率为 P_s。若来水与用水呈函数关系，当水库的设计保证率 $P_{设1}<P_s$，则年来水量大于年用水量，只需进行年调节就可解决问题。若水库的设计保证率 $P_{设2}>P_s$，则年来水量小于年用水量，要满足枯水年份的用水，仅对该枯水年的径流年调节已不符合要求，须对径流进行多年调节。S 点称为完全调节点。

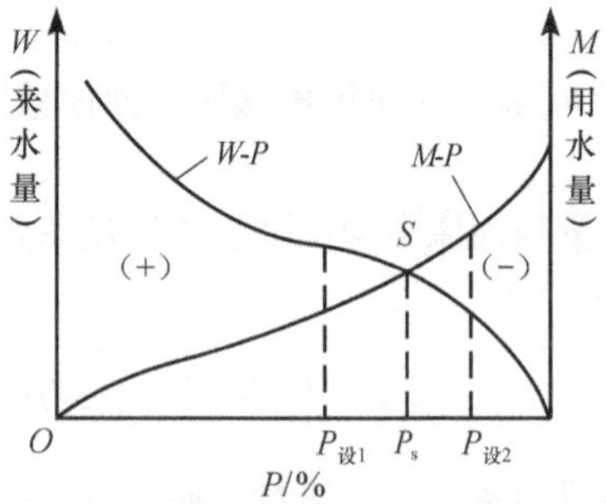

图 3-52　某水库的来、用水频率曲线

调节计算需要解决的问题是：在来水量、用水量及灌溉设计保证率已定的情况下，计算所需的兴利库容。有时也可以在兴利库容已知时，求水库在灌溉设计保证率下的供水能力（即灌溉面积所需要的灌水量）或在供水能力（灌溉面积）一定的情况下，所能达到的设计保证率。

2. 年调节计算

（1）*调节计算的原理*　调节计算的原理是把调节周期分为若干计算时段，并按时序进行逐时段的水库水量平衡计算，求得水库的蓄泄过程及所需的兴利库容。

对于某一时段 Δt 的水库水量平衡方程可由下式表示。

$$\Delta V=(Q_{入}-q_{出})\Delta t \tag{3-83}$$

式中，ΔV 为计算时段内，水库蓄水量的增减值，蓄水增加时为正，减小时为负；$Q_{入}$为计算时段内，流入水库的流量（即来水量）；$q_{出}$为计算时段 Δt 内，从水库流出的流量（包括各用水部门的用水量和各种水量损失，如蒸发、渗漏等，有时还有弃水或冰冻）。

计算时段 Δt 的长短，对年调节计算来说，一般可取 1 个月为一个计算时段，在来水量变化较大或灌溉用水量变化较大时，可取半个月或一旬作为一个计算时段。精度要求高，则时段划分得短。

年调节计算是按调节年度进行的。所谓调节年度，就是水库从蓄水期开始作为调节年度的起点，水库蓄满后又经供水期将水库放空作为调节年度的终结（也是下一调节年度的开始），这样经历的 1 年称为调节年，它不是从 1 月 1 日到 12 月 31 日为 1 年的日历年。

年调节水库来水和用水的配合有两种情况，即调节年内运用一次的情况和运用两次的情况。图 3-53 为水库运用一次的情况，图中 Q-t 代表来水过程，q-t 代表用水过程，也就是说，水库在一个调节年度内，充满一次，泄空一次。在这种情况下，V_2（图中阴影部分面积）是唯一的来水不足量，只要水库能蓄这么多水，就能保证这一年用水需要，故水库兴利库容 $V=V_2$。水库调节年内运用两次的情况，较为复杂，这里不予介绍。

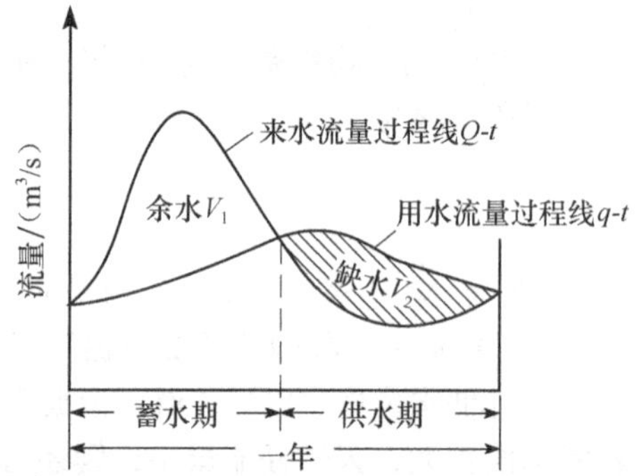

图 3-53　水库运用一次的来水和用水平衡

（2）*兴利库容的确定*　按上述方法进行每年的调节计算，可得到每年所需的年调节库容。然后按由小到大的次序排列，按经验频率公式 $P=\dfrac{m}{n+1}\times100\%$ 求出相应于每一库容的频率，点绘库容与频率的关系曲线（图 3-54），根据给定的灌溉设计保证率，如 $P_{设}=80\%$，查该曲线即可求得相应的年调节兴利库容，如 $V_{兴}=3500$ 万 m^3。

在进行库容的频率统计时，必须注意来水量小于用水量的年份，这种年份在年调节范围内是不能保证供水的。必须把它从统计系列中剔除，然后再进行库容的频率统计。例如，有 20 年来水和用水资料，其中来水小于用水的有 2 年，在统计时应把这 2 年剔除，然后将来水大于用水的年份进行频率统计。这些年份中最大的一个库容应排在第 18 位（而不是第 20 位），其经验频率为

$$P=\frac{m}{n+1}\times 100\%=\frac{18}{20+1}\times 100\%=85.7\%$$

前述方法求出的水库兴利库容，没有考虑水库（蒸发和渗漏）损失，较为粗略。为减少计算工作量，可以此库容为基础，使用计入损失的近似法求出计入损失后的兴利库容，成果也有一定的精度。

（3）小型水库兴利库容的估算　为了适应小型水库资料少的特点，兴利库容可以用简单的估算方法确定。

1）按来水量确定兴利库容：

$$V_{兴}=\beta\cdot W_0=\frac{1}{10}\beta\cdot\overline{y}\cdot F \tag{3-84}$$

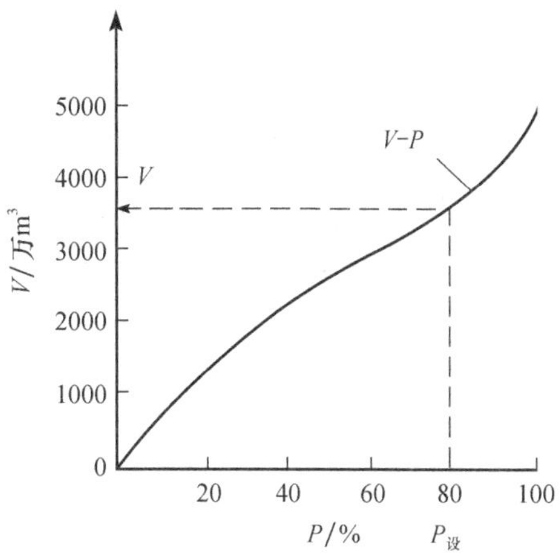

图 3-54　库容（V）与频率（P）关系曲线

式中，β 为库容系数，各地均有统计数值，可查阅该地区水文手册确定；W_0 为多年平均径流量，万 m^3；$\overline{y}$ 为多年平均径流深，mm，可查该地区平均径流深等值线图；F 为流域面积，km^2；1/10 为单位换算系数。

有时，还可用更简化的公式：

$$V_{兴}=W_0=\frac{1}{10}\overline{y}F \tag{3-85}$$

此法适用于灌溉面积较大，而水库流域面积较小的情况。

2）按用水量估算兴利库容：

$$V_{兴}=M+\Phi \tag{3-86}$$

式中，M 为灌区实际灌溉用水量，m^3，$M=m_{毛}\cdot\omega$（$m_{毛}$为干旱年份综合毛灌溉定额，依调查确定，m^3/亩；ω 为灌溉面积，亩）；Φ 为水库水量损失，一般以用水量的百分数计，如取 $\Phi=10\%\times M$。

此法适用于灌溉面积较小，而水库流域面积相对较大的情况。

实际计算中，往往应用上述两种方法估算出两个库容，从中选择较小者作为水库的兴利库容。

确定了水库兴利库容后，就可在水库水位 - 容积曲线上查出相应的设计蓄水位。

六、水库的调洪计算

（一）水库调洪计算的目的和任务

对水库进行调洪计算，应首先选定洪水设计标准，计算出设计洪水；然后通过调洪计算并经方案论证，选定防洪库容和泄洪建筑物的尺寸，最后定出水库大坝坝顶高程。

（二）设计标准和设计洪水

我国平原水库枢纽工程水工建筑物的洪水标准分为正常运用（设计）和非常运用（校核）两种情况。正常运用和非常运用的洪水标准应根据工程规模、重要性和基本资料等情况在表 3-12、表 3-13 规定的幅度内，经慎重分析确定。

确定设计洪水包括三方面的内容，即设计洪峰流量、设计洪水总量和设计洪水过程线。目前推求设计洪水可以有两个途径和三种情况，即利用流量资料推求设计洪水和利用暴雨资料推求设计洪水两个途径，以及有资料、短资料和无资料三种情况。有关这一部分的计算可参考水文学书籍，这里不再详述。

（三）调洪计算的基本原理和方法

水库调洪计算的基本原理和方法与淤地坝基本相同。

（四）溢洪道宽度和坝顶高程确定

对于坝系中的小型水库，一般溢洪道不设置闸门，故此处仅介绍溢洪道不设闸门的情况下，溢洪道宽度和坝顶高程的确定方法。

1. 溢洪道宽度选择 无闸门溢洪道不能控制水库下泄流量，所以其堰顶高程不能低于设计蓄水位。一般情况下，无闸门溢洪的堰顶高程与设计蓄水位齐平，且汛前限制水位（又称防洪限制水位、汛前水位、调洪起始水位）也等于设计蓄水位。无闸门溢洪道因不能人为地控制下泄流量，故难以完全满足下游防洪要求，在水库下游无防洪任务的情况下，溢流堰宽度 B 的确定方法如下。

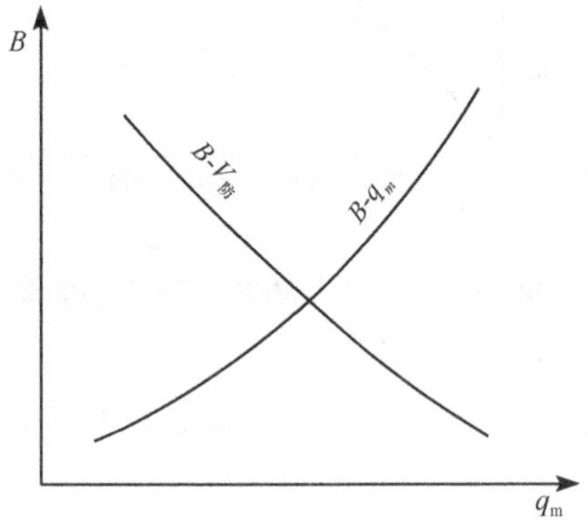

图 3-55 $B\text{-}V_{防}$、$B\text{-}q_m$ 关系曲线

1）根据水库坝址附近地形、地质条件，假设几个可能的溢洪道宽度 B，利用已求得的设计洪水过程线，对各方案进行调洪计算（与淤地坝方法相同），求得相应的最大下泄流量 q_m 和防洪库容 $V_{防}$。

2）根据调洪计算结果，绘制 $B\text{-}V_{防}$ 和 $B\text{-}q_m$ 关系曲线，如图 3-55 所示。

3）进行方案比较，选定溢洪道宽度 B。

一般情况下，B 愈大，相应的最大下泄流量 q_m 愈大，所需防洪库容愈小，溢洪道建筑物投资、水库下游堤防与淹没费用增大，但水库上游淹没损失及大坝投资减小。因此，需要对各方案的经济效益进行比较，同时还需考虑地形、地质条件及枢纽布置要求等，通过合理性分析，确定最优方案。

2. 坝顶高程确定 通过调洪计算、方案比较选定了溢洪道宽度 B 以后，水库的设计洪水位 $Z_{设}$ 和校核洪水位 $Z_{校}$ 就可确定。

水库坝顶高程应能满足在设计洪水及校核洪水并有风浪的情况下（图 3-56），有足够的超高，使波浪不致漫溢坝顶，即

$$Z_{坝顶}=Z_{设}+h_{浪\cdot设}+\Delta h_{设} \tag{3-87}$$

或

$$Z_{坝顶}=Z_{校}+h_{浪\cdot校}+\Delta h_{校} \tag{3-88}$$

一般在两者中取较大值。式中，$h_{浪\cdot设}$ 和 $h_{浪\cdot校}$ 为在设计和校核条件下的风浪高，后者大于前者；$\Delta h_{设}$ 和 $\Delta h_{校}$ 为设计和校核条件下的安全超高，前者大于后者。

风浪高 $h_{浪}$ 的计算，对于直立坝坡和倾斜坝坡需要采取不同的方法。土坝在倾斜爬坡的情况下，其计算方法见后。

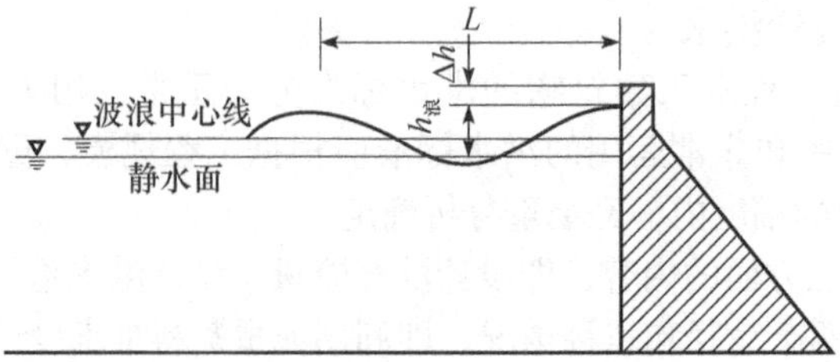

图 3-56 直立坝面风浪示意图

七、坝型选择

水库的坝型应根据当地建筑材料的种类、数量，沟道断面特征，地质状况，地基条件，施工技术，工期要求等来确定。目前小型水库常见坝型有下列两类。

（一）土坝

土坝为有土料地区常见的一种坝型，应用较广，按筑坝材料可分为均质坝、非均质坝、心墙坝、斜墙坝等。有石料时也可建造土石混合坝。

按施工方法来分，土坝可分为碾压坝和水坠坝两类，水坠坝施工较快，在有条件的地方首先选用。

（二）浆砌石坝

常见的有浆砌石重力坝和拱坝两种。前者适用于土料缺乏、石料易于采集、坝址谷口狭窄、沟床为岩基、坝体工程量较小的情况，坝型断面如图 3-57 所示；拱坝适用于谷口狭窄、岸坡对称、断面形状近于三角形的坝址，通常在河谷宽度 B 与坝高 H 的比值 $B/H\leqslant1.5\sim2.0$ 时较宜，当 $B/H\leqslant3.0\sim3.5$ 时，宜建重力拱坝。

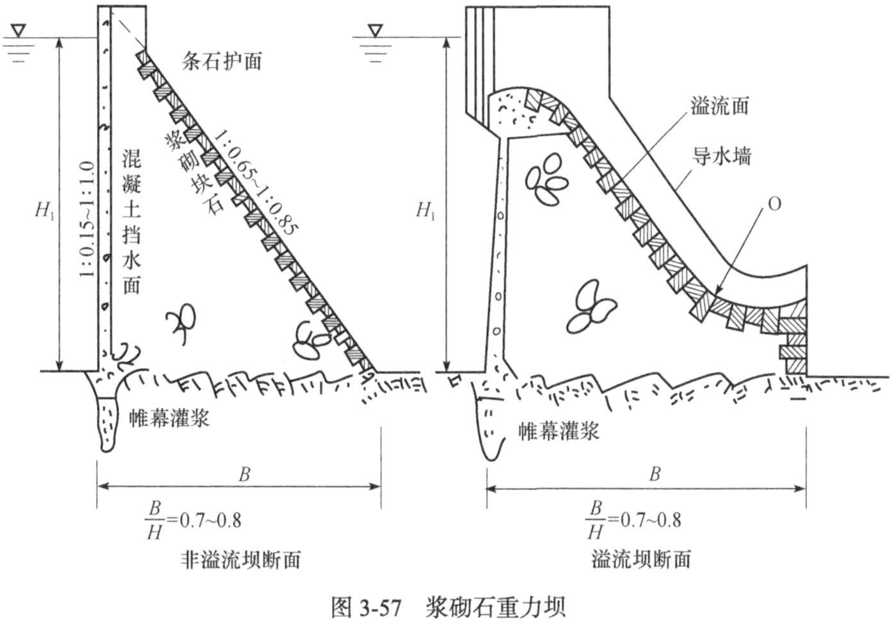

图 3-57　浆砌石重力坝

八、土坝设计

水库土坝和淤地坝的土坝，因其主要作用（蓄水）和运用期间的特点不同，设计要求有一定差异。

（一）坝高

为防止水库蓄洪漫顶造成破坏和坝前蓄水风浪爬高漫顶冲刷，土坝坝顶至少要高出水库最高洪水位 0.5 m 以上，为此，其总坝高 H 可按下式计算。

$$H=h_1+h_2+\Delta h \tag{3-89}$$

式中，h_1 为最高洪水位坝高（校核洪水位坝高），m。h_2 为坝前风浪爬高，m，可按 $h_2=3.2K\tan\alpha$（$2h_B$）计算（其中，$2h_B=0.0166V^{5/4}D^{1/3}$，m，对小型水库可取 $2h_B=0.5$ m；K 为系数，坝面为

土坡时 $K=1.0$，干砌石时 $K=0.8$；α 为上游坝面坡角；V 为当地最大风速，m/s；D 为吹程，即坝址到水库对岸的最大直线距离，km）。Δh 为安全超高，对于碾压式土石坝，正常运用条件取 0.5 m，非常运用条件取 0.3 m。

（二）坝坡

土坝坝坡应根据坝高、坝型、筑坝土料等，通过稳定分析计算确定。与淤地坝不同的是，水库坝体渗透一直存在，故浸润线以下的土体，始终处于饱和状态，导致其抗剪强度指标 c、φ 下降，因此水库的坝坡比淤地坝的要缓。水库的上游坝坡经常位于水面以下，故上游坝坡比下游坝坡缓。详细的稳定分析计算，可参阅淤地坝相关章节。初拟土坝断面尺寸，可参照表 3-14。

表 3-14　碾压均质坝坝坡值（自坝顶向下）

坝高 /m	上游坝坡			下游坝坡		
	一级	二级	三级	一级	二级	三级
5	1 : 2			1 : 1.5		
10	1 : 2	1 : 2.5		1 : 1.5	1 : 2	
15	1 : 2	1 : 2.5	1 : 3	1 : 1.5	1 : 2	
20	1 : 2	1 : 2.5	1 : 3	1 : 1.5	1 : 2	1 : 2.5
25	1 : 2	1 : 2.5	1 : 3	1 : 1.5	1 : 2	1 : 2.5
30	1 : 2	1 : 2.5	1 : 3	1 : 1.5	1 : 2	1 : 2.5

（三）渗透计算

渗透计算的目的在于确定浸润线位置和渗透单宽流量。

1. 有贴坡式排水的不透水地基均质土坝　水流经过坝体向下游渗透时，由于阻力作用，水头压力不断下降，浸润线呈下降曲线，直至下游坝面排水体 C 点处中断（图 3-58）。根据实例，下降曲线形状近似为一抛物线，故浸润线方程可用下式表示：

$$X=K\frac{Y^2-(a_0+h_2)^2}{2q} \tag{3-90}$$

式中，X、Y 分别为浸润线横、纵坐标；K 为坝体土壤渗透系数，m/ 天；a_0 为下游水面以上渗流逸出高度，m；h_2 为下游水深，m；q 为渗透单宽流量，m^3/m。

渗透单宽流量 q 可按两段计算，CO 以上为上段，CO 以下为下段，分别按下式计算。

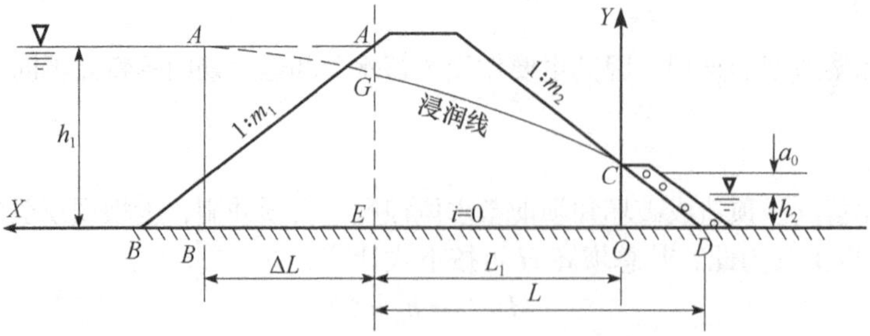

图 3-58　有贴坡式排水的不透水地基均质土坝

$$q_{上}=K\frac{h_1^2-(a_0+h_2)^2}{2[\Delta L+L-m_2(a_0+h_2)]} \tag{3-91}$$

$$q_{下}=K\frac{a_0}{m_2}\left(1+2.3\lg\frac{a_0+h_2}{a_0}\right) \tag{3-92}$$

式中，$\Delta L=\frac{m_1}{1+2m_1}h_1$；其余符号见图 3-58。

根据渗流原理可知，$q_{上}=q_{下}$，如此联立解式（3-91）和式（3-92），可求得 q 及 a_0，将 q 代入式（3-90）则可绘出浸润线。

若坝下无水，则式中 $h_2=0$，q 可近似用下式计算。

$$q=K\frac{a_0h_2}{m_2+0.5} \tag{3-93}$$

上述公式对无排水设施土坝的渗透计算仍适用。

2. 有棱式排水的不透水地基均质土坝

1）当下游无水时（图 3-59），浸润线方程为

$$Y=\sqrt{2h_0X+h_0^2} \tag{3-94}$$

渗透单宽流量为

$$q=Kh_0 \tag{3-95}$$

$$h_0=\sqrt{(\Delta L+L)^2+h_1^2}-(\Delta L+L) \tag{3-96}$$

2）当下游有水时（图 3-59），浸润线方程仍按式（3-94）计算（注意坐标系上移）。

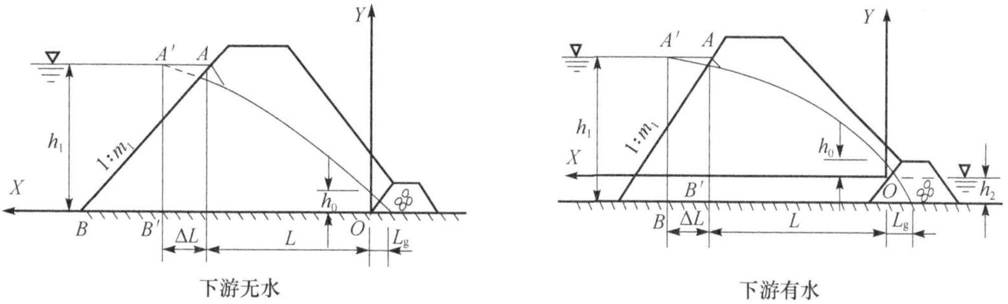

图 3-59　有排水锥体的不透水地基均质土坝

渗透单宽流量为

$$q=K\frac{h_1^2-(h_0+h_2)^2}{2(\Delta L+L)} \tag{3-97}$$

下游水位与排水体内坡交点处的浸润线高度 h_0 可近似按下式计算。

$$h_0=\sqrt{(\Delta L+L)^2+(h_1-h_2)^2}-(\Delta L+L) \tag{3-98}$$

式中各符号见图 3-59。

3. 有限深透水地基上的土坝　有限深透水地基上土坝（图 3-60）的渗透计算可用简化法，即把坝体与基础分开计算，先假定地基不透水，求出坝体渗透流量 q_1，按前述方法再计算浸润线位置；然后再假定坝体不透水，并视为有压渗透管道，求出地基渗透流量 q_2。

如此，渗透单宽流量 q 为

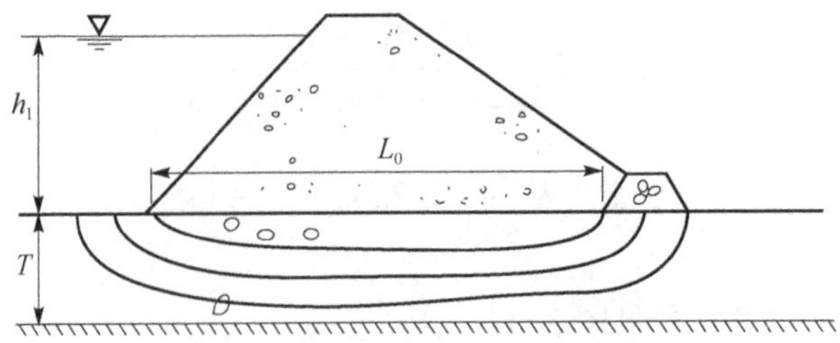

图 3-60　有限深透水地基上的土坝

$$q=q_1+q_2 \tag{3-99}$$

经过透水地基的渗透流量 q_2 可按下式计算。

$$q_2=K_1\frac{h_1}{nL_0}T \tag{3-100}$$

式中，K_1 为地基土壤渗透系数，m/ 天；h_1 为上游水深，m，当下游有水时，采用上下游水位差；L_0 为坝底宽，m；T 为透水层深度，m；n 为渗流曲线弯曲修正系数，可根据 L_0/T 查表 3-15。

表 3-15　系数 n 值表

L_0/T	20	5	4	3	2	1
n	1.15	1.18	1.23	1.30	1.44	1.87

（四）坝坡防护设计

土坝上游坝面经常会受到水波、风浪冲刷掏蚀，导致坝面毁坏，故需对坝面进行保护。保护高度应达到最大风浪爬升高程，甚至到坝顶。保护时，护坡下部应低于死水位以下 0.5～1.0 m。

坝坡防护多采用块石砌护的方式，结构构造见图 3-61。小型坝（低于 10 m）还可在坝坡培植草皮护坡。

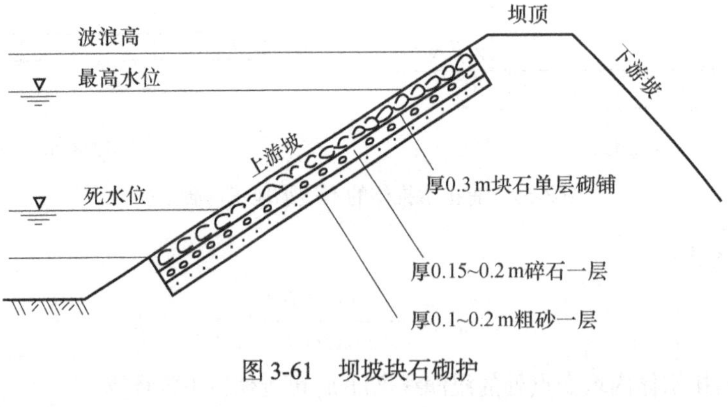

图 3-61　坝坡块石砌护

（五）坝坡稳定计算

坝坡稳定计算方法同淤地坝。

九、浆砌石重力坝设计

浆砌石重力坝的特点是：依靠自重及其与地基之间产生的摩擦力保证坝体稳定。

常见重力坝按其顶部是否溢流分为溢流坝与非溢流坝两种，前者也叫滚水坝，后者也叫挡水坝。一般设计重力坝时，将一部分坝设计为溢流坝（通常位于坝长中部），另一部分设计为非溢流挡水坝，以满足泄洪和蓄水要求（图 3-62）。

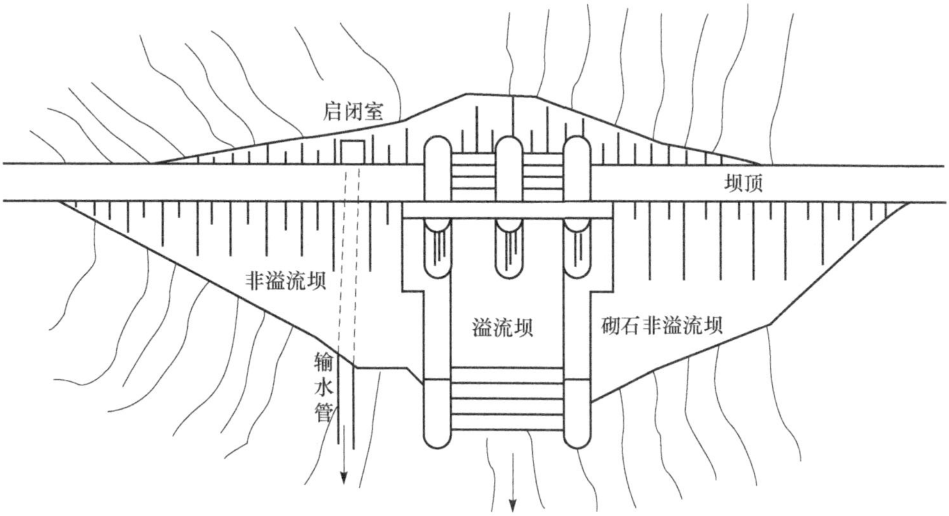

图 3-62 浆砌石重力坝

（一）剖面形状尺寸拟定

根据受力特点，断面形状应为三角形，考虑到构造等要求，常用图 3-63 所示形状。坝的边坡视坝高和稳定性要求确定。

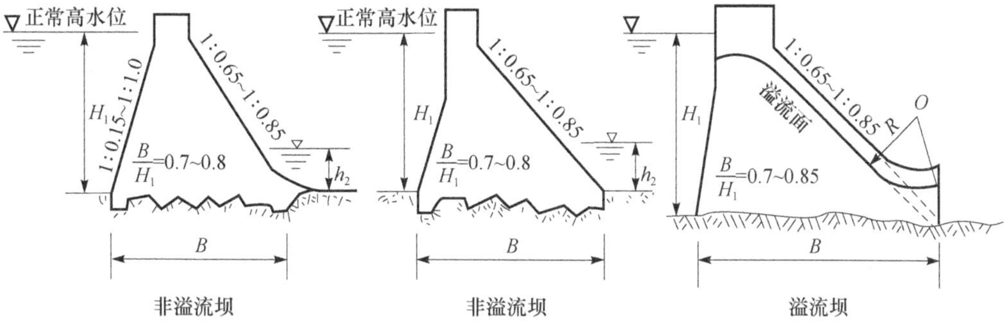

图 3-63 重力坝剖面形状

1. 坝顶高程确定

（1）挡水坝 挡水坝坝顶高程 $H_{顶}$按式（3-101）和式（3-102）计算，取大者：

$$H_{顶}=H_{上}+2h_B+h_0+\Delta h_0\,(\mathrm{m}) \tag{3-101}$$

或

$$H_{顶}=H_{上}+\Delta h'\,(\mathrm{m}) \tag{3-102}$$

式中，$H_{上}$为设计或校核水位，m；$2h_B$ 为波浪高度，m，可用计算土坝时的公式 $2h_B=0.0208V^{5/4}D^{1/3}$ 计算；h_0 为波浪中心线超出静水位的高度，m，$h_0=\dfrac{\pi(2h_B)^2}{2L}\cdot\cot\dfrac{\pi h_1}{L}$［$2L$ 为波浪长度，m，等于（8～12）$(2h_B)$；h_1 为坝基距上游静水位的高度，m，当 $h_1>L$ 时，$h_0=\dfrac{\pi(2h_B)^2}{2L}$］；$\Delta h_0$ 为超过波浪的安全超高，m，可查表 3-16；$\Delta h'$ 为超过静水位的超高，m，可查表 3-16。

表 3-16　非溢流坝坝顶超高值　（单位：m）

适用条件	坝的等级									
	最小超高 $\Delta h'$					安全超高 Δh				
	1	2	3	4	5	1	2	3	4	5
设计	1.5	1.0	0.7	0.4	0.4	0.7	0.5	0.4	0.2	0.2
校核	1.0	0.7	0.5	0.3	0.3	0.5	0.4	0.3	0.2	0.2

注意：当计算出的（$2h_B + h_0 + \Delta h_0$）小于表 3-16 中的 $\Delta h'$ 时，应取表中值。

（2）溢流坝　溢流坝坝顶高程 $H_{顶}$的确定，可参阅溢流坝水力计算来确定。由表 3-16 中查出的两个超高值 Δh、$\Delta h'$，从而获得两个坝顶高程，应采用其中较大者。

2. 坝顶宽度确定　非溢流挡水坝坝顶宽度可取为最大坝高的 8%～10%，或按交通要求确定，但不应小于 2 m。

3. 坝面坡度　上游面可采用 1∶0～1∶0.15，下游面可采用 1∶0.65～1∶0.85。

上游面坝坡可从坝顶起坡，也可从距上游面到坝底的 1/3～2/3 坝高处起坡。当坝基摩擦系数 f>0.6 时，坝的上游面可做成垂直的。

4. 坝底宽　建于岩基上的坝，坝底宽 $B \approx (0.7 \sim 0.8) H$（$H$ 为坝高）。溢流坝剖面一般可按挡水坝断面加以修改，顶部曲线根据水力计算确定。

（二）稳定计算

1. 作用在坝上的荷载　作用在坝上的荷载有自重、静水压力、坝底扬压力、坝前泥沙压力以及地震力等。这些力的详细计算请参阅有关资料，此处不做介绍。

2. 稳定计算

（1）抗滑稳定计算　将上述各力分解为作用于坝体上的水平力 Q 和垂直力 W 两种，则抗滑稳定安全系数 K_c 为

$$K_c = \frac{\sum W}{\sum Q} f \geqslant [K_c] \tag{3-103}$$

式中，f 为摩擦系数，取 0.3～0.7；$[K_c]$ 为规定的抗滑稳定安全系数，取 1.05～1.10。

如果计算出的 $K_c < [K_c]$，一般可通过增大断面尺寸解决，反之应减少断面尺寸。

（2）抗倾覆稳定校核

抗倾覆稳定可按下式校核：

$$K_Y = \frac{\sum M_Y}{\sum M_0} \geqslant [K_Y] \tag{3-104}$$

式中，$[K_Y]$ 为规定的抗倾覆稳定安全系数，可采用 1.5；K_Y 为抗倾覆稳定安全系数；$\sum M_Y$ 为抗倾力矩；$\sum M_0$ 为倾覆力矩。

重力坝除进行上述稳定计算外，还须对其强度进行校核（用材料力学偏心受压公式计算），此处不再赘述。

另外须注意：在进行计算时，应按库空、库满溢流等情况进行最不利荷载组合计算，以保证设计安全。

十、浆砌石拱坝

（一）拱坝的工作特点

拱坝在平面上呈拱形。其稳定性靠坝体材料的抗压强度来维持（重力式拱坝的稳定，其自

重也起重要作用），作用于拱坝上的荷载主要借助于拱的作用传给两岸。因此，只要坝体压力不大于材料的允许强度，且两岸基础在拱的推力作用下能保持稳定，则坝体稳定。

拱坝工作时，所受荷载大部分依靠拱的作用传给两岸，其余则由垂直方向的悬臂梁作用传于底部基础。若河谷过宽，拱的作用就不大，所以判断某一沟谷地形是否能建拱坝，可根据沟宽 B 和最大坝高 H 之比来确定（图 3-64），即 $\frac{B}{H}\leqslant 1.5\sim 2.0$ 时，可建纯拱坝；$\frac{B}{H}\leqslant 3.0\sim 3.5$ 时，可建重力拱坝；$\frac{B}{H}>3.5\sim 4.0$ 时，建拱坝不经济。

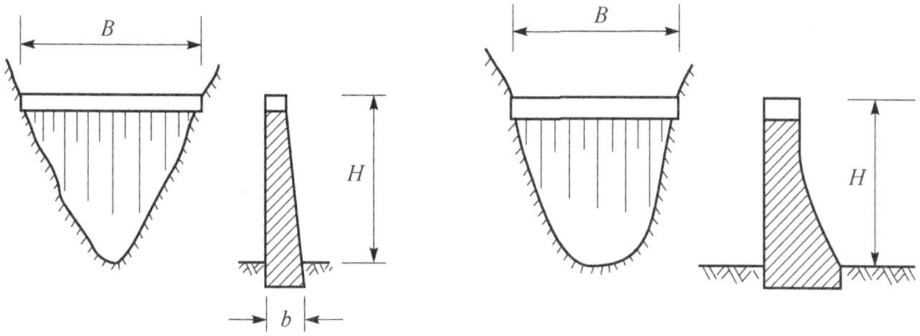

图 3-64　纯拱坝和重力拱坝

重力拱坝通常是指拱厚达坝高 40%～65% 的拱坝。其承受水平荷载的一部分是靠沿坝底的摩擦力和黏结力传至坝基上。

小型拱坝为施工简便起见，多采用同心圆、同外半径的圆弧拱（图 3-65），拱圈中心角 $2\alpha=110°\sim 120°$，最小角 2α 不应小于 80°。拱坝顶宽一般为 1.0～2.0 m，上游面垂直，下游边坡为 2∶1～2.5∶1。

拱坝除等半径（在各个高程上的拱圈外半径 R 相同）拱坝外，还有等中心拱坝（坝各层拱圈具有相同的最有利中心角）、变半径中心角拱坝（中心角从拱顶向下逐渐减少至 70°～90°）和双曲拱坝等。

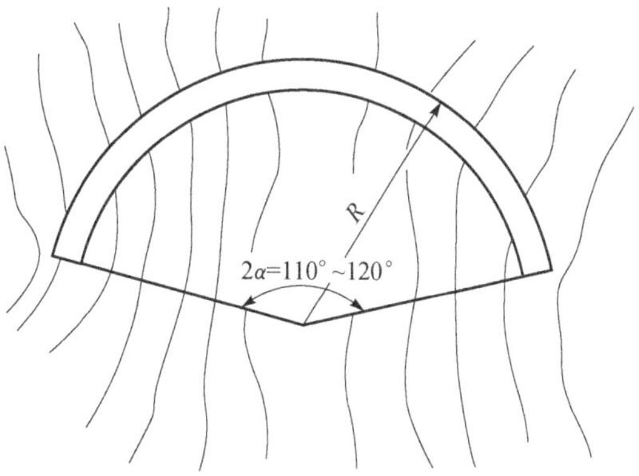

图 3-65　浆砌石拱坝

（二）作用荷载及性质

1. 坝体自重　对纯拱坝，自重影响较小，设计时可忽略。对重力拱坝，自重影响较大，设计时必须考虑。

2. 渗透压力　纯拱坝因基础底面积相对较小，设计时可忽略渗透压力，重力拱坝则应当考虑。

3. 水库淤积泥沙压力　泥沙压力对坝的影响较大，应作为主要荷载考虑。

4. 水压力　水压力应作为主要荷载考虑。

5. 温度压力　温度压力对坝的影响很大，应作为主要荷载考虑。

6. 地震力　地震力可作为特殊荷载计算。

上述各力对坝的作用性质类似于浆砌石重力坝受力情况。

（三）剖面尺寸拟定

拱坝尺寸应根据地形、地质条件和施工运用上的要求，参考已建类似条件的坝进行初拟，然后通过应力计算分析、修正确定。主要的初拟尺寸如下。

1. 拱圈厚度 *T* 可视拱坝为一圆筒，对不同高程的拱圈厚度 T，可用圆筒公式估算。

$$T=\frac{\gamma HR}{[\sigma]}(\mathrm{m}) \tag{3-105}$$

式中，γ 为水的容重，t/m^3；H 为计算拱圈处水深，m；R 为拱圈外半径，m；$[\sigma]$ 为砌体允许压应力，t/m^3。

坝顶厚应按构造及交通要求确定。

底部厚度 B，纯拱坝 $B=(0.15\sim0.4)H$（H 为坝高）；重力坝 $B>(0.4\sim0.65)H$。

2. 最优拱圈中心角 2*α* 在拱圈体积最小时，由圆筒公式计算得出 $2\alpha=133°4'$，实际工程上常用 $2\alpha=110°\sim120°$。

3. 半径 *R* 由图 3-65 可知，R 为

$$R=\frac{L}{\sin\alpha_0}(\mathrm{m})$$

式中，L 为河谷宽度之半，m；α_0 为采用中心角之半。

拱坝尺寸须经多次应力分析计算、调整、修改及平面布置，方能完成。

（四）一般设计步骤

1）确定荷载组合。通常按坝前水压力 ＋ 泥沙压力 ＋ 温度应力，作为最不利荷载组合进行计算。

2）初拟坝体结构构造形式。

3）确定平面布置形式。对三角形河谷，可采用等中心角、变半径、变圆心拱坝，2α 选用 120°。小型拱坝可选等中心角、等半径圆心拱坝，2α 选用 110°。

4）拟定剖面尺寸。

5）进行坝体应力计算分析。

6）调整、修改尺寸及布置形式。

第八节　水　坠　坝

一、水坠坝的特点

土坝施工方法较多，有机械碾压法、人工夯实法和水力冲填法等。水坠坝是利用水力将筑坝土料拌成一定浓度的泥浆，自流到坝面，经脱水固结填筑而成的坝。水坠坝又叫水力冲填坝、泥浆坝、拉沙坝。在西北黄土地区，水坠坝多是通过造泥沟制拌泥浆，然后输送至坝面冲填，经脱水固结筑成。

水坠法筑坝所需机械设备少，施工工效高（比碾压坝高 3～6 倍），筑坝成本低（可节约成本 60%），填筑质量好（干容重在 15 kN/m^3 以上），技术较简单，受气候影响小。一般淤地坝、水库挡水坝，无论小型的、大型的均可采用水坠法修筑。砂壤土、粉质壤土、花岗岩、砂岩风化残积土都可用作其筑坝材料。

由于具有以上特点，20 世纪 70 年代，水坠坝发展较快，推广数量很多，据不完全统计，至 1977 年底，陕晋两省共建水坠坝 8000 余座，其中坝高 15 m 以上者有 5000 余座。20 世纪 80 年代以后，随着《水坠坝设计与施工暂行规定》（SD122—1984）的颁发，以及黄河中游水

土保持治沟骨干工程的不断发展，水坠坝在黄土高原地区得到了广泛推广与应用，对防治水土流失起了重要的促进作用。1986～2003年，陕西、山西、内蒙古、甘肃、宁夏、青海、河南、山东等省份，共修建水土保持治沟骨干工程1852座，其中水坠坝486座，占工程总数量的26.2%。

二、坝体固结的基本原理

水坠坝坝体为泥浆冲填而成，初期泥浆含水量大、密度小、强度低，冲成的坝体稳定性差，施工掌握不好，容易产生裂缝、鼓肚变形甚至滑坡（最易出现的大问题），故了解其冲填固结原理十分重要。水坠坝从施工开始到坝体形成大体需经过三个阶段。

（一）土料湿化崩解形成泥浆阶段

本阶段的特点是，用水力冲击、爆破或人力开挖土场土料，经水湿化、崩解、搅拌，使原状土结构彻底破坏，形成土、水二相泥浆体，并具有合适的浓度，沿输泥渠自流至坝面，为土粒的重新组合创造条件。

（二）土粒沉淀脱水阶段

泥浆进入坝面冲填池后，流速骤减，最后停止流动。悬浮土粒在重力作用下逐渐沉降，一部分自由水被土粒置换，析出泥面，向低处流动，使低密度泥浆处于流态，此时坝体的稳定性主要靠边埂阻滑维持。随着泥面积水的排除和蒸发，以及下渗、旁渗，坝体土壤含水量逐渐降低，土体逐渐成为软塑状态，并具有一定的承载力。

该阶段的特征是，排除水分以向上析出为主，土粒至悬浮状态时，荷载完全由孔隙水承担。当部分水析出后，土体进入初始的有结构状态，初具骨架，有一定的承载力。

（三）土体固结压密阶段

在上部不断增加的冲填泥浆作用下，下部已冲填的饱和土层不断受压，开始时，上部荷载主要由孔隙水承担（由此产生的水压力叫孔隙水压力），如果土料具有一定的透水性，且排水条件良好，则孔隙水逐渐被排出，孔隙水压力消散，上部荷载压力逐渐转移到土的固体颗粒骨架上（土骨架上所承受的压力叫有效压力），有效应力增加，土体逐步固结压密，最终形成均匀密实的坝体。该阶段坝体水分以向下排渗为主，所以也叫渗透固结阶段。

由上可见，泥浆固结的速度，取决于水的渗排状况，如果土料渗透性很差，或者排水条件不良，孔隙水不能很快排出，则渗透固结速度慢，易于发生滑坡。渗透固结速度不仅与土料的透水性和排水条件有关，还与土体上部加载速度及其大小有关。当加载速度超过渗透排水速度时，孔隙水压力不断增加，形成的有效压力小，土体强度低；当上部载荷超过一定数值时，在孔隙水压力作用下，土体将向四面挤出，坝边坡有可能失去稳定性而破坏，这就是水坠坝施工中冲填过快和厚度过大会产生滑坡的主要原因。

水坠法筑坝，土料须具有遇水崩解分散的特性，否则原状土（特别是黄土）的结构难以破坏，土料难以重新组合，因此必须合理选择土料；筑坝过程中，应具备泥浆渗透固结的条件，否则泥浆难以固结密实，易造成滑坡。

为保证施工安全，在泥浆冲填固结过程中，应严格控制泥浆和土体含水量的变化。同时，控制泥浆和土体含水量变化也是控制冲填质量的关键。

三、水坠坝的设计

（一）坝址选择

除一般淤地坝对坝址选择的要求外，水坠坝坝址选择还需满足以下条件。

1）沟谷地形平坦，沟床较窄，坝肩端无大的冲沟，有利于施工场地布设和冲填泥浆蒸发脱水的地形条件。

2）坝址附近有足够的筑坝土料，储量应大于设计坝体土方量的两倍，且开采方便，土场高于冲填坝面 10 m 以上。

3）当地有充足的水源，总水量大约为坝体冲填土方量的总和，每小时供水量不应小于 30 t。

（二）筑坝土料和坝型选择

1. 土料 水坠坝为泥浆冲填而成，土料须具备一定的湿化性（遇水分散崩解程度）和透水性。湿化性通常用崩解历时来评价。崩解历时是指边长 5 cm 的立方体土块在水中浸湿并有 2/3 崩解所需要的时间。透水性主要取决于土料颗粒组成，其中黏粒含量是判别土料适宜性的一项主要指标。

根据《淤地坝技术规范》（SL/T 804—2020），冲填土料粒径在 0.005 mm 以下的颗粒含量应小于 30%，有机质、水溶盐的含量应分别小于 3% 和 8%，崩解速度不应超过 30 min，渗透系数应大于 1×10^{-6} cm/s。不同土料的控制性指标应符合表 3-7 的规定。

2. 坝型 一般黄土、类黄土，由于其颗粒不均匀系数较小，冲填泥浆无明显分离现象，宜用于填筑均质土坝。

花岗岩、砂岩风化残积土，因其颗粒不均匀系数大，可采用分选冲填方式修建非均质坝，也可采用不分选冲填方式修建均质坝。

我国黄河中游地区数以千计的水坠坝，几乎全为均质土坝，说明在坝体施工中，粉粒黄土（颗粒直径 0.005～0.05 mm）的颗粒组成无明显分选现象。

（三）坝体断面设计

1. 坝顶宽度 水坠坝由于竣工初期坝体的密实程度、防渗性、抗剪强度较低，为安全计，坝顶最小宽度，当坝高在 30 m 以上时，不应小于 5 m；当坝高在 30 m 以下时，不应小于 4 m；当有交通要求时，还应满足交通需要。

坝体施工不能直接冲填到坝顶，而须采用碾压法封顶时，封顶厚度以 2～3 m 为宜。

2. 坝坡 坝坡应根据坝型、坝高、坝基地质条件、筑坝土料性质、冲填速度、坝体排水条件和运用要求等，通过抗滑稳定计算决定，一般比碾压坝坝坡缓。我国北方黄土、类黄土地区均质坝坝坡坡率按已成工程统计，如表 3-17～表 3-19 所示。

表 3-17 陕北黄土水坠坝坝坡平均坡率

坝坡部位	坝高 /m						
	15	20	25	30	35	40	45
上游坝坡	2.0	2.5	3.0	3.5	3.5	3.5	4.0
下游坝坡	1.5	2.0	2.5	3.0	3.0	3.25	3.5

表 3-18 山西黄土水坠坝坝坡坡率

土类	冲填速度 /（m/ 天）	坝高 /m					
		20		30		40	
		上游	下游	上游	下游	上游	下游
重粉质砂壤土	0.15	2.75	2.25	3.00	2.50	3.25	2.75
	0.30	2.75	2.25	3.00	2.75	3.25	3.00

续表

土类	冲填速度 /（m/ 天）	坝高 /m					
		20		30		40	
		上游	下游	上游	下游	上游	下游
轻粉质砂壤土	0.15	3.00	2.25	3.25	2.75	3.50	3.00
	0.30	3.00	2.75	3.25	3.00	3.50	3.25
中粉质壤土	0.15	3.25	2.75	3.50	3.00	3.75	3.25
	0.30	3.25	3.00	3.50	3.25	3.75	3.50
重粉质壤土	0.15	3.50	3.00	3.75	3.25	4.00	3.50
	0.30	3.50	3.25	3.75	3.50	4.00	3.75

注：表中坝高为最大坝高；坡率为单一坡的坡率，非均值

表 3-19　水中填土坝建议坝坡率

坝高 /m	上游坡	下游坡	坝高 /m	上游坡	下游坡
20～25	2.50～3.00	2.50～2.75	30～35	2.75～3.25	2.75～3.00
25～30	2.75～3.00	2.50～3.00	35～40	3.00～3.50	2.75～3.25

根据国内建成的 15～40 m 高的水坠坝来看，当用黄土、类黄土填筑时，自坝顶开始，上游坝面第一级坡率一般为 2.75～3.25，下游坝面第一级坡率为 2.50～3.00；当用花岗岩、砂岩风化残积土时，上游坝面第一级坡率为 2.50～2.75，下游坝面第一级坡率为 2.25～2.50，以下各级坡率较上一级增加 0.25～0.50。

当坝高＞15 m 时，应在下游坝坡面沿高程每隔 10 m 设一条马道，宽约 1.5 m。

3. 边埂　边埂是坝体的组成部分，施工期起挡泥、阻滑和坝形控制作用。外坡与坝坡相同，内坡宜采用休止坡，常为 1∶1。埂高应高出冲填层 0.5～1.0 m，埂顶宽不小于 3 m，当碾压封顶时则无须设边埂（图 3-66）。对黄土、类黄土冲填的均质坝，边埂宽度 b 可按以下经验公式计算：

$$b=\alpha_1\rho VH\text{（m）} \tag{3-106}$$

式中，α_1 为与坝基排水条件、泥浆浓度有关的经验系数，等于 0.1～0.11，当排水条件好、泥浆浓度高时，取小值；ρ 为土的黏粒含量，%；V 为平均冲填速度，m/天，一般为 0.1～0.3 m/天；H 为设计坝高，m。

对花岗岩、砂岩风化残积土均质坝，边埂宽度 b 可按以下经验公式计算：

$$b=\alpha_2(\rho+V)\sqrt[3]{H}\text{（m）} \tag{3-107}$$

式中，α_2 为与砂砾含量有关的系数，等于 6.4～7.7，当含量较大时取小值；其他符号意义同上。

由上可见，边埂宽度与坝高、坝坡、冲填速度、流态区深度等有关。一般在坝的中部采用等宽边埂，上部根据挡泥、阻滑及施工要求可逐步缩窄。另外，流态区的深度（坝体内含水量大于液限的区域）也与边埂宽度有关，即流态区越深，边埂越宽，反之可窄。表 3-20～表 3-22 为《淤地坝技术规范》（SL/T 804—2020）对边埂宽度的要求。

黄土、类黄土均质坝边埂土方量占坝体总土方量的 20%～25%，为冲填时所需劳力的 3～4 倍。

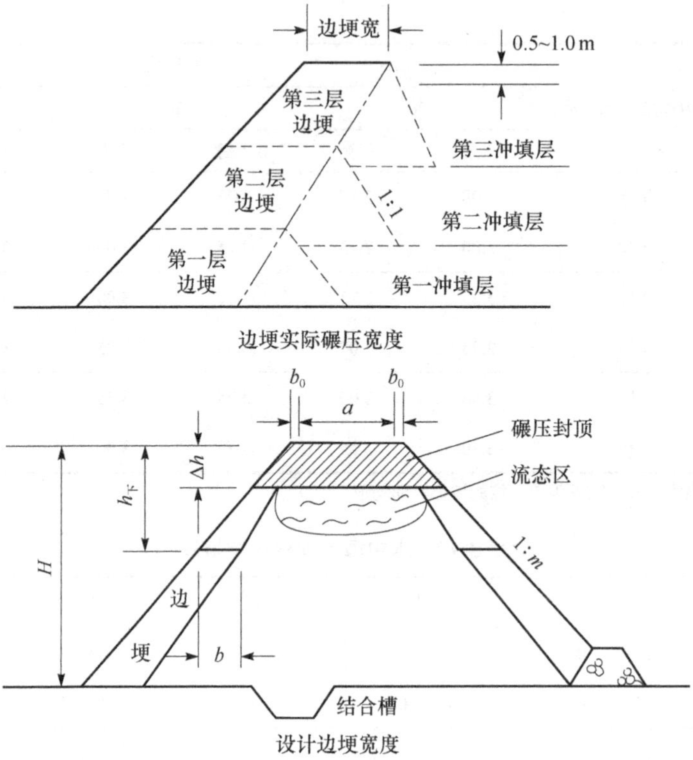

图 3-66　水坠坝边埂示意图

表 3-20　砂壤土、壤土边埂宽度值　（单位：m）

设计坝高	砂壤土	壤土		
		轻粉质壤土	中粉质壤土	中粉质壤土
＞40	8～10	10～13	13～18	15～20
30～40	6～8	7～10	9～13	10～15
20～30	4～6	5～7	6～9	7～10
＜20	3～4	3～5	4～6	5～7

表 3-21　水坠坝流态区深度与边埂顶宽度的关系　（单位：m）

流态区深度	＜3	3～4	4～5	5～6	6～7	7～8	8～9	9～10	＞10
需要边埂宽度	3	4～5	5～6	6～7	7～9	9～10	10～12	12～14	14～17

表 3-22　花岗岩和砂岩风化残积土均质坝边埂顶宽度值　（单位：m）

土料黏粒含量 /%	平均冲填速度 /（m/天）		
	＜0.1	0.1～0.2	0.2～0.3
＜15	3～6	5～8	7～10
15～20	4～7	6～9	8～11
20～25	5～8	7～10	9～12
25～30	6～9	8～11	10～13

（四）排水设施

水坠坝排水分为坝体排水和坝面排水两类，每一类又分为永久性和临时两种。

1. 坝体排水　永久性排水设施主要是排除运用期间的渗透水流，降低浸润线位置，增加坝体稳定性。同时又可排除冲填土的固结渗水，成为临时性排水设施的排水出路。

临时性排水设施主要排除施工期间冲填土体的固结渗水，降低填土的孔隙水压力，加快固结速度，增加坝体施工时的稳定性。

永久性排水设施形式与一般碾压坝相同。临时性排水设施形式主要有砂井、砂沟、竖井、廊道、聚乙烯微孔波纹管网状排水等。均质坝主要为砂井、砂沟形式，透水地基可不用砂沟只用砂井。砂沟通常设于坝基上，出口与坝体永久性排水设施相连。砂沟按地形和排水需要，可垂直于坝轴线布置 1～2 条干沟或干沟加纵向支沟组成。干沟底坡不小于 1/100，沟端距上游坝坡距离不大于砂沟底高程处坝底宽的 1/3。断面为梯形，底宽及高 1.0 m 左右，边坡 1∶1，按反滤原理由里到外分别采用卵石（或块石）、砾石（或碎石）和中砂，每层厚不小于 15 cm。砂井直径 1.0 m，井距 10～15 m，反滤与砂沟相同，井底与砂沟或透水基相连，顶部距坝坡面的法向距离不得小于该处水头的 1/3，且不得小于 3.0 m。砂井、砂沟结构形式如图 3-67、图 3-68 所示。

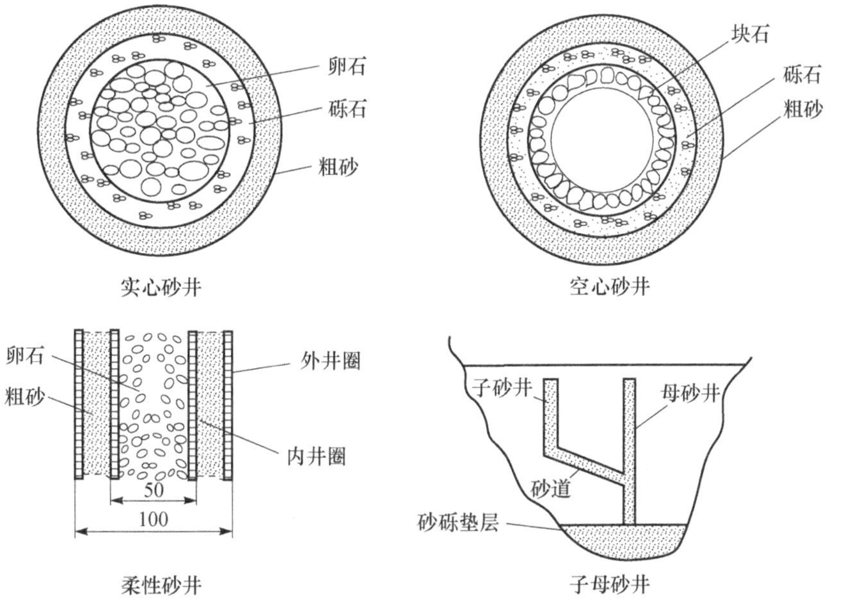

图 3-67　砂井断面结构示意图（单位：cm）

对用黄土、类黄土筑水坠坝，当控制好泥浆浓度、冲填速度、边埂宽度时，也可不设砂井。

2. 坝面排水　临时性排水设施主要是排除坝坡面由沉淀过程中置换出来的泥浆水体及高出坝面两岸的沟坡渗水，该水须及时排除不使过夜。排水形式主要有纵横向坝面排水沟。横向坝面排水沟设于下游坝面马道内侧，纵向坝面排水沟设于下游坝面与岸坡结合处，形式结构与碾压坝相同。

另外还可通过临时在水中加土及蒸发脱水等方式排除坝面积水。

永久性坝面排水与碾压坝相同。

（五）坝坡稳定计算

水坠坝与碾压坝由于施工方法不同，其稳定特性有明显差异。碾压坝填筑土料含水量低，

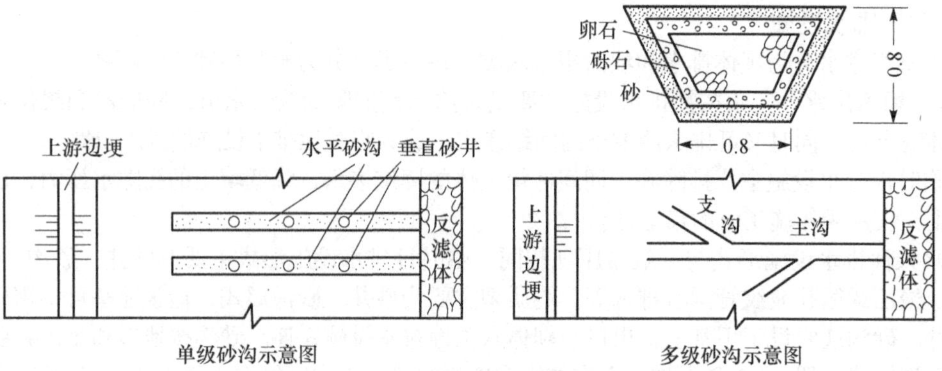

图 3-68　砂沟结构布置形式示意图（单位：m）

坝体强度较高，施工期的稳定性比运用期高，而水坠坝填筑土料含水量大，存在一个含水量大于流限的区域（流态区），坝体泥浆有一个脱水固结过程，因而坝体稳定性在施工期最差。

由于水坠坝流态区的泥浆对边埂（坝壳）产生很大的推力，因此施工期坝坡的稳定表现在边埂的稳定上，其间所发生的鼓肚滑坡，反映了边埂与泥浆压力不适应的问题。实践观测表明，施工期发生滑坡破坏形式有两种类型，一种是流滑，另一种是坐滑（图 3-69）。

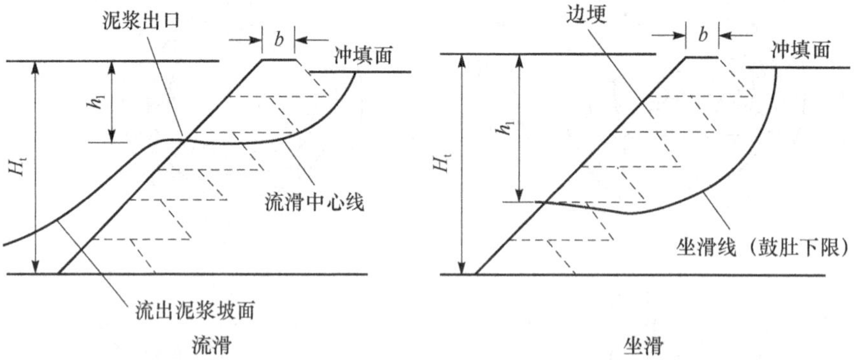

图 3-69　水坠坝滑动面形状示意图

流滑是泥浆压破边埂流出坝坡外的一种不稳定现象，通常发生在坝体上部流态区（鼓肚区）。坐滑为一般滑坡，属于坝坡发生整体性滑动现象。

流滑、坐滑基本上都发生在施工时坝高为 H_t 的中部，流滑位置 h_1 在（0.225～0.476）H_t 处，坐滑位置 h_1 在（0.4～0.69）H_t 处。前者属边埂自身稳定性不够所致，后者属坝坡过陡失去稳定性所致，二者既有联系又有区别。

1. 流滑验算　流滑验算是对边埂稳定的验算。根据《淤地坝技术规范》（SL/T 804—2020），施工边埂（均质坝）或坝壳（非均质坝）自身的稳定，按平面问题折线滑动面，采用总应力法按下列公式计算抗滑稳定安全系数 K，参见图 3-70。

$$K=\frac{R}{E\cdot\cos\theta} \tag{3-108}$$

$$R=(W_1+W_2+W_3)\sin\theta+W_1\cos\theta\tan\varphi_1+c_1L_1+(W_2+W_3+E\tan\theta)+\cos\theta\tan\varphi_2+c_2L_2 \tag{3-109}$$

$$E=\frac{1}{2}\xi\gamma_T h_1^2 \tag{3-110}$$

$$\xi=1-\sin\varphi_2 \tag{3-111}$$

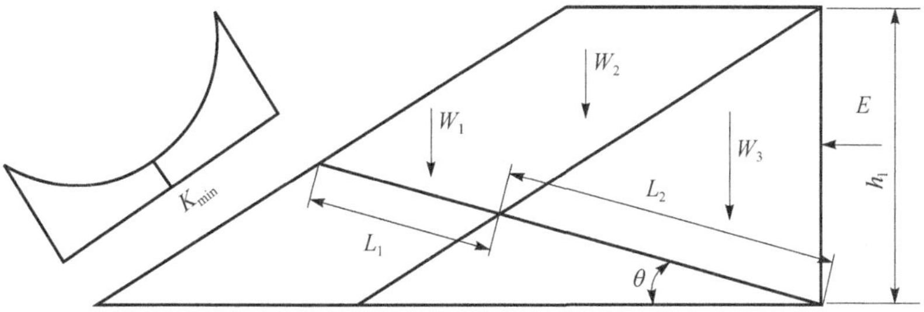

图 3-70 折线滑动面力系图

$$h_1 = \lambda H \tag{3-112}$$

式中，K 为抗滑稳定安全系数；E 为泥浆水平推力，kN；θ 为滑动面与水平面的夹角，(°)，可通过试算确定，取其相应于安全系数最小者；W_1 为滑动面 L_1 以上边埂土的重量，kN；W_2、W_3 为滑动面 L_2 以上边埂土和冲填土的重量，kN；L_1、L_2 为通过边埂及冲填土的滑动面长度，m；φ_1、c_1 为边埂土的总强度指标；φ_2、c_2 为冲填土的总强度指标，应按相应深度处的含水率确定；γ_T 为计算深度范围内冲填土的平均容重，kN/m³；ξ 为泥浆侧压力系数，可按式（3-112）计算，也可采用经验值 0.8～1.0；h_1 为计算深度，m，砂土、砂壤土、壤土应按流态区深度计算，或按经验公式（3-113）确定，花岗岩、砂岗风化残积土计算深度应通过试验确定，取其相应于安全系数最小者；H 为计算坝高，m；λ 为系数，按表 3-23 确定。

表 3-23 系数 λ 值

冲填速度（v）/（m/天）	渗透系数（k）/（$\times 10^{-6}$ cm/s）								
	1	2	4	6	8	10	12	14	16
0.1	0.92	0.75	0.50	0.34	0.25	0.20	0.16	0.13	0.11
0.2	0.95	0.83	0.67	0.54	0.44	0.35	0.28	0.21	0.15
0.3	0.97	0.85	0.74	0.63	0.53	0.44	0.36	0.28	0.20

注：①此表适用于透水地基，对不透水地基表中数值可提高 50%；② k 为初期渗透系数，即指冲填土在 0.1 kg/cm² 荷重下固结试样的渗透系数

2. 坐滑验算 坐滑验算就是对坝坡整体稳定性的校核计算。施工期抗滑稳定可按平面取圆弧滑动面，用总应力法或有效应力法进行计算。两法的区别是：总应力法所采用的强度指标综合反映了土体发生剪切时的状态和应力条件，也就是试验方法是模拟实际工程破坏时的剪力状态；而有效应力法是将土体内的应力分为有效应力和孔隙水压力两部分，认为只有有效应力才能产生抗剪强度，并将其强度指标称为有效强度指标。如果考虑孔隙水压力的影响，就称为总应力强度指标，并用黏聚力（c）、内摩擦角（φ）表示，而有效应力强度指标用 c'、φ' 表示。

计算方法不同时，强度指标随试验方法的不同须加以修正。根据《淤地坝技术规范》（SL/T 804—2020）第 6.2.5 条，应按表 3-24 修正。

（1）用总应力法验算抗滑稳定 水坠坝施工期坝坡整体抗滑稳定程度可用抗滑稳定安全系数 K 来表示。K 根据圆弧总应力法静力分析计算图（图 3-71），按照极限平衡原理可求出，为

$$K = \frac{\sum(c \cdot b \cdot \sec\beta + W \cdot \cos\beta \cdot \tan\varphi)}{\sum W \cdot \sin\beta} \tag{3-113}$$

式中，b 为土条宽度，m；β 为土条中心线与通过该土条底面中心的半径之间的夹角，(°)；W

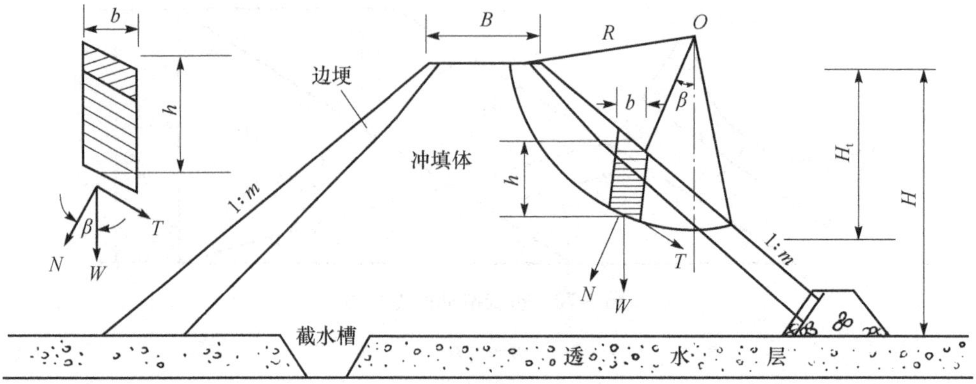

图 3-71　圆弧总应力法静力分析计算图

为土条自重，kN，$W=\gamma_{\pm}bh$［$\gamma_{\pm}$为土的实际加权平均容重，kN/m^3；h 为土条高度，m］；φ 为内摩擦角，(°)；c 为黏聚力，kN/m^2。

表 3-24　强度指标修正系数表

计算方法	试验方法	修正系数
总应力法	三轴不固结不排水剪	1
	直剪仪快剪	0.5～0.8[1)]
	十字板抗剪强度	1.2～1.3
有效应力法	三轴固结不排水剪（测孔压水压力）	0.8
	直剪仪慢剪	0.8

注：1）根据试样在试验过程中的排水程度选用，排水多时取小值

（2）*用有效应力法验算抗滑稳定*　如图 3-72 所示，抗滑稳定安全系数 K 可按下式计算。

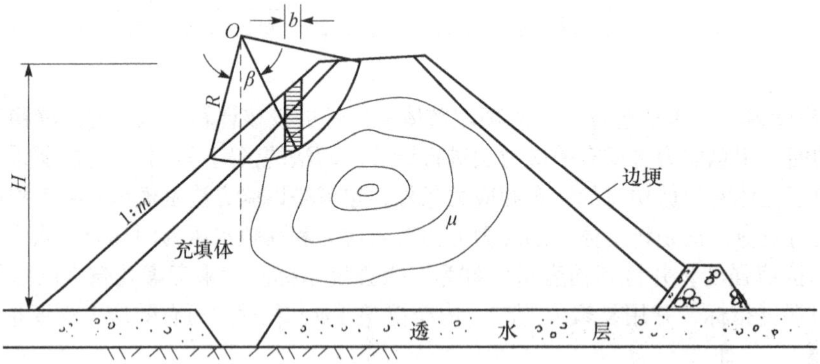

图 3-72　圆弧有效应力法静力分析计算图

$$K=\frac{\Sigma[c'\cdot b\cdot\sec\beta+(W\cdot\cos\beta-\mu\cdot b\cdot\sec\beta)\tan\varphi']}{\Sigma W\cdot\sin\beta} \tag{3-114}$$

式中，μ 为土条底面孔隙水压力，kN/m^2；c'、φ' 为土的有效强度指标；其余符号意义同前。

用总应力法或有效应力法对坝坡计算的抗滑稳定安全系数 K，应大于或等于允许安全系数［K］。［K］可按《淤地坝技术规范》（SL/T 804—2020）的规定采用，见表 3-25。

表 3-25 坝坡抗滑稳定安全系数

运用条件	工程级别		
	3	4	5
正常运用条件	1.3	1.25	1.25
非常运用条件	1.2	1.15	1.15

注：1）正常运用条件：①蓄水运用条件下，水位处于蓄水位和设计洪水位与死水位之间的各种水位的稳定渗流期；②水位在上述范围内经常性地正常降落。

2）非常运用条件：①施工期；②校核洪水位有可能形成稳定渗流的情况；③水位非常降落

需说明的是，有关坝坡整体滑动的稳定计算方法较多，而目前采用圆弧滑动面计算法，该法在具体应用时又有瑞典法（不考虑土条间的作用力）和毕肖普法（考虑土条间的作用力）。瑞典法又有圆弧有效应力法（简称瑞有法）和圆弧总应力法（简称瑞总法）。毕肖普法也有圆弧有效应力法（简称毕有法）和圆弧总应力法（简称毕总法），现将各法计算公式列出如下。

瑞有法：
$$K=\frac{\Sigma[c'\cdot\sec\beta+(\gamma_{\pm}\cdot h\cdot\cos\beta-\mu\cdot\sec\beta)\tan\varphi']}{\Sigma\gamma_{\pm}\cdot h\cdot\sin\beta} \tag{3-115}$$

瑞总法：
$$K=\frac{\Sigma(c\cdot\sec\beta+\gamma_{\pm}\cdot h\cdot\cos\beta\cdot\tan\varphi)}{\Sigma\gamma_{\pm}\cdot h\cdot\sin\beta} \tag{3-116}$$

毕有法：
$$K=\frac{1}{\Sigma\gamma_{\pm}\cdot h\cdot\sin\beta}\sum\left(\frac{c'+(\gamma_{\pm}\cdot h-\mu)\tan\varphi'}{\cos\beta+\dfrac{\tan\varphi'\cdot\sin\beta}{K}}\right) \tag{3-117}$$

毕总法：
$$K=\frac{1}{\Sigma\gamma_{\pm}\cdot h\cdot\sin\beta}\sum\left(\frac{c+\gamma_{\pm}\cdot h\cdot\tan\varphi}{\cos\beta+\dfrac{\tan\varphi\cdot\sin\beta}{K}}\right) \tag{3-118}$$

式（3-115）～式（3-118）中符号意义同前。

（六）坝体固结计算

计算目的是确定坝体含水量或孔隙水压力分布。坝体可近似视作饱和土体用差分法进行固结计算。计算内容取决于计算方法，当采用总应力法计算时，应确定坝体含水量的分布；当采用有效应力法时，应确定坝体孔隙水压力的分布。具体计算方法请参阅《淤地坝技术规范》（SL/T 804—2020）附录。

第九节 拦 渣 工 程

生产建设项目在基建施工和生产运行过程中，往往会产生大量的弃土、弃石、弃渣、尾矿（砂）和其他废弃固体物，拦渣工程是为专门存放这些废弃固体物而修建的水土保持工程措施。拦渣工程主要有拦渣坝、挡渣墙、拦渣堤、围渣堰和尾矿（砂）坝等。

一、基本原则和设计要求

（一）基本原则

1）生产建设项目在基建施工期和生产运行期，产生大量弃土、弃石、弃渣、尾矿和其他废弃固体物时，必须布置专门的堆放场地，将其集中堆放，并修建拦渣工程。

2）拦渣工程的形式，应根据弃土、弃石、弃渣的堆放位置和堆放方式，结合堆放区域的地形地貌特征、水文地质条件和建设项目的安全要求，妥善确定。

3）拦渣工程建筑物等级及防洪标准，应按其所处位置的重要程度和河道的等级分别确定，并应进行相关水文计算和稳定计算。

4）拦渣工程设计，应满足《生产建设项目水土保持技术标准》（GB 50433—2018）的要求，并符合《水工挡土墙设计规范》（SL 379—2007）和《堤防工程设计规范》（GB 50286—2013）等技术标准。对于防洪、稳定、防止有毒物质泄露等方面有特殊要求的生产建设项目，如与金属冶炼有关的尾矿（砂）库、赤泥库等，应参照有关行业部门的设计规范，在分析论证的基础上，提高相应的设计标准。

5）拦渣工程在总体布局上，必须考虑河（沟）道行洪，以及下游建筑物、工厂、城镇、居民点等重要设施的安全，应根据国家标准并结合当地具体情况，确定合理的防洪标准。拦渣工程的选址修建，应少占耕地，尽可能选在荒沟、荒滩、荒坡等地方。

6）对于含有有害元素的尾矿（灰渣等），在设计拦挡设施时，必须考虑其特殊要求，尾水处理应符合有关废水处理的规定，以防废水下泄给下游带来危害。

（二）设计要求

1. 适用条件

1）拦渣坝（尾矿坝）：拦渣坝宜修建在坝控流域面积较小（一般不超过 3 km^2），库容和工程地质条件满足要求的沟道。尾矿坝修建还应考虑尾矿类型及其物理、化学性质，满足环境保护的要求。

2）挡渣墙：挡渣墙适用于防洪要求不高的大多数地段。渣体堆置在坡顶及斜坡面时，必须修建挡渣墙。

3）拦渣堤：弃土、弃石、弃渣堆置于河（沟）道，妨碍河道行洪或可能因冲刷流入河道时，必须布设拦渣堤，拦渣堤堤线的平面位置不得越过防洪治导线。

2. 可行性研究阶段设计要求

1）在调查项目区水土流失和水土保持现状的基础上，应结合项目主体工程可行性研究报告，预测生产建设过程中的弃土、弃石、弃渣量及其物质组成，分析论证可能出现的水土流失形式、原因及危害。

2）确定主要的水文参数和地质要素，对影响项目及周围地区安全的重大防洪、稳定等问题，应进行必要的勘测，掌握可靠的基础资料。

3）从技术、经济、社会等多方面分析论证，明确拦渣工程的任务，选择拦渣工程类型、形式、规模、数量、位置、布局，以及建筑材料的来源、位置和运输方式等。

3. 初步设计阶段设计要求

1）明确拦渣工程初步设计的依据和技术资料。

2）确定弃渣种类、名称、数量和排放方式，复核拦渣工程的任务和具体要求。

3）依据资料进行分析论证，核查确定拦渣工程的类型、规模、数量、布局和设计标准。

4）确定拦渣工程的位置、结构、形式、断面尺寸、控制高程和工程量。

5）确定建筑材料的来源、位置和运输方式及必要的附属建筑物。

二、拦渣坝

拦渣坝是在沟道中修建的拦蓄固体废弃物的坝工建筑物。修建拦渣坝的目的是避免渣、土等淤塞河道，减少入河入库泥沙，防止引发山洪、泥石流。修建时，应妥善处理河（沟）道水流过坝问题，可允许部分或整个坝体渗流和坝顶溢流。

（一）坝址选择

拦渣坝坝址应符合下列条件。

1）坝址应位于渣源附近，其上游流域面积不宜过大，废弃物的堆放不影响河道的行洪和下游的防洪，也不增加下游河（沟）道的淤积。

2）坝址地形要"口小肚大底坡缓"，适宜布置溢洪道和放水建筑物，且有足够的库容拦挡洪水、泥沙和废弃物，库区淹没和浸没损失较小。

3）地质条件良好，坝基和两岸有完整的岩石或紧密的土基地层，无断层破碎带，无地下水出露，库区无大的断裂构造。尽量选择岔沟、沟道平直和跌水的上方，坝端不能有集流洼地或冲沟。

4）坝址附近筑坝所需土、石、砂料充足，且取料方便，风、水、电、交通、施工场地条件能满足施工要求。

（二）防洪标准

拦渣坝防洪标准可参照工矿企业的尾矿库确定。根据库容或坝高的规模，可分为 5 个等级，各等级的防洪标准可参照《防洪标准》（GB 50201—2014）的规定（表 3-26）。

表 3-26　拦渣坝的等级和防洪标准参考表

等级	工程规模		防洪标准（重现期）/ 年	
	库容 / （$\times10^8\,m^3$）	坝高 /m	设计	校核
Ⅰ	具备提高等级条件的Ⅱ、Ⅲ等工程		100～300	1000～2000
Ⅱ	≥1	≥100	100～200	500～1000
Ⅲ	0.1～1	60～100	50～100	200～500
Ⅳ	0.01～0.1	30～60	30～50	100～200
Ⅴ	≤0.01	≤30	20～30	50～100

沟道中的拦渣坝防洪标准还应符合水土保持治沟骨干工程相关规范（表 3-27）。

表 3-27　治沟骨干工程等级划分及设计标准

工程等级	五	四
总库容 / （$\times10^4\,m^3$）	50～100	100～500
设计洪水重现期 / 年	20～30	30～50
校核洪水重现期 / 年	200～300	300～500
设计淤积年限 / 年	10～20	20～30

资料来源：本表来源于《淤地坝技术规范》（SL/T 804—2020）

拦渣坝一旦失事，就有可能对下游的城镇、工矿企业、交通运输等设施造成严重危害，或引发大量的有害物质扩散，因此其防洪标准应较规定的防洪标准提高一等级或二等级。对于特别重要的拦渣坝，除采用最高防洪标准Ⅰ级外，还应采取专门的防护措施。

（三）拦渣坝上游洪水的处理

1）拦渣坝上游洪水较小时，应设置导洪堤或排洪渠，将区间洪水导至拦渣坝溢洪道或泄洪洞进口，通过溢洪道或泄洪洞将其安全排泄至下游。

2）拦渣坝上游有较大洪水并对坝安全构成威胁时，应在其上游修建拦洪坝。这种情况下，拦渣坝溢洪道、泄洪洞的溢洪、泄水总量，还应考虑其上游拦洪坝的排洪量、泄水建筑物的泄洪量。

3）拦渣坝上游来洪量较大且无修建拦洪坝的条件时，应修建防洪拦渣坝，该坝同时具备拦渣和防洪双重作用。

（四）拦泥库容的确定

拦渣坝本身应有一定的拦泥库容。拦泥库容 V_s 由拦渣坝上游汇水面积 F、年侵蚀模数 S、平均拦泥率 K_s 和使用年限 n 来决定，即

$$V_s = n \cdot K_s \cdot S \cdot F \tag{3-119}$$

拦泥率应根据上游综合治理面积占流域面积的百分比来确定，可参照《水土保持综合治理技术规范》（GB/T 16453—2008）。

表 3-28 为山西省淤地坝技术规范所确定的指标，可供参考。

表 3-28 坡面治理措施年平均拦泥率 （%）

水平梯田及郁闭度 0.6 以上的人工林地占流域面积比例	15～20	20～30	30～50	50～70
年平均侵蚀模数减少率	10	20	40	50

（五）拦渣库容的确定

1）根据项目建设和生产运行情况，确定每年的排渣量，根据每年排渣量和拦渣坝的使用年限，确定其拦渣库容。

2）由于每年年内来渣、来泥经常交错进行，实际拦渣库容与拦泥库容难以截然分开，但确定坝高与库容时可分开计算。

（六）滞洪库容的确定

1. 洪峰流量和洪水总量计算 洪水总量和洪峰流量是调洪计算的基本资料，计算方法应根据国家标准《水土保持综合治理 技术规范》（GB/T 16453—2008），结合项目所在地区的实际情况确定。以下用小流域经验法为例说明其计算步骤。

（1）设计暴雨量

$$H_{24 \cdot P} = K_P \cdot \overline{H}_{24} \tag{3-120}$$

式中，$H_{24 \cdot P}$ 为频率为 P 的 24 h 暴雨量，mm；K_P 为皮尔逊Ⅲ型曲线模比系数；$\overline{H}_{24}$ 为最大 24 h 暴雨量均值，mm。

（2）设计洪峰流量

$$Q_P = C_1 \cdot H_{24 \cdot P} F^{2/3} \tag{3-121}$$

式中，Q_P 为频率为 P 的洪峰流量，m^3/s；C_1 为洪峰地理参数；F 为坝控制的流域面积（汇水面积），km^2。

（3）设计洪水总量

$$W_P = K \cdot R_P \cdot F \tag{3-122}$$

式中，W_P 为频率为 P 的洪水总量，万 m^3；K 为小面积洪水折减系数；R_P 为频率为 P 的洪水径流模数，万 m^3/km^2。

2. 调洪计算及滞洪库容确定 调洪计算的方法很多。常用的方法有概化三角形求解法、图解分析法、全图解法和图解法等。具体与淤地坝调洪计算方法相同，此处不再赘述。

（七）总坝高与总库容的确定

拦渣坝总坝高由 4 部分组成，即

$$H_{总}=H_{泥}+H_{渣}+H_{滞洪}+H_{超高} \quad (3\text{-}123)$$

式中，$H_{总}$为总坝高，m；$H_{泥}$为拦泥坝高，m；$H_{渣}$为拦渣坝高，m；$H_{滞洪}$为滞洪坝高，m；$H_{超高}$为安全超高，m，可由表 3-29 查得。

根据拦渣坝拦泥坝高、拦渣坝高及滞洪坝高之和，查坝高 - 库容（H-V）关系曲线，可得到拦渣坝总库容 $V_{总}$。

表 3-29 坝高与安全超高关系表（单位：m）

坝高	＜10	10～20	＞20
安全超高	0.5～1.0	1.0～1.5	1.5～2.0

（八）坝型选择

拦渣坝坝型主要根据拦渣的规模和当地的建筑材料来选择，一般有土坝、干砌石坝、浆砌石坝等形式。选择坝型时，应进行多方案比选，做到既经济又安全。

1. 土坝 实际工程中，拦渣坝最常用的是均质土坝，即整个坝体用同一种透水性较小的土料筑成，一般采用壤土或砂壤土。均质土坝构造简单、便于施工，尤其是在大型开发项目区，多具有大型推筑、碾压设备，最适宜修建土坝。

拦渣坝还可利用弃土、弃石、弃渣、尾矿等修筑心墙坝或斜墙坝，以降低工程造价。

2. 浆砌石坝 浆砌石坝适用于石料丰富的地区，可就地取材。浆砌石坝的抗冲能力强，坝顶可溢流，不必在两岸另设溢洪道，易于施工。此外，由于浆砌石具有整体性，上、下游坝坡不会产生滑动，坝坡可较土坝陡，从而节省工程量和投资。但浆砌石坝需要使用大量的水泥砂浆，砌筑也需要具有一定技术的技工，对地基的要求也比对土坝高，一般要求建在较好的基岩上。当基础为坚硬完整的新鲜岩石时，宜选择修建浆砌石坝。

浆砌石重力坝常由溢流段和非溢流段两部分组成。通常在沟槽部分布置溢流段，两侧接以非溢流坝段，两段连接处用导水墙隔开。

（九）拦渣坝的稳定性分析

拦渣坝在外力作用下遭到破坏，一般有以下几种情况。

1）坝基摩擦力不足以抵抗水平推力，因而发生滑动破坏。

2）在水平推力和坝下渗透压力的作用下，坝体绕下游坝址发生倾覆破坏。

3）坝体强度不足以抵抗相应的应力时，发生拉裂或压碎。

由于浆砌石坝体不允许承受拉应力，因此对于坝体的倾覆破坏，通常不必进行计算。一般所谓的坝体稳定性分析，仅指抗滑稳定和应力分析，即上述情况 1）和 3）。

拦渣坝的稳定性分析与淤地坝基本相同。

（十）拦渣坝泄洪、放水建筑物

溢洪道和放水建筑物的形式通常根据坝址两岸的地形、地质条件和泄洪流量等因素确定。

常用的岸边溢洪道有正槽溢洪道、侧槽溢洪道、井式溢洪道等，在实际工程中，正槽溢洪道采用得广泛；放水建筑物有卧管、竖井两种形式。

拦渣坝泄洪、放水建筑物设计方法与淤地坝基本相同。

（十一）基础处理

拦渣坝基础处理方法与淤地坝基本相同。

三、挡渣墙

挡渣墙是为了防止固体废弃物堆积体被冲蚀或发生滑塌、崩塌，或为了稳定人工开挖形成的高陡边坡，或为了避免滑坡体前缘的再次滑动而修建的水土保持工程措施。挡渣墙设计的关键是稳定性问题，为此，必须作详尽的调查和必要的勘测。对于挡渣墙下部有重要设施的，应提高设计标准，其安全稳定性应采用多种方法分析论证。

（一）挡渣墙选线选址

为充分发挥挡渣墙拦挡弃渣的作用，并保证其稳定与安全，应合理选线，并尽量减小挡渣墙的设计高度与断面尺寸。

1）墙址一般选择在弃土、弃石、弃渣坡脚处，且应沿地形等高线布置，在高度较大的坡面上布置挡渣墙时，应通过削坡开级放缓坡面坡度，以降低挡渣墙高度。

2）挡渣墙地基宜为新鲜不易风化的岩石或密实的土层。当地基为土层时，土层应均匀单一、含水量较小，避免地基不均匀沉陷引起墙体断裂。

3）挡渣墙的布设应尽量避开横切沟谷和水流，若无法避免时，应修建排水建筑物。

4）墙线宜顺直，转折处应用平滑曲线相连接。

（二）挡渣墙上部洪水处理

1）当挡渣墙及渣体上游集流面积较小，坡面径流或洪水对渣体和挡渣墙的冲刷较轻时，可采用排洪渠、暗管、导洪堤等排洪工程，将洪水排泄至挡渣墙的下游。

2）当挡渣墙及渣体上游集流面积较大，坡面径流或洪水对渣体及挡渣墙造成较大冲刷时，应采用引洪渠、拦洪坝等蓄洪引洪工程，将洪水排泄至挡渣墙的下游或拦蓄在坝内控制性地下泄。

（三）挡渣墙形式

按墙断面的几何形状与受力特点，挡渣墙一般可分为重力式、悬臂式和扶臂式三种形式。挡渣墙形式的选择，一般根据拦渣数量、渣体岩性、地形地质条件和建筑材料等因素确定。

具体选择时，在防止水土流失、保证墙体安全的基础上，还应按照经济、可靠、合理、美观的原则，进行多方案比选，从而使确定的墙型最佳。

1. 重力式挡渣墙 重力式挡渣墙一般用浆砌石或混凝土建造，依靠自重及其与基底的摩擦力来维持稳定。墙高多小于 8 m，适用于地基土质较好的情况。重力式挡渣墙由墙背、墙面、墙顶、护栏等部分组成。

（1）墙背 重力式挡渣墙的墙背有俯斜式、仰斜式、垂直式、衡重式等（图 3-73）。俯斜式挡渣墙采用陡直墙面，墙背所受的土压力较大，必要时俯斜式墙背可砌筑成台阶形，从而增大墙背与渣体间的摩擦力；仰斜式墙背所受土压力较小，墙身通体与边坡贴合，开挖量和回填量均较小，墙身断面面积也较小，但应注意墙背坡度不宜缓于 1∶0.3，以免造成施工困难；垂直式墙背的主动土压力介于仰斜式和俯斜式之间；衡重式墙身的上、下墙之间设衡重台，并采用陡直墙面，以适应山区地形陡峻处的边坡，上墙墙背俯斜，坡度为 1∶0.25～1∶0.45，下墙墙背仰斜，坡度为 1∶0.25 左右，上、下墙墙高的比例一般采用 2∶3。

（2）墙面 一般为平面，其坡度与墙背应协调一致，墙面坡度直接影响挡渣墙的高度。因此，在地面横坡较陡时，墙面坡度一般为 1∶0.05～1∶0.20，矮墙可采用陡直墙面；地面平缓时，一般采用 1∶0.20～1∶0.35 较为经济。

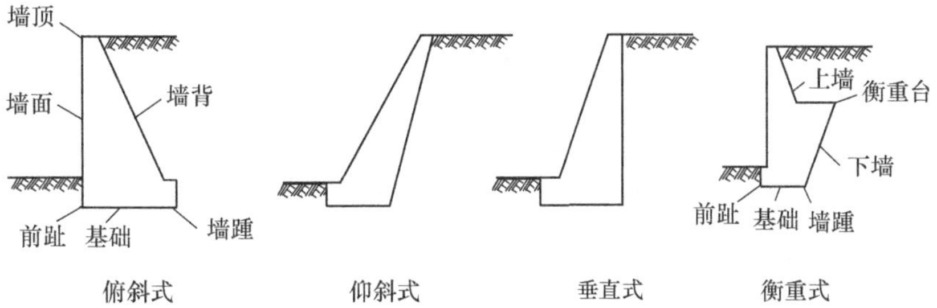

图 3-73　重力式挡渣墙的断面形式

（3）墙顶　浆砌石挡渣墙墙顶宽≥50 cm，另外还需做厚度≥40 cm 的顶帽；若不做顶帽，墙顶应以大块石砌筑，并用砂浆勾缝。

（4）护栏　为保证安全，在交通要道或地势陡峻地段的挡渣墙，其顶部应设护栏。

2. 悬臂式挡渣墙　当墙高>5 m，地基土质较差，当地石料缺乏，且在堆渣体下游有重要工程时，可采用悬臂式钢筋混凝土挡渣墙。悬臂式挡渣墙由立墙和底板组成，具有 3 个悬壁，即立墙、前趾板和趾板（图 3-74）。悬臂式挡渣墙主要依靠趾板上的填土重量来维持结构的稳定，墙身断面小，自重轻，节省材料，适用于墙高较大的情况。

3. 扶臂式挡渣墙　当防护要求高，墙高>10 m 时，可采用由钢筋混凝土建造的扶臂式挡渣墙。扶臂式挡渣墙的主体是悬壁式挡渣墙，是沿墙长度方向每隔 0.8～1.0 m 做一个与墙体等高的扶臂，以保持挡渣墙的整体性，增强挡渣能力（图 3-75）。扶臂式挡渣墙在维持结构稳定、减小墙身断面等方面，与悬臂式挡渣墙基本类似。

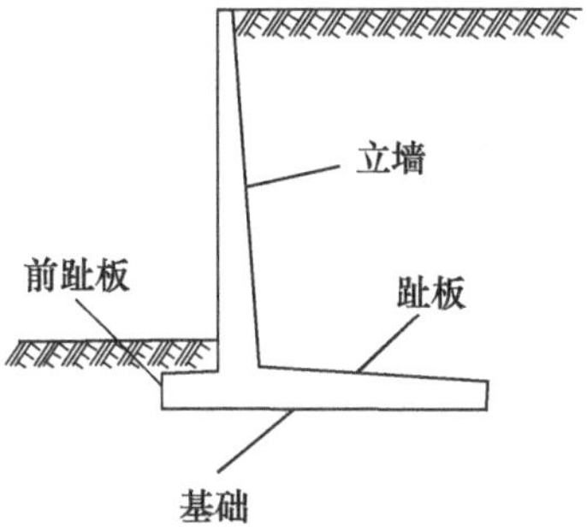

图 3-74　悬臂式挡渣墙示意图

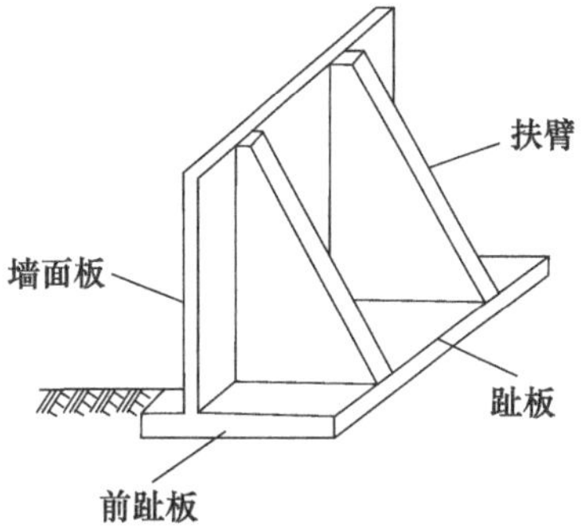

图 3-75　扶臂式挡渣墙示意图

（四）重力式挡渣墙的断面设计

在实践中，重力式挡渣墙应用得最多，其最小高度多在 3 m 左右。重力式挡渣墙断面尺寸的设计采用试算法，即在考虑地形地质条件、拦渣量及渣体高度、弃渣岩性、建筑材料等因素的同时，先根据经验初步拟定断面尺寸，然后进行抗滑、抗倾覆和地基承载力稳定验算。

当拟定的挡渣墙最小断面符合规范规定的抗滑、抗倾覆和地基承载力要求时，即确定的经济安全断面。

下面就墙体稳定分析计算作一介绍。

1. 挡土墙受力分析　挡渣墙所受的力主要有：墙体自重 W（图 3-76）、墙背的主动土压力 P_a（如基础有一定埋深，则墙面埋深部分有被动土压力 P_p，但在挡渣墙设计中，这部分土压力可忽略不计，使结果偏于安全）和基底反力。法向分力简化计算与偏心受压基础相同，呈梯形分布，合力作用在梯形重心，用 $\sum H$ 表示。

2. 抗滑稳定计算　抗滑稳定安全系数（图 3-77）按下式计算。

$$K_s=\frac{抗滑力}{滑动力}=\frac{\mu\cdot(W+P_{ay})}{P_{ax}} \tag{3-124}$$

式中，K_s 为抗滑稳定安全系数，要求 $K_s\geqslant[K_s]=1.3$；W 为墙体自重，kN；P_{ay} 为主动土压力的垂直分力，kN，$P_{ay}=P_a\sin(\delta+\varepsilon)$，$P_a$ 为主动土压力，kN；P_{ax} 为主动土压力的水平分力，kN；μ 为基底摩擦系数；δ 为墙摩擦角，(°)；ε 为墙背倾斜角度，(°)。

其中，δ 和 μ 可由试验测定，μ 也可参考表 3-30。

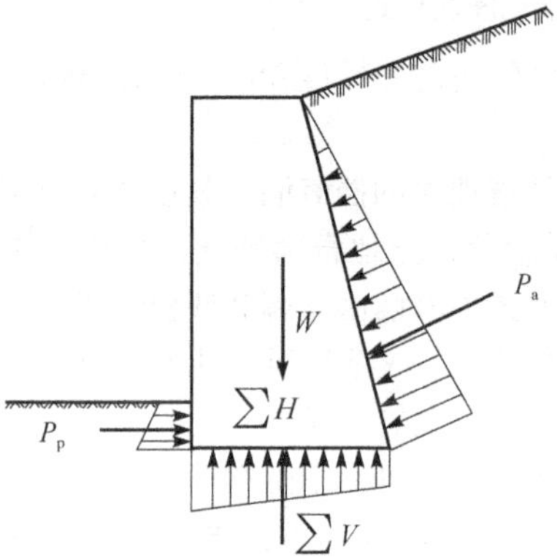

图 3-76　挡土墙受力分析图

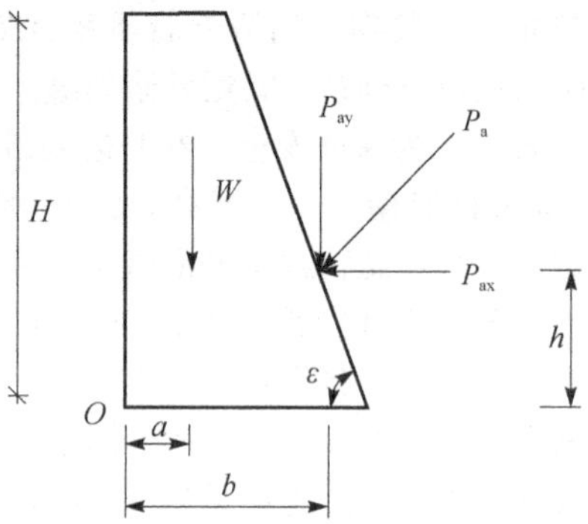

图 3-77　挡渣墙稳定性分析图

表 3-30　挡渣墙基底对地基的摩擦系数 μ

土的类别		摩擦系数 μ
黏性土	可塑	0.25～0.30
	硬塑	0.30～0.35
	坚硬	0.35～0.45
粉土	$S_r\leqslant0.50$	0.30～0.40
中砂，粗砂，砾石		0.40～0.50
碎石土		0.40～0.50
软质岩土		0.40～0.60
表面粗糙的硬质岩石		0.65～0.75

注：表中 S_r 为与基础形状有关的形状系数，$S_r=1-0.4B/L$（B 为基础宽度，m；L 为基础长度，m）

若验算结果不满足 $K_s\geqslant1.3$，则应采取以下措施加以解决。

1）修改挡渣墙断面尺寸，加大 W。

2）在挡渣墙底面铺砂、石垫层，加大 μ；将挡渣墙底做成逆坡，利用滑动面上部分反力抗滑。

3）如在软土地基上，其他方法无效或不经济时，可在墙踵后加筑拖板，利用拖板上的渣重增加抗滑力，拖板与挡渣墙之间用钢筋连接。

3. 抗倾覆稳定计算　在挡渣墙满足 $K_s\geqslant1.3$ 的同时，还应满足抗倾覆稳定性（图 3-77）。对墙趾 O 点取力矩，抗倾覆稳定安全系数可按下式计算。

$$K_t=\frac{抗倾覆力矩}{倾覆力矩}=\frac{(W\cdot a+P_{ay}\cdot b)}{P_{ax}\cdot h} \tag{3-125}$$

式中，K_t为抗倾覆稳定安全系数，$K_t \geqslant [K_t]=1.5$；$W \cdot a$为墙体自重W对O点的力矩，kN · m；$P_{ay} \cdot b$为主动土压力的垂直分力对O点的力矩，kN · m；$P_{ax} \cdot h$为主动土压力的水平分力对O点的力矩，kN · m。

若不满足$K_t \geqslant 1.5$的要求，则应采取以下措施。

1）加大W，即增大断面尺寸和工程量。

2）加大距离a，可增设前趾，当前趾长度大于厚度时应配钢筋。

3）减小渣压力，墙背做成仰斜式，但施工要求较高。

4. 地基承载力验算　基底应力须小于地基承载力，地基允许承载力［R］通过试验或参考有关设计手册确定。基底应力采用下列偏心受压公式计算。

$$\sigma_{yu}=\frac{\sum W}{B}+\frac{6\sum M}{B^2} \tag{3-126}$$

$$\sigma_{yd}=\frac{\sum W}{B}-\frac{6\sum M}{B^2} \tag{3-127}$$

式中，σ_{yu}、σ_{yd}为水平截面上的最大、最小正应力，kN/m²，σ_{yu}、$\sigma_{yd} \leqslant [R]$；$\sum W$为作用在计算截面以上的全部荷载的铅直分力之和，kN；$\sum M$为作用在计算截面以上的全部荷载对截面形心的力矩之和，kN · m；B为计算截面的长度，m。

软质墙基最大应力σ_{max}与最小应力σ_{min}之比，松软地基应小于1.5～2；中等坚硬、紧密的地基则应小于2～3。

（五）基础处理及其他

1. 基础处理　重力式挡渣墙的基础十分重要，处理不当会造成挡渣墙的破坏。因此应做详细的地质调查，必要时进行挖探或钻探，以确定埋置深度。一般应大于冻结深度且不小于0.25 m，埋置最小尺寸见表3-31。

表3-31　重力式挡渣墙埋置最小尺寸　（单位：m）

地层类别	埋入深度	距斜坡地面水平距离
较完整的硬质岩层	0.25	0.25～0.50
一般硬质岩层	0.60	0.60～1.50
软质岩层	1.00	1.00～2.00
土层	≥1.00	1.50～2.50

2. 伸缩缝、沉陷缝　挡渣墙常因不均匀沉降和温度应力而引起墙身开裂，因此应根据地质条件、气温条件、墙高和墙身断面的变化，设置沉降缝和伸缩缝。设计时，一般将二者合并设置，沿墙线方向每隔10～15 m设置一道，缝宽2～3 cm，缝内可填塞胶泥；渗水量大和冻害严重地区，宜用沥青麻筋或涂沥青的木板。

3. 清基　开挖基础时，必须将基础范围内风化严重的岩石、杂草、树根、表层腐殖土、淤泥等杂物清除。基底应开挖成1%～2%的倒坡，以增加基底摩擦力。

4. 墙后排水　挡渣墙应根据具体情况设置各种排水设施，以确保其稳定性。当墙后水位较高时，应设置排水孔等排水设施，将渣体中出露的地下水和由降水形成的渗透水及时排除，有效降低墙后水位，减小墙身水压力、增加墙体稳定性。排水孔径一般为5～10 cm，间距2～3 m；排水孔出口应高于墙前水位，以免倒灌。排水孔进口处应用粗粒料（如碎砾石、粗砂等）做滤水层，以防排水孔堵塞而失效。

四、拦渣堤

拦渣堤是修建于沟岸或河岸，用以拦挡建设项目基建与生产过程中排放的固体废弃物的建筑物。由于拦渣堤一般同时兼具拦渣与防洪两种功能，堤内拦渣、堤外防洪，因此拦渣堤设计的关键是选线，确定基础埋深和防洪标准。对于下游有重要设施的拦渣堤，应在充分论证分析的基础上，提高其防洪标准和稳定系数。

（一）拦渣堤类型

根据拦渣堤修筑的位置不同，主要有以下两种。

1）弃土、弃石、弃渣堆放于沟道岸边时，采用沟岸拦渣堤，其建筑物防洪要求相对较低。

2）弃土、弃石、弃渣堆放于河滩及河岸时，采用河岸拦渣堤，其建筑物防洪要求相对较高。

（二）拦渣堤防洪标准及设计要求

拦渣堤宜选择在河道较宽处修建，不宜在河流凹岸侧修建（因水流冲淘严重）；在河漫滩上修建拦渣堤时，不得影响河道的行洪宽度；拦渣堤在选线、选址，以及确定堤距、堤型、堤防沿程设计水位、拦渣堤结构时，可参照《堤防工程设计规范》（GB 50286—2013）的规定进行。拦渣堤堤顶高程的确定，应同时满足拦渣和防洪两方面的要求。

1. 拦渣要求

1）根据项目在基建施工或生产运行中弃土、弃石、弃渣的具体情况，确定在规定时期内拦渣堤应承担的拦渣总量。

2）根据堤身长度与堆渣总量，计算顺堤单位长度（每米）的堆渣量。

3）根据堤后地面坡度、堆渣形式，以及顺堤单位长度的堆渣量，计算堆渣高度，并按 1.0 m 超高确定堤顶高度。

4）在拦渣堤修建过程中，泥土、石等不得进入河道；在弃渣过程中，也不能有弃渣进入河道。

2. 防洪要求　拦渣堤开工建设前，应按照《中华人民共和国河道管理条例》（2018 年修正版）的要求，征得相应河道管理部门的批准。拦渣堤的防洪标准可参照相关标准规定执行，如《防洪标准》（GB 50201—2014）（表 3-32）；对弃渣安全有特殊要求的，可结合行业标准适当提高。

表 3-32　乡村防护区的防护等级和防洪标准

等级	人口 / 万人	耕地面积 / 万亩	防护区标准（重现期）/ 年
Ⅰ	≥150	≥300	100～50
Ⅱ	150～50	300～100	50～30
Ⅲ	50～20	100～30	30～20
Ⅳ	≤20	≤30	20～10

资料来源：引自《防洪标准》（GB 50201—2014）

3. 堤顶高程　堤顶高程按设计洪水位、风浪爬高和安全超高确定。根据拦渣和防洪要求，分别计算相应的堤顶高程，取二者中较大值，作为最终的堤顶高程。

五、围渣堰

（一）断面设计

堰顶高程：围渣堰的防洪水位必须高于堰外河道防洪水位，堰顶超高应按照《水利水电工程等级划分及洪水标准》（SL 252—2017）的相关规定具体确定。

堰顶宽度：根据交通、施工条件、拦渣量、筑堰材料和稳定分析等，确定堰顶宽度。土石围堰顶宽一般为 4～5 m；堰顶有其他要求时，按其要求确定。

围渣堰内外坡度：先初步拟定堰坡，然后进行稳定性分析，确定安全可靠、经济合理的堰体断面。

（二）稳定性分析

土石围堰可参考《碾压式土石坝设计规范》（SL 274—2020）中的相关方法进行稳定性分析；砌石围堰参照《砌石坝设计规范》（SL 25—2006）中的方法进行计算。

（三）基础处理

土石围堰参照《碾压式土石坝设计规范》（SL 274—2020）中的相关方法进行基础处理；砌石围堰参照《砌石坝设计规范》（SL 25—2006）中的方法进行基础处理。

六、尾矿（砂）坝

选矿厂选出矿石后，产生的大量脉石“废渣”即尾矿，通常是以矿浆状态排出的，个别情况下也有以干砂状态排出的；矿石冶炼后的“废渣”即尾砂。为妥善存放和处理大量的尾矿（砂）而修建的拦挡建筑物，称为尾矿（砂）坝。尾矿（砂）坝与尾矿（砂）存放场地，统称为尾矿（砂）库。

（一）尾矿（砂）坝的形式和布置原则

1. 坝型选择 尾矿（砂）坝一般修建在沟道或低洼地方，并设有排水建筑物，以排出库内水流。尾矿（砂）库通常分为山谷型、山坡型和平地型三种类型。山谷型初期坝工程量小、管理维护简单，应优先选用；山坡型初期坝工程量大、管理维护复杂，只在无可选山谷作尾矿（砂）库时采用；平地型需四周筑堤、工程量大，用于平原地区，应尽量选择凹地。

尾矿（砂）坝分为均质坝和非均质坝两种类型，非均质坝又分为心墙坝和斜墙坝。根据坝址处地形地质条件、当地筑坝材料、施工条件、尾矿（砂）的岩性和数量，选择经济、合理、可靠、美观的坝型，并采用废土、废石、废砂、废渣等废弃物修筑非均质坝。尾矿（砂）坝一般由初期坝和堆积坝两部分组成。

2. 布置原则

1）尽量不占或少占耕地、不拆迁或少拆迁居民住宅；尾矿（砂）库与厂区、居民点的距离，应符合工业、卫生、环保等相关规定。

2）与选矿厂距离近，尽可能自流输送尾矿（砂），有足够贮存尾矿（砂）的库容。

3）尾矿（砂）库上游的汇水面积尽可能小，库内工程地质条件好，库区纵向坡降尽可能平缓。

4）坝址附近有足够的土、石等筑坝材料。

5）尾矿（砂）库排出的水流，须经处理达到国家废水排放标准后，才能排入下游河道。

（二）尾矿（砂）库的库容、等级与防洪标准

1. 尾矿（砂）库的库容 尾矿（砂）库的库容计算公式为

$$V=\frac{W\cdot N}{\gamma_a\cdot\eta_z} \tag{3-128}$$

式中，V 为尾矿（砂）库所需总库容，m^3；W 为选矿厂每年排出的尾矿（砂）量，t/年；N 为选矿厂的设计生产年限；η_z 为尾矿（砂）库终期库容利用系数，与尾矿（砂）库的形状，尾矿（砂）粒度、排放方法等有关；γ_a 为尾矿（砂）堆积干容重的平均值，t/m^3。

2. 尾矿（砂）库的等级与防洪标准 尾矿（砂）库的等级与防洪标准、坝上游洪水处理等，与前述拦渣坝基本一致（表 3-32）。

（三）尾矿（砂）坝的组成

尾矿（砂）坝是尾矿（砂）库的主要建筑物，一般由初期坝和堆积坝两部分组成。

1. 初期坝 初期坝是在尾矿库运用之前，用当地土石料建造而成的。

2. 堆积坝 当尾矿（砂）堆积到初期坝设计堆积高程时，必须加高加固坝体，以满足拦蓄尾矿（砂）的要求，加高的这部分坝即堆积坝。堆积坝一般采用尾矿（砂）或土石料修筑，但当尾矿（砂）颗粒很细不能用于筑坝而尾矿库周边又有大量土石料（采场废石利用最为经济）时，坝体可全部用土石材料筑成。

尾矿（砂）坝的设计与施工，可参照《碾压混凝土坝设计规范》（SL 314—2018）、《砌石坝设计规范》（SL 25—2006）或其他国家及行业标准；分期加高、加固坝的设计与施工，可参照《碾压混凝土坝设计规范》（SL 314—2018）的相关规定。

（四）排洪、排水系统

1. 排洪、排水系统的布置 尾矿（砂）库的排洪系统用于排泄上游汇集的洪水；排水系统则是排除库内的澄清水。排洪、排水系统一般由排水井（塔）、排水管、消力池、溢洪道、截（排）洪沟、谷坊、拦水坝、蓄水池，以及坡面水土流失治理工程等构筑物组成（图 3-78）。排水系统中进水建筑物的布置，应确保在使用过程中，尾矿（砂）库内的澄清水能按要求进行排放。

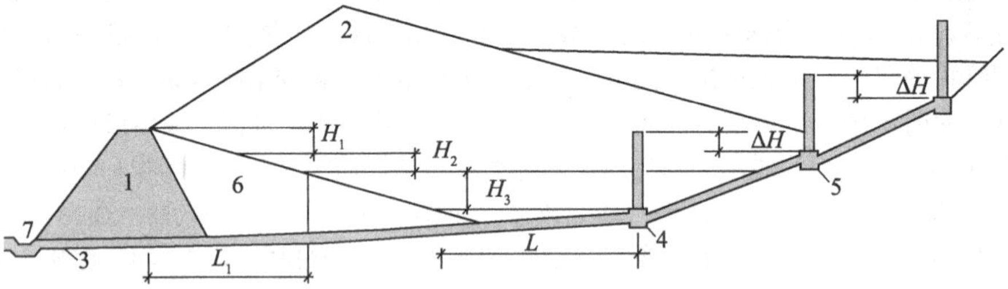

图 3-78 排洪、排水系统布置示意图

1. 初期坝；2. 堆积坝；3. 排水管；4. 第一个排水井；5. 后续排水井；6. 尾矿堆积滩；7. 消力池；H_1. 安全超高；H_2. 调洪高度；H_3. 蓄水高度；ΔH. 井筒重叠高度；L_1. 沉积滩干滩长度；L. 澄清距离

2. 排洪、排水系统的水力计算 排洪、排水系统的水力计算与淤地坝基本相同。

3. 排水建筑物的位置与形式

（1）进水建筑物的位置 应确保在运用期能顺畅排除尾矿（砂）库内的澄清水。

（2）排水建筑物的形式 排水井的形式有窗口式、井圈叠装式、框架挡板式、浆砌块石式。当排水量较小时，用前两种形式；当排水量较大时，用后两种形式。排水道的形式有圆形、拱形、矩形。尾矿（砂）水应能实现循环利用。

（五）基础处理

1）拦渣工程的基础处理，应满足渗流控制、安全稳定和具耐久性等要求。

2）充分掌握基础处的地质与水文地质资料，基础处如有暗沟、动物巢穴、墓坑、窑洞、井窖、房基、淤泥、渣土等时，均应探明并加以妥善处理。

3）重视对各类不良地基的处理。

第四章　泥石流防治工程

泥石流是一种严重的水土流失形式，具有极大的破坏性，如何防治这种自然灾害，是水土保持的一项重要任务。本章将主要介绍泥石流的特征、形成条件和工程防治措施，重点介绍常见拦沙坝设计等。

第一节　泥石流及其防治工程设计参数计算

一、概述

（一）泥石流的概念

泥石流是山区介于挟沙水流和滑坡之间的土（泛指固体松散物质）、水、气混合流，其实质是水体和土体、土体中的部分空气相互作用后，在沟谷内或坡地上沿坡面运动的流体。泥石流具有突然性以及流速快、流量大、物质容量大和破坏力强等特点。

（二）泥石流的特征

泥石流是一种由大量泥沙、石块等固体物质与水体组成的快速运动的黏 - 塑性流体。泥石流中固体物质的含量高达 80%～85%，水与固体物质的重量比可达 1∶6，固体物质的机械组成为小到 0.005 mm 的黏粒，大到直径为一二十米的巨石。当土体启动后形成过渡性（亚黏性）泥石流时，其静切力一般为 0.50～2.55 Pa；当形成黏性泥石流时，其值为 2.5～20.0 Pa。可见，泥石流具有容重大、黏度高、切力大等特征，与一般挟沙水流有所不同。其本质的区别是：①固体物质含量高；②有波状运动（又叫阵性运动）；③具有较大的流动坡降。泥石流固体物质的含量、成分、结构等往往决定其性状、运动过程、规模大小和破坏程度。波状运动有可能使泥石流的容重、泥位、流量和冲击力部分或全部达到极值或最大值。

泥石流在运动过程中常常形成液、固两相流，是混合侵蚀的一种特殊形式。我国黄土地区的黄土泥流，是一种以细粒泥砂为主要组成物的泥质流，一般固体物质含量可占到总体积的 80%，容重可达 1.88 t/m^3，黏度较大，流动中始终保持着结构的整体性，上部一般为黄土散体，中层为黄土塑性体，下层为泥质流体，流动呈蠕动状态，表面平滑，不显波纹，犹似沥青，停积时具有整体特征，是一种特殊的泥流体。1962 年 6 月 2 日，渭河的秦祁河和咸河中下游发生泥流，最大含沙量达 1.34 t/m^3（武山水文站），折合容重 1.825 t/m^3，流动时呈黏稠浆体，波状运动，平顺河段出现层流，流动时为泥，停积后为一堆土。

我国西南地区是泥石流多发区之一，四川省九寨沟县关庙沟是一条典型的泥石流沟。1984 年 7 月 18 日，在一场强暴雨作用下，发生了三阵泥石流，其容重高达 2.09～2.23 t/m^3，流速为 10 m/s，波头高 3 m。泥石流在长 900 m 的河道左岸堆积成厚为 1 m、宽为 40～60 m 的泥石长堤，淤积量达 6.8 万 m^3，下游淤积泥石体物质 21.8 m^3。

（三）泥石流的形成条件

泥石流是地表物质迁移的一种自然过程，它的形成有三个基本条件，即松散碎屑物质条件、地形条件和水源条件。

1. 松散碎屑物质条件　　松散碎屑物质的形成，既与地质条件有关，还与人类开矿、修路等工程建设活动有关。

在自然条件下，岩石性质、地质构造、新构造运动、地震及火山活动等内营力与风化、重力、流水等外营力的相互作用，决定着参与泥石流活动的松散碎屑物质数量的多少。

（1）地质条件

1）岩石性质：岩石及其风化物是泥石流形成的物质基础，岩石性质与泥石流形成的频率和规模密切相关。岩石性质主要指岩石的类型、软硬程度、完整性及厚薄等，常与所属的地层相联系。新生界的时代新，岩石结构松散，如第四系黄土、昔格达组等；中生界、古生界及元古宇，坚硬岩石与软弱岩石共存，抗风化和抗侵蚀能力差异较大。一般来说，软弱岩石的抗风化能力差，易于形成松散的碎屑物质，利于泥石流的形成。例如，川西南一带的昔格达组半成岩、残坡积物等松散堆积层，其分布、发育程度与该区域泥石流活动密切相关。云南小江小流域出露的岩石主要为板岩、千枚岩、砂岩以及页岩，这些岩石经过一系列构造运动、断裂及其发育，抗风化能力弱，黏粒含量丰富，吸水性较强，易于为泥石流的形成提供物质基础。

2）地质构造、新构造运动及地震：断裂构造对泥石流的形成发育具有直接影响。在断裂带内，软弱结构面发育、岩石破碎、断层和裂隙发育加速了岩石的风化，利于形成丰富的松散碎屑物质。例如，川西南的安宁河断裂带、小江断裂带等，均由许多次级断层组成，断裂破碎的宽度大，岩石极易遭受破坏。

构造断裂带通过的地段往往是新构造运动发生剧烈的区域，相对高度大，山口新老洪积扇发育，松散物质堆积深厚，利于泥石流的形成。例如，安宁河断裂带上的新构造运动极为频繁且强烈，安宁河东侧螺髻山强烈上升，中间为断陷谷地，内部形成约 1500 m 厚的冲洪积物，为黑沙河、西昌东河、西河等 30 余条泥石流沟道的发育提供了物质基础。

地震对泥石流的影响，按时间序列可分为两类：一类是地震触发的泥石流，也称同发型泥石流。例如，1976 年 7 月唐山大地震，触发了天津碱厂约 1000 万 m^3 弃渣堆积体发生液化，形成泥沙流，其中流动的弃渣体积 200 m^3，流动距离 300 m。另一类是震后泥石流，也称后发型泥石流。例如，四川炉霍 1973 年 2 月发生的大地震，震后在县城附近新都河、罗河溪等流域，大量崩解土体及河岸土石体，导致泥石流频发。

（2）人类工程建设活动　人类开矿、修路等工程建设活动会产生大量的弃土、弃渣，如处理不好，可为泥石流的形成提供松散碎屑物质条件。

2. 地形条件　地形条件主要反映在相对高度、坡度与坡向、流域面积与沟谷形态方面。

（1）相对高度　因相对高度决定物质势能的大小，一般而言，相对高度越大，势能越大，越易形成泥石流。

（2）坡度与坡向　凡是泥石流发育的区域，山坡坡度较陡。我国西部高山、中山的泥石流沟，山坡平均坡度在 28°～50°；东部低山的泥石流沟，平均坡度在 25°～45°。

北半球的向南坡和向西坡（阳坡），泥石流发育程度、暴发强度均大于向北坡和向东坡（阴坡）。因为阳坡岩石土体风化作用的强度较阴坡剧烈，岩体易于破碎，土层深厚，且土体中含水量、林草覆被率低于阴坡；此外，阳坡处于南来气流的迎风面上，易出现暴雨天气。例如，我国华北的燕山山脉、辽东的千山山脉等，泥石流沟主要出现在阳坡。

（3）流域面积与沟谷形态　泥石流沟的流域面积、沟长和沟床纵坡是表征沟谷形态的三个重要参数。泥石流多发生在各大山系前线山麓地带的小流域内，有 85% 的泥石流发生在流域面积小于 0.5 km^2 的地区。在全流域，发生泥石流的沟谷比降，平均为 0.05～0.3（占总量的 79%），尤以比降为 0.1～0.22 的沟谷居多。而山坡型泥石流沟和水石流沟的比降则可达 0.4～0.5。

3. 水源条件 泥石流的形成还需要充足的水体，其主要来源于降水。水体既是泥石流物质组成的一部分，其汇流又为泥石流运动提供动力。一般而言，形成泥石流的降水分为两种类型：一类是雨区范围小、历时短的局地暴雨；另一类是雨区范围大、历时长的大范围暴雨。例如，1981 年 7 月 13 日，川西北龙门山区暴雨激发了多沟齐发的泥石流。

另外，人类活动的影响也不可忽视，如开矿筑路、兴修水利、毁林开荒等产生的松散堆积物，若不加处理，则易导致沟道堵塞，引起崩塌、滑坡，为泥石流的产生创造了条件。自然灾害，如地震、暴雨洪水、雪崩等，则加速了泥石流的发生。

（四）泥石流的防治工程类型及防治标准

1. 防治工程类型 泥石流的防治工程可分为拦挡工程（拦沙坝、谷坊、挡墙、护坡等）；蓄、引水工程（水库、截水沟、引排水渠等）；排导、停淤工程（导流堤、顺坝、护岸、排导沟槽、拦淤坝）等。

拦挡工程主要布设在滑坡塌方区和泥石流流通区；蓄、引水工程主要布设在沟道、岸坡上的水体补给区；排导、停淤工程主要布设在沟道下游开阔平坦的沟床段或低洼地段。

2. 防治标准 泥石流的防治标准，通常是以工程设计保证率来表达，即保证工程能防治相应频率的泥石流。目前，尚无涉及泥石流防治工程设计标准的有关规范。实际工作中，常根据泥石流的特性及保护对象的不同，借用相应行业的防洪规范和《泥石流防治指南》的有关方针，经综合分析，确定工程设计标准。

选用防治标准时，还应同时考虑泥石流的活动规模、危害程度和受灾对象等因素。首先划分灾害等级（表 4-1），再据此确定泥石流防治工程设计保证率（表 4-2）。

选取泥石流防治工程设计保证率时，应遵循以下原则：

1）泥石流规模与危害程度同属于一个标准时，则选用该标准；

2）泥石流规模的标准高于或低于危害程度达到的标准时，应按危害标准选用；

3）以后的危害程度只能低于已造成的危害程度时，可按低标准选取；

4）泥石流发生的规模标准高，目前危害程度低，但今后可能会变高，应按高的标准选取。

如在农田、村庄、县区内交通干线发生小型泥石流，则查阅表 4-1，确定其危害程度为轻灾，危害等级为 1 级。再通过表 4-2 可知，其工程设计保证率为 50%。

表 4-1 泥石流灾害等级

灾害等级	受灾对象 \ 活动规模	小型	中型	大型	特大型
	危害程度	轻灾	一般灾	重灾	特重灾
Ⅰ	大城市、国家重点企业和单位	1	2	3	4
Ⅱ	中小城市、省重点企业、国家交通干线	1	2	3	4
Ⅲ	小城镇、小厂矿、地区交通干线	1	2	3	4
Ⅳ	农田、村庄、县区内交通干线	1	2	3	4

注：特大型泥石流指的是泥石流一次堆积总量$>10^6$ m^3，泥石流洪峰流量>200 m^3/s；大型泥石流指的是泥石流一次堆积总量为$10^5 \sim 10^6$ m^3，泥石流洪峰流量$100 \sim 200$ m^3/s；中型泥石流指的是泥石流一次堆积总量$10^4 \sim 10^5$ m^3，泥石流洪峰流量$50 \sim 100$ m^3/s；小型泥石流指的是泥石流一次堆积总量$<10^4$ m^3，泥石流洪峰流量<50 m^3/s。轻灾指的是发生小规模和低频率泥石流或山洪，致灾轻微，不会造成重大灾害和严重危害；一般灾指的是间歇性发生中等规模的泥石流，致灾轻微，较少造成重大灾害和严重危害；重灾指的是能够发生大规模的高、中、低频率的泥石流，致灾较重，可造成大、中型灾害和严重危害；特重灾指的是能够发生巨大规模的特高、高、中、低频率的泥石流，致灾严重，冲击破坏力大，可造成特大灾难和严重危害

表 4-2　泥石流防治工程设计保证率　　（%）

灾害等级	危害等级			
	1	2	3	4
Ⅰ	5～10	2～5	1～2	0.33～1
Ⅱ	10～20	5～10	2～5	1～2
Ⅲ	20～50	10～20	5～10	2～5
Ⅳ	50	20～50	10～20	5～10

注：灾害等级Ⅰ级指的是一次泥石流造成死亡人数＞30 人，受威胁人数＞1000 人，且直接经济损失＞1000 万元；Ⅱ级指的是一次泥石流造成死亡人数 10～30 人，受威胁人数 100～1000 人，且直接经济损失 500 万～1000 万元；Ⅲ级指的是一次泥石流造成死亡人数 3～10 人，受威胁人数 10～100 人，且直接经济损失 100 万～500 万元；Ⅳ级指的是一次泥石流造成死亡人数＜3 人，受威胁人数＜10 人，且直接经济损失＜100 万元

二、泥石流防治工程设计参数估算

（一）流速估算

设计泥石流防治工程时，泥石流流速是不可缺少的计算依据。目前，泥石流流速的计算方法较多，但多数是以野外观测资料为基础，结合一些实验，进行推导而得出的经验公式。

1. 稀性泥石流流速的计算

（1）铁道部第一设计院计算公式　铁道部根据我国西部泥石流情况，建立了如下经验公式：

$$V_c=\frac{15.3}{\alpha}H^{2/3}i^{3/8} \tag{4-1}$$

式中，V_c 为泥石流平均流速，m/s；H 为计算断面平均泥深，m；i 为泥石流水（泥）力坡度，常用沟床纵坡代替；α 为泥石流阻力系数，可表示为

$$\alpha=(1+\varphi_c\gamma_s)^{1/2} \tag{4-2}$$

其中，γ_s为泥石流固体颗粒密度，t/m^3；φ_c为泥沙修正系数，

$$\varphi_c=(\rho_c-\rho_w)/(\rho_s-\rho_c) \tag{4-3}$$

式中，ρ_c为泥石流密度，t/m^3；ρ_w为水的密度，t/m^3；ρ_s为固相物质实体密度，t/m^3，一般取值为 2.65～2.75。

（2）铁道部第三设计院计算公式

$$V_c=\frac{15.5}{\alpha}H^{2/3}i^{1/2} \tag{4-4}$$

式中符号意义同前。

（3）北京市政设计院计算公式　北京市政设计院提出适用于大比降（$i>0.01$）的山沟泥石流平均流速 V_c 计算公式为

$$V_c=\frac{m_1}{\alpha}R^{2/3}i^{1/10} \tag{4-5}$$

式中，m_1 为天然陡坡河槽河床粗糙系数，可按表 4-3 选用；R 为沟床计算断面水（泥）力半径，m；其他符号意义同前。

表 4-3　m_1 值表

类别	河床及断面特征	m_1
1	河床顺直平整，有一定冲淤变化，含砂量较大的漂石、粒石或黄土质河床，平均粒径 0.005～0.10 m	9.4
2	河段较为顺直平整，漂石、碎石单式河床，河床质比较均匀，一般石块直径 0.05～0.2 m，个别大石块 0.4～0.8 m，平均粒径 0.02～0.2 m，或河段较弯曲不太平整的 1 类河床	7.5
3	河段较为顺直平整，巨石、漂石、卵石单式河床，大石块直径 0.8～1.4 m，平均粒径 0.04～0.4 m，或河段较弯曲不太平整的 2 类河床	5.8
4	河段较为顺直，河床为杂乱的巨石，漂石单式河床，大石块直径 1～2 m，平均粒径 0.2～0.6 m，或河床较弯曲不平整的 3 类河床	4.6
5	河床严重弯曲的 2～4 类河槽，断面很不规则，有大巨石或树木植被堵塞的河床	3.0

（4）东川泥石流流速改进计算公式　结合西南地区的特点，东川泥石流试验站将公式进行了改进，公式如下。

$$V_c=\frac{m_c}{\alpha}R^{2/3}i^{1/2} \tag{4-6}$$

式中，m_c 为泥石流沟粗糙系数；其余符号意义同前。

式（4-6）为西南地区现行的泥石流流速计算公式。

2. 黏性泥石流流速的计算　黏性泥石流流速的计算，仍以泥石流运动要素为主的观测研究为基础，建立不同地区、不同泥石流类型和性质的经验与半经验公式。

（1）云南东川蒋家沟泥石流流速计算公式

$$V_c=\frac{1}{n}H^{2/3}i^{1/2} \tag{4-7}$$

式中，n 为泥石流沟床糙率，$\frac{1}{n}=28.5H^{-0.34}$；其他符号意义同前。

该公式适用于黏性阵性泥石流，特别适合于云南东川地区。

（2）甘肃武都地区泥石流流速计算公式

$$V_c=mH^{2/3}i^{1/2} \tag{4-8}$$

式中，m 为沟床粗糙系数，可通过内插法查表 4-4 求得；其他符号意义同前。

该公式适合于西北地区的黏性泥石流。

（3）云南大盈江浑水泥石流流速计算公式

$$V_c=\left(\frac{\rho_w}{\rho_c}\right)^{0.4}\left(\frac{\eta_w}{\eta_m}\right)^{0.1}V_w \tag{4-9}$$

式中，η_w 为清水有效黏度；η_m 为泥石流浆体有效黏度，通过实验测定得到，浆体中土体颗粒粒径最大为 1 mm；V_W 为清水流速，m/s，可通过谢才公式计算。

该公式适用于低黏度的连续性黏性泥石流流速和过渡性泥石流流速的计算。

（4）简化计算公式

$$V_c=m_cR^{2/3}i^{1/2} \tag{4-10}$$

式中，V_c 为黏性泥石流流速，m/s；R 为泥石流流体的水力半径，m；i 为泥石流的泥面比降，%，可用沟床比降代替；m_c 为泥石流粗糙系数，可按表 4-4 选取。

表 4-4　粗糙系数 m_c 值表

泥石流类型	河床特征	i/%	不同泥深 /m			
			0.5	1.0	2.0	4.0
黏性泥石流	糙率最大的黏性泥石流沟床（容重 1.8～2.24 t/m³），沟槽急陡弯曲，沟底由石块、泥砂质组成，多巨石突起与跌坎	0.12～0.16	18	15	12	10
	中等糙率的黏性泥石流沟槽（容重 1.8～2.24 t/m³），沟槽较顺直，沟底由石块和泥砂质组成，床面突起不大	0.08～0.12	28	24	20	16
	糙率小的黏性泥石流沟床（容重 1.8～2.24 t/m³），河床宽平、顺直，由碎石（粒径小于 0.3 m）和泥砂质组成	0.04～0.08	34	28	24	20

（5）弯道公式　因黏性泥石流弯道超高十分明显，且在弯道两侧残留的泥痕也十分清晰，在进行泥石流调查时，可采用下式计算。

$$V_c=\sqrt{\frac{g\cdot h\cdot R}{4B}}\left(1+\frac{R-B}{R}\right) \tag{4-11}$$

式中，V_c 为黏性泥石流流速，m/s；R 为弯道曲率半径，m；B 为泥面宽，m；h 为超高，m；g 为重力加速度，m/s^2，取 9.81。

舒安平和费祥俊（2003）根据曼宁公式的结构形式，通过对大量泥石流沟的实测资料进行统计分析，得出涉及参数较为全面、具有一定普遍意义的黏性泥石流运动速度公式。经验表明，该公式的可靠度令人满意，计算公式如下。

$$V_c=1.62\left[\frac{S_v(1-S_v)}{d_{10}}\right]^{2/3}h^{1/3}J^{1/6} \tag{4-12}$$

式中，V_c 为黏性泥石流流速，m/s；S_v 为黏性泥石流的输沙浓度，kg/m^3；J 为泥石流的泥面比降，%，可用沟床比降代替；h 为水深，m；d_{10} 为有效粒径，mm。

（二）流量估算

泥石流流量是泥石流动力学特征的重要参数之一。与一般水流相比，泥石流有如下特征：流量大，比一般水流大几倍到几十倍；同次泥石流中不同断面的最大流量，由于补给物质不同而异；有时小沟道泥石流反比大沟大。因此，准确估算出泥石流的流量难度很大。

在估算泥石流流量时，既要考虑过去的情况，还要考虑治理中泥石流衰退的趋势，勿使设计流量过大，造成工程建设的浪费。目前，提出的估算方法，如形态调查法、配方法、波高法、雨洪法、综合成因法、地理参数法和暴雨泥石流法的共同特征是，用一定参数公式形式来表示，共同因子是暴雨、泥石流容重、泥沙比重、水的容重等。现将泥石流流量估算的常用方法介绍如下。

1. 形态调查法　形态调查法也称泥痕调查法，与一般水利工程无实测资料沟道流量调查方法相同。在无实测泥石流流量资料的情况下，须在泥石流沟内尽可能查到新近和历史上泥石流的泥痕或最高泥痕的位置。调查断面应尽可能选择在沟道顺直、断面均一、沟床冲淤变化小的流通段，有条件时，可在桥梁等排导建筑物处或在沟床基岩出露段进行。

泥石流流量 Q_c 的计算公式为

$$Q_c=\omega_c V_c \tag{4-13}$$

式中，Q_c 为泥石流流量，m^3/s；ω_c为过流断面积，m^2；V_c 为泥石流流速，m/s。

用形态调查法所求得的泥石流流量，只是调查频率的泥石流流量（Q_p'），设计频率的泥石流流量（Q_p）与洪水调查一样，需要经过频率换算求出。

2. 配方法　配方法是根据泥石流流体中水与固体物质的比例，在一定设计标准下可能出现的清水流量，加上按比例所需的固体物质体积，调配而成的泥石流流量的计算方法。该法假定泥石流与暴雨洪水同频率、同步发生，计算断面的暴雨洪水设计流量全部转化为泥石流流量。配方法是目前泥石流流量计算的基本方法，基本表达式为

$$Q_c = Q_B(1+\varphi) \tag{4-14}$$

式中，Q_c 为与 Q_B 同频率的泥石流流量，m^3/s；Q_B 为某一频率的暴雨洪水设计流量，m^3/s；φ 为泥石流修正参数，

$$\varphi = \frac{Q_H}{Q_B} \quad 或 \quad \varphi = \frac{\gamma_c - 1}{\gamma_H - \gamma_c} \tag{4-15}$$

其中，Q_H 为固体流量，m^3/s；γ_c为泥石流容重，t/m^3；γ_H为泥石流中泥沙的比重。

（1）考虑补给砂石体含水量的配方法

$$Q_c = Q_B(1+\varphi_c) \tag{4-16}$$

式中，φ_c为考虑形成泥石流补给砂石体含水量的泥沙修正系数，可由式（4-17）计算得出，

$$\varphi_c = (1-C_{VB}) / \left[C_{VB} - \varepsilon(1-C_{VB})\right] \tag{4-17}$$

式中，ε 为泥石流补给区中固体物质的体积与原始含水量之比，可在野外实测，也可采用当地水文气象站的资料；C_{VB} 为泥石流体中水的体积含量，可通过式（4-18）计算，

$$C_{VB} = (\gamma_H - \gamma_c) / (\gamma_H - 1) \tag{4-18}$$

式中符号意义同前。

式（4-16）不仅考虑了固体补给量，而且考虑了补给砂石体中水的含量，计算较为精确。

（2）考虑堵塞条件下的配方法　泥石流在通过急弯、纵坡突变的沟段，常发生停积堵塞，随后又加速流动，成为泥石流流量增大的重要原因。该条件下，流量的计算公式为

$$Q_c = Q_B(1+\varphi) D_u \tag{4-19}$$

式中，D_u 为堵塞系数，可查表 4-5 获取；其他符号意义同前。

表 4-5　堵塞系数值表

堵塞程度	最严重	较严重	一般	微弱
D_u 值	2.6～3.0	2.0～2.5	1.5～1.9	1.0～1.4

3. 波高法　依据泥石流运动所产生的波峰高度，计算泥石流流量。可采用式（4-20）计算。

$$Q_c = \omega_c V_c \tag{4-20}$$

式中，Q_c 为泥石流流量，m^3/s；ω_c 为在泥深为 h_c 时的过流断面积，m^2；V_c 为泥石流波的流速，m/s。

$$h_c = 2.8 h_0^{0.92} = 2.8\left(\frac{\tau_0}{\gamma_c i}\right)^{0.92} \tag{4-21}$$

式中，h_c 为泥石流可能形成的最大波峰高度，m；h_0 为沟床内可能发生的最大残留层厚度，m；τ_0为黏性泥石流的静切应力，kPa。

（三）泥石流容重的测定

泥石流容重不仅是计算泥石流流速、流量、冲击力等特征值的基础参数，同时也可反映泥

石流的结构状况。此外，泥石流容重也是区分一般浑水、稀性泥石流和黏性泥石流较明确的参数，其数值的确定常采用以下几种方法。

1. 取样称重法 在泥石流发生时，直接取得多个泥石流体样品，取样品中最大容重值作为泥石流设计容重。

测定时，将泥石流用容器装入，测出体积，称其质量，然后按式（4-22）求出其容重γ_c。

$$\gamma_c = \frac{P_1 - P_2}{V} \tag{4-22}$$

式中，γ_c为泥石流容重，t/m³；P_1为泥石流体与容器总重，t；P_2为容器质量，t；V为泥石流在容器内的体积，m³。

该方法简便易行，但随意性较大，应考虑到取样地段的典型性和代表性。

此方法仅适用于泥石流暴发频率很高的泥石流沟。例如，云南盈江浑水沟泥石流的设计容重为 2.25 t/m³，云南东川蒋家沟为 2.30 t/m³。

2. 计算法（无资料时） 对稀性泥石流，容重 Y_c 为

$$Y_c = \gamma_B(1-W)(\gamma_H - \gamma_B) \tag{4-23}$$

式中，γ_B为水的容重，取值为 1.0 t/m³；γ_H为固体物质容重，t/m³；W为泥石流的含水量（体积比，以小数计），可表示为

$$W = 2.38\sqrt{0.73\sqrt{i\frac{R}{H}}} \tag{4-24}$$

式中，i为沟床坡度，%；R为水力半径，m；H为泥深，m。

对黏性泥石流，容重为

$$\gamma_c = 1.65 d_{cp}^{0.188} \tag{4-25}$$

式中，d_{cp}为泥石流堆积物平均粒径，mm。

（四）泥石流体的抗剪强度

泥石流体的抗剪强度，直接关系到防治工程的投资和运行安全，为设计的重要参数之一。泥石流体含有较多的巨砾，用一般土工仪器难以测定，故在国内外研究得较少。以往设计中，常参考东川泥石流研究成果（表 4-6）。

表 4-6 泥石流体的抗剪强度指标

泥石流类别	内摩擦角φ /（°）	内聚力 c/Pa	泥石流类别	内摩擦角φ /（°）	内聚力 c/Pa
黏性泥石流	20～30	7.8×10^4～10.8×10^4	稀性泥石流	25～35	2.9×10^4～7.8×10^4

第二节 泥石流拦沙坝设计

一、拦沙坝的作用、类型及适用条件

（一）拦沙坝的作用

拦沙坝主要用以拦蓄山洪泥石流沟道中的固体物质，多建在主沟或较大的支沟内，坝高一般大于 5 m，拦沙量 0.1 万～100 万 m³，甚至更大，是泥石流综合治理中的骨干工程之一（图 4-1）。

拦沙坝的主要作用是拦蓄泥沙（包括块石），调节沟道内水沙，提高侵蚀基准面，减缓坝上游淤积段河床比降，防止沟岸崩塌及滑坡，减小泥石流的冲刷及冲击力，抑制泥石流发育规模等。此外，还可淤地造田或其他综合利用。

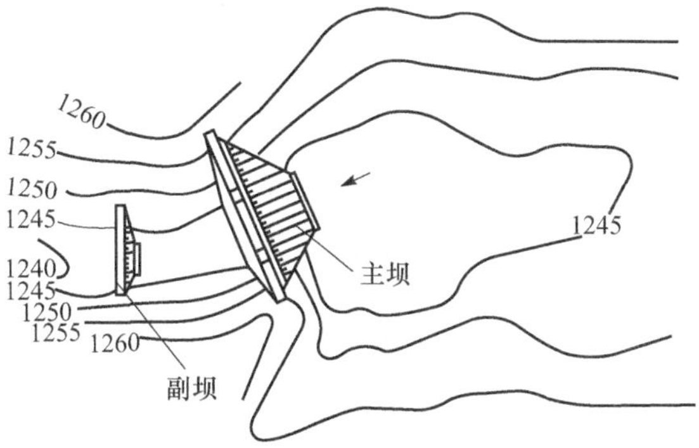

图 4-1　泥石流拦沙坝布设图

（二）坝址选择

拦沙坝的平面布置要求与谷坊相同，基于节节拦挡、分段拦蓄的原则进行。拦沙坝的位置一般选择在泥石流流通区，可利用 1/2000～1/10 000 地形图，结合现场实地调查确定。基本原则是地质、地形条件好，工程量小，效益大。

按拦沙坝的任务不同，坝址位置选定时应注意：

1）以拦挡泥沙为主。可根据地形条件，尽量满足拦蓄泥沙要求，拦沙坝应布置在肚大口小的狭窄地段上。

2）以防止滑坡为主。可将拦沙坝布置在紧靠可能发生滑坡处的下方，以便抬高侵蚀基准面，防止滑坡发生。

3）以拦挡大块石为主。拦沙坝应在一定长度上分级修建，其拦截地段长度可用下式计算。

$$L=f\cdot L_0 \tag{4-26}$$

式中，L 为拦截地段长度，m；f 为系数，严重泥石流沟取 2.5，一般泥石流沟取 2.0，轻微泥石流沟取 1.5；L_0 为粒径为 d 的块石降低到规定速度时的长度，m，可参照表 4-7 取值。

表 4-7　L_0 值表

d/cm	10	20	30	40	50	60
L_0/m	350	300	250	200	150	100

（三）拦沙坝的类型及适用条件

拦沙坝类型较多，根据受力特点可分为刚性坝及柔性坝；根据结构构造特点可分为实体坝和格构坝（格栅坝）；根据材料可分为石坝、土坝、钢筋混凝土坝和金属材料坝等。根据坝高，拦沙坝一般可分为小型拦沙坝（5～10 m）、中型拦沙坝（10～15 m）和大型拦沙坝（＞15 m）。

坝型选择应坚持因地制宜的原则，以安全、实用、经济为目的。在泥石流形成区，一般泥石流能量不大，故可采用干砌石坝；在补给区和流通区，泥石流容重增加，流速加快，同时还不断有大量大径块石掺入，能量较大，应采用浆砌石坝或格栅坝；在流通区下游，泥石流能量被上游拦挡工程消减了一部分，可采用砌石坝、铁丝石笼坝或土坝。

下面主要介绍几种常见的坝型。

1. 浆砌石重力坝　浆砌石重力坝是我国泥石流防治中最常用的一种坝型，用砂浆和块石砌筑而成，依靠坝体自身重量维持稳定。坝高由几米到几十米，常见者在 25 m 以下，采用群坝时高度较小，一般单坝高为几米（图 4-2）。

浆砌石重力坝能拦蓄各种泥石流，在沟谷狭窄，沟床、沟岸坚实的土质或石质沟道，石料易于采集时，均可用，一般多用于泥石流冲击力大的沟道。

浆砌石重力坝坝体断面为梯形，为防泥石流冲击、磨损，溢流段下游坝面可做成垂直或

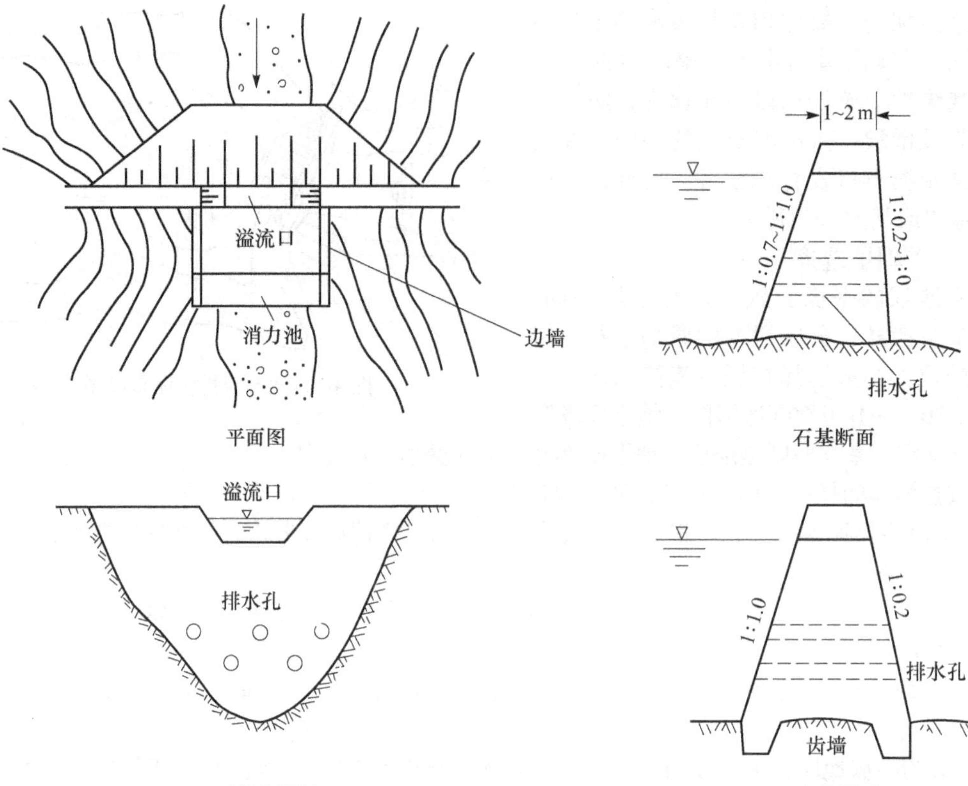

图 4-2 浆砌石重力坝

1∶0.2 的坡。对不蓄水的坝，为减少坝上游水压力的作用，坝体下部应设一定数量的泄水孔（排水孔），以泄除积水和部分细粒固体物质。建在土基上时，坝基两端应设齿墙以增加抗滑稳定性。坝基有淤泥层时，坝体应预留沉陷缝，间距 5～10 m。坝顶溢流口通常做成梯形，为防溢流时对沟坡的冲刷，在溢流口上下端两侧须设边墙，边墙顶应高出泥石流设计水位 0.5 m 以上。溢流口断面最好做成弧形或梯形，在常流水的沟道中，也可修成复式断面。

2. 土坝 泥石流拦沙土坝与淤地土坝不同，前者主要考虑泥石流对坝面的冲刷作用，因而在坝体溢流部位须用浆砌块石或混凝土护面，在下端设消能工。考虑到渗水后可能引起沉陷，导致砌护坝面断裂，可在坝的上游侧设置黏土防渗墙，在下游坡脚处设反滤排水管（图 4-3）。

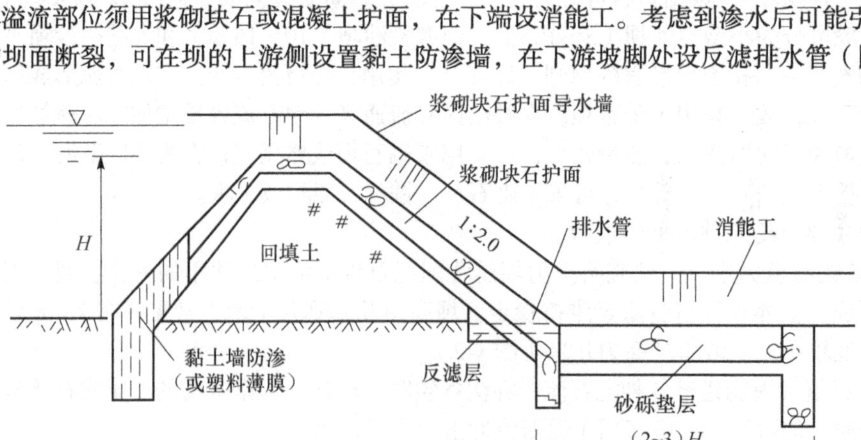

图 4-3 拦沙土坝断面图

我国黄土泥流地区或固体物质粒径较小地区，可采用土坝作为拦沙坝。甘肃东部地区拦截泥石流的土坝断面尺寸见表 4-8。

表 4-8　拦沙土坝断面尺寸表

坝高 /m	5～10	10～20	20～30
坝顶宽 /m	1.5～2.0	2.0～3.0	3.0～5.0
上游边坡	1：1.5～1：2.0	1：2～1：2.5	1：2.5～1：3
下游边坡	1：1.5	1：2	1：2.5

3. 堆石坝和干砌石坝　用石料堆筑而成的坝叫堆石坝，用石料干砌而成的坝叫干砌石坝。堆石坝和干砌石坝适用于防治规模较小的泥石流。坝的断面均为梯形，边坡一般为 1：0.5～1：2，皆属透水性结构。由于砌石方法不同，干砌石坝边坡较堆石坝陡，一般上游为 1：0.5～1：0.7，下游为 1：0.7～1：1（图 4-4），堆石坝上游则为 1：1.1～1：1.3，下游为 1：1.3～1：1.4。

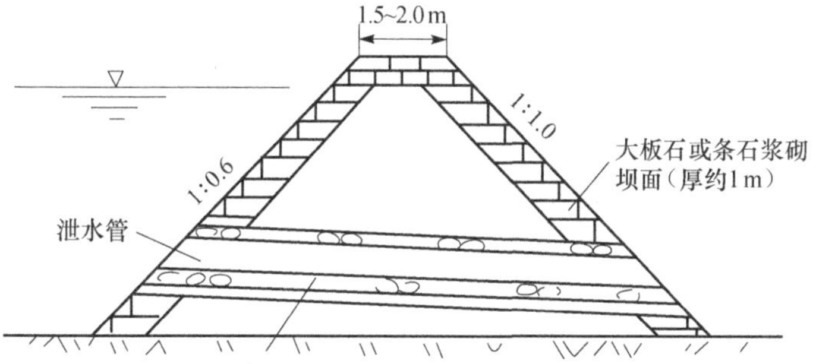

图 4-4　干砌石坝示意图

为减少作用在坝上的水压力和浮托力，坝体应设砌石排水管，管下设反滤层。反滤层由厚度为 0.2～0.3 m 的砾石和厚度为 0.15 m 的粗砂构成，排水管由大块石或条石做成。坝面为防泥石流冲击，应采用大板石或条石砌筑，各层间还须错开，保证坚固稳定。

上述两种坝，在石料充足的地区均可采用，堆石坝宜机械施工，干砌石坝对石料规格尺寸要求较高，须熟练工人砌筑。

目前，世界上建造的最高堆石拦沙坝为阿拉木图的麦杰奥坝，高 145 m，库容 1250 万 m^3，未设溢洪道，可拦蓄万年一遇洪水泥石流。美国洛杉矶圣加夫列尔 1 号、2 号堆石坝，坝高和库容分别为 114 m、8000 万 m^3 和 82 m、1600 万 m^3。我国建造的最高浆砌石拦沙坝为广东昭关李屋坝，坝高 50 m。

4. 格构坝（格栅坝）　格构坝是一种轻型坝，近年来发展得很快，出现了多种新的结构。这类坝体具有良好的透水性，可选择性地拦截泥沙，还具有坝下冲刷小、坝后易于清淤等优点，适用于稀性泥石流及水石流的防治。格构坝主体可以在现场拼装，施工速度快，常建在泥石流沟道的中上游，阻挡块石，而下游常配以实体坝拦蓄泥沙。格构坝的缺点是坝体强度和刚度较重力坝小，格栅易被高速流动的泥石流龙头和大砾石击坏，需要的钢材较多，要求有较好的施工条件和熟练的技工。格构坝一般可分为以下两种。

（1）钢构格栅坝　　钢构格栅坝是在设坝的沟道中，先用浆砌块石或混凝土在沟道两侧做一重力式墩墙（沟道宽时在沟道中间可加做中墩），然后用钢轨做格栅插入墩内固定即可。其结构简单，稳定性好，易维修，适宜于拦截水石流（图 4-5）。

（2）钢筋混凝土格栅坝　　这种坝是在建坝沟道中用钢筋混凝土预制构件组成的格栅（坝），栅条厚 0.4 m，宽 0.7 m，高 2 m 多，栅条基础用混凝土浇筑，适用于拦截水石流（图 4-6）。

除用钢轨、钢筋混凝土做格栅外，还可用钢管、钢丝绳做格栅（柔性坝）。日本近年用钢丝绳建造过钢索格坝（图 4-7），用钢管建造过钢管格子坝（位于日本小六朗沟中），效果较好。

我国还有建造石笼坝用于拦截泥石流的经验和技术。

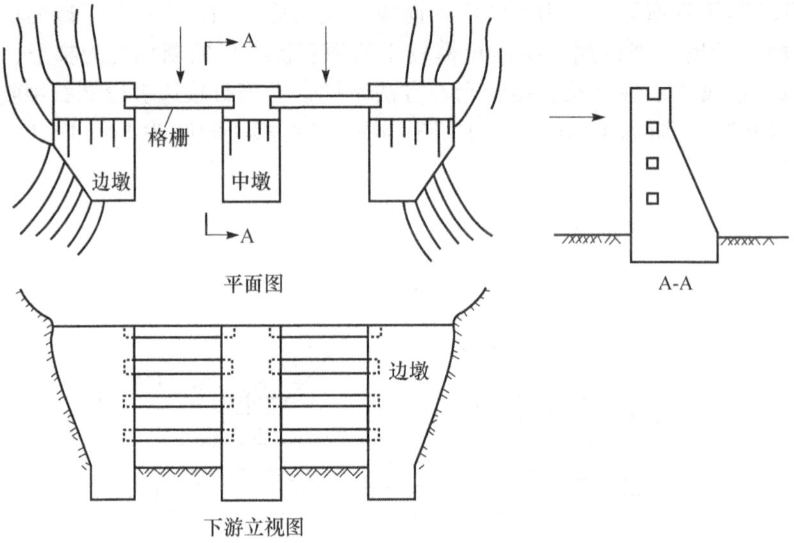

图 4-5　钢构格栅坝

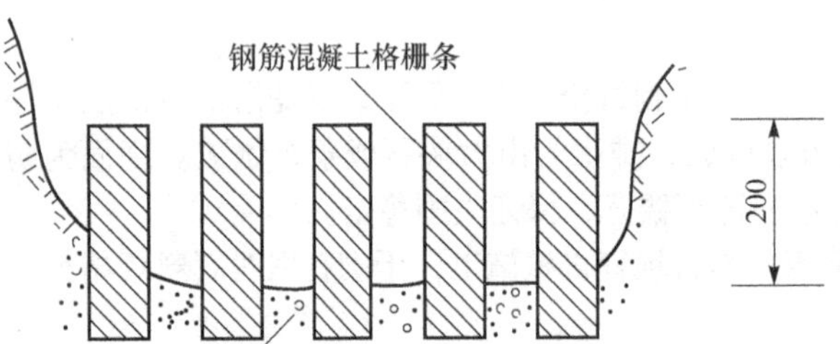

图 4-6　钢筋混凝土格栅坝（单位：cm）

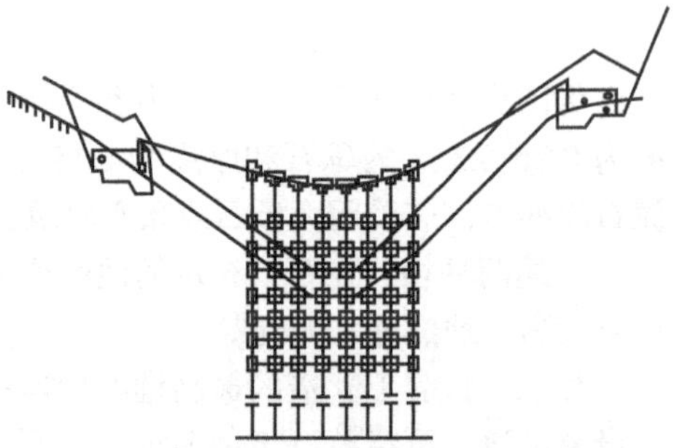

图 4-7　钢索格坝结构图

二、拦沙坝的库容及坝高设计

（一）泥石流淤积特点

与一般水流不同，泥石流流体黏度大，内部阻力大，因而当其进入库内淤积时，淤积面不是水平的，而是向近坝处倾斜，形成的回淤线，其坡度为原沟床纵坡的 85% 左右，故淤积库容较同高水库坝大。

拦沙库有的一次可淤满，有的则需多次才能淤满。由于每次泥石流固体物质来源不同，淤积时间不同，淤积物各层容重也不相同。稀性泥石流淤积物有一定透性，黏性泥石流淤积层不透水，且淤积时间愈长固结愈好，内摩擦力也就愈大，对坝的侧压力就愈小。了解这些特点，对正确设计拦沙坝和保证坝的安全均有重要作用。

（二）库容及坝高确定

拦沙坝库容及坝高取决于拦沙坝的设计目标及任务、沟谷地形特点、地质条件等，一般有以下三种情况。

1. 用于拦挡沟谷泥石流的拦沙坝 库容及坝高主要根据坝址上游沟道泥石流流量（固体物质为主）和地形特点决定。通常，先根据历次泥石流流量，估算出一次最大泥石流总量，然后根据坝址处坝高与库容的关系曲线，即可确定出坝高与库容，最后结合坝址处地形条件，确定合理的坝高及库容。方法与淤地坝类同。

当沟谷规划为坝群时，则坝高与库容应根据坝间距和淤积比降按式（4-27）确定，即坝高 H 为

$$H=L(i-K\cdot i_c) \tag{4-27}$$

式中，L 为坝间距，m；i 为沟道比降，%；i_c 为沟口冲积扇顶部沟床比降，%；K 为比例系数，为 0.5～0.85，泥石流严重时取大值，轻微时取小值。

坝群的坝高较低，通常单坝仅为几米，属于低坝群。

2. 用于稳定滑坡的拦沙坝 在泥石流沟道，为减少或防止滑坡，以免其产生大量泥石流固体补给物，可修建泥石流拦沙坝。该种拦沙坝是利用其拦蓄的泥石流堆积物所形成的高度和重量，来稳定滑坡体。利用抵抗滑坡所需淤积物的高度来确定拦沙坝的坝高及库容。

（1）滑坡轴线与拦沙坝轴线近于正交 滑坡轴线与拦沙坝轴线近于正交时（图 4-8），坝高可根据下述两个条件确定。

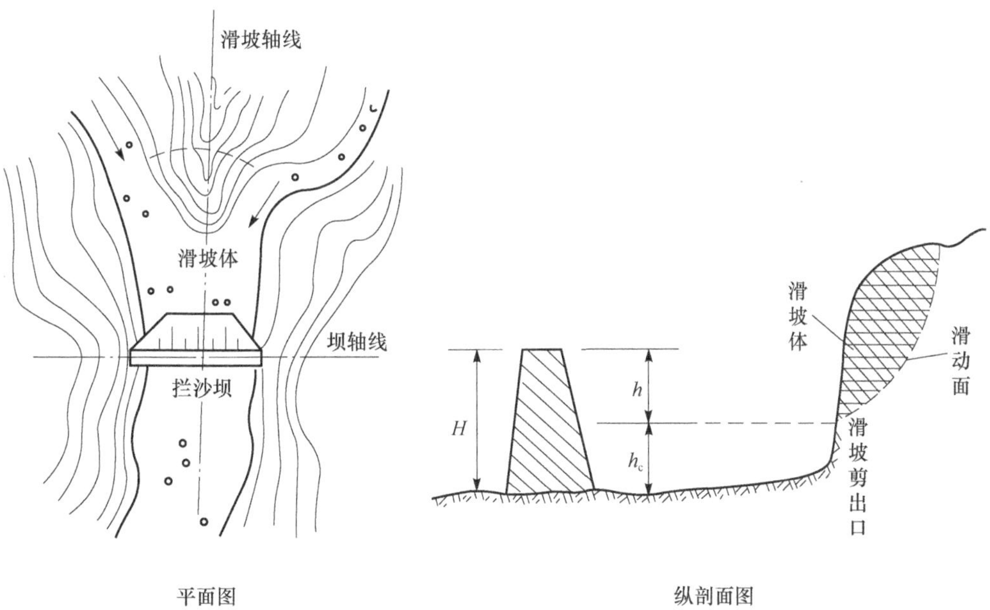

图 4-8 滑坡轴线与拦沙坝轴线正交

1）坝内淤积物所产生的抗滑力应大于或等于滑坡体下滑时的剩余下滑力（滑坡下滑力的水平分力），即

$$W \cdot f \geqslant P \tag{4-28}$$

式中，W 为滑坡剪出口高程以上淤积物的单宽质量，t/m；f 为淤积物内摩擦系数；P 为滑坡体单宽剩余下滑力，t/m。

2）坝内淤积物不被滑坡推力所剪破，即被动土压力要大于或等于剩余下滑力。

$$\frac{1}{2}\gamma_c \cdot h^2 \cdot \tan^2(45° + \frac{\varphi}{2}) \geqslant P \tag{4-29}$$

式中，γ_c 为泥石流淤积物容重，t/m^3；h 为滑动面剪出口以上淤积物厚度，m；φ 为淤积物内摩擦角。

在满足式（4-28）及式（4-29）时，由两式可求出 h，在剪出口高度已知条件下，即可求出坝高 H：

$$H = h_c + h \tag{4-30}$$

式中，h_c 为滑坡剪出口距坝底高度，m，须通过现场调查确定。

求出坝高后，库容便可查出（查坝高与库容关系曲线）。

（2）滑坡轴线与坝轴线平行　滑坡轴线与坝轴线平行时（图 4-9），滑坡的剩余下滑力通过淤积物传于对岸山体，式（4-28）自然得到满足，故坝高按式（4-29）、式（4-30）确定即可。

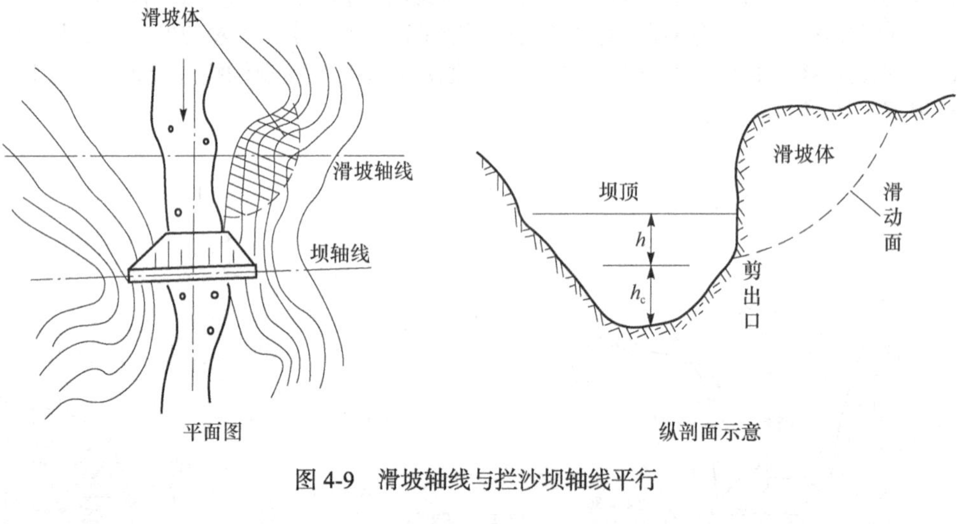

图 4-9　滑坡轴线与拦沙坝轴线平行

上述两种情况，在考虑淤积比降特征后，可按式（4-31）计算坝的总高 $H_{总}$：

$$H_{总} = H + L(i - i_c) = h + h_c + L(i - i_c) \tag{4-31}$$

式中，L 为坝距滑坡的平均距离，m；其余符号意义同上。

［**例 4-1**］已知一沟道滑坡体轴线与坝轴线平行，$\varphi = 30°$，$P = 290$ kN/m，$\gamma_c = 19$ kN /m^3，$h_c = 1$ m；$i = 0.046$，$i_c = 0.023$，$L = 140$ m，$h = 3.2$ m，试求 $H_{总}$。

解：按式（4-31）求得 $H_{总} = 7.4$ m，采用坝高 $H_{总} = 7.5$ m。

3. 用于淤地造平原的拦沙坝　坝高及库容由地形及可能淤积物的数量（泥石流量）确定。坝高、库容可大可小，通常坝高较小，库容随地形平坦程度可大可小。

三、浆砌石拦沙坝的稳定及强度计算

（一）作用于拦沙坝上的力

1. 作用力特点分析　作用于拦沙坝上的力，因泥石流性质（稀性或黏性）和运行方式（空库、未满库或满库过流）的不同而不同。稀性泥石流堆积物孔隙彼此连通，具有一定的透水性，堆积物中自由水的水位随地下水水位的变化而变化，堆积高度一般高于黏性泥石流的堆积高度。黏性泥石流由于容重大、孔隙小，常被泥浆充填，属不透水层，坝基堆积物中无冒水或渗漏现象。

泥石流拦沙坝在空库过流时，坝体承受的荷载骤增；未满库过流时，荷载逐步增大；满库过流时，因库内原有堆积物固结较好，内摩擦角较大，坝体承受的侧压力较小。设计时，须找出最不利情况下的作用力，作为组合力进行稳定性计算。

另外，作用力还与坝体的断面形状、排水孔布设有密切关系。例如，坝的下游面若为垂直面或 1∶0.2 的陡坡时，过坝泥石流对坝面不产生砸击作用；坝体设有排水孔时，坝上游面水压力可排除，坝基浮托力将减小等。

需特别指出，泥石流直接撞击坝体时，会产生巨大的冲击力，这与淤地坝、水库坝不同。冲击力的大小与流体容重和加速度成正比关系，设计计算时，可参考表 4-9 选用。

表 4-9　泥石流冲击力表

泥石流规模	泥石流最大泥深 /m	碎屑物最大粒径 /m	冲击力 /（kN/m^2）
小规模	＜2.0	＜0.5	50～60
中等规模	2.0～3.0	＜0.7	70～80
大规模	3.0～5.0	＜1.5	90～100
更大规模	5.0～10.0	2.5～3.0	110～150
特大规模	＞10.0	＞3.0	＞150～300

作用于泥石流拦沙坝上的力，主要有泥石流体压力、水压力和冲击力等。泥石流体的内压力，将随泥石流堆积物的固结和孔隙水压力的变化而转变为土压力，此时作用于坝上的力将有很大差异。

2. 作用力计算　一般作用于坝体上的力有坝体重量、淤积物重量、坝顶泥石流压力、水压力、泥沙压力、坝基扬压力、泥石流冲击力和地震力等（图 4-10）。

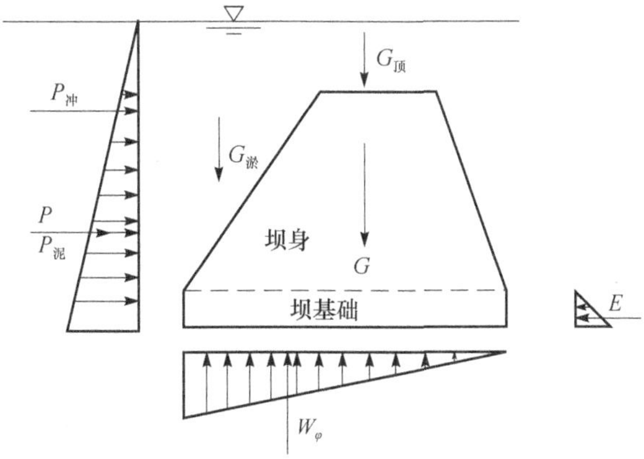

图 4-10　作用力示意图

（1）坝体重力

$$G=V\cdot\gamma_d\cdot b \tag{4-32}$$

式中，G 为坝体重力，kN；V 为坝体横断面积，m^2；γ_d 为坝体容重，kN /m^3，一般取 24 kN/m^3；b 为单位宽度，m，取 1 m。

（2）淤积物重量　作用在坝体上游面上的淤积物重量 $G_{淤}$ 等于淤积物体积乘以其容重。

（3）坝顶泥石流压力　泥石流过流时作用于坝顶的垂直压力 $G_{顶}$ 等于其上泥石流体积乘以其容重。

（4）水压力

$$P=\frac{1}{2}\gamma h^2 b \tag{4-33}$$

式中，P 为静水压力，kN；γ 为水的容重，kN /m^3；h 为坝前水深，m。

（5）泥沙压力

$$P_{泥}=\frac{1}{2}\gamma_c\cdot H^2\cdot\tan^2\left(45°-\frac{\varphi}{2}\right)\cdot b \tag{4-34}$$

式中，$P_{泥}$ 为坝前泥沙压力，kN；b 为单位宽度，取 1 m；γ_c 为堆沙容重，kN/m^3；H 为坝前淤积物的高度，m；φ 为淤积物的内摩擦角。

为了应用方便，φ 和 γ_c 取值可参考表 4-10。

表 4-10　φ 和 γ_c 值表

γ_c/（kN/m^3）	13	14	15	16	17	18	19	20	21	22	23
φ/（°）	0.0066	0.035	0.129	0.372	0.890	2.000	3.900	7.240	12.900	20.900	33.300

作用在下游坝基上的泥沙压力为被动土压力：

$$E=\frac{1}{2}\gamma_c\cdot H_1^2\cdot\tan^2\left(45°+\frac{\varphi}{2}\right)\cdot b \tag{4-35}$$

式中，E 为被动土压力，kN；H_1 为坝基础深度，m；其余符号意义同前。

（6）坝基扬压力　当坝下游无水时，坝基扬压力仅为渗透压力。

$$W_{\varphi}=\frac{1}{2}\cdot\gamma\cdot H\cdot B\cdot a_1\cdot b \tag{4-36}$$

式中，W_{φ} 为渗透压力，kN；B 为坝底宽度，m；γ 为水的容重，kN /m^3；H 为坝高，m；a_1 为基础接触面积系数，取 $a_1=1$。

（7）泥石流冲击力

$$P_{冲}=K\cdot\rho\cdot v_c^2\cdot\sin\alpha \tag{4-37}$$

式中，$P_{冲}$ 为泥石流冲击力，kN/m^2；K 为泥石流流动压力系数，取决于龙头特性，一般取 1.3；v_c 为泥石流流速，m/s；α 为泥石流流向与坝轴线的交角，（°）。

（8）地震力　拦沙坝一般不考虑地震力。地震区烈度为 7 度以上时，大型拦沙坝设计时须考虑地震力的作用。

（二）荷载组合

拦沙坝应按最不利的作用力组合进行设计。不管是稀性还是黏性泥石流，荷载组合均可分为空库过流、未满库过流和满库过流三种情况。空库低坝或半空库中、高坝时，坝的稳定性最差，特别是黏性泥石流，冲击力可达 50～300 kN/m^2，对坝的威胁最大。表 4-11 列举了三种不同情况下的作用力荷载组合。

表 4-11 荷载组合表

作用力情况	自重（1）	淤积物重（2）	泥沙压力（3）	坝基土压力（4）	冲击力（5）	渗透压力（6）	地震力（7）	备注
库内拦沙	+	+	+	+	+	+		（3）按拦沙情况计算
库满后泄流	+	+	+	+		+		（3）应加坝顶泥沙计算
泄流情况下发生地震	+	+	+	+		+	+	

关于荷载组合的安全性，存在以下基本结论。

1）泥石流空库过流时的荷载组合，对坝体安全的威胁最大；库满过流时，坝体偏于安全；未满库过流时，安全性介于空库和满库之间。

2）过流方式相同时，在坝体安全方面，稀性泥石流较黏性泥石流的威胁性大。

3）若泥石流堆积物成层分布，下层为黏性泥石流堆积物时，坝体较为安全；整个堆积物层为黏性泥石流时，坝体最为安全。

（三）拦沙坝的设计安全系数

泥石流拦沙坝工程的设计安全系数和校核安全系数，应满足抗滑和抗倾覆安全的要求（表 4-12）。

表 4-12 泥石流拦沙坝设计安全系数

防治工程安全等级	降雨强度	抗滑安全系数		抗倾覆安全系数	
		基本荷载组合	偶然荷载组合	基本荷载组合	偶然荷载组合
一级	100 年一遇	1.25	1.08	1.60	1.15
二级	50 年一遇	1.20	1.07	1.50	1.14
三级	20 年一遇	1.15	1.06	1.40	1.12
四级	10 年一遇	1.10	1.05	1.30	1.10

注：保护对象为特大型工程（如高速铁路和特大型水电工程等）时可以做专题论证，适当提高防治工程设计标准

（四）坝体的稳定及强度计算

根据受力分析，在水平力作用下，坝体可能沿坝基滑动而失去稳定性；在水平力及坝基扬压力的作用下，坝体可能倾覆失去稳定性，故需要对坝体稳定性进行计算。通常，浆砌石重力式拦沙坝只要抗滑稳定性无问题，抗倾也不会有问题，只作校核即可。

1. 抗滑稳定计算 坝体沿坝基面是否滑动，可按下式计算。

$$K_C=\frac{\sum G}{\sum P}\cdot f\geqslant[K_C] \tag{4-38}$$

式中，K_C 为抗滑稳定安全系数，$[K_C]$一般取值为 1.05～1.15；$\sum G$ 为作用于单宽坝体计算断面上各垂直力的和，kN；$\sum P$ 为作用于单宽坝体计算断面上各水平力的和，kN；f 为砌体与基础的摩擦系数，对于浆砌石坝或混凝土坝可采用下列数值，岩浆岩 f=0.65～0.75，石灰岩及砂岩

f=0.50～0.65，板岩、泥岩 f=0.30～0.50。

坝的基础设有齿墙（图 4-11）或坝基为基岩时，坝体抗滑稳定计算公式为

$$K_C=\frac{f\cdot\sum G+cB}{\sum P} \tag{4-39}$$

式中，c 为单位面积上的黏结力，MPa，取值可参考表 4-13；f 为摩擦系数，可参考表 4-14 取值；B 为两齿间距离，m；其余符号意义同前。

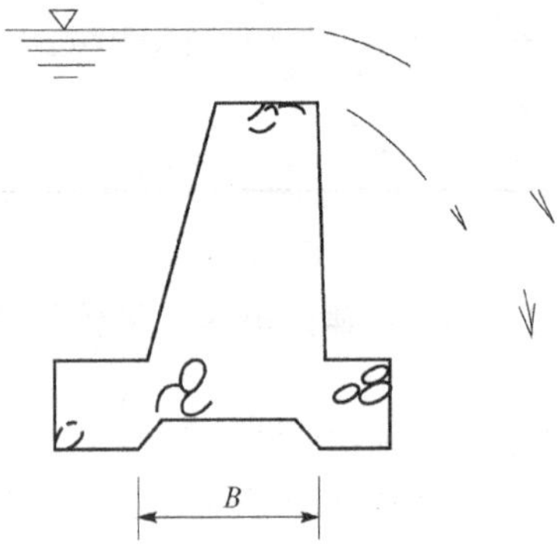

图 4-11　坝底齿状

表 4-13　土壤黏结力 c 值表

土壤名称	c/MPa
砂质淤泥	0.002
稠淤泥	0.010
砂质黏土	0.001～0.06
黏质砂土	0.002～0.02
砂类卵石及小石	0

表 4-14　浆砌石拦沙坝与地基间的摩擦系数 f

地基种类	黏类土	砂类土	卵石类	软质岩	硬质岩
f	0.3～0.4	0.5	0.5	0.3～0.5	0.6～0.7

2. 抗倾覆稳定验算

$$K_Y=\frac{\sum M_Y}{\sum M_0}\geqslant[K_Y] \tag{4-40}$$

式中，$\sum M_Y$ 为抗倾覆力矩，kN · m；$\sum M_0$ 为倾覆力矩，kN · m；K_Y 为抗倾覆安全系数，$[K_Y]$ 一般取值为 1.3～1.6，具体见表 4-12。

3. 强度计算　强度计算的目的是求出坝体内应力大小及分布，验算应力值是否大于允许值。通常要求不产生拉应力，而压应力≤允许值。小型拦沙坝主要计算坝基截面上下游边缘的应力即可。计算时取单位坝长（1 m），按偏心受压公式计算。

$$\begin{cases}\text{上游面应力}:\sigma_{\text{上}}=\dfrac{\sum G}{B}\left(1-\dfrac{6e}{B}\right)>0\\ \text{下游面应力}:\sigma_{\text{下}}=\dfrac{\sum G}{B}\left(1+\dfrac{6e}{B}\right)\leqslant[\sigma]\end{cases} \tag{4-41}$$

式中，$\sigma_{\text{上}}$ 为上游面坝基应力，MPa，当 $\sigma_{\text{上}}>0$ 时，不产生拉应力；$\sigma_{\text{下}}$ 为下游面坝基应力，MPa，应不超过岩石的允许压应力 $[\sigma]$；B 为坝底宽度，m；e 为合力作用点至坝底中心点的距离，m，当 $e\leqslant\frac{b}{6}$ 时，坝体不会产生拉应力，即

$$e=\frac{\sum M}{\sum G}$$

式中，$\sum M$为作用在坝上各力对坝底中心点力矩的和；［σ］为地基允许承载力，取值可查表 4-15；其余符号意义同前。

表 4-15　坝基土壤允许承载力［σ］表

土壤名称	［σ］/MPa	土壤名称	［σ］/MPa
泥石流堆积扇砂质砾土	0.2	由沉积岩组成的角砾或砾石	0.3
孔隙为砂充填的碎石和卵石	0.6	任意含水量的砾砂和粗砂	0.35～0.40
由结晶岩碎块组成的角砾或砾石	0.5		

四、坝顶溢流口尺寸确定

溢流口应布置在拦沙坝中间或靠基岩出露一侧。溢流口尺寸包括溢流口形状、宽度、高度和梯形口的边坡等。

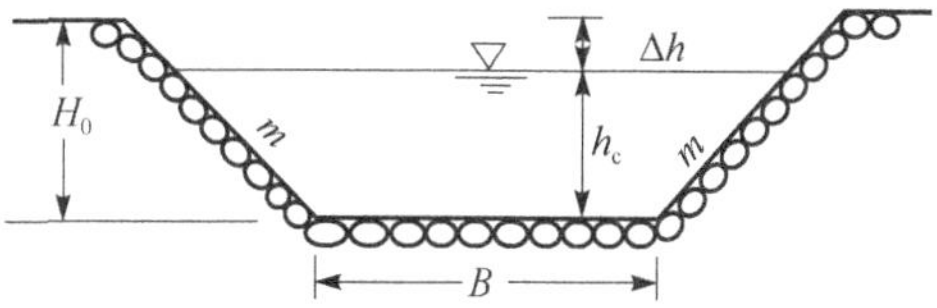

图 4-12　溢流口形状

（一）溢流口形状及边坡

一般溢流口断面形状为梯形（图 4-12），边坡为 1∶0.75～1∶1。对于固体物质丰富的泥石流沟道，也可采用弧形。

（二）坝址处设计洪峰流量

拦沙坝的设计洪峰流量可按一般小流域暴雨径流公式进行计算，具体可参考前述泥石流流量估算。

（三）溢流口宽度

根据坝下地质条件，选择溢流口允许的单宽流量，可采用下式计算求得。

$$B=\frac{Q_c}{q} \tag{4-42}$$

式中，B 为溢流口宽度，m；Q_c 为泥石流设计流量，m^3/s；q 为泥石流单宽流量，土基时取 q=20～30 $m^3/(s·m)$，岩基时取 q=30～40 $m^3/(s·m)$。

为了减少过坝泥石流对坝下游的冲刷及对坝面的严重磨损，应尽量扩大溢流宽度，使过坝的单宽流量减小。

（四）溢流口泥深

溢流口泥深可采用下式计算。

$$Q_c=(B+mh_c)\cdot h_c\cdot V_c \tag{4-43}$$

式中，h_c 为过坝溢流口泥深，m；m 为坡比系数；V_c 为泥石流流速，m/s，具体计算见流速估算部分；其余符号意义同前。

（五）溢流口高度

$$H_0=h_c+\Delta h \tag{4-44}$$

式中，H_0 为溢流口高度，m；Δh 为安全超高，一般取 0.5～1.0 m。

第三节　拦沙坝坝下消能防冲工设计

一、消能防冲工的作用

泥石流，特别是大块石含量多的泥石流，过坝时因落差较大，会对坝体下游产生巨大的冲击、砸击、冲刷、磨损和振动作用，加之沟道溯源侵蚀，会使坝基掏蚀悬空，最终导致坝体失去稳定而倒塌。例如，云南东川蒋家沟 1975 年修建的一座 5 m 高浆砌块石拦沙坝（坝基埋深 3 m），因冲刷掏蚀而毁坏；四川冕宁陷井沟一座 5 m 高的毛石混凝土拦沙坝，仅 1984 年 5 月 27 日发生的一次规模较小的泥石流，就使坝脚处下切 3.7 m，使护坦悬空 5 m。一次泥石流使河床冲切 5～8 m 深的情况也屡见不鲜。为防止泥石流毁坏拦沙坝的情况发生，常在坝下游侧建造一定形式的消能防冲设施，这种工程叫消能防冲工。

消能防冲工的作用是：① 降低过坝泥石流中大块石的冲击动能；② 抵抗砂石对坝面的磨蚀；③ 阻止溯源侵蚀的掏蚀，防止坝基悬空；④ 减少对下游沟床的冲刷。

泥石流固体物质含量高，尤其是含有大量块石时，对坝下会产生巨大的冲击、砸击等作用，故消能防冲工一般不宜用刚性结构或脆性材料建造，而宜用柔性或散体材料建造，这与水利工程对坝下消能设施的要求不同。

二、泥石流对拦沙坝的作用特点

（一）冲刷作用

沟道建坝后，落差集中，单宽过流增大，从而使冲刷力增大，可能引起局部冲刷深度与坝高相同的情况。一般来说，当泥石流作用于沟床堆积物上的剪应力大于沟床堆积物的抗剪强度时，即会造成冲刷坑。反之，过坝泥石流会在坝下堆积。前者造成的冲刷坑扩展到一定规模后，就会危及坝体安全。

冲刷坑的深度和长度既与沟床基准面的变化、堆积物组成及其性质有关，也与坝高、泥石流性质、单宽流量的大小关系密切。冲刷深度一般在 30 m 以下。

（二）冲击作用

大容重的黏性、阵性泥石流，会使坝体及消能防冲工受到猛烈冲击，这是因为高速运动的泥石流体的惯性力很大，远远超过了一般水流。

（三）撞击和砸击作用

泥石流中的巨石（几吨至数百吨）在流动时，对局部坝体会产生撞击作用，过坝后，还会对坝下游面及消能防冲工产生猛烈的砸击作用，使其破坏。例如，四川凉山黑沙河 2 号拦沙坝，1970 年建成后，首次发生稀性泥石流，就将厚 0.6 m 的浆砌块石护坦砸碎，坝基悬空，最终使坝体破坏。

（四）磨蚀与振动作用

泥石流还会产生磨蚀和脉动振动作用，造成局部破坏。例如，黑沙河 3 号主副坝，使用 4 年就磨掉坝面 12 cm 厚的混凝土。

了解泥石流对拦沙坝的作用特点，对合理设计、选择消能防冲工的形式和结构构造十分重要。例如，考虑到冲刷作用，坝基应有足够埋深，并做相应的防冲工程；考虑到冲击和磨蚀作用，应对坝面采用高强度材料保护，甚至加筋增强；考虑砸击作用，下游坝面应设计为陡直形，且用柔性材料构筑消能工程。

三、消能防冲工的形式及基本尺寸确定

（一）消力池

消力池是利用池中的水垫缓冲、消除下泄石块等动能的一种设施。为防消能后的泥石流再度冲刷，池后还需做护坦和截水墙，护坦一般用浆砌块石或混凝土建筑（有时为钢筋混凝土），须插入地下，插入深度多为 1.2～2.0 m。截水墙下游还需再设置一段临时护坦，如图 4-13 所示。

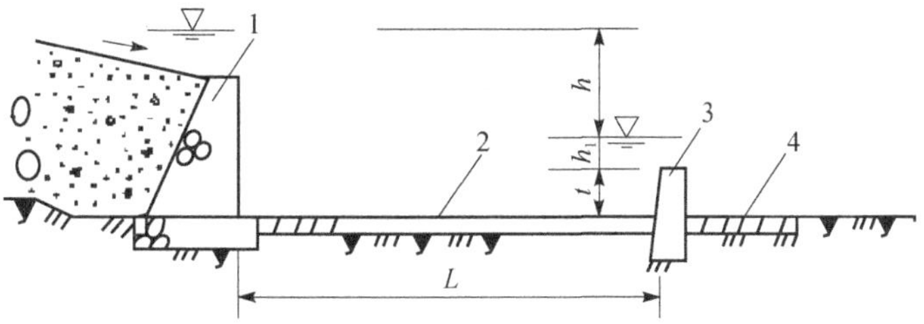

图 4-13　消力池示意图

1．坝体；2．消力池护坦；3．截水墙；4．临时护坦

1．池深　池深 t 可用下列公式估算。

（1）利地格（Riediger）公式

$$t=\tau\frac{\gamma_1}{3\gamma_2-\gamma_1} \tag{4-45}$$

式中，t 为池深，m；τ 为上下游流体密度相等时的贯入深度，m，$\tau=2h$（h 为上下游水位差，m）；γ_1 为贯入流体的容重，t/m^3；γ_2 为下游侧流体的容重，t/m^3。

（2）肖克里特希（Schohlitsh）公式

$$t=\frac{4.75}{d_{\mathrm{m}}^{0.32}}h^{0.2}q^{0.37} \tag{4-46}$$

式中，t 为池深，m；d_{m} 为河床标准砂石粒径，mm，即 90% 的粒径小于该粒径，10% 的粒径大于该粒径；q 为单宽流量，m^3/（s · m）；h 为上下游水位差，m。

（3）柿德市简化式

$$t=0.6h+3h_1-1.0 \tag{4-47}$$

式中，t 为池深，m；h_1 为下游水深，m；h 为上下游水位差，m。

2．池长　池长 L 按冲刷长度计算，可用利地格公式确定。

$$L=V\sqrt{\frac{2(h-h_1)}{g}}+t\frac{V}{\sqrt{2g(h-h_1)}}+\frac{h_1}{\cot\left[\arctan\sqrt{2g(h-h_1)}\right]}+n(t-h_1) \tag{4-48}$$

式中，L 为消力池长度，m；V 为泥石流过坝水平流速，m/s，近似为 $V=\sqrt{2gh_1}$；n 为冲坑边坡坡比；g 为重力加速度，m/s^2；其余符号意义同前。

（二）砂石垫层消能

砂石垫层消能也称护坦消能，消能池用浆砌块石或混凝土做成，内填砂石构成垫层，形成散粒体以消缓动能（图 4-14）。当过坝泥石流规模不大、所含砂石粒径很小，坝高也很小时，可在坝下游设置护坦工程，防止冲刷。护坦厚度可按弹性地基梁或板计算，应能抵挡流体的冲击力，一般采用厚度为 1.0～3.0 m。若考虑护坦下游冲刷，则护坦越长就越安全。护坦通常水平布设，并与下游沟床一致。当沟床坡度较陡时，也可降坡，但应加大主坝的基础埋深。护坦

尾部与副坝及潜坝工程一样，多会出现不同程度的冲刷，故需设置齿墙。在齿墙下游，应紧贴沟床布设一定长度的石笼或用大石块铺砌海漫等。

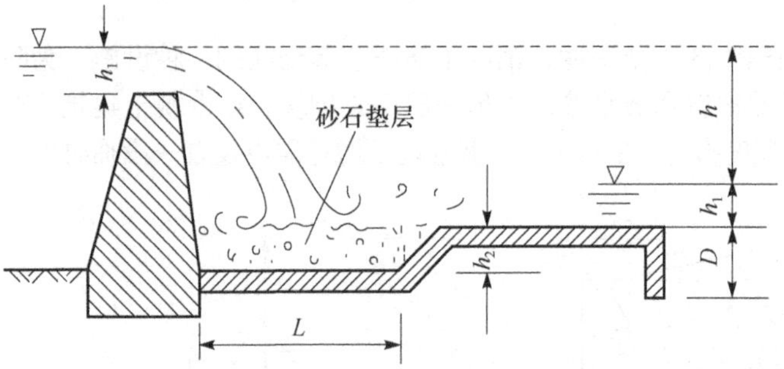

图 4-14 砂石垫层消能

砂石垫层消能适用于河床抗冲性能不良、拦沙坝较高的情况。

池深 h_2 用下式确定。

$$h_2=\frac{10.3d\cdot h\cdot h_1}{4.71[\sigma]} \tag{4-49}$$

式中，h_2 为池深，m；d 为石块直径（球形石块），m；[σ] 为垫层允许承载力，N/m^3，可查表 4-16；其余符号意义同前。

表 4-16 砂石垫层承载力表 （单位：N/m^2）

垫层材料	粉砂	细砂	中砂	粗砂	砾石	碎石	卵石
[σ]	10	15	20	25	30	50	60

护坦多用浆砌石砌筑，其长度为 2～3 倍的主坝高。护坦厚度可用下式计算。

$$b=\alpha\sqrt{q\sqrt{h}} \tag{4-50}$$

式中，b 为护坦厚度，m；q 为单宽流量，m^3/（s · m）；α 为经验系数，取 0.175～0.2；其余符号意义同前。

（三）暗槛

在主坝下游沟床适当位置布设暗槛，可稳定沟床基准面，控制主坝下游冲刷坑的发展。暗槛结构简单、经济，适用于小型泥石流和坝高在 10 m 以内的拦沙坝消能（图 4-15）。

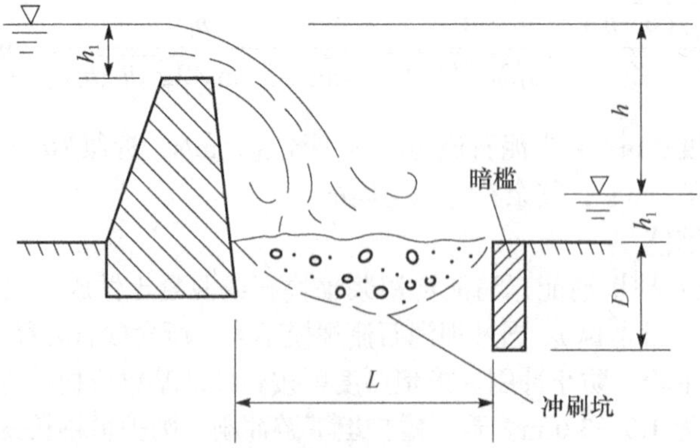

图 4-15 暗槛消能

暗槛与主坝之间的长度 L 可通过式（4-48）计算，暗槛埋深 D 应不小于 1.5 m。

（四）副坝消能

副坝消能是在主坝下游修副坝（低坝），使两坝之间蓄一定深度的水，构成水垫的缓冲消能形式（图 4-16），适用于大中型泥石流沟道。

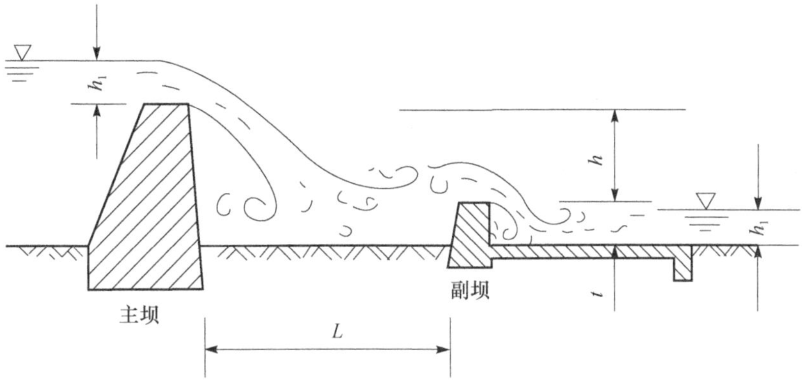

图 4-16　副坝消能

拦沙坝大多采用副坝消能，若副坝高出河底 1.0 m 以上，在其下游还应设第二道副坝。主副坝之间的距离采用式（4-48）计算。

副坝高度 t 按下面经验公式计算。

$$t \leqslant \frac{1}{6}(h+h_1) \tag{4-51}$$

式中符号意义同前。

当计算出的 t 很大时，可设二级副坝，甚至为阶梯坝群。另外，为增加消能效果，还可在主副坝之间做砂卵石垫层。

（五）抛石消能

抛石消能是在紧靠坝的下游河床抛堆大石块，用以抵抗冲刷和消能（图 4-17）。抛石消能较为简单，适用于泥石流流量较小沟道的小型拦沙坝，且建坝处石料采用方便。

抛石长度可通过式（4-48）计算求得。

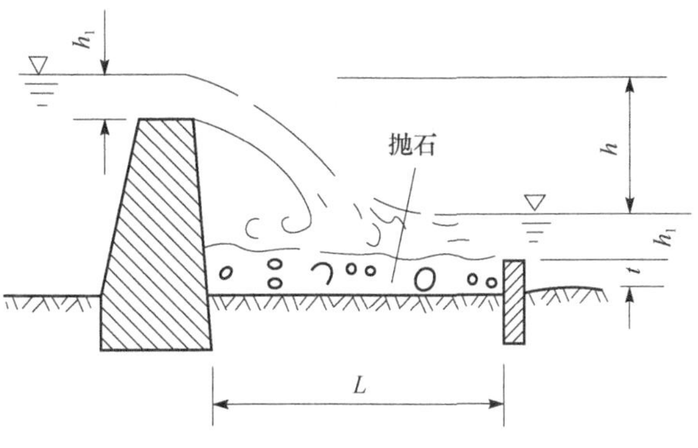

图 4-17　抛石消能

第四节 泥石流排导工程设计

一、排导工程的作用

排导工程多布设于沟道泥石流堆积区，主要通过人工渠槽控制流通及堆积区的流路，以保护区域农田、村庄城镇及交通设施等。

二、排导工程的类型及适用条件

排导工程主要包括导流堤、顺水坝、排导沟（槽）、渡槽、急流槽等。

（一）导流堤与顺水坝

导流堤、顺水坝工程是指用于控制泥石流流向的一类工程。

导流堤一般修建于泥石流堆积扇扇顶或山口直至沟口，多为连续性建筑物。导流堤一般为单面砌护砂石土堤，也有纯土堤或纯石堤，极少采用混凝土堤。

顺水坝一般建于沟道内，多为不连续建筑物，用浆砌块石或混凝土构筑。顺水坝不仅可控制主流线方向，还可保护山坡坡脚免遭泥石流冲刷。

（二）排导沟（槽）

排导沟（槽）是指以沟（槽）形式引导泥石流安全通过防护区段，顺利排向下游泄入主河的防护工程。

排导沟（槽）工程一般布设于交通方便、施工容易的山外开阔地带，防范泥石流的效果较好，是目前普遍采用的一种工程类型。

排导沟（槽）适宜于泥石流形成区面积不是很大、堆积区又有较大坡度的泥石流沟。排导工程的修建条件：①排导沟（槽）要有足够的输沙能力，可使一定频率的泥石流顺利排泄进入主河；②主河要有较大的输沙能力，能将汇入的泥石流输移带走，不致造成河道淤积。

（三）渡槽、急流槽

公路、铁路等线性建筑物常跨越泥石流沟道。在与这些建筑物交叉处，若泥石流规模不大，且地形条件有利，常采用渡槽、急流槽工程。渡槽是指通过线性建筑物上方纵坡相对较缓的泥石流排导工程；急流槽是指通过线性建筑物下方纵坡较大处的泥石流排导工程。

渡槽适用于泥石流暴发较频繁，高含沙水流、洪水或常流水交替出现，建筑物选线不能平面避绕，无较好拦排条件的坡面型泥石流或中、小型稀性泥石流，不宜用于排泄高黏度、高容重泥石流体。

设置渡槽处，应有足够的地形高差，进、出口顺畅，地基承载力大，且抗冲刷性能好。对于处于急剧发展阶段的泥石流沟，或由崩塌、滑坡、阻塞溃决等成因形成的泥石流沟，须在上游采取控制措施使泥石流发育得到控制时，或有渡槽布设的立面条件时，方可设置渡槽。

三、排导工程设计

（一）排导沟（槽）设计

沟道纵坡是影响排导沟（槽）过流能力的重要因素之一，但设计中提高纵坡往往受地形条件的限制。沟床断面形状也是影响排导沟（槽）过流能力的另一重要因素。

泥石流排导沟（槽）设计除确保结构安全外，还应根据泥石流沟的具体条件，在平面布置上应使沟道纵坡较大，出口与主河正交或成锐角，使泥石流排泄顺畅。

1. 排导沟（槽）平面布置　排导沟（槽）一般由进口段、急流段和出口段三部分组成，总体布置应力求纵坡较大、长度较短，并有利于入流和下泄（图 4-18）。

进口段，上游如有拦沙坝、溢流堰、低槛等控流设施，应加以利用。

急流段，一般应采用等宽度、直线型平面布置，或以缓弧形相接的大钝角（α_1）相交的折线型布置；沿程支沟汇入处，宜顺流以小于 30°（α_2）的角度相交，汇入口下游可适当扩大过流断面。

出口段，尾部应与主河成锐角相交，尽可能布设在排泄能力较大河段部位，槽底标高宜在主河高洪水位以上（图 4-19）。

排导沟（槽）宽度变化处应采用渐变段连接，扩散角或收缩角不应大于 10°，渐变段长度不小于上游沟（槽）宽的 5 倍。若排导沟（槽）长度超过 300 m，应分段规划布置，且相邻槽段间设置过渡段。

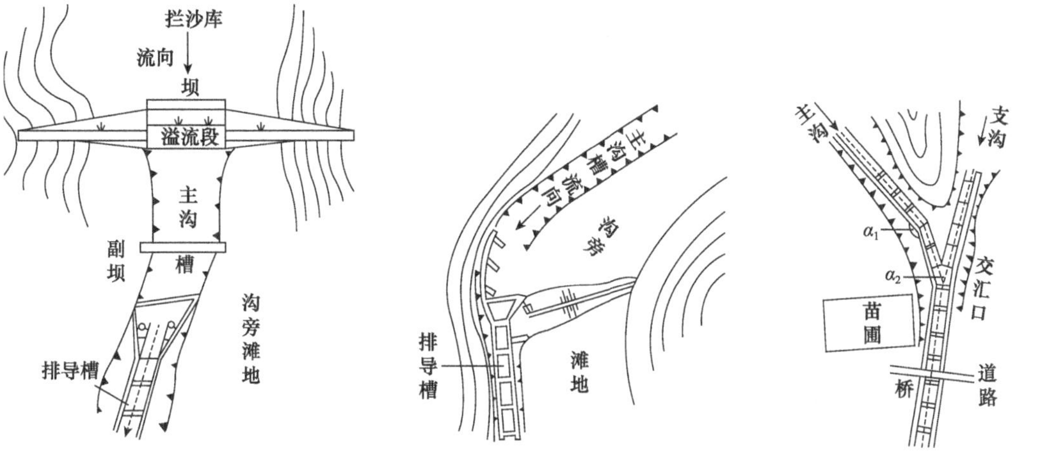

进口段形式及其平面布置　　进口处的导流防护设施　　急流弯道及汇口布置

图 4-18　泥石流排导沟（槽）平面布置示意图

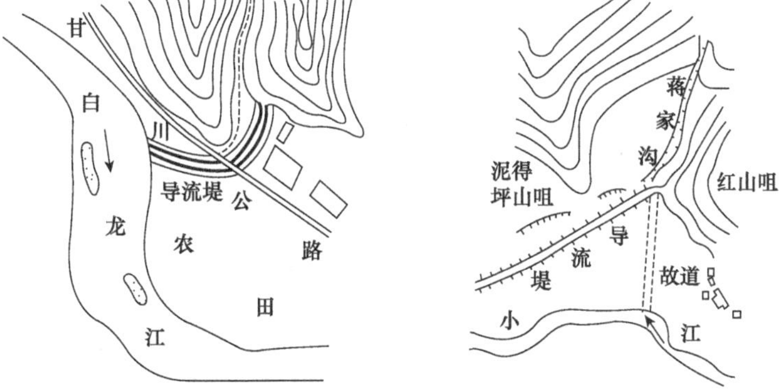

向上游排放的排导沟　　向下游排放的排导沟

图 4-19　排导工程出口段布置与主河关系示意图

2. 排导沟（槽）的横断面　排导沟（槽）的横断面应满足泥石流排泄的要求，过流能力应大于设计流量，横断面形式可择优选取梯形、矩形、三角形及复式断面（图 4-20）。

梯形或矩形断面的排导（沟）槽宽深比一般取值为 2.0～6.0，三角形断面的宽深比一般取值为 1.5～4.0，复式断面的宽深比一般取值为 3.0～10.0。

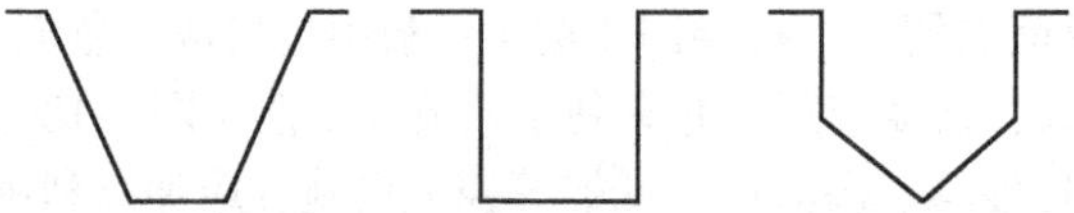

图 4-20　泥石流排导（沟）槽横断面形状图

排导沟（槽）宽上限值参照流通段的平均宽度确定，可用下式计算。

$$B_{max}=\left(\frac{I_t}{I_p}\right)^2 \cdot B_t \tag{4-52}$$

式中，B_{max} 为排导沟（槽）宽度上限，m；I_t 为流通段纵比降，‰；I_p 为排导槽纵比降，‰；B_t 为流通段宽度，m。

排导沟（槽）宽度下限值依据排泄泥石流的最大颗粒来确定，可用下式计算。

$$B>(2.0\sim2.5)D_a \tag{4-53}$$

式中，B 为平均底宽，m；D_a 为容许通过排导沟（槽）的沟床物质最大粒径，m。

排导沟（槽）深可用下式计算。

$$H_p=H_c+H_s+\Delta h_s \tag{4-54}$$

$$H_c\geqslant1.2D_a \tag{4-55}$$

式中，H_p 为排导沟（槽）深，m；H_c 为泥深，m；H_s 为常年淤积厚度，m；Δh_s 为安全超高，一般取 0.5～1.0 m；D_a 为容许通过排导沟（槽）的沟床物质最大粒径，m。

当排导沟（槽）设置有弯道时，弯道超高按下式计算。

$$\Delta H=\frac{2B_cV_c^2}{gR_c} \tag{4-56}$$

式中，ΔH 为弯道超高，m；B_c 为泥面宽度，m；V_c 为泥石流速度，m/s；g 为重力加速度，m/s^2；R_c 为弯曲半径，m。

排导沟（槽）弯道的过渡段长度按下式确定。

$$L_w=(0.5\sim1.0)L_b \tag{4-57}$$

式中，L_w 为进出弯道的长度，m；L_b 为弯道长，m。

3. 排导沟（槽）的纵断面　排导沟（槽）的纵坡应采用等于或略大于流通段的纵坡，一般无须变坡，必须变坡时，变幅不宜超过 0.10。不同类型泥石流存在临界纵坡（表 4-17）。

表 4-17　泥石流临界纵坡

泥石流类型	黏性泥石流	稀性泥石流	水石流
临界纵坡	0.05～0.10	0.03～0.05	0.05～0.08
平均值	0.08	0.04	1.35

一般以最大地面纵坡选线，利用中心轴线长度缩短，横断面优化阻力减小的协同效应，纵比降宜采用较大值（大于 $I_{流通}$），槽长不超过 100 m 时，宜一坡到底，槽长超过 100 m，可由陡到缓，比降递变。不同类型泥石流，因性质各异，故合理的纵坡取值也存在差异（表 4-18）。

表 4-18　泥石流排导槽合理纵坡

泥石流性质	容重 / (kN/m³)	类型	纵坡 /%
稀性泥石流	13.0～15.0	泥流	3
		泥石流	3～5
	15.0～16.0	泥流	3～5
		泥石流	5～7
	16.0～18.0	泥流	5～7
		泥石流	7～10
黏性泥石流	13.0～15.0	水石流	5～15
		泥石流	8～12
	20.0～22.0	泥石流	10～18

此外，排导（沟）槽设计流速应小于材料的允许流速，不同材料的允许流速各异（表 4-19）。

表 4-19　泥石流排导沟（槽）的允许流速

类型	天然沟床	浆砌石结构	混凝土结构
允许流速 / (m/s)	3～5	6～8	10～12

4. 排导沟（槽）的结构形式　泥石流排导沟（槽）的结构形式，主要包括整体式框架结构、分离式挡土墙 - 护底组合结构、挡土墙 - 肋槛组合结构、分离式护坡 - 肋槛组合结构、全断面护砌结构和侧向齿槛防护结构（图 4-21）。

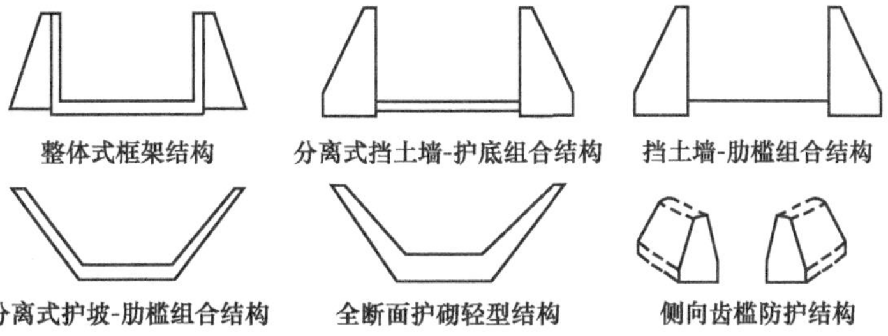

图 4-21　泥石流排导沟（槽）的结构形式

整体式框架结构、分离式挡土墙 - 护底组合结构、全断面护砌结构的槽底应按一定间距设置底肋，间距一般为 20～50 m。另外，排导沟（槽）两侧侧墙应根据需求设置梯步、通行便桥，应按不大于 25 m 间距设置沉降缝。

挡土墙 - 肋槛组合结构、分离式护坡 - 肋槛组合结构的肋槛间距，可按下式计算。

$$L=\frac{H-\Delta H}{I_b-I_m} \tag{4-58}$$

式中，L 为防冲肋槛间距，m；H 为防冲肋槛埋深，m，一般取 1.5～2.0 m；ΔH 为防冲肋槛安全超高，一般取 0.5 m；I_b 为排导沟（槽）设计纵坡；I_m 为肋板冲刷后的排导沟（槽）内沟槽纵坡，一般取 0.25%～0.5%。

挡土墙 - 肋槛组合结构、分离式护坡 - 肋槛组合结构的肋槛埋深，可根据最大冲刷深度确定。对过流频繁、泥石流容重大于 18 kN/m³ 且含有 1 m 以上巨石的排导沟（槽）底及肋槛应采用马鞍石、钢轨、钢板、钢纤维混凝土、钢筋混凝土等材料做防磨蚀处理。

5. 排导沟（槽）设计安全系数 泥石流排导沟（槽）的设计，应满足抗滑和抗倾覆安全要求。排导槽侧墙设计安全系数应根据降雨条件，结合工程等级，考虑荷载组合确定（表 4-20）。

表 4-20 泥石流排导沟（槽）侧墙设计安全系数

防治工程安全等级	降雨强度	抗滑安全系数		抗倾覆安全系数	
		基本荷载组合	偶然荷载组合	基本荷载组合	偶然荷载组合
一级	100 年一遇	1.30	1.20	1.60	1.50
二级	50 年一遇	1.25	1.15	1.55	1.45
三级	20 年一遇	1.20	1.10	1.50	1.40
四级	10 年一遇	1.15	1.05	1.45	1.35

（二）渡槽、急流槽设计

1. 平面布置 渡槽和泥石流沟应顺直、平滑连接，渡槽进口不得布置在急弯处且进口以上需有 15～20 倍于槽宽的直线引流段。

（1）进口段 一般采用上宽下窄的梯形或圆弧形状的喇叭口形，连续渐变。

（2）渐变段 长应大于 5～10 倍槽宽度，渐变段收缩角为 8°～15°。

（3）直线段 槽身应为均匀的直线段，在跨越障碍物时，跨越后延伸长度宜取 1.0～1.5 倍槽宽。

（4）出口段 出口段的出流口视需要设悬跌 - 扩散尾部，或增加人行上下梯道。

2. 纵断面 稀性泥石流的渡槽纵坡，可按下式计算。

$$I_b = \frac{0.59 D_m^{2/3}}{H_c} \tag{4-59}$$

式中，I_b 为渡槽槽底纵坡，‰；D_m 为石块平均粒径，m；H_c 为平均泥深，m。

I_b 也可根据表 4-21 取值。

表 4-21 H_m/D_{90} 与纵坡的关系

H_m/D_{90}	1.5	2.5	3.5	4.5	5.5
纵坡范围 /%	24.6～21.4	21.4～18.0	18.0～14.8	14.8～11.4	11.4～8.0
纵坡中值 /%	23.0	19.5	16.5	13.0	10.0

注：H_m 为平均泥深，m；D_{90} 为按石块个数计，有 90% 小于或等于该粒径，m

黏性泥石流的渡槽纵坡，应大于泥石流流通段的平均沟床纵坡，且不宜超过 25%。

3. 横断面 横断面一般可选择梯形、矩形、三角形、圆弧形等断面。结合不同断面几何特点，按设计流量计算横断面积。槽底宽度应大于排泄泥石流体中最大颗粒直径的 2.0 倍；槽高为泥深加上安全超高。

第五节 泥石流停淤工程设计

一、停淤工程的类型及布设

停淤工程是指通过适当导流过程，将泥石流引向开阔平缓地带或低洼地带，并进行拦蓄、停积固体物质，从而达到保护农田及各种建筑物的一类泥石流防治工程。其主要包括停淤场、拦泥库等。

（一）停淤场

停淤场是人为地将泥石流引向开阔平缓地带，并利用宽阔洼地或平缓地带停蓄泥石流的工程。

停淤场一般应布设在泥石流沟口堆积扇两侧凹地，或沟道中、下游宽谷中的滩地，使一次泥石流的淤积量不小于总量的50%，设置年限内的总淤积高度不宜超过5～10 m。

根据地形与应用类型的不同，可将停淤场分为正向停淤场、侧向停淤场和凹地停淤场三种类型：①正向停淤场，也称为堆积扇停淤场，是指垂直于泥石流流向、布置于泥石流沟口与主河之间的堆积扇上的工程措施，主要由引流坝、导流堤、围堤、分流堤组成。②侧向停淤场，也称为沟道型停淤场，是指与沟道平行、布置于泥石流沟道中成带状的工程措施，主要由引流坝、导流堤、防护堤组成。③凹地停淤场，也称为跨流域停淤场，是指在有停淤条件的邻近流域设置的工程措施。通过引流槽，将泥石流流域内设置的拦沙坝与邻近停淤流域设置的导流堤、围堤、分流堤有效衔接，实现泥石流的停淤。

按照停淤泥石流的特性，可将其划分为黏性泥石流停淤场和稀性泥石流停淤场两种类型。

（二）拦泥库

拦泥库是指处于低洼地带、用于专门存放泥石流的一种工程措施。通过导流工程，将泥石流导向低洼地带，以减轻泥石流对下游的危害。拦泥库对于泥石流防护作用有限，属于临时防护工程。

二、停淤工程设计

停淤场设计时，一般按10年内停淤厚度不大于4～6 m计算和布置。

（一）停淤量

停淤工程必须满足设计停淤量的要求，保证足够的场地面积和堆积高度，具有合适的流向纵坡，多按自流停淤方式布置工程。一般情况下，停淤场的设计停淤量按校核标准泥石流固体物质总量确定；若有清淤条件时，停淤场的设计停淤量应按一次设计标准泥石流固体物质总量确定。泥石流停淤比降根据堆积扇形停淤泥石流的平均坡度确定，停淤场底部纵比降可根据泥石流停淤比降计算获得，一般为泥石流停淤比降的0.8～1.2倍。

停淤场的停淤量可按下式计算。

$$\overline{V_s}=\frac{\pi\alpha}{360}R_s^2h_s \tag{4-60}$$

式中，$\overline{V_s}$为停淤总量，m^3；R_s为以引流口为圆心的停淤场半径，m；h_s为平均淤积厚度，m；α为以停淤场引流口为圆心的扇形堆积物的圆心角，（°）。

（二）黏性泥石流停淤场尺寸

$$B=K\sqrt{\frac{\tau_0}{\gamma_c i_c}L} \tag{4-61}$$

式中，B为泥石流流动长度后的1/2扩散宽度，m；τ_0为泥石流静切应力，kPa；γ_c为泥石流容重，kN/m^3；i_c为冲积扇坡度，以小数计；K为系数，在斜面状冲积扇上，$K=4$，在圆锥状冲积扇上，$K=6$；L为泥石流流动长度，m。

（三）稀性泥石流停淤场尺寸

$$L=1.5Q_c i_c^{0.7}d^{-0.85} \tag{4-62}$$

式中，L 为泥石流流线长度，m；Q_c 为泥石流设计流量，m^3/s；i_c 为冲积扇平均坡度，以小数计；d 为在经历 L 长后，可能停留下来的石块粒径，m。

（四）停淤场挡墙设计安全系数

泥石流停淤场挡墙应满足抗滑和抗倾覆安全要求。其设计安全系数见表 4-22。

表 4-22　泥石流停淤场挡墙设计安全系数

防治工程安全等级	降雨强度	抗滑安全系数		抗倾覆安全系数	
		基本荷载组合	偶然荷载组合	基本荷载组合	偶然荷载组合
一级	100 年一遇	1.30	1.20	1.6	1.5
二级	50 年一遇	1.25	1.15	1.5	1.4
三级	20 年一遇	1.20	1.10	1.5	1.4
四级	10 年一遇	1.15	1.05	1.4	1.3

注：保护对象为特大型工程（如高速铁路和特大型水电工程等）时可以做专题论证，适当提高防治工程设计标准

第五章　洪沙资源利用和河道护岸工程

第一节　洪沙资源利用

我国黄土地区及干旱山区，洪水量占全年河川径流水量的60%～80%，其挟带的泥沙占全年泥沙输出量的90%以上。充分利用洪沙，不仅对当地有重要的经济价值（如淤灌农田等），而且可防治水土流失，减缓洪沙对下游的危害。

一、洪沙利用方式

洪沙利用方式较多，应因地制宜，如有的地方利用山坡、沟坡、村庄道路、场院暴雨洪沙淤灌农田，有的利用沟洪、河洪淤灌改良农田土壤，有的利用沟洪淤漫荒沟、荒滩填壑造地，有的利用洪沙压碱改水（改苦水），有的用于灌溉干旱农田。在我国黄土丘陵沟壑区，多年来大量筑坝拦泥淤地，使洪沙资源得到了较大规模的利用，并为农田灌溉、防洪、变荒沟为农田、发展农业生产、改善生态环境发挥了巨大作用。在陕北沙漠地区，当地群众利用洪水引水拉沙造田、引水拉沙治河造田、引水拉沙修渠、引水拉沙筑坝，以及综合治理荒沙荒滩等，使洪沙资源利用在改造沙漠方面发挥了巨大作用。

二、洪沙利用工程组成

洪沙利用因方式不同，工程组成和规模也不相同。例如，坡洪利用的工程组成主要有截洪渠和引洪渠；沟洪（或河洪）利用，主要有引洪口（引洪渠首）、引洪渠，有的还有拦河坝；淤灌农田，则还有田间工程；淤漫治碱改土，还有排水工程；抽洪淤灌或拉沙，还有抽水工程、输水工程和河堤工程等。归纳起来则包括：① 渠首坝闸工程；② 引洪渠、输水渠；③ 田间工程；④ 排水工程；⑤ 抽水工程；⑥ 河堤工程。

设有坝闸的引洪工程，主要用于河道较低、洪水径流变化大、引用洪量较多、采用自流引洪的情况。通常将建坝地点选在用洪区最高地点上游河道平直、河床较窄、土质坚硬和河床稳定、引水可靠的地段上。

对于河道较窄、河床稳定、河岸无崩塌滑坡、洪水径流较大而引洪流量较小、地势较低的地方，一般不设拦洪坝，而在河段适当位置，分设多个引洪口直接引洪，这种方式叫无坝引洪。

无坝引洪在选择引洪口位置时，须注意：

1）若引洪口布设在河道的弯道上，则其位置要选在弯道凹岸顶点的下游，以利于横向环流把底部砂石带到凸岸，防止引水口堵塞。

2）若引洪口布设在河道凸岸，则应放在凸岸上方，以减少横向环流的影响。为使引洪口接近主流，一般可在河道对岸设丁坝，人为造成引洪口处成为凹岸。

有时尚须在河道设导流堤用以保证引洪量。

三、工程设计

（一）拦洪坝

从沟道或河道引洪时，如引洪量较大或洪水水位较低时，常需在沟道或河道适当位置修建拦蓄堤坝，以抬高水位，该工程即拦洪坝。拦洪坝多用浆砌块石建造，坝型为重力式，也有的用土料建造成一般土坝形式。

浆砌石重力坝一般做成曲线型滚水坝形式（又叫溢流坝），坝的长度根据要求的泄洪量和坝下基础允许的单宽流量决定。土基时，允许的单宽流量为20～30 m^3/（s · m）；岩基时，为30～50 m^3/（s · m）。

拦洪坝为土坝时，断面一般为梯形（和一般土坝相同），坝顶不溢流，故需在坝的一端（岸边）设泄洪闸或溢流坝（泄洪量较大时），溢流坝设计同于浆砌块石溢流坝。

水头很小的低坝，如坝高仅2～3 m，溢流坝也可设计为平顶的梯形断面坝。

拦洪坝的坝高，由计划引洪区地面高程和引洪渠水头损失及滞洪要求（通过防洪调洪演算）确定。

拦洪坝的结构、构造设计与水库坝、拦沙坝的设计类同。

（二）进水闸

在引洪口或拦洪坝一端的引水口设置的能调节引流量大小的闸室控制建筑物叫进水闸或引洪闸。

当引洪流量较大、拦洪坝为土坝、坝顶不能溢流时，为安全计，常在进水闸旁设控制闸，以控制洪量及闸前水位（图5-1）。

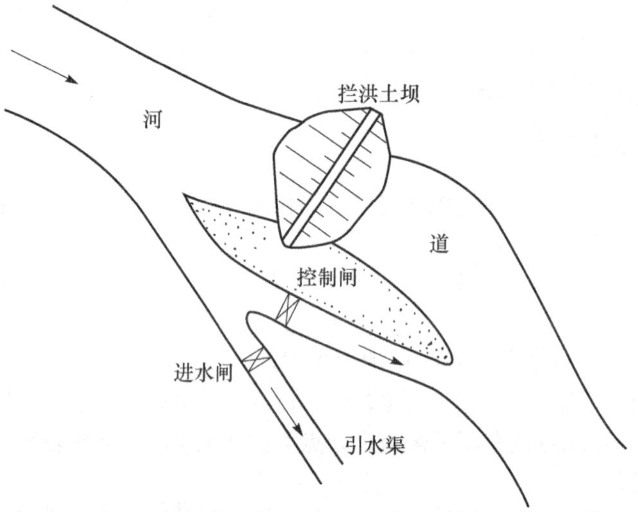

图5-1　引洪坝闸布置示意图

闸（进水闸或控制闸）的结构组成包括闸槽、闸墙（闸墩）、底板和闸门。闸墙、底板常用浆砌块石建造，闸门多用钢木制作。

（三）引洪渠

1. 引洪渠设计特点　我国黄土地区属干旱、半干旱地区，洪水主要由暴雨形成，其特点是峰大量小、历时短、变化大、含沙量大、淤积快。为充分利用水沙资源，应采用多引、快引、多口大水分洪、小洪集中的引用原则。在设计上，渠道应级数少、长度短、比降大、断面宽浅为宜。

（1）渠线　引洪干渠长度宜在1 km以内，以便遇洪即引。支渠靠近干渠上游时，可设计长些，中游时可短些，下游应最短，控制面积一般在0.14～0.67 km^2（200～1000亩），以便高效均衡引洪。

（2）比降　为快引、多引和避免渠道淤积，引洪渠比降可控制在 1/500～1/100，以 1/300 为佳。干渠比降宜小些，支渠可大些。

（3）渠道级数　当淤灌面积在 0.67 km^2 左右时，可设干、斗二级渠道；在 0.33 km^2 左右时，只设干渠；大于 0.67 km^2 时，可设干、支、斗三级渠道。

（4）渠道断面　断面宜用宽浅式梯形断面，渠底宽一般应大于水深，为集中引洪，可将干、支渠断面设计成一样的。

2. 引洪渠设计流量确定

（1）淤灌农田　淤灌农田时，设计流量 Q 可根据淤灌面积、淤漫深度、淤漫时间，按下式计算。

$$Q=\frac{A\cdot h}{3600\eta\cdot T}\ (\mathrm{m^3/s}) \tag{5-1}$$

式中，A 为淤灌面积，m^2；h 为淤灌深度，m；η 为渠系水有效利用系数，一般为 0.5～0.8，干渠取小值，支渠取大值；T 为淤灌时间，h，可采用多年一次洪水平均历时计算。

如果淤灌面积较大，而洪量较小，需要几次才能全部淤灌完时，可按一次洪水可能淤灌的最大面积作为设计面积，并以此确定设计流量。

（2）淤漫荒沟荒滩　淤漫荒沟荒滩时，设计流量 Q 可根据在某一高程下淤漫荒沟荒滩的容积大小，按下式计算。

$$Q=\frac{V}{3600\eta\cdot T}\ (\mathrm{m^3/s}) \tag{5-2}$$

式中，V 为淤漫荒沟荒滩在某设计高程下的容积，m^3；T 为淤漫时间，h；η 为渠系水有效利用系数，一般为 0.5～0.8，干渠取小值，支渠取大值。

3. 引洪渠断面设计　设计引洪渠断面时，水力计算可采用明渠均匀流公式（$Q=\omega C\sqrt{Ri}$），断面参数可按如下方法确定。

（1）渠道纵坡 i　根据不淤不冲、工程量小、水头损失小的原则，参考表 5-1 选取。

表 5-1　渠道纵坡 i 选择参考表

流量 / （m^3/s）	0.5	1.0	2.0	3.0	5.0
纵坡	1/500	1/1000	1/1500	1/2000	1/3000

（2）渠道边坡 1∶m　黏土可取为 m=1.0，轻壤土 m=1.25，砂壤土 m=1.5，砂土 m=2.0。

（3）断面宽深比 α　宽深比常用最佳断面（经济断面）来设计，考虑施工等因素，可参照以下经验值选用：当 $Q>1.0$ m^3/s 时，$\alpha=1\sim2$ 为宜；$Q=1\sim3$ m^3/s 时，$\alpha=1\sim3$ 为宜。

（4）渠道不冲、不淤流速校核　渠道允许不冲流速 $V_{不冲}$可按表 5-2 验算，允许不淤流速 $V_{不淤}$可根据泥沙性质，按下式校核。

$$V_{不淤}=C\sqrt{R}\ (\mathrm{m/s}) \tag{5-3}$$

式中，C 为流速系数，可查表 5-3；R 为水力半径，m。

表 5-2　土壤允许不冲流速表

土壤类别	$V_{不冲}$/（m/s）	土壤类别	$V_{不冲}$/（m/s）
轻壤土（干容重 1.3～1.7 t/m^3）	0.60～0.80	重壤土（干容重 1.3～1.7 t/m^3）	0.70～1.00
中壤土（干容重 1.3～1.7 t/m^3）	0.65～0.85	黏土（干容重 1.3～1.7 t/m^3）	0.75～0.95

表 5-3 流速系数 C 值表

泥沙性质	C 值	泥沙性质	C 值
粗砂质黏土	0.65～0.77	细砂质黏土	0.41～0.54
中砂质黏土	0.58～0.64	极细的砂质黏土	0.37～0.41

（四）田间工程

田间工程设计包括田块布置、田块大小和形状、田块围埂与进、退水口的布置设计。

1. 田块布置 田块应根据地形因地制宜布置。一般田块长边大致平行于地形等高线，短边垂直于等高线，呈长方形。短边长度 L 取决于地形坡度，可按下式计算。

$$L=\frac{h_2-h_1}{i}(\mathrm{m}) \tag{5-4}$$

式中，h_2 为田块下游边设计淤灌水深，m；h_1 为田块上游边设计淤灌水深，m；i 为地面比降。

2. 田块大小和形状 为多引、快引洪峰径流和减小地埂工程量，当引洪量大、有机耕条件时，田块可划分大些，呈矩形或曲率一致的弧形块；若引洪量较小、无机耕条件时，可按地形特点划分为小块。根据经验，在平坦地区，一般可划分成 60～150 亩矩形地块，在丘陵地区，一般可划分为 10～40 亩的弧形地块。

若引洪渠兼作清水灌溉渠道，田块还应分畦，且保留一定的纵坡以便灌溉。根据经验，每亩分 3～5 畦为宜，纵坡可采用 1/500～1/400，不宜过陡或过缓。

3. 田块围埂 为使漫淤时农地能拦蓄一定的水量，一般应在汛前修好田块围埂（坝）。围埂呈方格状排列，故又叫格坝。围埂由土料、砂石料组成，修筑时应分层压实保持水平。围埂断面为梯形，高 1～1.5 m，顶宽 0.3～0.5 m，边坡 1∶0.5～1∶1.0；较大的围埂，高约 2.0 m，底宽 5.5 m，顶宽 1.5 m，边坡 1∶1。

4. 进、退水口 进水口应设在靠近渠道地块的高处。如果淤漫区有农作物且坡度较大，进水口也可设在田块低处，自下而上漫淤，这样洪水流动慢，落淤均匀平衡，不易冲毁作物和围埂。进水口底部一般与田面相平，当洪水含有较多砾石时，底部应高出田面以防砾石进入。

退水口应设在进水口的反方向容易排水的位置，底部应高出田面，以保持一定的蓄水深度。为使粗沙洪水落淤均匀，可考虑设多处进、退水口，或交替进水退水。

另外，若引洪淤地压碱，则必须有排水设施，以防土壤重新返盐。排水沟深度可参考淤灌技术。

四、引洪淤灌农田和治碱改土技术

（一）引洪淤灌农田技术

引洪淤灌农田的目的在于补充土壤水分、增加土壤肥力，达到增产的目的。为达此目的，须注意选择适宜的淤灌时间和适宜的灌水定额。不同时间，洪水含沙量不同，洪水含沙量过高，将会导致农作物产量降低。

1. 适宜含沙量 根据陕西宝鸡峡灌区浑水灌溉试验，当用含沙量 35% 的浑水灌溉玉米时，比清水灌溉可增产 11.2%，而当含沙量>35% 时，产量将降低，对棉花也是如此，几个灌区试验结果相同。浑水灌溉作物适宜含沙量在 35% 以下，幼苗期含沙量应在 25% 以下。

对改良土壤而言，要求含沙量有所不同。对沙地改良，洪水泥沙颗粒宜细，含沙量宜在 25% 以下；对垆土地改良，泥沙颗粒宜粗，含沙量应在 35% 以上。

2. 淤灌时间及淤泥厚度控制 淤灌时间与耕作技术和作物生长季节有关。一般作物在苗高 0.3～1.0 m 时即可淤漫。在陕北，糜谷成熟期和洋芋开花后不宜淤灌，否则会返青减产，洋芋会腐烂，宜在播种前和春季拔节期淤灌。

淤厚与作物、土壤、气候等有关。在气温低、一年一熟的干旱地区，七八月份作物已长高，淤层可厚些；在气温高、土性黏、复种指数高的地区，作物不宜厚淤，以防地面板结。在作物幼苗期，淤灌水深以不淹没幼苗为准。

非耕地漫淤改土，淤积厚度可大，以 0.3～1.0 m 为宜。对农田，淤灌棉花，淤厚以 3～6 cm 为宜，玉米以 5～7 cm 为宜，水稻拔节后淤厚以 8～12 cm 为宜。

3. 淤灌定额　农地淤灌定额 M，可根据确定的淤层厚度和洪水含沙量，按下式计算。

$$M=667Hr/C\,(\mathrm{m}^3/\text{亩}) \tag{5-5}$$

式中，H 为计划淤灌层厚度，m；r 为淤泥层干容重，可取为 1.25 t/m^3；C 为洪水含沙量，t/m^3。

4. 适当加大单宽流量　为淤厚均匀和落淤均匀，防止悬沙受重力作用下沉而分选，须加大单宽流量。根据试验，当畦长为 300 m 左右、宽 2～3 m、田面比降大于 1/1000 时，单宽流量可选为 7～9 L/（s · m）。

在渠道输水能力许可条件下，适当加大单宽流量，可提高落淤质量。

（二）引洪淤漫治碱改土技术

主要技术有下列两点。

1. 确定合理淤积厚度　当洪水含沙量已定时，淤层厚度确定了，淤灌水量即随之确定。淤层厚度与土壤盐渍化程度和地下水埋深有关。对耕作而言，一般要求耕作层盐分含量不影响作物正常生长，即耕作层含盐量应稳定在 0.15%～0.2%。根据试验，在排水良好条件下，轻度、中度盐渍化地区（含盐 0.5%～0.6%），淤厚 20～39 cm 较为合理；重度和盐荒地（含盐量＞0.6%），淤厚 30～40 cm 较为经济合理。

在地下水埋藏较深时，淤厚宜小，反之宜大。

2. 建立排水系统　淤灌区应建立完整的排水系统。排水沟间距及沟深可按表 5-4 选用。

表 5-4　排水沟间距及沟深表

土质	排水沟间距 /m	沟深 /m	土质	排水沟间距 /m	沟深 /m
黏土	250	2.0	轻壤土	350	1.8
	300	2.4		400	2.1
中重壤土	360	2.3			
	400	2.5			

为巩固治碱改土效果，还应同时采取农业技术措施。

（三）淤灌方法

引洪淤灌方法，因洪水来源、灌区地形和面积的不同，有以下三种。

1. 串联式　在坡度较大、地形窄狭的沟道，当地块和引洪量都不大时可采用此法。串联式淤灌自上而下依次进行，即在上一块地淤满后，打开进水口将洪水引入下一块地，洪水在地内呈“S”形流动（图 5-2）。

2. 并联式　地势开阔，坡度较缓，地块较大时，可采用“并联式”淤灌。其特点是，引洪渠和排水渠分设两边，在引洪渠上开设多个引洪口，分别向各田块放洪淤灌（图 5-3）。对较宽的沟间地，也可将引洪渠设在地块中心，向两侧引洪。

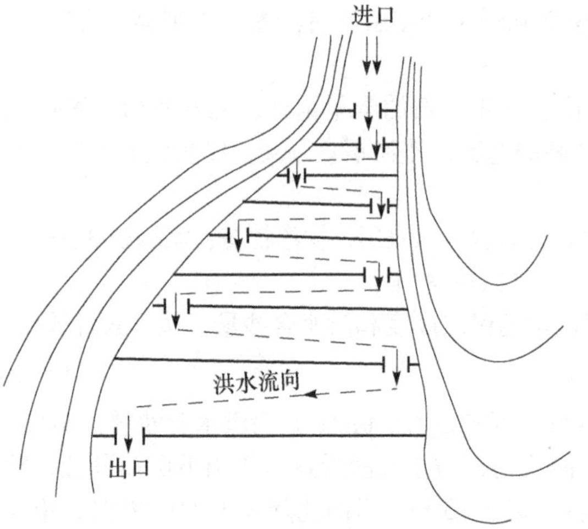

图 5-2　串联式淤灌

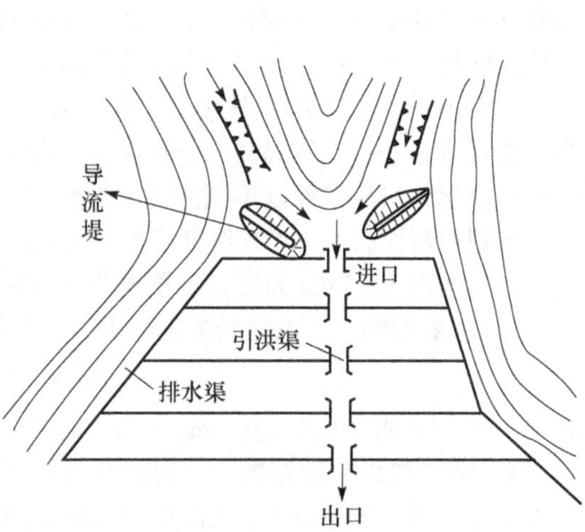

图 5-3　并联式淤灌

3. 混合式　当地块和引洪量均较大，地块在引洪渠一侧且坡度变化大时可采用“混合式”淤灌方法。其特点是，沿引洪渠方向有若干组地块，且呈并联排列，同时引洪淤灌，组内地块则呈串联排列，依次淤灌。当地面坡度均匀时，可采用图 5-4A 淤灌方式；当地面坡度变化大时，可采用图 5-4B 淤灌方式。

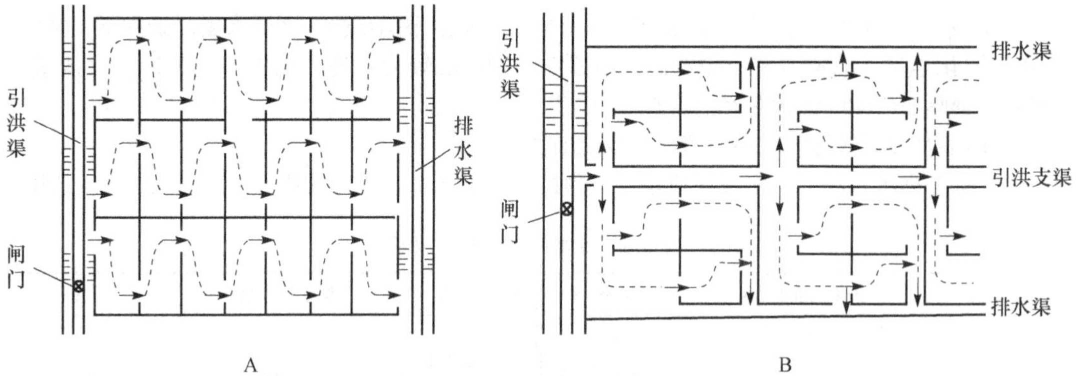

图 5-4　混合式淤灌

A. 地面坡度均匀时；B. 地面坡度变化大时

引洪漫地须抢时间，用劳多，工程设施多，但标准低。引洪漫地必须上下游、左右岸全面规划，细致安排，勿失良机。

第二节　水 力 治 沙

水力治沙，是以水为动力改造利用沙漠，开发土地资源的一种方法。它是治理干旱、风沙和水土流失的综合措施之一。其特点是，将沙区水源经自流或机械提水用以拉沙造田、治河造田、修渠、筑坝等，从而使沙土区水沙资源得到合理利用。现将其技术要点分述于下。

一、引水拉沙造田

引水拉沙造田工程主要有引水渠、蓄水池、冲沙壕、围埂和排水口等（图 5-5）。

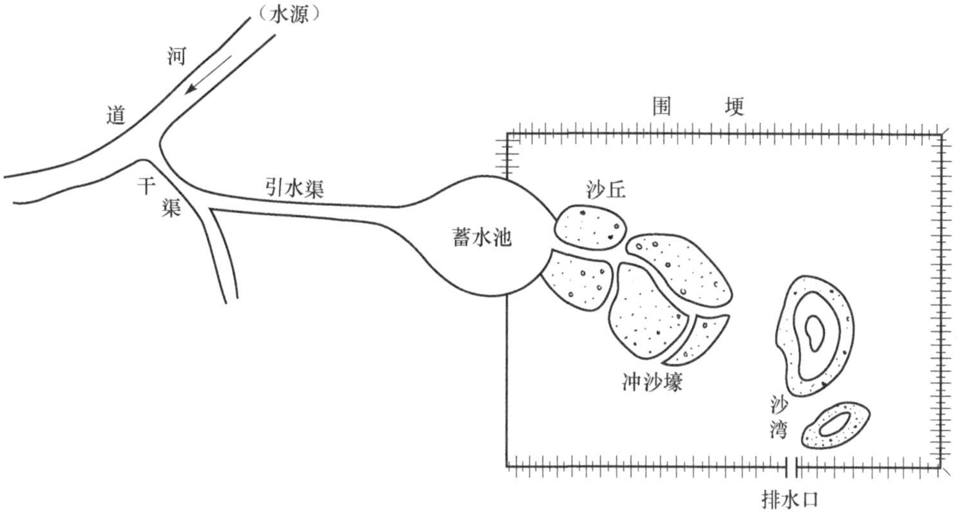

图 5-5 引水拉沙造田示意图

（一）引水渠

1. 引水流量 大规模引水造田，一般引水渠应考虑作为以后的灌溉渠道使用，因而引水流量应根据灌溉面积、用水定额、渠道水有效利用系数来确定，对拉沙造田所需水量，一般不作为设计依据。根据沙区经验，1 m^3/s 流量可灌 6.7 km^2（1 万亩）左右农地。设计时，可参考该值确定引用流量。

2. 渠道比降 渠道比降应根据引水流量和水质确定。陕北沙区的经验是：

流量＜0.5 m^3/s、水为清水时，渠道比降 $i=1/2000 \sim 1/1500$；水为洪水时，$i=1/500 \sim 1/300$。

流量＞0.5 m^3/s、水为清水时，渠道比降 $i=1/3000 \sim 1/2500$；水为洪水时，$i=1/2000 \sim 1/1500$。

3. 渠道断面 一般采用宽浅式梯形断面，渠底宽为水深的 2～3 倍，边坡 1∶1.5～1∶2.0。

（二）蓄水池

蓄水池为临时设施，上接引水渠，下连冲沙壕，一般应设在造田范围较高处，以增加水流落差，增大冲刷力。通常，蓄水池容积应大些，以利于提高冲拉沙效果。

用机械提水或引用水源位置较高时，也可不设蓄水池。

（三）冲沙壕

通常设在计划拉平的沙丘上，水流通过冲沙壕拉平沙丘，填平沙湾，造出田块。

冲沙壕比降要大，以利于冲拉沙。冲沙壕开口的大小，只要能把需要的引水流量引出即可，其底宽一般为 0.3～0.5 m。

冲沙壕一定要开挖在蓄水池与被冲拉的沙丘之间。蓄水池与被冲拉的沙丘一般应保持 3～5 m 的距离，以防冲拉沙丘造成蓄水池决口崩塌。

（四）围埂

围埂的作用是为了保证洼地淤平抬高，逐渐与拉后的沙丘相平。围埂断面为梯形，埂高 0.8～1.0 m。

（五）排水口

排水口的作用是控制高程，以便拦蓄浑水，沉淀泥沙，同时排除清水，因而它应比设计田块高，但低于围埂。

排水口一般设在方田的下部左右角，口为梯形断面。排水口应加固防护，排出的水应泄入低洼沙湾，引水润沙，种植林草，或退入河道。

二、引水拉沙治河造田

一般较大河流的干、支流两岸分布有大大小小的河湾滩地，这些滩地在主流河床被约束固定后，可开垦为农田或鱼池等。把滩地开垦为农田或鱼池等的关键工程是建造河堤。该类河堤设计、建造方法技术，与一般河堤有所不同，现分述于下。

（一）河堤间距确定

河滩筑堤视两岸滩地情况，可以一岸筑堤，也可两岸筑堤。堤与岸边距离或两堤间距，应根据河床束窄后，洪水期滩地水位不超过允许值和流速不致过分加大为原则来确定（图 5-6）。

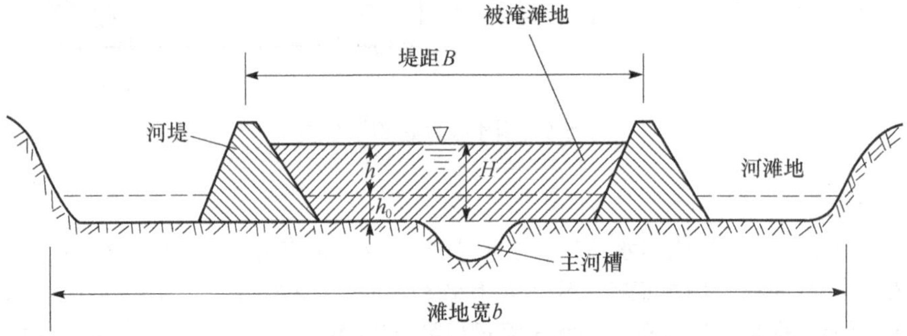

图 5-6 堤距示意图

1. 河堤类别 河堤一般分为潜水堤和非潜水堤两类。前者仅用于防御某些季节性高水位而不受淹没，但不防夏季洪水的淹没，后者可防夏季洪水淹没。

潜水堤一般需有坚固防护面，以防淹没溢流时被冲毁。潜水堤通常设于草滩、河滩地中，用作围堤，堤高应使只有淤泥的表层洪水能流入滩地。非潜水堤主要建于居民区、工矿区或大田作物区，用作围堤。

2. 设计洪水标准 围滩造田的围堤间距和高度，可按 50 年一遇洪水设计，100 年一遇洪水校核。在一些支流上，可按 10～20 年一遇洪水设计。

3. 河堤间距确定 如图 5-6 所示，设 B 为堤间距、H 为河滩地表面以上洪水深度（$H=h_0+h$，h_0 为筑堤前雨季时滩地水深，h 为河床束窄后形成的壅水深度），b 为滩地宽，C_1 为河槽谢才系数，C_2 为堤间滩地谢才系数，Q_1 为河槽流量，Q_2 为滩地流量，则按明渠均匀流有

$$Q=Q_1+Q_2=\omega_1 C_1\sqrt{R_1 i}+\omega_2 C_2\sqrt{R_2 i} \tag{5-6}$$

式中，Q 为洪水总流量，m^3/s；ω_1 为河槽过水断面面积，m^2；ω_2 为滩地过水断面面积，m^2，可近似取为$\omega_2=H\cdot B$；R_1 为河槽水力半径，m；R_2 为滩地水力半径，m，近似等于 H；i 为河床设计比降（视河槽与滩地相同）。

在设计流量 Q 和河槽断面已知时（Q_1 可计算出），则可由式（5-6）求得滩地流量 Q_2 与堤间距 B、滩地洪水深度 H 的关系为

$$Q_2=Q-Q_1=H\cdot B\cdot C_2\sqrt{Hi} \tag{5-7}$$

用式（5-7），给出一个滩地洪水深度 H，便可求出一个堤距 B；反之，给出 B 可求出 H。设计时 H 取值应符合前面决定堤距的原则。

（二）引水拉沙筑堤技术

束河堤距确定后，即可确定河堤基线位置。两岸都筑堤时，基线应尽可能平行，并以大致与洪水主流方向一致为宜。

筑堤土料以含砂 35%～45% 的黏质土为佳，沙漠地区可用上水拉沙水力冲填法筑堤。方法如下。

1）先在堤基靠河一侧顺堤走向打一排柳桩（图 5-7），桩距 0.4～0.5 m，桩长 2.5 m，打入河床 2.0 m，在桩间垂直水流方向压上柳梢等柴草，然后在堤基内侧边线用泥沙筑埂拦沙。

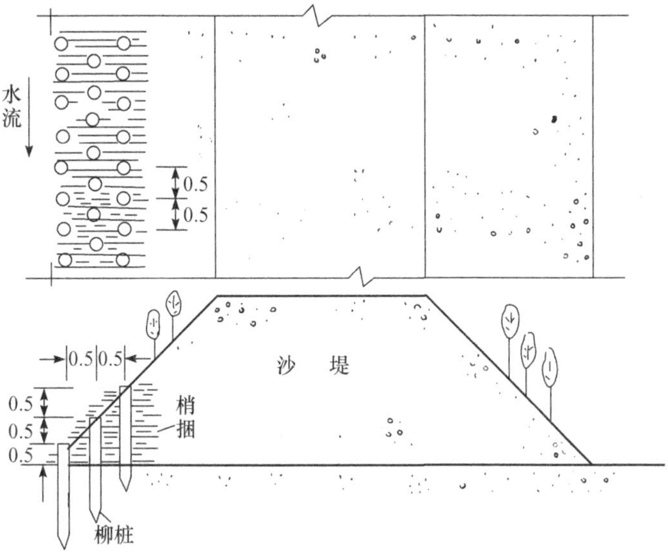

图 5-7　引水拉沙筑堤断面结构图（单位：m）

2）在堤基附近山梁沙丘上挖一蓄水池，然后抽水蓄积，池蓄满后即可决口放水冲沙筑堤。

围堤断面为梯形，临水边坡 1∶2.5，背水边坡 1∶2.0，堤顶宽 8～15 m，堤高可达 7 m 左右，堤两岸种植乔灌木护堤防冲。

（三）引水放淤造田

河堤筑好后，可在秋末通过渠道由河流引水入田（滩地），使水流挟带的细粒悬浮物质沉淀，将清水退泄河道，再引再淤即可造成良好农田。

三、引水拉沙修渠

利用沙区水源，自流引水或机械提水，用水的冲力将沙挟带至地形低洼处所规划的渠线位置，且逐步疏通和延伸引水渠的修渠方法，叫引水拉沙修渠。即从水源开始，边修渠，边引水，以水冲沙，引水开渠。

修渠方法视沙地地形特点和高度不同，有下述几种。

1. 高沙畔地形修渠　采用漩沙腰的办法，先沿沙畔挖一弓形临时引水渠，在渠外岸用木桩梢捆将水流逼向沙畔，不断冲拉，削成平台，再将渠线改直，用水冲拉和人工整理，达到设计断面为止（图 5-8）。

2. 大沙梁地形修渠　先在沙梁上人工开壕，两侧用木板护定，再引水拉壕，壕拉深后，从出口将一侧木板取出，将水逼至一岸，集中冲拉，直至设计渠宽和设计渠底高程为止（图 5-9）。

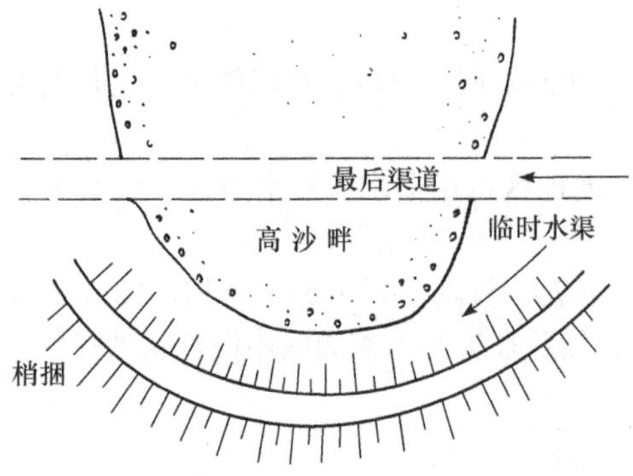

图 5-8 高沙畔拉沙修渠示意图

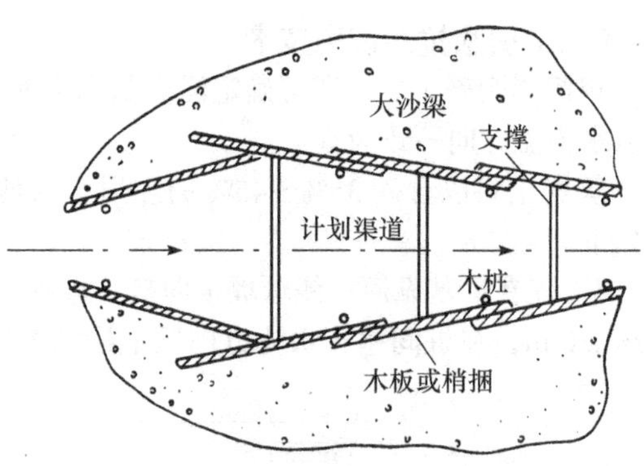

图 5-9 大沙梁修渠平面示意图

3. 小沙湾地形修渠 在沙丘链或沙垄修渠时，由于沙丘和沙湾起伏相连，施工时先在沙湾两边筑小埂，再沿高沙丘较低一侧挖一道小壕引水入壕，用柴草梢捆或木板将水逼向沙丘，使壕越冲越大、沙丘越拉越小，使沙冲至沙湾，拉高填低，直到所需宽度，经人工按设计要求挖成渠槽即成（图 5-10）。

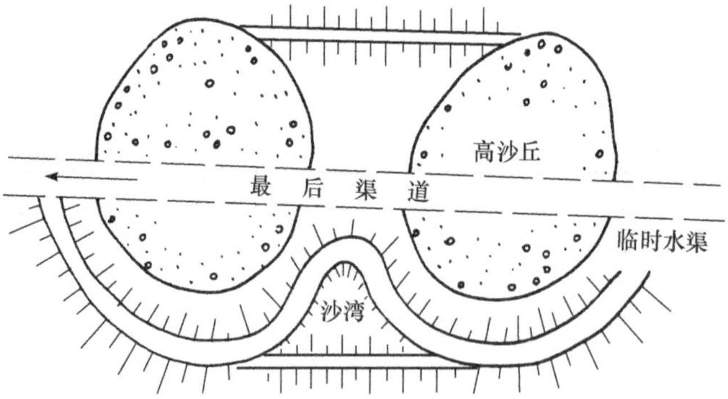

图 5-10 沙湾修渠平面示意图

施工中的技术措施要点是：

1）加大拉沙水量，不拉沙时蓄水，拉沙时集中大放；

2）用柴草梢捆或木板控制好水流方向，导流方向与水流方向呈 30° 倾角，可充分利用水能提高工效；

3）用人工制造落差，保持冲刷能力。

四、引水拉沙筑坝

引水拉沙筑坝与第三章第八节水坠坝相同，此处不再赘述。

第三节 河道护岸工程

自古以来，天然河道多处于动荡变迁的状态，这就是常说的“三十年河东，三十年河西”的自然现象。河道变迁有利有弊，从造成水土流失和滑坡泥石流以及毁坏村镇、道路、良田、工矿的角度来看，需要对其进行整治。河道整治的目的在于稳定河床，保护岸坡。河道的弯曲和断面变化，常常是导致横向和纵向侵蚀的主要原因，故需修建护岸工程和护底工程，用以改变水流方向，防止侧蚀和底蚀。

一般河道护岸工程，主要用于保护河岸。护底工程主要用于保护河床底部免遭冲蚀。护底工程常用者为护底坝。护底坝是防止河水冲刷河床基底，固定河床、防止基底下切的重要措施，也用于沟壑防冲。一般大、中型河道底部冲刷较弱，故极少单独修建护底坝，但山区小河道比降大，冲刷较严重，故护底坝应用较多。本节主要叙述护岸工程。

一、护岸工程的类型及适用条件

护岸工程因布局、形式、结构、材料等不同，各具特点。一般情况下，根据形式，护岸工程可分为三类，即坡式护岸、坝式护岸和墙式护岸。

（一）坡式护岸

坡式护岸一般采用抗冲材料直接铺设在岸坡一定范围内，形成连续的覆盖式护岸，对河床边界形态改变及近岸水流的影响较小，是一种较为常见的平顺护岸形式。我国许多中、小河流堤防、湖堤及部分海堤均采用平顺坡式护岸。

（二）坝式护岸

坝式护岸主要用以导引水流离岸，防止水流、潮汐、风浪直接冲刷侵蚀河岸，是一种间断性的有重点的护岸形式。需要注意的是，不是所有河段均需设置坝式护岸，只是在那些可能出现毁坏的河段上，才需修建坝式护岸。坝式护岸有依托河岸修建的丁坝和顺坝等。

1. 丁坝　　丁坝是坝根与河岸相连、坝头伸向河槽的横向整治建筑物，在平面上与河岸联结呈丁字形，故称丁坝。

丁坝根据坝身长短和影响水流的程度分为长丁坝和短丁坝。

（1）长丁坝　　长丁坝可堵塞一部分河槽，对河床起束窄作用，并能改变主流位置，保护下游河岸不受冲刷。对于规模较小的河沟，此种工程形式使用得较少。长丁坝按作用大小不同，又分为挑流坝和勾头丁坝两种（图 5-11）。

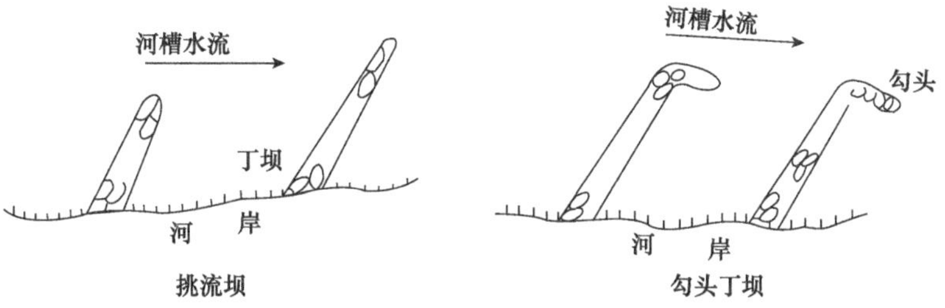

图 5-11　长丁坝

（2）短丁坝　　短丁坝起迎托水流的作用，可束窄河槽，但挑流作用较小。特别短的丁坝又叫矶头或盘头，它的平面形状有雁翅形（雁翅坝）和磨盘形（磨盘坝）（图 5-12）。

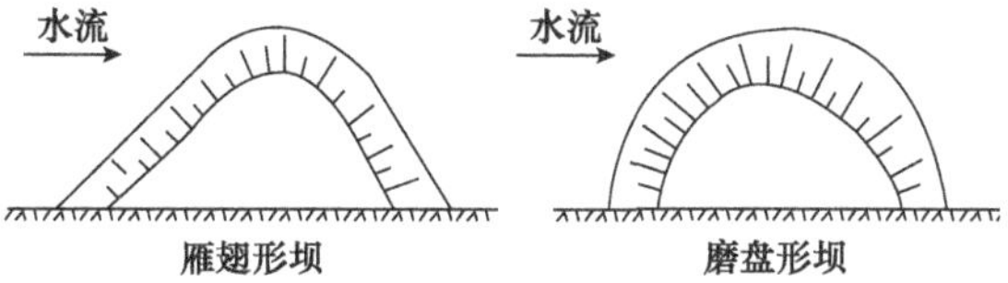

图 5-12　短丁坝平面图

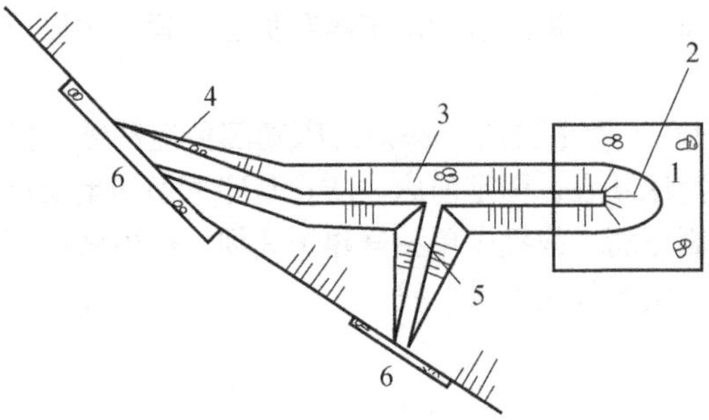

图 5-13 顺坝

1. 沉排；2. 坝头；3. 坝身；4. 坝根；5. 格坝；6. 河岸防护

丁坝按其轴线与水流方向夹角 α 的大小，分为上挑丁坝、下挑丁坝和正挑丁坝。上挑丁坝与水流方向的夹角 $\alpha>90°$，下挑丁坝 $\alpha<90°$，正挑丁坝 $\alpha=90°$。下挑丁坝的水流顺畅，上挑丁坝的水流在坝头较乱，易造成坝头冲刷。上挑丁坝在淹没时，水流漫坝后形成指向河岸的螺旋流，将泥沙带向河岸发生淤积；非淹没下挑丁坝落淤较好。

2. 顺坝 顺坝坝身与水流平行，与河岸相连或留缺口。由于它顺水流沿岸布置，故叫顺河坝或顺坝。顺坝为常见的河道整治工程，作用是形成河流边界、束窄河床、保护河岸及滩地，并能导向水流，故又叫导流坝。顺坝由坝头、坝身和坝根三部分组成（图 5-13），坝身一般较长，与水流方向接近平行或略有微小交角。

顺坝有淹没与非淹没两种。淹没顺坝用于整治枯水河槽，高程由整治水位而定，自坝根到坝头，沿水流方向略有倾斜，其坡度大于水面比降，淹没时自坝头至坝根逐渐漫水。非淹没顺坝在河道整治中采用得较少。

我国黄河下游常因泥沙淤积、河床宽浅、主流游荡、摆动频繁而普遍采用丁坝或丁坝与坡式护岸相结合的防护工程形式。长江在河口段，江面宽阔，水浅流缓，也多采用丁坝、顺坝挑流促淤，在保护岸滩上取得了良好的效果。

（三）墙式护岸

河道狭窄、河沟岸坡受水流冲刷严重、受地形条件或已建建筑物限制而无法采取其他护岸措施时，岸塌段宜采用墙式护岸。

墙式护岸多为重力式挡土墙护岸，其对地基的要求较高，造价也较高。

城市防洪堤一般因水域较窄、防护对象重要，故多采用墙式护岸。

二、护岸工程的设计原则

护岸工程的设计应符合防洪规划及河道整治工程规划的要求，工程布局应因势利导，合理布局，统筹兼顾防洪、航运、港埠、取水、农田水利等要求，尽量采取工程措施与生物措施相结合的方法，以达到经济、合理，同时兼顾生态环境效益。

护岸工程设计应遵循以下原则：

1）根据河岸动力作用特点进行防护；

2）有利于岸滩稳定；

3）减少波浪集中，避免与相邻建筑物的连接处形成薄弱点；

4）与邻近地区建筑物和环境相协调；

5）满足环境保护要求；

6）易于修复和加固。

三、护岸工程的设计标准、安全等级及设计使用年限

（一）设计标准

护岸工程的设计标准包括水位标准、设计波浪标准、允许越浪量标准、抗震设防标准等。

除特殊情况或有特殊要求外，护岸工程的设计标准应根据建筑物的结构安全等级，参照相关行业标准确定。

（二）安全等级

护岸结构的安全等级，应根据结构失效可能产生后果（即危及人的生命安全、造成经济损失、对社会和环境产生影响等）的严重程度划分。根据《防波堤与护岸设计规范》(JTS 154—2018)，护岸结构的安全等级可划分为三个，见表 5-5。

表 5-5　护岸结构的安全等级

安全等级	失效后果	适用范围
一级	很严重	有特殊安全要求的结构
二级	严重	一般结构
三级	不严重	临时性结构

永久性防护建筑物结构安全等级一般为一级或二级。对于大量一般护岸结构，安全等级为二级，既足够安全，也是经济合理的；对于有特殊安全需要的防护结构，或失事后造成下游灾害非常严重的护岸结构，安全等级应定为一级。临时性防护结构，使用期限较短，失事后影响较小者，安全等级可降为三级。

（三）设计使用年限

设计使用年限是指结构或结构构件不需进行大修就可满足按预定目标使用的年限，即正常设计、正常施工、正常使用和维护下，所达到的使用年限。

根据《防波堤与护岸设计规范》(JTS 154—2018)，永久性护岸结构的设计使用年限应采用 50 年；对破坏后损失不严重的斜坡式护岸等非重要建筑物，设计使用年限可采用 25 年；临时性护岸结构的设计使用年限可采用 5～10 年。航道整治工程中的护岸工程，尤其是内河航道中的护岸工程，不仅需要考虑防护要求，还要满足更大范围的防洪与行洪要求，其设计使用年限需结合工程目的、工程规模和使用要求等多方面因素综合确定。

四、护岸工程平面布置

（一）坡式护岸

河道滩岸受水流、波浪、潮汐等侵袭和冲刷，容易造成崩塌；河道岸滩狭窄，发生塌岸后，直接威胁河道及地方的安全。针对这类河道，应对损毁段进行防护，以稳定岸线，确保堤防安全。有些河道经过城区，从生态和环境等方面综合考虑，也需要进行防护。

坡式护岸工程的位置和长度不仅关系到工程规模，而且与河势的控制及调整密切相关，需在保证地方安全的前提下，结合河床演变分析及河势控制要求确定。

（二）坝式护岸

坝式护岸工程的平面布置和工程形式应根据河道演变规律及整治目的，综合考虑后确定。

河道治导线是在统筹兼顾上下游、左右岸及各部门利益的前提下，根据防洪规划及河道整治规则确定。因此，治导线是确定护岸工程位置的重要依据。坝式护岸的位置不应超越规划的治导线，切忌不顾整体影响，仅考虑局部塌岸，孤立修建工程的做法。

1. 丁坝　丁坝的平面布置应根据整治规划、水流流势、河岸冲刷情况和已建同类工程的经验确定，必要时需通过河工模型试验验证。

丁坝的平面布置应符合下列要求。

1）丁坝的长度应根据河岸与治导线的距离确定，如该处河道尚未作出整治规划，则应兼顾上下游、左右岸要求，按有利于引导水流的原则确定坝长，一般不宜超过 50～100 m。如果丁坝位置距离河岸较远，可修建连坝。

2）丁坝的间距可为坝长的 1～3 倍；河口与滨海地区的丁坝，其间距可为坝长的 3～8 倍。确定丁坝间距时，不仅要注意发挥出丁坝的掩护作用，还需避免坝间发生冲刷。当水流流向变化较大时，丁坝间距宜小。

3）非淹没丁坝宜采用下挑形式布置，使水流平顺，坝前冲刷坑浅，有利于航运，坝轴线与水流流向的夹角可采用 30°～60°；淹没丁坝可采用上挑式；受潮流和倒灌影响的丁坝可采用正挑式。

2. 顺坝 顺坝一般直接布置在治导线上。当利用顺坝引导河流、调整河岸走向时，宜布置在过渡段、分汊河段、急弯段及凹岸末端、河口及洲尾等水流不顺和水流分散的区域。

（三）墙式护岸

墙式护岸与坡式护岸平面布置基本相同，此处不再赘言。

五、护岸工程设计

护岸工程设计的关键是其断面设计。护岸断面形式应根据水位、波浪、地形条件、使用要求及施工方法等确定。

（一）坡式护岸

1. 结构形式 坡式护岸可根据水流条件、波浪强度和滩岸高度、岸坡坡度及土质、材料来源等情况，选择干砌石、浆砌石、混凝土预制块、现浇混凝土等结构形式，也可选用碎石、水泥土护坡等，其断面形式如图 5-14 所示。当护岸有生态景观要求时，可选用铁丝网箱式结构、生态袋、生态混凝土结构、箱式绿化挡墙、仿木桩、草皮等形式。

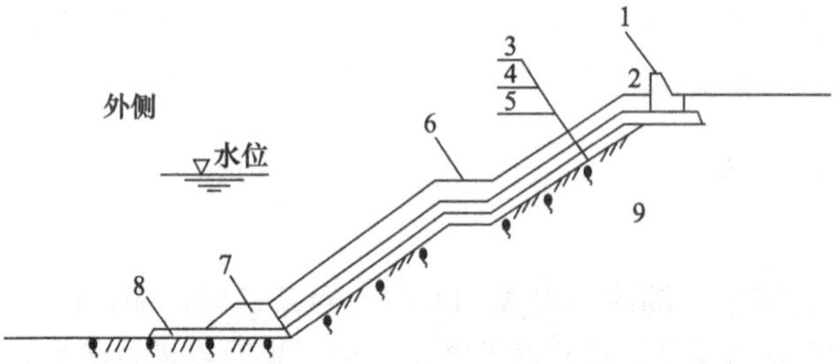

图 5-14 坡式护岸断面形式

1. 胸墙；2. 护肩；3. 护面层；4. 垫层；5. 反滤层；6. 肩台；7. 护脚；8. 护底；9. 岸坡

2. 冲刷计算

（1）水流平行于护岸 水流平行于防护工程产生的冲刷深度可参照《河道整治设计规范》（GB 50707—2011）中相关要求，按下式计算（图 5-15A）。

$$h_B = h_p + \left[\left(\frac{V_{cp}}{V_{允}}\right)^n - 1\right] \tag{5-8}$$

式中，h_B 为局部冲刷深度，m，从水面起算；h_p 为冲刷处的水深，m，以近似设计水位最大深度代替；V_{cp} 为平均流速，m/s；$V_{允}$为河床面上允许不冲流速，m/s；n 为指数，与防护岸坡在平面上的形状有关，一般取 $n=1/4$。

（2）水流斜冲防护岸坡　水流平行于防护工程产生的冲刷深度可参照《河道整治设计规范》（GB 50707—2011）中相关要求，按下式计算（图 5-15B）。

$$\Delta h_p = \frac{23\tan\dfrac{\alpha}{2}V_j^2}{\sqrt{1+m^2}g} - 30d \tag{5-9}$$

式中，Δh_p 为从河底算起的局部冲深，m；α 为水流流向与岸坡交角，（°）；m 为防护建筑物迎水面边坡系数；d 为坡脚处土壤计算粒径（cm）［对非黏性土，取大于 15%（按重量计）的筛孔直径，对黏性土，取表 5-6 的当量粒径值］；V_j 为水流的局部冲刷流速，m/s；g 为重力加速度，m/s^2。

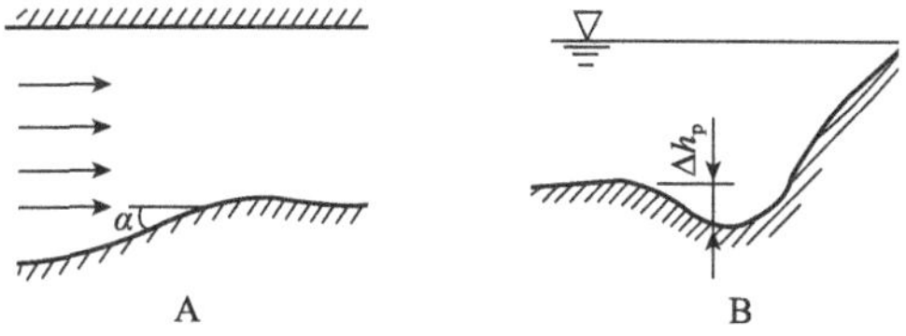

图 5-15　防护工程冲刷深度计算示意图

表 5-6　黏性土的当量粒径值

土性质	空隙比（空隙体积 / 土壤体积）	干容重 /（kN/m^3）	黏性土的当量粒径 /cm		
			黏土及重黏壤土	轻黏壤土	黄土
不密实的	0.9～1.2	11.76	1	0.5	0.5
中等密实的	0.6～0.9	11.76～15.68	4	2	2
密实的	0.3～0.6	15.68～19.60	8	8	3
很密实的	0.2～0.3	19.60～21.07	10	10	6

（3）水流的局部冲刷流速 V_j　V_j 根据不同情况可分别按下式计算。

1）滩地河床。

$$V_j = \frac{Q_1}{B_1 H_1}\frac{2\eta}{1+\eta} \tag{5-10}$$

式中，B_1 为河滩宽度，从河槽边缘至坡脚距离，m；Q_1 为通过河滩部分的设计流量，m^3/s；H_1 为河滩水深，m；η 为水流流速分配不均匀系数，根据 α 角查表 5-7 采用。

表 5-7　水流流速分配不均匀系数

α	≤15°	20°	30°	40°	50°	60°	70°	80°	90°
η	1	1.25	1.5	1.75	2	2.25	2.5	2.75	3

2）无滩地河床。

$$V_j = \frac{Q}{W - W_p} \tag{5-11}$$

式中，Q 为设计流量，m^3/s；W 为原河道过水断面面积，m^2；W_p 为河道缩窄部分的断面面积，m^2。

3. 护岸顶高程　护岸顶高程可按下式确定。

$$Z_c = H_w + R + a \tag{5-12}$$

式中，Z_c 为岸顶高程，m；H_w 为设计洪水位，m；R 为波浪爬高，m，根据相关行业标准确定；a 为安全加高，m，根据相关行业标准，按照工程安全等级分级取值。

4. 坡面　护岸边坡坡度可采用 1∶1.5～1∶3.5。沿海港口的护岸，采用变坡或不同的

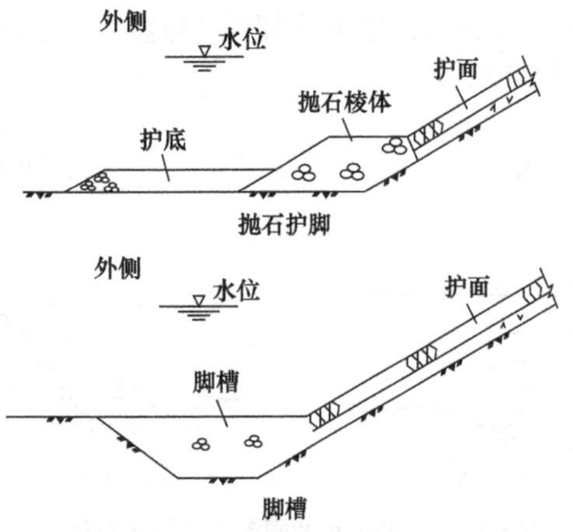

图 5-16 抛石护脚结构形式

护面块体时，其分界点宜在设计低水位以下 1.0 倍的设计波高处。

护岸坡面厚度应根据具体护岸形式分开考虑。一般而言，砌石护坡石层的厚度宜为 0.25～0.30 m，混凝土预制块或模袋混凝土的厚度宜为 0.10～0.12 m。砂砾石垫层厚度宜为 0.10～0.15 m。当坡面有排水要求时，应设置排水沟。护坡具体厚度可参照《堤防工程设计规范》(GB 50286—2013)计算。

5. 护脚 护脚可采用抛石棱体、方块棱体、脚槽等形式，如图 5-16 所示。

(1) *抛石护脚* 护脚顶宽不宜小于 2.0 m，外坡坡度不宜陡于 1∶1.5。迎流顶冲及重点河段不宜陡于 1∶2.0。抛石厚度应大于抛石粒径的 2 倍，最小不宜小于 1.0 m，水深流急处宜增大。

(2) *脚槽* 脚槽断面宜为矩形或梯形，可采用浆砌石、干砌块石或现浇混凝土结构。干砌石脚槽断面面积一般为 0.6～1.0 m^2，浆砌石或混凝土脚槽断面面积一般为 0.4～0.8 m^2。

(二) 坝式护岸

1. 结构形式 坝式护岸应根据河流水文泥沙特性、河床边界条件及河道整治工程总体布置要求，选用丁坝、顺坝、锁坝、潜坝等坝型。可选用透水、不透水，淹没、非淹没或上挑、正挑、下挑等形式。坝式护岸的断面形式如图 5-17 所示。

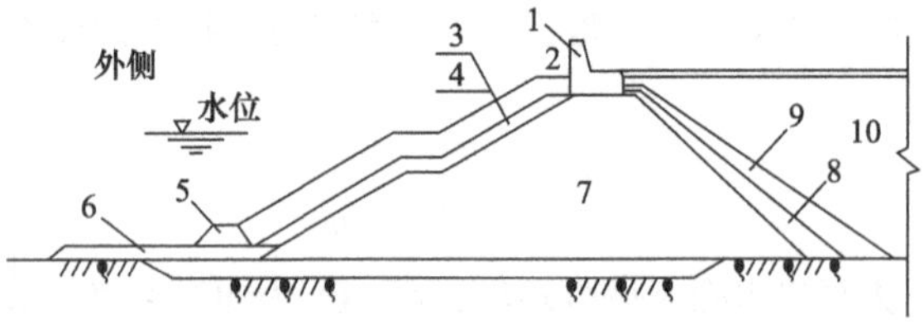

图 5-17 坝式护岸的断面形式

1. 胸墙；2. 护肩；3. 护面层；4. 垫层；5. 护脚；6. 护底；7. 坝体；8. 垫层；9. 反滤层；10. 回填料

2. 冲刷计算

(1) 丁坝

1) 壅水高度：丁坝的壅水高度可参照《河道整治设计规范》(GB 50707—2011)中相关要求，按下式计算。

$$\Delta Z=\frac{Q^2}{2g(\varphi\varepsilon Bh)^2}-\frac{V_0^2}{2g} \tag{5-13}$$

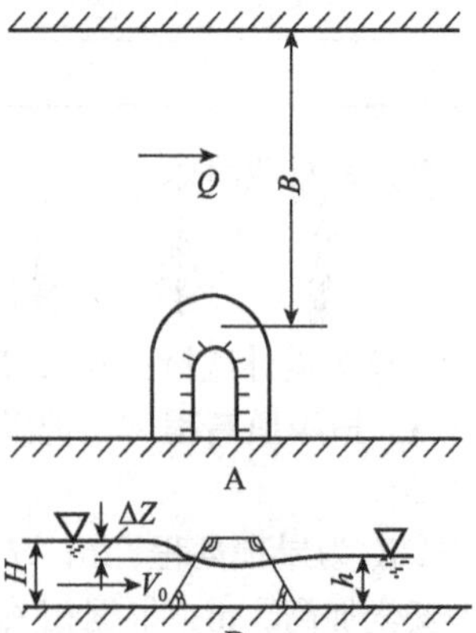

图 5-18 丁坝壅水高度计算示意图

式中，ΔZ 为丁坝的壅水高度，如图 5-18 所示；Q 为通过丁坝孔口的流量，m^3/s；φ 为流速系数，对垂直流向的丁坝可取 0.75～0.85，与流向成锐角的丁坝可取 0.85～0.90；ε 为侧收缩系数，与丁坝缩窄断面比及坝头形状有关，一般可取 0.8，当缩窄明显时取 0.7；B 为坝孔口平均宽度，m，如图 5-18 所示；h 为孔口处的平均水深，m，可近似用下游水深计算，如图 5-18 所示；V_0 为行进流速，m/s。

2）冲刷深度：丁坝冲刷深度计算应根据水流条件、边界条件，并应用观测资料验证分析选择。

非淹没丁坝冲刷深度可参照《河道整治设计规范》（GB 50707—2011）中相关要求，按下列公式计算。

$$\Delta h = 27K_1K_2(\tan\frac{\alpha}{2})\frac{V_0^2}{g} - 30d \tag{5-14}$$

$$K_1 = e^{-5.1\sqrt{\frac{V_0^2}{gL}}} \tag{5-15}$$

$$K_2 = e^{-0.2m} \tag{5-16}$$

式中，Δh 为冲刷深度，m；V_0 为丁坝坝前行进流速，m/s；K_1 为与丁坝在水流法线上投影长度 L 有关的系数；K_2 为与丁坝边坡坡率有关的系数；α 为水流轴线与丁坝轴线的交角，当丁坝上挑 $\alpha > 90°$ 时，应取 $\tan\frac{\alpha}{2} = 1$；g 为重力加速度，m/s²；d 为床砂粒径，m；m 为丁坝边坡坡率。

非淹没丁坝所在河流河床质粒径较细时，可按下式计算。

$$h_B = h_0 + \frac{2.8V_0^2}{\sqrt{1+m^2}}\sin\alpha \tag{5-17}$$

式中，h_B 为冲刷深度，m；V_0 为丁坝坝前行进流速，m/s；h_0 为丁坝坝前行进水流水深，包括行进流速水头，m；m 为丁坝边坡坡率；α 为水流轴线与丁坝轴线的交角。

（2）顺坝　水流平行于顺坝及水流斜冲顺坝产生的冲刷深度，可参照坡式护岸工程冲刷深度计算。

3. 护岸顶高程　坝式护岸顶高程与坡式护岸顶高程类似，均为河道设计洪水位与坝顶超高之和。

$$Z_c = H_w + \Delta Z + a \tag{5-18}$$

式中，Z_c 为岸顶高程，m；H_w 为设计洪水位，m；ΔZ 为壅水高度，m，根据相关行业标准确定；a 为安全加高，m，根据相关行业标准，按照工程安全等级分级取值。

4. 断面　坝式护岸顶宽可参照已有工程的实践经验并结合胸墙底宽及施工条件确定，一般丁坝顶宽为 2.0～15.0 m，顺坝顶宽为 3.0～10.0 m。若护岸工程设置有肩台，肩台高程和宽度可根据护岸整体稳定性和施工条件确定，一般情况下，肩台顶高程应高于设计枯水位 0.5～1.0 m，肩台宽度不宜小于 2.0 m。

坝式护岸边坡坡比应根据坝体稳定计算确定，迎水坡坡度应比较平顺，边坡可取 1：1.5～1：3.0，背水坡边坡可适当变陡，一般可取 1：1～1：2。

（三）墙式护岸

墙式护岸的结构形式可采用垂直式、陡坡式、折线式等，其断面形式如图 5-19 所示。墙体结构材料可采用钢筋混凝土、素混凝土、浆（灌）砌石、石笼等。墙式护岸冲刷计算、岸顶高程可参照坡式护岸计算，断面尺寸及墙基

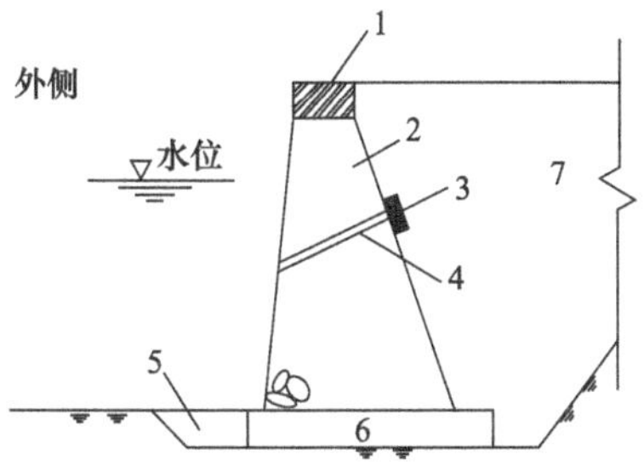

图 5-19　现浇混凝土或浆（灌）砌石护岸断面形式

1. 压顶；2. 墙体；3. 倒滤设施；4. 排水孔；5. 护底；6. 底板；7. 回填料

嵌入河岸坡脚的深度，应根据具体情况及河岸整体稳定计算分析确定。在水流冲刷严重的河岸应采取一些护基措施。

六、护岸工程稳定分析计算

护岸工程应进行稳定分析计算。稳定分析计算时，应根据不同堤段的防洪任务、工程级别、地形地质条件，结合护岸自身的结构形式、高度等因素，选择有代表性的断面进行。

根据《河道整治设计规范》(GB 50707—2011)，护岸工程稳定计算安全系数应不小于表 5-8 规定的数值。

表 5-8　护岸工程稳定安全系数

防护形式	坡式护岸工程		墙式护岸工程	
	整体稳定	边坡内部稳定	抗滑移稳定	抗倾覆稳定
安全系数	1.25	1.2	1.25	1.5

(一) 坡式护岸抗滑稳定

坡式护岸抗滑稳定包括岸坡与岸坡基础土对滑动的稳定，以及护坡工程对其沿护坡底面滑动的稳定。抗滑稳定分析计算方法可采用瑞典圆弧滑动法、折线极限平衡法，详见相关规范。

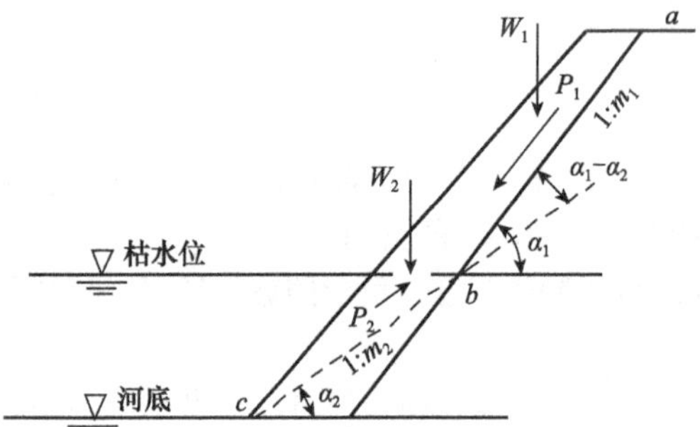

图 5-20　边坡内部滑动示意图

需要说明的是，当护坡自身结构不紧密或埋置较深不易发生整体滑动时，还应进行护坡内部的稳定分析计算。内部不稳定破坏易发生在枯水期，当水位较低时，易沿抗剪强度较低的接触面向下滑动，如图 5-20 所示。一般假定滑动面经过坡前水位和坡岸滑裂面的交点，即 b 点，全滑动面则为 abc 折线。折点 b 以上护坡体产生滑动力，依靠下部护坡体的内部摩阻力平衡。

(二) 墙式护岸抗滑和抗倾覆稳定

墙式护岸抗滑和抗倾覆稳定分析计算与重力式挡土墙的相同，具体见本书第二章第三节，此处不再赘言。需要注意的是计算时，应符合相关规范。

第六章 水土保持工程投资概预算

第一节 基本概念及工程定额

工程投资概预算（工程概预算）是指在工程建设过程中，根据不同设计阶段设计文件的具体内容和有关定额、指标及取费标准，预先计算和确定建设项目的全部工程费用的技术经济文件。也就是通过编制各类价格文件，对拟建工程造价进行预先测算和确定的过程。概预算所确定的投资额度，实质上是相应工程的计划价格。这种计划价格在实际工作中通常称为概算造价和预算造价，它是国家对基本建设实行宏观控制、科学管理和有效监督的重要手段之一，对于提高企业的经营管理水平和经济效益、节约国家建设资金具有重要的意义。

基本建设工程概预算，是根据不同设计阶段的具体内容和有关定额、指标，分阶段进行编制的。

一、投资概预算编制的意义

工程概预算是确定每项新建、扩建、改建和恢复工程全部建设费用的计划文件，是各阶段设计文件的重要组成部分，又是实行项目建设投资包干、工程招标、投标的基础和依据，对于基建工程的计划管理，合理、节约使用资金，充分发挥投资效能，加强施工管理和经济核算，降低工程成本，提高设计质量，多、快、好、省地完成建设任务，都有着重要作用。为了合理而有效地利用建设资金，降低工程成本，充分发挥投资的效益，必须对基本建设项目进行科学管理和有效的监督。工程概预算就是对基本建设实行科学管理和有效监督的工具。

1. 为项目决策提供科学依据 项目在投资决策之前，需进行可行性研究，以充分论证其技术的可行性和经济的合理性。在这一阶段，投资估算是进行经济分析的重要基础，是项目正确决策的重要依据。

2. 提供科学的工程造价前期控制方法 在工程项目可行性研究阶段和初步设计阶段，工程概预算可控制工程规模、工程范围及设计标准，通过技术经济比较分析、优化设计方案等方法，对工程造价进行前期预控制。

3. 提供合理的工程投资规模和宏观控制目标 工程项目初步设计概算，是在初步设计阶段，依据现行有关费用标准、定额而编制的工程投资计划。工程概预算所确定的建设费用，是控制投资的限额。在实施过程中，未经规定的程序批准，不允许随意突破。对建设项目的全部拨款、贷款或对单项工程的拨款、贷款的累计总额，不能超过概算，如必须突破总概算，其超出部分经设计单位同意并修改后，由主管单位报原初步设计批准机关审核。对建筑安装工程，则应根据审定的施工图预算和工程进度预支与结算。因此，它是国家（或业主）确定基本建设投资规模的依据。

4. 为筹措建设资金提供基本依据 当前开发建设工程投资已形成多元化格局，主要有各级政府投资、贷款、集资、利用外资等形式，工程概预算的编制，可为筹措建设资金提供基本依据。

5. 为顺利实行工程招标投标提供必要条件 合同制是基本建设管理体制改革的重要方面。通过签订承发包合同，可以明确建设单位和施工单位的责、权、利，进一步调动其经营管理的积极性。签订承发包合同，要以工程概预算为重要依据和必备的附件，以确定建设单位发包给施工单位的全部工程造价，或需要完成的那部分工程价值。工程概预算可以作为招标工程的标底，是考核标价、指导择优定标的依据，也是投标单位确定投标报价的基础。

6. 提供科学的工程造价实施控制方法 工程造价可分清影响资金运用的主观和客观影响因素，计算并调整客观因素影响的投资，避免主观因素的影响，规范合同调整和纠纷处理方法，有利于工程的顺利开展。

7. 为加强施工管理和贯彻经济核算的必备条件 施工企业在编制施工计划、进行施工准备、组织材料供应和施工力量时，都可以直接利用施工概算所提供的实物指标和货币指标，来加强施工管理。经济核算是企业管理的一项根本原则。经审定的预算，是建设单位控制建设投资和施工单位确定工程收入的依据，施工企业必须以它为尺度来考核自己的经营成果。如果没有这个尺度，企业的收入是不确定的，那么企业实行经济核算就只能是一句空话。

8. 为基建审计提供有关基础资料 基建审计是基建项目中为了防止出现贪污腐败的一种措施，投资概估算的编制为基建审计提供了相关的基础资料。

二、水土保持投资计算的类型

根据我国基本建设程序的规定，在工程的不同建设阶段，要编制相应的工程造价，一般有以下几种。

（一）投资估算

投资估算是项目建议书、可行性研究阶段对工程造价的预测，也是建设单位向国家或主管部门申请基本建设投资时，为确定建设项目投资总额而编制的技术经济文件。国家或主管部门确定基本建设投资计划，主要根据估算指标、概算指标或类似工程的预（决）算资料进行编制。投资估算控制初步设计概算，为工程投资限定最高限额。进行编制时，应充分考虑各种可能的需要、风险、价格上涨等因素，要打足投资，不留缺口，适当留有余地。作为设计文件的重要组成部分，投资估算是编制基本建设计划，实行基本建设投资大包干，控制其中建设拨款、贷款的依据；是考核设计方案和建设成本是否合理的依据；也是业主选定近期开发项目作出科学决策和进行初步设计的重要依据。

（二）投资概算

投资概算是指在初步设计阶段，设计单位为确定拟建基本建设项目所需的投资额或费用而编制的工程造价文件，它也是设计文件的重要组成部分。该文件在已批准的可行性研究阶段投资估算静态总投资的控制下进行编制。由于初步设计对建筑物的布置、结构形式、主要尺寸以及机电设备的型号、规格等均已确定，投资概算对建设工程造价是带有定位性质的测算，而非一般的测算，同时要求设计概算不得突破投资估算。因此，初设概算经批准以后，成为建设项目成本管理、成本控制的依据，当然也是确定和控制基本建设投资，编制基本建设计划，编制利用外资概算和业主预算，编制工程标底，实行建设项目包干，考核工程造价和验核工程经济合理性，以及建设单位向银行贷款的依据。设计单位在报批设计文件的同时，要报批设计概算，设计概算经过审批后，就成为国家控制该建设项目总投资的主要依据，不得任意突破。

（三）修改概算

修改概算是指在技术设计阶段，由于设计内容与初步设计的差异，设计单位应对投资进行具体核算，对初步设计概算进行修正而形成的经济文件。其作用与设计概算相同。对于某些大型工程或特殊工程，当采用三阶段设计时，在技术设计阶段随着设计内容的深化，可能出现建设规模、结构造型、设备类型和数量等内容与初步设计相比有所变化，或遭遇不可抗拒的重大自然灾害，或国家有较大的政策性调整，或物价有较大幅度的变动，设计单位应对投资额进行具体核算，对初步设计总概算进行修改，作为技术文件的组成部分。修改概算是在量（指工程规模或设计标准）和价（指价格水平）都有变化的情况下，对设计概算的修改。对于绝大多数水利水电工程，多采用两阶段设计（即初步设计和施工图设计），未作技术设计，故修改概算也就很少出现。

（四）业主预算

业主预算是在已经批准的初步设计概算基础上，为了满足业主控制和管理的需要，对已经确定实行投资包干或招标承包制的建设项目，按照总量控制、合理调整的原则编制的内部预算，也称为执行概算。它根据工程管理与投资的支配权限，按照管理控制需要进行编制，是项目投资主管部门与建设单位签订工程总承包（或投资包干）合同的主要依据。

（五）标底与报价

标底是招标工程的预期价格，以招标文件、图纸为主要形式，按有关规定，结合工程的具体情况，计算出的合理工程价格。标底是由业主委托具有相应资质的设计单位、社会咨询单位编制完成的，包括发包造价、与造价相适应的质量保证措施及主要施工方案、为缩短工期所需的措施费等。其中，合理的发包造价是最主要的部分，应在编制完成后，报送招标管理部门审定。标底的主要作用，是为招标单位在一定浮动范围内合理地控制工程造价提供依据，明确自己在发包工程上应承担的财务义务。同时，标底也是投资单位考核发包工程造价的主要尺度。

投标报价，即报价，是施工企业（或厂家）对建筑工程产品（或机电、金属结构设备）的自主定价。对于国家定价、标准而言，它反映的是市场价格，体现了企业的经营管理和技术、装备水平。中标报价是基本建设产品的成交价格。

（六）施工图预算

施工图预算是施工图设计阶段对工程造价的计算。它根据施工图纸、施工组织设计、国家颁布的预算定额和工程量计算规则、地区材料预算价格、施工管理费标准、计划利润率、税金等，计算每项工程所需人力、物力和投资额的文件。施工图预算应在已批准的初步设计概算的控制下进行编制。它是施工前组织物资、机具、劳动力，编制施工计划，统计完成工作量，办理工程价款结算，实行经济核算，考核工程成本，实行建筑工程包干和建设银行拨（贷）工程款的依据。它也是施工图设计的组成部分，由设计单位负责编制。它的主要作用是确定单位工程项目造价，为考核施工图设计经济合理性提供依据。一般建筑工程，以施工图预算作为编制施工招标标底的依据。在通常工作中，人们习惯于把施工图预算叫作工程预算，并以此和设计概算与施工预算相区别，即狭义的工程预算。

（七）施工预算

施工预算是指在施工阶段，施工单位为了加强企业内部经济核算，节约人工和材料，合理地使用机械，在施工图预算的控制下，通过工料分析，计算拟建工程工、料和机具等的需要量，并直接用于生产的技术经济文件。其主要用于施工企业内部人、材、物的计划管理，是控制成本和班组经济核算的依据。根据施工图的工程量、施工组织设计或施工方案和施工定额等资料进行编制。

（八）竣工结算和竣工决算

竣工结算是施工单位与建设单位对承建工程项目的最终结算（施工过程中的结算属于中间结算）。

竣工决算是指建设项目全部完工后，在工程竣工验收阶段，由建设单位编制的从项目筹建到建成投产全部费用的技术经济文件，是建设单位向国家（或业主）汇报建设成果和财务状况的总结性文件。竣工决算作为建设投资管理的重要环节，反映了工程的实际造价，为工程竣工验收、交付使用提供重要依据，是进行建设项目内务总结，银行对其实行监督的必要手段。

竣工结算与竣工决算的主要区别有两点：一是范围，竣工结算的范围只包括承建工程项目，是基本建设项目的局部，而竣工决算的范围是基本建设项目的整体；二是成本内容，竣工结算只涉及承包合同范围内的预算成本，而竣工决算是完整的预算成本，它还要计入工程建设的其他费用开支、临时工程设施费和建设期贷款利息等工程成本与费用。由此可见，竣工结算是竣工决算的基础，只有先办竣工结算，才有条件编制竣工决算。

水土保持工程概预算根据其编制阶段、编制依据和编制目的的不同，可分为工程建设项目投资估算、设计概算、业主预算、招投标价格、施工图预算、施工预算、工程结算、竣工决算等，有时根据实际情况可简化或合并。

三、水土保持概预算的编制方法

开发建设项目水土保持投资概预算是从工程措施、植物措施、施工临时工程等各单位工程概算做起，逐步汇总后，再计取有关费用而得出的水土保持总概算。主要编制方法有概算定额法、概算指标法、类似工程预算法等。

（一）概算定额法

概算定额法又称为扩大单价法或扩大结构定额法。它是采用概算定额编制水土保持工程概算的方法，根据设计图纸资料和概算定额的项目划分计算出工程量，然后套用概算定额单价（基价），计算汇总后，再计取有关费用，从而得出水土保持投资概算表。

概算定额法要求水土保持方案及其初步设计达到一定深度，平面布置和典型设计等比较明确，能按照设计计算工程量，此时才可采用。工程可行性研究阶段的水土保持方案，可根据典型设计资料来计算，但定额单价要扩大10%。概算定额法是开发建设项目水土保持投资计算的主要方法。

（二）概算指标法

当设计深度不够、主要工程量和辅助工程量难以最终确定时，可采用概算指标法。例如，植物措施设计中的园林绿化部分，在可行性研究阶段，该部分的内容还没有达到相应的设计深度，为不丢失该部分投资，可用概算指标法进行估算。

概算指标法与概算定额法不同，它是以技术条件相同或基本相同的其他工程的直接费指标平摊到单位面积或单位长度来计算概算指标，是一种较为粗略的估算方法。在其他工程直接费的基础上，按当地和行业的规定计算出其他费用、现场经费、间接费、利润和税金等，计算出单位面积或单位长度的修正概算指标。然后，用拟建的水土保持设施的面积或长度，乘以计算出的修正概算指标，得出工程投资估算。

概算指标法的适用范围是设计深度不够、不能准确地计算出工程量，但工程设计采用的技术比较成熟，且有类似工程概算指标可以利用时，可采用此法。

由于拟建工程（设计对象）往往与类似工程的概算指标的技术条件不尽相同，而且概算指标编制年份的设备、材料、人工等价格与拟建工程当地的价格也不会一样，因此，还需对其进行一定的调整。

（三）类似工程预算法

类似工程预算法是利用技术条件与设计对象类似的已完工程或在建工程的工程造价资料来编制拟建工程设计估（概）算的方法。类似工程预算法适于单位工程与已完工程或在建工程的设计相类似又没有可用的概算指标时采用，但必须对单位工程的组成差异和当地的造价进行调整。单位工程差异的调整方法与概算指标法的调整方法相同；类似工程造价的造价水平调整常用如下两种方法。

1）工程造价资料有具体的人工、材料、机械台班的用量时，可按类似工程预算造价资料中的主要材料用量、人工数量、机械台班用量，乘以拟建所在地的主要材料预算价格、人工单价、机械台班单价，计算出直接费（符合量价的原则），再考虑当地的一些费率，适当扩大后即可得出所需的估算指标。

2）类似工程造价资料只有人工、材料、机械台班费用和其他直接费、现场经费、间接费时，可按式（6-1）计算。

$$D=1.1\times A\times K \tag{6-1}$$

式中，D 为拟建工程单位面积或单位长度的估（概）算造价；A 为拟建工程单位面积或单位长度的预算造价；K 为总和调整系数，$K=A\%\,K_1+B\%\,K_2+C\%\,K_3+D\%\,K_4+E\%\,K_5+F\%\,K_6$。这里，$A\%$、$B\%$、$C\%$、$D\%$、$E\%$、$F\%$ 为类似工程预算的人工费、材料费、机械台班费、其他直接费、现场经费、间接费占预算造价的比例。例如，$A\%$=类似的工程预算人工费（或工资标准）/类似工程预算造价在人工费、材料费、机械台班费、其他直接费、现场经费和间接费之间的差异系数。K_1、K_2、K_3、K_4、K_5、K_6 为拟建工程地区与类似工程预算造价在人工费、材料费、机械台班费、其他直接费、现场经费和间接费之间的差异系数。例如，K_1=拟建工程预算的人工费（或工资标准）/类似工程预算人工费（或地区工资标准）。K_2、K_3、K_4、K_5、K_6 类同。

水土保持投资概算有以上几种方法，但在实际的编制工作中，以概算定额法为主。

四、工程定额

（一）定额概述

1. 定额的概念　在社会生产中，为了生产出合格的产品，就必须消耗一定数量的人力、材料、机具、机械台班和资金等。根据一定时期的生产力水平和产品的质量要求，规定出在产品生产中人力、物力或资金消耗的数量标准，这种标准就称为定额。确切地说，定额就是在合理的劳动组织和合理地使用材料与机械的条件下，完成单位合格产品所消耗的资源数量标准。

2. 定额水平　定额水平就是规定完成单位合格产品所需消耗的资源数量的多少。

定额水平是一定时期社会生产力水平的反映，它与操作人员的技术水平、机械化程度及新材料、新工艺、新技术的发展和应用有关，与企业的组织管理水平和全体技术人员的社会主义劳动积极性有关。所以定额不是一成不变的，而是随着生产力水平的变化而变化的。一定时期的定额水平，必须坚持平均先进的原则，也就是在一定生产条件下大多数企业、班组和个人，经过努力可以达到或超过的标准。

因此，定额必须从实际出发，根据生产条件、质量标准和工人现有的技术水平等经过测算、统计、分析而制定，并随着上述条件的变化而进行补充和修订，以适应生产发展的需要。

（二）定额的作用

定额是一切企业实行科学管理的必要条件，没有定额就谈不上企业的科学管理。定额主要有以下几方面的作用。

1. 定额是编制计划的基础　无论是国家计划还是企业计划，都直接或间接地以各种定额为依据来计算人力、物力、财力等各种资源需要量，所以，定额是编制计划的基础。

2. 定额是确定产品成本的依据，是评比设计方案合理性的尺度　建筑产品的价格是由其产品生产过程中所消耗的人力、材料、机械台班数量以及其他资源、资金的数量所决定的，而它们的消耗量又是根据定额计算的，定额成为确定产品成本的依据。同时，同一建筑产品的不同设计方案的成本，反映了不同设计方案的技术经济水平的高低。因此，定额也作为比较和评价设计方案是否经济合理的尺度。

3. 定额是提高企业经济效益的重要工具　定额作为法定的标准，具有严格的经济监督作用，它要求每一个执行定额的人，都必须严格遵守定额的要求，并在生产过程中尽可能有效地使用人力、物力、资金等资源，使之不超过定额规定的标准，从而提高劳动生产率，降低生产成本。

企业在计算和平衡资源需要量、组织材料供应、编制施工进度计划和作业计划、组织劳动力、签发任务书、考核工料消耗、实行承包责任制等一系列管理工作时，都要以定额作为标准。因此，定额是加强企业管理，提高企业经济效益的重要工具。

4. 定额是贯彻按劳分配原则的尺度　由于工时消耗定额反映了生产产品与劳动量的关系，可以根据定额来对每个劳动者的工作进行考核，从而确定他所完成的劳动量的多少，并以此来支付他的劳动报酬。

5. 定额是总结推广先进生产方法的手段　定额是在先进合理的条件下，通过对生产和施工过程的观察、实测、分析，综合制定的，它可以准确地反映出生产技术和劳动组织的先进合理程度。因此，我们可以用定额标定的方法，对同一产品在同一操作条件下的不同生产方法进行观察、分析，从而总结比较完善的生产方法，并经过试验、试点，然后在生产过程中予以推广，使生产效率得到提高。

合理制定并认真执行定额，对改善企业经营管理、提高经济效益具有重要的意义。

（三）定额的特性

定额的特性是由定额的性质决定的，定额的特性有以下 5 个方面。

1. 定额的法令性　定额由被授权部门根据当时的实际生产力水平制定，经授权部门颁发，供有关单位使用。在执行范围内，所有单位必须遵照执行，不得任意调整和修改。如需进行调整、修改和补充，必须经授权编制部门批准。因此，定额具有经济法规的性质。

2. 定额的群众性　定额是根据当时的实际生产力水平，在大量测定、综合、分析、研究实际生产中的有关数据和资料的基础上制定出来的，因此它具有广泛的群众性；同时，定额一旦制定颁发，运用于实际生产中，则成为广大群众共同奋斗的目标。总之，定额的制定和执行都离不开群众，也只有得到群众的充分协助，定额才能定得合理，并能为群众所接受。

3. 定额的相对稳定性　定额水平的高低，是根据一定时期社会生产力水平确定的。当生产条件发生变化，技术水平提高，原定额也就不适应了，在这种情况下，授权部门应根据新的情况制定出新的定额或补充原有的定额。但是，社会的发展有其自身的规律，有一个量变到质变的过程，而且定额的执行也有一个时间过程，所以每一次制定的定额必须是相对稳定的，决不可朝订夕改，否则会伤害群众的积极性。

4. 定额的针对性　一种产品（或者工序）一项定额，而且一般不能互相套用。一项定额，不仅是该产品（或工序）的资源消耗的数量标准，还规定了完成该产品（或工序）的工作内容、质量标准和安全要求。

5. 定额的科学性　制定工程定额要进行“时间研究”“动作研究”，以及工人、材料和机具在现场的配置研究，有时还要考虑机具改革、施工生产工艺等技术方面的问题等。工程定额必须真实地反映工程建设的消耗，必须和生产力发展水平相适应，反映工程建设中生产消费的客观规律，这样才能促进生产的发展。定额的制定必须要有科学的态度和方法，尊重客观实际，力求水平合理，利用现代科学管理的成就，形成一套系统的、完整的在实践中行之有效的方法，从这一方面来说定额是一门科学技术。

（四）水土保持工程概算定额

《水土保持工程概算定额》（水总〔2003〕67号）是现行的水土保持工程专业计价标准，是编制开发建设项目水土保持初步设计概算文件的依据，也可作为编制可行性研究报告投资估算的依据。该定额从颁布至今，已有20年的时间，从目前使用的情况看，一些项目已不能适应当前的经济建设，但在新的定额未颁布之前，还必须以此定额为依据。

《水土保持工程概算定额》由目录、总说明、章节说明、概算定额项目表和附录等组成。在总说明中主要阐明编制依据、使用范围、定额计量及其他有关的规定等。在章节说明中主要阐明有关定额的划分、定额的调整和其他有关规定等。在概算定额项目表中，表头列有定额的工作内容、适用范围和计量单位，项目表（子目）中列有定额项目的人工、材料和机械台时消耗量指标，这也是定额的主要组成部分。现概述如下。

（1）章节设置　《水土保持工程概算定额》按照水土保持工程的特点分为土方工程，石方工程，砌石工程，混凝土工程，砂、石、块石备料工程，基础处理工程，机械固沙工程，林草工程，梯田工程，谷坊、水窖、蓄水池工程共10部分及附录。

（2）适用范围　水土保持概算单价均采用本定额编制。

（3）作业班及工作时间　本定额按一日三班作业施工、每班八小时工作制拟定。如采用一日一班或一日两班工作制时，定额不做调整。

（4）海拔调整　由于水土保持工程的工程措施和植物措施海拔变化范围较大，无法用某一个高程点来代替，不像水利枢纽工程可以按发电厂房顶部高程为依据确定，因此水土保持工程概算定额引入平均海拔的概念，来解决高程调整系数的问题。

（5）工作内容　定额中不可能将所有工作都反映出来，故在各章节子目中扼要说明了主要施工过程及工序。对于次要的施工过程、施工工序和辅助工作所需的人工、材料、机械，没有说明，但也包括在定额内。

（6）计量单位　定额中人工用“工时”、机械用“台时”为计量单位。材料均采用法定计量单位计量。

（7）人工、机械工作时间　人工和机械定额数量，包括基本工作、辅助工作、准备与结束、不可避免的中断、必要的休息、工程检查、交接班、班内工作干扰、夜间工效影响，以及常用工具和机械的维修、保养、加油、加水等全部工作时间。

（8）材料表示方法　定额中的材料是指完成该定额子目工作内容所需的全部材料耗用量，包括主要材料、其他材料及零星材料。

凡一种材料名称之后同时并列几种不同型号规格的，表示这种材料只能选用其中一种型号规格的定额进行计价。例如，石方开挖定额导线名称后面列有火线和电线，只能取其中一种计价。

凡一种材料分几种型号规格与材料名称同时并列的，如石方开挖定额中同时并列导火线和导电线，只能取其中一种计价。

（9）机械表示方法　定额中的机械是指完成该定额子目工作内容所需的全部机械耗用量，包括主要机械和其他机械。

凡一种机械名称之后同时并列几种不同型号规格的，表示这种机械只能选用一种型号规格的定额进行计价。例如，运输定额中的自卸汽车后面列有不同吨位，表示只能选用其中一种吨位的自卸汽车计价。

凡一种机械分几种型号规格与机械名称同时并列的，则表示这些名称相同而规格不同的机械都应同时计价。例如，颚式粉碎机破碎筛石碎石，并列有 $B=650$、$B=500$ 胶带运输机两行，这两种机械同时计价。

（10）其他材料费、零星材料费、其他机械费表示方法　其他材料费、零星材料费、其他机械费均以费率形式表示，其计算基数如下。

其他材料费，以主要材料费之和为计算基数；

零星材料费，以人工费、机械费之和为计算基数；

其他机械费，以主要机械费之和为计算基数。

（11）定额用数字表示的适用范围　只用一个数字表示的，仅适用于该数字本身。当需要选取的定额介于两子目之间时，可用插入法计算。例如，水平阶整地，地面坡度 35°，应采用定额 08002 与 08003 子目进行插入计算。

数字用上下限表示的，如 2000～2500，适用于大于 2000、小于或等于 2500 的数字范围。例如，沟槽石方开挖，底宽 4 m，风钻钻孔，X 级岩石，应选用 02026 定额子目计算。

第二节　工 程 费 用

一、费用构成

水土保持生态建设工程费用由工程费、独立费用、预备费构成。

（一）工程费

工程费包括工程措施费、林草措施费和封育治理措施费，均由直接费、间接费、企业利润和税金 4 个部分组成。

（二）独立费用

独立费用由建设管理费、工程建设监理费、科研勘测设计费、水土流失监测费、征地及淹没补偿费和工程质量监督费 6 个部分组成。

（三）预备费

预备费包括基本预备费和价差预备费。

二、直接费、间接费、企业利润和税金

生态建设项目建筑安装工程及林草工程费是指工程措施、林草措施和封育治理措施费用。这三者均由直接费（包括基本直接费、其他直接费）、间接费、企业利润和税金 4 项组成。

（一）直接费

直接费是指工程施工过程中直接消耗在工程项目上的活劳动和物化劳动，由基本直接费和其他直接费组成。

1. 基本直接费　包括人工费、材料费、机械使用费。

有关人工费、材料费、机械使用费的内涵和意义见直接工程费中的直接费相关内容。

其中，工程措施基本直接费和林草及封育治理措施基本直接费均由人工费、材料费、机械使用费三项之和构成。林草及封育治理措施基本直接费的材料费中不含苗木、草及种子费等项目。

2. 其他直接费　包括冬雨季施工增加费，仓库、简易路、涵洞、工棚及其他费用，按工程措施、林草措施和封育治理措施等不同工程类别选择费率（以直接费为基础）分别计取，详见表 6-1。

表 6-1　其他直接费费率表

工程类别	计算基础	其他直接费费率 /%	工程类别	计算基础	其他直接费费率 /%
工程措施	占基本直接费	3.0～4.0	封育治理措施	占基本直接费	1.0
林草措施	占基本直接费	1.5			

注：工程措施中的梯田工程取基本直接费的 2.0%；设备及安装工程和其他工程不再计其他直接费

（二）间接费

间接费是指工程施工过程中构成成本，但又不直接消耗在工程项目上的有关费用。其包括施工单位管理人员工资、办公费、差旅费、交通费、固定资产使用费、管理用具使用费和其他费用。按工程措施、林草措施和封育治理措施等不同工程类别选择费率（以直接费为基础）分别计取。水利部办公厅办水总〔2016〕132 号文件，调整了费率，详见表 6-2。

表 6-2　间接费费率表

工程类别	计算基础	间接费费率 /%	工程类别	计算基础	间接费费率 /%
工程措施	占直接费	5.5～7.6	封育治理措施	占直接费	4.4
林草措施	占直接费	5.5			

注：工程措施中的梯田工程、机械固沙、谷坊、水窖工程取下限；治沟骨干工程、蓄水池工程、小型蓄排、引水工程取上限；设备及安装工程、其他工程及林草措施中的育苗棚、管护房、水井等均不再取间接费

（三）企业利润

按规定应计入工程措施、林草措施和封育治理措施费用中的利润。

1. 工程措施　利润按直接费与间接费之和的 3%～4% 计算。设备及安装、其他工程是按指标计算的，不再计利润。

2. 林草措施　利润按直接费和间接费之和的 2% 计算。其中有苗棚、管护房、水井是按指标计算的，不再计利润。

3. 封育治理措施　利润按直接费与间接费之和的 1%～2% 计算。

（四）税金

税金是指国家对施工企业承担建筑、安装工程作业收入所征收的营业税、城市维护建设税和教育费附加。

1. 工程措施　税金按直接费、间接费、企业利润之和的 3.22% 计算。设备及安装工程、其他工程是按指标计算的，不再计税金。

2. 林草措施　税金按直接费、间接费、企业利润之和的 3.22% 计算。林草措施中的育苗棚、管护房、水井是按指标计算的，不再计税金。

3. 封育治理措施　税金按直接费、间接费、企业利润之和的 3.22% 计算。

三、独立费用

水土保持生态建设工程的独立费用由建设管理费、工程建设监理费、科研勘测设计费、征地及淹没补偿费、水土流失监测费和工程质量监督费等 6 项构成。

（一）建设管理费

建设管理费包括项目经常费和技术支持培训费。

1. 项目经常费　指建设单位在工程项目的立项、筹建、建设、竣工验收、总结等工作中所发生的管理费用。其主要包括工作人员的工资、附加工资、工资补贴、办公费、差旅交通

费、工程招标费、咨询费、完工清理费、林草管护费及一切管理费用性质的开支。

项目经常费＝（工程措施＋林草措施＋封育治理工程）×（0.8%～1.6%）

2. 技术支持培训费 指为了提高水土保持人员的素质和管理水平，保证治理质量，提高治理水平，促进水土保持工作的开展，对主要水土保持技术人员，治理区的县乡村领导、干部和农民群众，进行各种类型的技术培训所发生的费用。

技术支持培训费＝（工程措施＋林草措施＋封育治理工程）×（0.4%～0.8%）

（二）工程建设监理费

工程建设监理费是指工程开工后，建设单位聘请监理工程师对水土保持工程的质量、进度和投资进行监理所需的各项费用。

一般按国家及建设工程所在省（自治区、直辖市）的有关规定计算。

（三）科研勘测设计费

科研勘测设计费包括科学研究试验费和勘测设计费。

1. 科学研究试验费 指在工程建设过程中，为解决工程中的特殊技术难题，而进行必要的科学研究所需的经费。一般不列此项费用。

科学研究试验费＝（工程措施＋林草措施＋封育治理工程）×（0.2%～0.4%）

2. 勘测设计费 指项目建议书、可行性研究、初步设计和施工图设计阶段（含招标设计）发生的勘测费、设计费和为勘测设计服务的科研试验费用。勘测设计的工作内容、范围及工作深度，应满足各设计阶段的要求。

按原国家发展计划委员会、原建设部计价格〔2002〕10号文《工程勘察设计收费标准》计算。

（四）征地及淹没补偿费

征地及淹没补偿费是指工程建设需要的永久征地、临时征地及地面附着物等所支付的补偿费用。按工程建设及施工占地和地面附着物等的实物量乘以相应的补偿标准计算。

（五）水土流失监测费

水土流失监测费是指施工期内为控制水土流失、监测生态环境治理效果所发生的各项费用。

水土流失监测费＝（工程措施＋林草措施＋封育治理工程）×（0.3%～0.6%）

（六）工程质量监督费

工程质量监督费是指为保证工程质量而进行的监督、检查等发生的费用。根据《财政部 国家发展和改革委员会关于公布取消和停止征收100项行政事业性收费项目的通知》（财综〔2008〕78号），不再计列本费用。

四、预备费和建设期融资利息

（一）预备费

预备费包括基本预备费和价差预备费。

1. 基本预备费 按工程措施、林草措施、封育治理措施和独立费用4个部分之和的3%计取。

2. 价差预备费 根据施工年限，不分设计阶段。以分年度的静态投资为计算基数，按国家规定的物价上涨指数计算。计算公式为

$$E=\sum_{n=1}^{N}F_n\left[(1+P)^n-1\right] \tag{6-2}$$

式中，E为价差预备费；N为合理建设工期；n为施工年限；F_n为建设期间第n年的分年投资；P为年物价指数。

（二）建设期融资利息

按国家财政金融政策规定计算。计算公式为

$$S=\sum_{n=1}^{N}\left[\left(\sum_{m=1}^{N}F_m\times b_m-\frac{1}{2}F_n\times b_n\right)+\sum_{m=0}^{n-1}S_m\right]\times i \tag{6-3}$$

式中，S为建设期融资利息；N为合理建设工期；n为施工年限；m为还息年限；F_n、F_m分别为在建设期资金流量表内的第n、m年的投资；b_n、b_m为各施工年份融资额占当年投资比例；i为建设期融资利率；S_m为第m年的付款额度。

五、工程总投资

工程总投资是指工程静态总投资、差价预备费和建设期融资利息。

工程静态总投资包括工程措施费、林草措施费、封育治理措施费、独立费用和基本预备费。

价差预备费和建设期融资利息为工程动态投资。

编制总概算表时，在第四部分独立费用之后，按顺序计列以下项目：①一至四部分投资合计；②基本预备费；③工程静态总投资；④工程动态投资；⑤工程总投资。

第三节　基础单价编制

一、人工预算单价

人工预算单价是确定工程造价、计算各种生产工人人工费时所采用的人工费单价，是计算建筑安装工程单价和施工机械台时费中人工费的基础单价。它是指一个建筑安装工人工作单位时间（一个工作日或一个工作时）在工程概预算中应计入的全部人工费用。它反映了社会生产工人的工资水平和企业内不同劳动者群体的平均劳动报酬水平，它不能作为建筑安装工人实发工资的标准。影响人工预算单价的主要因素包括社会平均工资水平、生活消费指数、劳动力市场供需情况、人工预算单价的组成内容及政府推行的社会保障和福利政策等。

人工预算单价按工程措施、林草措施和封育治理措施分类，为简化计算，直接给出人工预算单价范围值，编制概算时可根据地区类别及工程复杂程度选取。

（一）工程措施

人工工资：按1.5～1.9元/工时（地区类别高、工程复杂取高限；地区类别低、工程不复杂取低限）。

（二）林草措施

人工工资：按1.2～1.5元/工时（地区类别高、工程复杂取高限；地区类别低、工程不复杂取低限）。

（三）封育治理措施

人工工资：按1.2～1.5元/工时（地区类别高、工程复杂取高限；地区类别低、工程不复杂取低限）。

生态建设项目中的水土保持工程，直接给出了人工预算单价，标准偏低，部分省市已对其进行了调整。

二、材料及水电风预算价格

材料预算价格是指材料自供应地运至工地分仓库（或相当于工地分仓库的材料堆放场地）的出库价格。它是编制建筑安装工程单价材料费的基础单价。

材料预算价格一般包括材料原价、包装费、运杂费、运输保险费和采购保管费 5 项费用。需要说明的是，材料包装费和运输保险费并不是对每种材料都会发生。例如，散装材料不存在包装费；材料包装费已计入出厂价的材料就不必再计算包装费；不参加运输保险的材料不存在运输保险费。

由于主要材料和次要材料费用对工程投资总额的贡献不同，主要材料和次要材料的预算价格在工程概预算中的分析方法和计算方法也不同。

水土保持生态建设工程要求按工程措施、林草措施分类选取。

（一）材料价格组成

材料分为建筑材料及苗木、草（籽）费两部分。建筑材料直接计入工程单价，参与取费；苗木、草（籽）费作为三级项目计入水土保持植物措施概（估）算表，不计费。

材料预算价格由原价、包装费、运杂费、运输保险费和采购保管费组成。为避免由于砂石料、块石等价格偏高而引起取费的不合理增加，采取限价计入工程单价的处理办法，购买价超过 60 元 /m^3 的部分，计取税金后，列入相应部分之后。考虑水土保持生态建设工程的特点，为简化计算，电、水、风价格直接给出。

（1）主要材料价格　按当地供应部门材料价或市场价，加运杂费及采购保管费计算。

（2）砂、石料价格　按当地购买价或自采价计算。购买价超过 60 元 /m^3 部分，记取税金后，列入相应部分之后。

（3）电价　按 0.6 元 /（kW · h）计算，或根据当地实际电价计算。

（4）水价　按 1.0 元 /m^3 计算，或根据实际供水方式计算。

（5）风价　按 0.12 元 /m^3 计算。

（6）采购及保管费费率　水利部办公厅办水总〔2016〕132 号文件，调整了取费，工程措施按材料原价、包装费、运杂费三者之和的 1.7%～2.3% 计取；林草措施、封育治理措施按材料原价、包装费、运杂费三者之和的 1.1% 计取。

（二）取费标准

材料保管费费率的计取，根据工程措施和林草措施的不同而有所不同。采购及保管费费率在水利部办公厅办水总〔2016〕132 号文中，进行了调整，工程措施按材料原价、包装费、运杂费三者之和的 1.7%～2.3% 计取；林草措施、封育治理措施按材料原价、包装费、运杂费三者之和的 1.1% 计取。

三、施工机械使用费

施工机械台时费是指施工机械在一个台时内正常运行所损耗和分摊的各项费用之和，根据施工机械台时费定额进行编制。它是计算建筑安装工程单价中机械使用费的基础单价。随着施工机械化程度的提高，施工机械使用费在工程投资中所占的比例越来越大。

施工机械台时费通常包括折旧费、大修理费、经常修理费、动力燃料费、机上人员人工费、养路费及车船使用税等。施工机械台时费由第一类费用和第二类费用两部分组成。

（一）第一类费用

第一类费用是指摊销的费用，由折旧费、修理及替换设备费（含大修理费、经常性修理费）、安装拆卸费组成。

1. 折旧费　指机械在经济寿命期内回收原值的台时折旧摊销费用。水利部办公厅以办财函〔2019〕448 号文件，对施工机械台时费定额除以 1.13 的系数进行调减。

2. 修理及替换设备费　指机械在使用过程中，为了使机械保持正常功能而进行修理所需的费用、日常保养所需润滑油料费、擦拭用品费、机械保管费，以及替换设备、随机使用的工具附件等所需的摊销费用。水利部办公厅以办财函〔2019〕448 号文件，对修理及替换设备费定额除以 1.09 的系数进行调减。

3. 安装拆卸费　指施工机械进出工地的安装、拆卸、试运转和场内转移及辅助设施的摊销费用。

不需要安装拆卸的施工机械，台时费中不计列此项费用。例如，轮式装载机、自卸汽车混凝土罐、汽车起重机等。

（二）第二类费用

第二类费用是指消耗的费用，由机上人员人工费、动力燃料费及消耗材料费、养路费及车船使用税组成。

1. 机上人员人工费　指机上司机或副司机、司炉工的基本工资和其他工资性津贴。生态建设项目台时费中的人工费均按工程措施人工预算单价计算。

2. 动力燃料费及消耗材料费　指施工机械运转时所耗用的各种动力、燃料及各种消耗性材料，包括风、水、电、汽油、柴油、煤及木柴等所需的费用。

3. 养路费及车船使用税　指按照国家有关规定应缴纳的养路费和车船使用税，按各省（自治区、直辖市）规定标准计算后列入定额。

施工机械台时费的计算采用《水土保持工程概算定额》附件中的施工机械台时费定额计算。对于定额缺项的施工机械，可参考有关行业的施工机械台时费定额。

四、混凝土材料单价

在计算混凝土、砂浆材料单价时，首先要根据设计情况，考虑采购、管理等方便，正确选用混凝土、砂浆的配合比。例如，《水土保持工程概算定额》附录二 -7“混凝土、砂浆配合比及材料用量表”中，有混凝土、砂浆的配合比以及水泥砂浆材料配合比。

查算混凝土配合比时，需注意以下问题。

1）水泥混凝土强度等级均以 28 天龄期、用标准试验方法测得的具有 95% 保证率的抗压强度标准值确定，如设计龄期超过 28 天，按规范中给定的系数换算。计算结果若介于两种强度等级之间，应选用高一级的强度等级。

2）在混凝土配合比表中，一般用的是卵石、粗砂混凝土，如改用碎石或中、细砂，需按骨料不同配合比换算系数换算。

3）埋石混凝土，有抗渗、抗冻要求，拌和方式，泵用混凝土等，应根据情况进行调整，详见定额。

混凝土材料单价是指按级配计算的砂、水泥、水、掺和料和外加剂等每立方米混凝土的材料费用的价格。其不包括拌制、运输、浇筑等工序的费用，也不包括除搅拌损耗外的施工操作损耗及超填量等。

在计算混凝土材料单价时，应按本工程的混凝土级配试验资料计算。如果无试验资料，可参照《水土保持工程概算定额》附录二 -7“混凝土、砂浆配合比及材料用量表”的调整规定计算。若砂石料预算价超过 60 元 /m^3，还应算出每立方米混凝土的价差。

五、价差

为了避免材料市场价格起伏变化，造成间接费、利润相应的变化，使工程造价能反映材料供应现状和实际价格水平，在确定材料原价时，应在国家“重要生产资料国家最高限价”和市场调节价格之间确定。2002 年水利部颁发的《水利工程设计概（估）算编制规定》中专门指出，西藏等地区，部分材料运输距离较远，因限价进入工程单价，余额以补差形式计算税金后，列入相应部分之后。外购砂、碎石、砾石、块石、料石等预算价格如超过 60 元 /m^3 的，按 60 元 /m^3 取费，这种只规定上限的基价，称为规定价或限价。材料实际价格与规定价之差称为材料的调差价。

第四节　水土保持概（估）算编制

一、工程单价的编制

工程单价的编制是继基础单价编制后的第二个工程造价计算环节。它不但反映了一个行业领域工程项目构成的组成特点，同时也反映了该行业工程的劳动效率、技术生产水平和行业生产的自然、社会环境条件。

水土保持工程涉及大量植物措施，小型而分散的蓄水、排水、坡改梯、谷坊等内容，具有单项工程规模较小、内容繁杂、施工难度和施工队伍等级相对较低等特点。2003 年制定的《水土保持工程概算定额》和《水土保持概（估）算编制规定》等是水土保持工程投资文件编制的依据。

水土保持工程单价包括土石方工程单价，石方工程单价，砌石工程单价，混凝土工程单价，砂石备料工程单价，基础处理工程单价，机械固沙工程单价，林草工程单价，梯田工程单价，谷坊、水窖、蓄水池工程单价等 10 部分，在此以梯田工程单价计算为例进行讲述。

（一）梯田工程定额

梯田工程定额包括人工修筑水平梯田、隔坡梯田、坡式梯田、推土机修筑水平梯田定额，适用于新建的各种类型梯田，如农用梯田、果园梯田等。

按施工方法不同，可分为人力施工梯田和机械施工梯田；按梯田梯坎建筑材料不同，可分为土坎梯田、石坎梯田和植物坎梯田；按梯田断面形式不同，可分为水平梯田、隔坡梯田和坡式梯田。

（二）梯田工程单价说明

1. 工程量计算

1）梯田定额以公顷（hm^2）为单位。

2）梯田面积按水平投影面积计算，其中应包括田面、田坎、蓄水埂、边沟及田间作业道路所占面积。隔坡梯田的面积不应计入隔坡坡地梯田面积，在计算时将隔坡梯田的水平梯田部分按其在隔坡梯田中所占的比例折算为水平梯田。

3）计算梯田工程量时，原则上应按定额规定的单位计量。但如果设计的梯田土石方量与定额工、机耗量相差较大时，可根据梯田设计土石方量，套用《水土保持工程概算定额》第一章、第三章定额计算投资。

4）坡式梯田中土坎采用梯形断面：顶宽 0.3～0.4 m，高 0.5～0.6 m，外坡 1∶0.5，内坡 1∶1。草坎和灌木坎也采用梯形断面：顶宽 2～3 m，高 0.5 m，内外坡均为 1∶1。

2. 应用定额注意事项

1）定额土类分级按土、石 + 六级分类的Ⅰ～Ⅳ级划分。

2）坡面排水系统是指在梯田上修建的截水沟、引洪渠、跌水、水窖、蓄水池等水工建筑物，其定额中不包括上述内容。

3）梯田如需换土，其土方单价应根据运输方式和运距按《水土保持工程概算定额》第一章相应定额计算。

4）石坎梯田中的石坎均按干砌石（含卵石）石坎计算，如采用浆砌石或其他石坎，则不适用。

5）《水土保持工程概算定额》九 -2、九 -5、九 -11 节定额，拣集石料是指就近拣明石、挖暗石，边拣、边砌，定额中已综合考虑了石料的拣集及搬运用工。

6）《水土保持工程概算定额》九 -3、九 -6、九 -12 节定额，石坎梯田的购买石料是指在梯田附近无可收集的石料，需要从外地采购运至现场，定额中的石料要计算费用。

7）土石混合坎梯田是指梯坎材料既有土又有石，由于土石比例无法固定，只能按设计所选用的土石比例，选用相应的定额计算。

8）水平及隔坡梯田定额是按田面宽度划分的，其田面宽度是指上下两块梯田梯坎外坡脚之间的水平距离，包括梯田的耕作宽度、地边埂与梯坎占地宽度（不包括隔坡原坡地宽度）。坡式梯田是按田埂间距划分的，其田埂间距是指上一梯田田埂外边缘至下一梯田田埂内边缘之间的水平距离。

3. 使用方法

1）计算梯田单价时，如遇田面宽度、田埂间距介于两定额子目之间时，可以内插计算。

2）机修梯田的地面坡度以不超过 10° 为宜，其地块宽度要满足机械转弯的半径要求，一般不小于 20 m。

3）机修梯田定额是按 74 kW 推土机施工拟定的，作为固定机械，原则上不予调整。

4）《水土保持工程概算定额》九 -7 至九 -9 节、九 -11 节（1）、九 -12 节（1）定额，田面增宽定额是负数，使用时需注意。

（三）案例

某生态建设水土保持工程，需修建土坎水平梯田。已知地面平均坡度 5°，田面宽 38 m，Ⅰ～Ⅱ类土，采用机械修筑。要求根据《水土保持工程概算定额》规定编制土坎水平梯田概算单价。

解：根据题意，套概算定额［09350］、［09351］计算土坎水平梯田概算单价（表 6-3）。

表 6-3　土坎水平梯田单价

定额编号：［09350］［09351］×1.6　　　　定额单位：1 hm^2

施工方法：74 kW 推土机修筑、土类级别Ⅰ - Ⅱ，田面宽度 38 m

编号	项目名称	单位	数量	单价 / 元	合价 / 元
一	直接费				5019.68
（一）	基本直接费				4945.50
1	人工费				1375.20

续表

编号	项目名称	单位	数量	单价 / 元	合价 / 元
	人工	工时	916.8	1.5	1375.20
2	材料费				235.50
	零星材料费	%	5		235.50
3	机械使用费				3334.80
	推土机 74 kW	台时	40	83.37	3334.80
（二）	其他直接费	%	1.5		74.18
二	间接费	%	5		250.98
三	企业利润	%	3		158.12
四	税金	%	3.22		174.81
合计					5603.59

二、工程量计算

工程量是编制造价文件的原始数据，量大而繁杂，其计算精度和速度直接影响造价文件编制的质量和速度。正确、快速地计算工程量是进行估价的基础，也是编制计划、安排施工作业、合理安排施工进度、组织劳动力和物资供应的前提，是进行财务管理、会计核算以及成本计划执行情况分析的重要依据。

分部工程概算是用工程量乘以工程单价计算的。工程量计算的准确性是衡量工程造价编制质量好坏的重要标准之一。因此，造价人员除应认真阅读主要设计图纸和设计说明，并掌握工程量计算的基本要求、计算方法和计算规则外，对各专业人员提供的设计工程量，还要认真分析、核实。

工程量计算可参照现行《水利水电工程设计工程量计算规定》（SL 328—2005）；植物措施的阶段调整系数为：项目建议书 1.08，可行性研究报告 1.05，初步设计报告 1.03。

（一）工程量分类

1. 设计工程量　设计工程量由图纸工程量和设计阶段工程扩大工程量组成。

（1）图纸工程量　图纸工程量是指按图纸计算出的工程量，也就是按设计的几何轮廓尺寸计算出的工程量。例如，对于钻孔灌浆工程，图纸工程量就是按设计参数（孔距、排距、孔深）求得的工程量。

（2）设计阶段工程扩大工程量　设计阶段工程扩大工程量是指由于受可行性研究阶段和初步设计阶段勘测、设计工作深度的限制，为了留有一定的余地而增加的工程量。

2. 施工超挖工程量　为保证建筑物的安全，施工开挖一般不允许欠挖。为了保证建筑物的设计尺寸，施工超挖自然不可避免。影响施工超挖工程量的主要因素包括施工方法、施工技术及管理水平、地质条件等。

3. 施工附加工程量　施工附加工程量是指为完成项目必须增加的工程量。例如，小断面圆形隧洞为满足交通的需要扩挖下部而增加的工程量；隧道工程为满足交通、放炮的需要设置洞内错车道、避炮洞所增加的工程量；为固定钢筋网而增加的固定钢筋工程量。

4. 施工超填工程量　施工超填工程量是指由于施工超挖量、施工附加量而相应增加的工程量。

5. 施工损失量　施工损失量包括体积变化损失量、运输和操作损耗量及其他损耗量。

现行水土保持工程定额均以工程的设计几何轮廓尺寸的工程量为计量单位（除各章另有规定外），其不构成实体的各种施工操作损耗、允许超挖及超填量、合理的施工附加量和体积变化等，已根据施工技术规范规定的合理消耗量计入定额。因此，在采用不同的定额编制工程单价时，应仔细阅读有关定额说明，以免漏算和重算。

（二）工程量计算的基本要求

1. 合理设置工程项目　工程项目的设置必须与概算定额子目划分相适应。例如，土石方开挖工程应按不同土壤、岩石类别分别列项。

2. 计量单位的一致性　工程量的计量单位要与定额子目的单位相一致。例如，梯田工程，单位用 hm^2 表示；砂浆抹面用 m^2，而不用 m^3 表示。

3. 计量状态的符合性　工程量的计量状态要与定额子目的状态相一致。例如，土方分自然方、松方、实方。土方开挖采用自然方，运输大多为松方，填土对应的是实方。

（三）工程量清单

工程量清单是组成设计文件的重要部分，通常招标人在招标文件中列有工程量清单。工程量清单的主要作用，是为竞标提供一个平等的报价基础。

工程量清单由工程单价清单、措施项目清单、其他项目清单和零星工作项目清单组成。

1. 工程单价　完成工程量清单中一个质量合格的规定计量单位项目所需要的直接费（包括人工费、材料费、机械使用费和季节、夜间、高原、风沙等原因增加的直接费）、施工管理费、企业利润和税金，并考虑风险因素。

2. 措施项目　为完成工程项目施工，发生于该工程施工前和施工过程中招标人不要求列示工程量的施工措施项目。

3. 其他项目　为完成工程项目施工，发生于该工程施工过程中招标人要求计列的费用项目。

4. 零星工作项目　完成招标人提出的零星工作项目所需要的人工、材料和机械单价。

三、概（估）算编制程序

（一）工程概预算编制的依据

1）国家和上级主管部门颁发的有关法令、制度、规定。

2）设计文件和图纸。编制概算以初步设计为依据，编制施工图预算以施工图设计为依据。

3）《水土保持工程概算定额》《水土保持工程施工机械台时费定额》《水土保持工程概（估）算编制规定》及有关指标采用的依据。

4）国家或各部委、省（自治区、直辖市）颁发的设备、材料出厂价格，有关合同协议等。

5）其他有关资料。

（二）工程概预算的编制方法

建筑安装工程构成建设项目工程造价的主体，准确、合理地预测建筑安装工程造价对预测整个建设项目的工程造价有重要意义。水土保持工程建设项目的特点决定了其概预算的编制方法，与一般工业与民用建筑工程的概预算编制方法有所不同。

水土保持工程概预算编制的基本方法是单位估价法。其基本思路是：根据概预算编制阶段的设计深度，将整个项目按照项目划分的规定，系统地、逐级地划分为若干个简单、便于计算的基本构成子目；根据列出子目计算工程量，计算清单的工程量应与采用定额的项目计量单位一致，然后按定额计算人工费、材料费和施工机械使用费；在此基础上，再按现行的费用标准，选取相应的费率，计算其他相关费用，其总和构成项目的工程单价。用工程量乘以工程单价，即可求得各基本构成项目的合价，逐级汇总，再加上设备购置费，便可以计算出建筑安装工程的概预算价格。

对整个建设项目来说，建设项目的总投资，不仅包括建筑安装工程概算价格，还应计入按照国家规定计算出与工程建设有关而又不宜列入建筑安装工程价格的各项费用（称为独立费用）、预备费和建设期贷款利息。

（三）工程概预算的编制程序及具体内容

1. 了解工程概况　了解工程规模、地形、地质、工程项目的结构形式、施工场地布置、对外交通方式及主要的施工方法等。

2. 调查研究、搜集资料

1）深入现场，实地踏勘，了解枢纽工程和施工场地布置情况、现场地形与天然建筑材料料场开采运输条件、场内外交通运输条件和运输方式等情况。

2）到上级主管部门和工程所在地省（自治区、直辖市）的劳资、计划、物资供应、交通运输和供电等有关部门及施工单位、制造厂家，搜集编制概预算的各项基础资料及有关规定，如人工工资等别及工资性津贴标准、材料设备价格、主要材料来源地、运输方法与运杂费计费标准等。

3）新技术、新工艺、新定额资料的搜集与分析，为编制补充施工机械台班费和补充定额提供依据。

3. 基础单价的编制　基础单价是编制工程单价时计算人工费、材料费和施工机械使用费所必需的最基本的价格资料，是编制工程概预算最重要的基础数据。

水土保持工程概预算的基础单价有人工预算单价、材料预算单价，施工用风、水、电预算价格，施工机械使用费、砂石料单价、砂浆和混凝土单价。

4. 主要工程单价的编制　在实际工作中，水土保持工程多为两阶段设计，相应的工程造价则为投资估算和设计概算。

投资估算是设计文件的重要组成成分，是概算静态总投资的最高限额，不得任意突破，其估算的准确程度直接影响对项目的决策和决策的正确性。投资估算与概算在组成内容、项目划分和费用构成上基本相同，但设计深度不同。根据现行编制规定，投资估算与概算的编制方法及计算标准如下。

1）基础单价的编制，投资概算与估算相同。

2）开发建设项目中，工程措施、植物措施单价的编制，投资概算与估算相同，但考虑设计深度不同，应乘以10%的扩大系数；水土保持生态建设工程中，工程措施、林草措施及封育治理措施工程单价应乘以1.05的扩大系数。

3）施工临时工程、独立费用的编制方法和标准两者相同。

4）投资估算基本预备费费率取6%，价差预备费费率两者相同。

5）投资估算表格与概算表格相同。

5. 计算工程量　工程量是编制工程造价的基本要素之一。计算时必须按照设计图纸和参照《水利水电工程设计工程量计算规定》（SL 328—2005）进行计算和调整，并列出相应项目的清单。

6. 编制各种概算表及概算附件　概算附件是编制概算汇总表的基础，主要有基础单价预算汇总表，单价分析表，水、电、砂石料单价计算书，主要材料、苗草（种子）预算价格计算书。

四、水土保持概（估）算文件的组成

（一）概（估）算编制说明

编制说明主要包括：

1）工程规模、工程地点、对外交通方式、工程总投资和单位投资，说明资金来源；

2）主要编制依据、工资标准、主要材料及设备预算价格的计算原则；

3）工程单价编制费率取费标准；

4）其他必要的说明。

编制说明的目的，主要是让有关各方人员了解概预算在编制过程中，对某些问题的处理情况。至于编制说明条款的多少，则应视单项工程的大小、重要性和繁简程度，自行增减。

（二）主要表格

生态工程建设项目设计概（估）算需编制：总概算表，分部工程概算表，分年度投资表，独立费用表，单价汇总表，主要材料、林草（种子）预算价格汇总表，施工机械台时费汇总表，主要材料用量表，设备、仪器及工具购置表。样表见表 6-4～表 6-12。概算附件中，还应包括单价分析表，水、电、砂石料单价计算书，主要材料、苗木（种子）预算价格计算书等。

表 6-4　总概算表　　（单位：万元）

序号	工程或费用名称	建筑安装工程费	林草工程费		设备费	独立费用	合计
			栽植费	林草及种子费			
	第一部分　工程措施						
一	梯田工程						
二	谷坊、水窖、蓄水池工程						
三	小型蓄排、引水工程						
四	治沟骨干工程						
五	机械固沙工程						
六	设备及安装工程						
七	其他工程						
	第二部分　林草措施						
一	水土保持造林工程						
二	水土保持种草工程						
三	苗圃						
	第三部分　封育治理工程						
一	拦护设施						
二	补植（补种）						
	第四部分　独立费用						
一	建设管理费						
二	工程建设监理费						
三	科研勘测设计费						
四	征地及淹没补偿费						

续表

序号	工程或费用名称	建筑安装工程费	林草工程费		设备费	独立费用	合计
			栽植费	林草及种子费			
五	水土流失监测费						
六	工程质量监督费						
	一至四部分合计						
	基本预备费						
	价差预备费						
	工程总投资						

表 6-5　分部工程概算表

序号	工程或费用名称	单位	数量	单价 / 元	合计 / 元
	第一部分　工程措施				
一	梯田工程				
(一)	人工修筑梯田	元 /hm^2			
1	人工土坎梯田	元 /hm^2			
	……				
	第二部分　林草措施				
一	水土保持造林工程				
	……				
	第三部分　封育治理措施				
	……				
	第四部分　独立费用				
一	建设管理费				
1	项目经常费				
2	技术支持培训费				
二	工程建设监理费				
三	科研勘测设计费				
四	征地及淹没补偿费				
五	水土流失监测费				
六	工程质量监督费				
	一至四部分合计				
	基本预备费				
	静态总投资				
	价差预备费				
	工程总投资				

表 6-6　分年度投资表　　（单位：万元）

项目	合计	建设工期 / 年			
		1	2	3	4
第一部分　工程措施					
梯田工程					
谷坊、水窖、蓄水池工程					
小型蓄排、引水工程					
治沟骨干工程					
机械固沙工程					
设备及安装工程					
其他工程					
第二部分　林草措施					
水土保持造林工程					
水土保持种草工程					
苗圃					
第三部分　封育治理工程					
拦护设施					
补植（补种）					
第四部分　独立费用					
建设管理费					
工程建设监理费					
科研勘测设计费					
征地及淹没补偿费					
水土流失监测费					

表 6-7　独立费用表

序号	费用名称	编制依据及计算公式	金额 / 元
一	建设管理费		
二	工程建设监理费		
三	科研勘测设计费		
四	征地及淹没补偿费		
五	水土流失监测费		
六	工程质量监督费		

表 6-8　单价汇总表

序号	工程	单位	单价	直接费	间接费	利润	价差	税金

表 6-9　主要材料、林草（种子）预算价格汇总表

序号	名称及规格	单位	预算价格	其中		
				原价	运杂费	采购及保管费

表 6-10　施工机械台时费汇总表

序号	名称或规格	台时费	其中				
			折旧费	修理及替换设备费	安拆费	人工费	动力燃料费

表 6-11　主要材料用量表

序号	工程项目	水泥 /t	钢筋 /t	木材 /m^3	炸药 /kg	柴油 /t	林草 /（株、m^2）	种子 /kg	化肥 /kg

表 6-12　设备、仪器及工具购置表

序号	名称、规格及型号	单位	数量	单价 / 元	合价 / 元

第七章　水土保持工程施工

施工是水土保持工程建设的关键环节之一，事关水土流失工程治理措施质量的好坏与工程的成败，需精心组织，科学施工，以保证工程质量和治理进度。

水土保持工程措施形式多样，其施工方法，有些较为简单，有些比较复杂。本章仅就一般施工计划和施工顺序编制以及主要水土保持工程措施施工技术与方法做简要介绍。

第一节　施工前的准备工作

一、建立施工组织机构

（一）工程施工组织机构构成

为更好地履行施工合同文件，顺利完成各施工任务，施工前应组建一个目的性强、精干高效、管理跨度适当、管理层次合理、业务管理系统化的项目施工组织机构。根据工程的特点，施工组织机构，即项目经理部，一般由 4 个层次组成：决策层（项目经理）、指导层（技术负责人）、管理层（包括施工、安全、质检、材料、预算等）、作业层（施工班组）。组织机构框架图如图 7-1 所示。

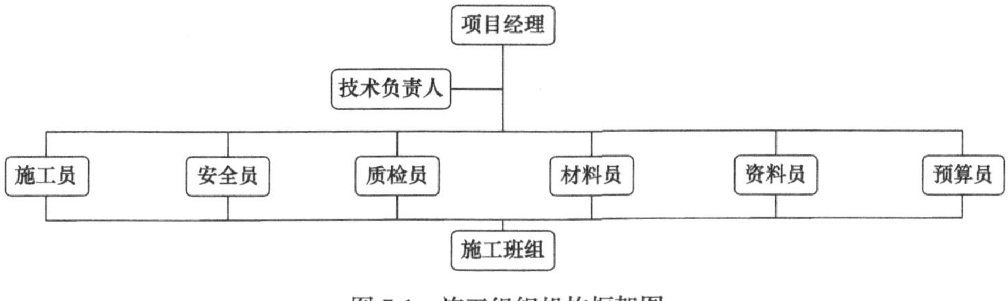

图 7-1　施工组织机构框架图

一般情况下，项目经理部设项目经理一名，技术负责人、工地负责人各一名，项目经理部内设质检组、机械组、实验室和技术组等部门，各部门相互配合，分项管理。项目管理人员通常有施工员、安全员、质检员、材料员、试验员、设备员、预算员、资料员及施工班组组长等。

（二）施工组织机构的任务

施工组织机构通常为临时性机构，具体负责工程建设和施工管理工作。其任务是：①编制施工计划、施工细则和安全操作规程；②安排施工环节，掌握施工进度、质量，做好统计报表工作；③负责施工中间验收和关键工程的阶段验收工作；④进行工程施工验收、资料整理和归档等工作。

二、编制施工组织设计

施工组织设计是规划和指导拟建工程从施工准备到竣工验收过程的一个综合性的技术文

件，用以规划部署施工生产活动，制定先进合理的施工方案和技术组织措施。工程施工时，为确保施工安全、度汛安全、工程质量和施工进度，应提前编制施工组织设计，做好施工计划和施工进度安排。

（一）施工计划

施工计划即施工方案，是施工组织设计的核心，包括施工程序和进度计划安排，劳力、材料、设备、生活物资安排，以及分期施工计划安排等。

编制施工计划应遵循下列原则：①应积极采用新技术、新工艺、新材料和新设备；②应合理安排施工期，如坝体填筑工程不宜临汛开工；③在确保工程施工高效、安全的前提下，应做好人力、物力与施工设备的综合平衡，妥善协调各单位工程均衡施工；④工程施工布置应尽量少占地，减少对原地貌的扰动；⑤交通道路、供电、供水应满足施工要求。

（二）施工进度计划

施工进度计划是以拟建工程为对象，规定各项工程内容的施工顺序，以及开工、竣工时间的施工计划。它是施工组织设计的关键内容，是控制工程施工进度和工程施工期限等各项施工活动的依据。进度计划是否合理，直接影响施工速度、成本和质量。因此，施工组织设计的一切工作都要以施工进度为中心来安排。

1. 编制依据 施工进度计划应根据当地气候特征，选择施工时段，制定防护措施。例如，土坝施工强度应根据坝体规模、控制进度要求、施工布置条件、导流度汛方案和有效施工天数等因素分析确定；施工时段应根据进度要求选取，并计算拟定填筑强度。

施工进度计划应根据施工强度和施工时段确定。

2. 编制内容 施工进度计划包括施工总进度计划、单位工程计划和作业计划等。其中：①总进度计划由设计单位同施工单位共同编制；②单位工程计划是根据总进度计划，安排出各单位工程（如大坝、溢洪道等）的进度和施工顺序；③作业计划是根据单位工程进度计划，安排出分部工程各单元工程（或工序）的进度和顺序。

3. 表达方式 施工进度计划一般用图表来表示，通常有两种形式的图表：横道图和网络图。

横道图（又称甘特图）是以图示的方式通过活动列表和时间刻度形象地表示出任何特定项目的活动顺序与持续时间，它具有简单、醒目和便于编制等特点，在企业管理工作中被广泛应用。

网络图是一种图解模型，形状如同网络，故称为网络图，它是由作业（箭线）、事件（又称节点）和路线三个因素组成的。任何一项任务或工程都是由一些基本活动或工作组成的，它们之间有一定的先后顺序和逻辑关系。用带箭头的线段“→”来表示工作，用节点“○”来表示两项工作的分界点。按工作的先后顺序和逻辑关系画成的工作关系图就是一张网络图。每一个节点称为“事项”，它表示一项工作的结束和另一项工作的开始，通常有一个总开始事项和总结束事项。在节点中可标上数字，以便于注明哪项工作的结束和哪项工作的开始。网络计划又分为双代号网络计划、单代号网络计划、时标网络计划和搭接网络计划等。

（三）施工顺序安排

施工顺序应因地制宜留有余地，先主（主体工程或关键工程先安排）后次，均衡稳定，切合实际。为应对可能发生的自然或其他事故，安排方案根据进度计划可提出两个方案供实际操作时应用。一般淤地坝枢纽工程施工进度计划安排如表 7-1 所示。

表 7-1　淤地坝枢纽工程施工进度计划表

工程项目	单位或分部工程	进度计划（按月）											
		9	10	11	12	1	2	3	4	5	6	7	8
土坝	清基	—						…					
	基础处理	—	—						…	…			
	围堰工程							…					
	填土（冲填）		—	—					…	…	…		
	反滤体砌筑			—						…	…		
放水建筑物	基础开挖	—								…			
	涵洞砌筑	—	—						…				
	出口消力池砌筑		—						…	…			
	卧管（或竖井）砌筑		—						— …	…			
	闸门安装									— …			
溢洪道	土方开挖								—	— …			
	石方开挖									— …			
	溢洪道砌筑									…			
其他工程							—				…		

注：表中“—”表示第一方案；“…”表示第二方案

（四）编制工程材料、劳力、投资和综合工程量统计表

工程材料、劳力、投资和综合工程量统计表见表 7-2。依表作出各部分工程逐月、逐旬详细进度安排。

表 7-2　工程材料、劳力、投资和综合工程量统计表

类别	项目名称	单位	土坝	放水建筑物	溢洪道	合计
主要材料	水泥	t				
	木材	m^3				
	钢材	t				
	块石	m^3				
	粗料石	m^3				
	砂	m^3				
	石子	m^3				

续表

类别	项目名称	单位	土坝	放水建筑物	溢洪道	合计
主要材料	砾石	m^3				
	炸药	t				
	白灰	t				
劳力	技工	工日				
	普工	工日				
	运输工	工日				
综合工程量	挖土方	m^3				
	填土	m^3				
	开块石	m^3				
	开料石	m^3				
	干砌石	m^3				
	浆砌石	m^3				
	勾缝	m^3				
	铺反滤	m^3				
	混凝土	m^3				
	安闸门	台				
投资		元				

（五）绘制施工总布置图

施工总布置图应标明主体工程，已有的建筑物和为施工服务的临时工程、导流工程、取土场、料场、道路、供电和施工用水等方面的内容。其中：

1）临时工程的布置应符合安全方面的规定。

2）导流工程围堰的布置应力求使水流平顺，并满足稳定、防渗和抗冲要求，围堰的接头和岸坡连接应安全可靠；导流涵（隧）洞、导流明渠应布置在河床的一侧。

3）取土场应做到低土低用，高土高用。

4）坝体填筑（冲填）宜与溢洪道和放水建筑物基础开挖相结合。

5）水坠坝边埂土料运距宜短，运土路线避免与输泥渠、造泥沟等交叉。

6）施工道路宜顺直，结合施工实际情况，还应在施工场地道路两侧设置必要的路标和照明设施。施工水源应能满足施工期全过程的需要。

水坠坝还应对坝体冲填用水进行复核，标明蓄水设施、输泥渠、机泵及管道等的位置及技术指标。

三、施工现场准备

（一）施工场地准备

1. 场地布设 根据施工组织设计总平面布置图，在工地现场进行布设。包括选好土、砂、石料场布设，确定土、石料运送路线，施工交通道路、水、电、通信设施布设，安装机泵，施工指挥机构及临时工棚布设，物资（炸药、水泥、施工工具、度汛材料）堆放临时仓库等布设。

2. 施工场地处理　施工场地处理应符合以下要求：

1）各类开挖面、堆弃场应相对集中，开挖面不宜长时间裸露；

2）弃土、弃渣应运到专门存放地堆放，并采取防护措施；

3）施工过程中应做好土、石料场和施工场地的排水、引流；

4）工程完工后，各类施工场地、开挖面、弃土场等应进行整理，并采取措施，恢复植被等。

3. 备料

1）材料：施工所备材料主要包括水泥、砂、石、石灰、石子、料石、木材、钢材等，对这些材料的开采、采购、运输、加工、存放等应按品种、规格、数量作出详细计划和管理。

2）设备：对施工辅助设备，如机械、水、电、管、线等，还应作出安排计划，并建好施工指挥部（所）、临时工棚和加工场（厂）。

（二）导流与度汛

1. 施工导流　施工导流建筑物的度汛标准宜取5年一遇洪水重现期。

施工导流方法应遵循简单易行、工程量小、造价低、施工方便的原则，并尽可能与永久建筑物结合利用。宜选择围堰导流、涵（隧）洞导流、分期导流和明渠导流等形式。

导流工程应按进度计划施工。施工导流期应保证导流建筑物的正常运用。

2. 度汛　大中型、小型淤地坝施工期坝体度汛标准应分别达到20年、10年一遇洪水重现期。防汛库容应从死水位（或卧管最低放水孔）以上计算确定。大中型淤地坝坝体在汛前达不到度汛标准时，应采取抢修度汛临时小断面等措施（已建成坝体上部临时加高的防洪措施，断面较坝的设计断面小）。度汛临时小断面应满足安全超高、稳定、防渗等要求，顶部宽度不应小于5.0 m。外坡应与设计坝坡一致，内坡坡率不应陡于1∶2.0。

跨汛期施工应在汛前编制度汛预案。度汛预案应主要包括抢险机构的建立，抢险队伍的组织，抢险物料、机具和车辆的储备，紧急抢险物资组织、车辆调度方案，人员撤离路线及报警联系方式等。

汛期施工，应在午休或晚间歇工时，将所有机械设备停放在较高位置或服务区，人员撤离沟底或坝体作业面。

第二节　土坝测量放线与基础处理

施工测量放线，就是根据规划、设计图，将土坝、溢洪道、泄水洞等各项建筑物的位置确定在地面上，即按建筑物设计图尺寸，经测量将建筑物中心线和轮廓线逐项落实在实地上，并用打桩（木桩、混凝土桩）和撒石灰粉等办法予以标记确定。工程施工放样前，应在坝轴线两端、坝体以外，不受施工、滑坡等影响的适当地点，设永久性标志，作为工程基准点。放线时须注意，新标定的平面或高程控制点，应设在轮廓线以外适当位置，以利于施工保存和引测。建筑物和轴线（如土坝轴线）应在其中线延长线两端固定处设置永久性固定桩，以便施工时随时依其为基点，测控工程平面和高程尺寸。下面将水土保持工程中常见的土坝、溢洪道、放水建筑物，以及隧洞等的放线测量作一介绍。

一、施工测量放线

（一）土坝施工放线

土坝施工放线是指根据设计图尺寸按样放在地面上，在地面和沟岸上定出坝轴线，并定出上下游坝坡脚基础与沟道岸坡地面轮廓交线，从而确定清基范围和坝体填筑的范围尺寸。坝体放样应按设计校核高程点，并补充不足或丢失的部分，确定坝轴线和坝坡线位置。坝体断面放线应考虑预加沉降量。

土坝施工放线有两种方法，一种是以坝轴线作基线进行放线，另一种是以垂直于坝轴线的基线进行放线。前者常用，步骤如下。

1）首先根据设计图定出沟底坝轴线，在坝轴线两端埋设两个混凝土桩或石桩，桩顶中央施以标记（如设钉子），作为中心线标志。

2）从坝轴线端桩一边开始（一般从右向左），每隔 10 m 定一中心桩（地形变化大时可加桩），测出中心桩高程并编号（图 7-2A）。在沟坡两岸按设计坝高定出沟坡坝轴线桩，将它们连成直线，即坝轴线，在其两端山坡坝顶高度处沿坝轴线两边测出坝顶宽，并在坝顶高度处，打固定的坝顶桩，作为校核及施测检查用。

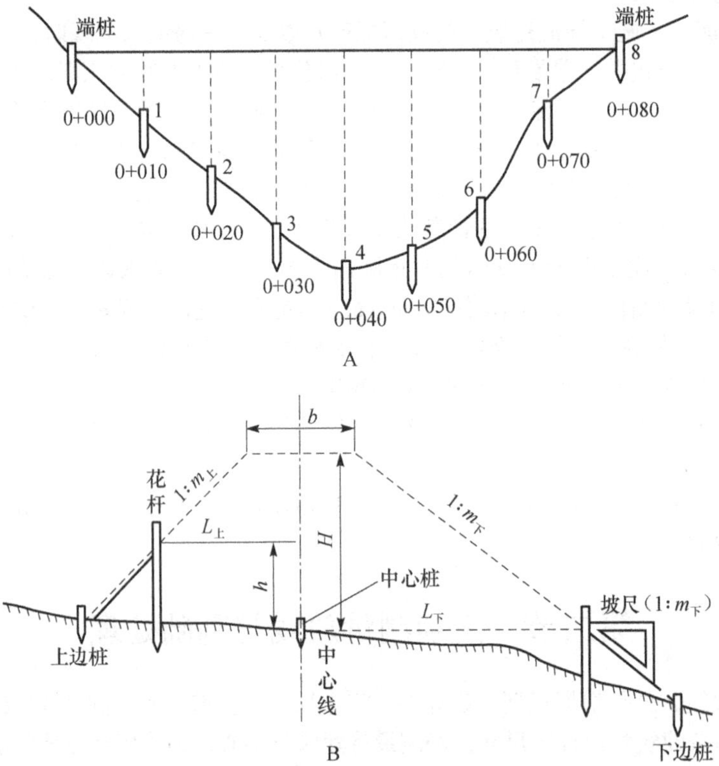

图 7-2　土坝施工定线示意图

A. 坝轴中心线布桩；B. 边桩定位

3）按中心桩高程，标出中心桩处的填土高，然后用经纬仪定出各中心桩边桩方向（坝轴线垂直方向的上、下游）。

4）用下式算出中心桩与边桩的距离：

$$L=\frac{b}{2}+H\cdot m \tag{7-1}$$

式中，L 为中心桩到边桩的距离，m；b 为坝顶宽，m；H 为中心桩处边坡填土高度，m；m 为边坡系数。

按上式可计算出中心桩到上、下游侧边桩的水平距 $L_{上}$和 $L_{下}$，即

$$L_{上}=\frac{b}{2}+(H-h)\cdot m_{上}$$

$$L_{下}=\frac{b}{2}+H\cdot m_{下}$$

对斜坡地面，当某一方比中心桩高时称为斜坡上方，低时称为斜坡下方，在斜坡下方可用坡尺自中心桩量一水平距离 $L_{下}$，则所得点必定在土坝的边坡线上，在此点垂直向地面插一标杆，放好坡尺（坡尺分别为 $1:m_{上}$和 $1:m_{下}$），使坡尺下边保持水平（图 7-2B），顺坡尺斜边拉紧绳子，则绳子与地面交点即边桩位置。

5）定出各边桩位置后，用石灰粉末撒出连线，此线即土坝坡脚线。

6）定出坡脚线后，向外加宽 0.5～0.7 m 画线，此线即坝基清基开口线（图 7-3）。

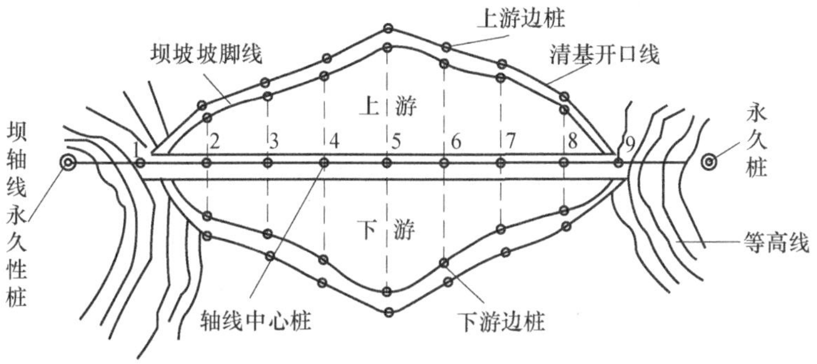

图 7-3　坝坡坡脚线及清基开口线平面示意图

另外，当基础清挖较深时，其清基、修坡加宽范围如图 7-4 所示，坝坡坡脚轮廓线及其开挖开口线之间的距离可由下式计算出。

$$B=h\cdot(m+n)(\mathrm{m}) \tag{7-2}$$

式中，B 为加宽宽度，m；h 为清基深，m；m、n 为坝体边坡及开口线开挖边坡坡率。

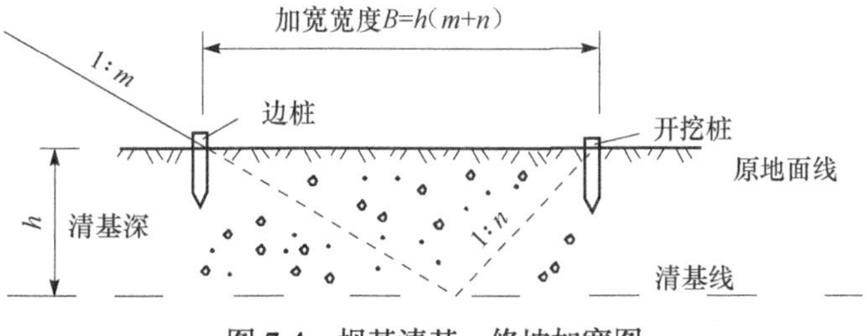

图 7-4　坝基清基、修坡加宽图

（二）溢洪道、放水建筑物基础开挖施工放线

溢洪道、放水建筑物基础开挖施工放线任务主要是确定建筑物轴线、轴线在坡度变化点位置、纵横断面测量，以及开挖线放样等。

施工放线应根据工程基准点，确定轴线和开挖线位置。根据坝区三角点，用交汇法在地面上测定开挖中心线，轴线转弯时应用曲线测量法确定。具体步骤如下。

1）按工程设计图和坝址地形图，按测量时布设的导线或三角网点，用交汇测量法，在地

面上将建筑物（溢洪道或放水建筑物）的轴线起点、终点放出，并在开挖范围外的轴线延长线两端埋设两个混凝土桩或木桩，作为轴线标志。

2）在轴线上每隔 10～20 m 或突变处（坡度变化或轴线拐弯折点、交点处）打一里程桩，用水准仪测出纵横断面图，根据纵横断面和设计断面尺寸，定出建筑物的轮廓线和开挖线（类同于土坝定线）。

必须说明的是，里程桩开挖时常常被挖掉，故应在轴线的垂直方向，把各里程桩引测到两边开挖范围以外，另打木桩标明，以供以后砌筑建筑物时引用。

由于溢洪道、放水建筑物均属坝库“三大件”，故放线定位时，常以坝轴线作为基线基础定出其相对位置。

二、清基与基础处理

在坝体填筑施工之前，必须进行清基与坝基处理。清基是将坝基范围内的杂草、树木、坟墓、乱石、淤泥、有机质含量大于 3% 的表土、自然容重小于 14 kN/m^3 的细砂及极细砂清除掉。对于勘探试坑，应清除杂物积水，用筑坝土料回填夯实。坝基处理包括岸坡处理、截水槽开挖及回填等工作。

（一）坝基清基

本部分包括土坝、溢洪道、泄洪洞位置范围内的坝基清基。

1. 土质沟床清基　要求将浮土、杂物等全部清除。清除深度按浮土、杂物深度而定，一般要求 30 cm 以上。

2. 石质沟床清基　如岩石基础与坝体直接接合时，先清除表层覆盖物，再进行开挖，将强风化层全部清除掉，以开挖到设计要求为原则，岩坡清除后，不应为台阶状。

（二）坝基和岸坡处理

坝体施工之前，坝基和岸坡的处理应自上而下一次性完成，不应边开挖边填筑。坝基和岸坡的处理应符合下列规定。

1. 坝基处理　应清除坝基与岸坡上的草皮、树根、含有植物的表土、蛮石、垃圾及其他废料，并将清理后的坝基表面土层压实；认真做好水井、泉眼、地道、洞穴、透水层等处理。

2. 接合处理　坝体与两岸岸坡结合部位，要认真处理，以免引起绕坝渗流、坝体裂缝及坍塌等不良后果，应在清基的基础上开挖接合槽。坝体与岩石岸坡结合应采取斜面连接，不应成台阶状、急剧变坡，更不得有反坡，岩石岸坡开挖清理后的坡度，应符合设计要求，一般清理成坡度不陡于 1∶0.6 的坡面，不得有突出的变坡点；对于局部凹坑、反坡以及不平顺岩面，可用混凝土填平、补齐，使其达到设计坡度。坝基与岸坡应设置结合齿墙。岸坡与心墙、斜墙及均质坝连接部位，均应清除至不透水层。岩石岸坡，回填前应涂一层黏土浆，以利结合。黏土岸坡，清理坡度不陡于 1∶1.5。山坡与非黏性土连接部分，其清理坡度不应小于山坡饱和状态下的稳定坡度。

3. 岸坡削坡　两岸岸坡较陡时，应进行削坡处理。坝体与岸坡连接处的坡度要求，土质岸坡不陡于 1∶1.0～1∶1.5；岩石岸坡不陡于 1∶0.5～1∶0.75。

4. 截流防渗　坝基为黄土台地时，除削坡外，应预做湿陷处理；坝库有长期蓄水要求的，坝基应作截流防渗处理。截水槽开挖深度较大，地下水影响较严重。因此，在开挖过程中，必须布置排水系统，以保证无水条件下施工。

截水槽回填，应于地基处理及混凝土截水墙浇筑完毕并达到一定强度后进行。在浇筑混凝土截水墙之前，需进行岩面清理。将碎石、石渣或已松动的石块清除干净，再用水冲洗。回填土时，因工作面窄，只能用手夯或小型机具压实。截水墙两侧填土应保持均衡，避免两侧压力不均导致的混凝土截水墙断裂破坏。只有当回填土高出截水墙 0.5 m 后，才允许用羊脚碾压实土料。

5. 含水量控制　在黏性土地基上铺筑第一层土料之前，应将地基表面洒水湿润或晾晒，使表层土壤含水率达到最优含水率，然后刨毛并打碎较大土块。

对于非黏性土地基，可洒水压实后再铺第一层筑坝土料。

（三）放水建筑物基础处理

放水建筑物基础处理应符合下列要求。

1）基础开挖前先进行清基和精确的测量放线，采用放坡开挖，必要时进行坑壁防护。

2）基槽开挖后，应紧接着进行垫层铺设、压实。

3）应按设计强度和厚度立模现浇混凝土基础。涵管管基混凝土可分两次浇筑，先浇筑管底以下部分，并预留管基厚度及安放管节坐浆混凝土 2～3 cm，待安放管节后再浇筑管底以上部分。

（四）溢洪道基础处理

1）石质山坡上开挖溢洪道，应沿溢洪道轴线拉槽，再逐步扩大到设计断面，修好稳定的边坡，中等风化岩石边坡应削至 1∶0.5～1∶0.2，微风化岩石边坡应削至 1∶0.1，新鲜岩石可直立。

2）土质山坡上开挖溢洪道，过水断面边坡坡率应不陡于 1∶1.0，以上山体削坡黄土应不陡于 1∶0.75，红黏土应不陡于 1∶0.5。开挖溢洪道的土方应尽量利用上坝，减少弃土。

3）应在开挖好的原基上浇筑符合设计要求的混凝土垫层。

第三节　碾压式土坝施工

碾压式土坝施工包括土料的开挖、运输、铺土与压实等。

一、料场的选择

土坝的工程量较大，一般骨干淤地坝和小型水库的土坝都在 10 万 m^3 以上。土坝的施工时间短，施工强度大。因此，需要周密地研究料场的选择规划工作，以便合理地使用料场，加快施工进度。

（一）土料开采量计算

为了保证大坝土料供应，需要对土料的运输量、料场开挖自然方量及料场开挖面积进行计算。

1. 土料运输量计算

$$V_{运}=V_{设}(1+\alpha)(1+n)(\gamma_{设}/\gamma_{场})\ K_{松} \tag{7-3}$$

式中，$V_{运}$为运输土方量，m^3；$V_{设}$为坝体设计土方量，依据设计图纸计算，m^3；$\gamma_{设}$为坝体设计的干容重，kN/m^3；$\gamma_{场}$为土料场土料自然干容重，kN/m^3；α 为坝体沉陷量，一般为 3%～5%；n 为运输、返工、削坡损失量，砂石料约 12%，黏性土约 17%；$K_{松}$为可松性系数，即开挖后松土体积与开挖前自然状态下土体体积之比，可在实地测出。

2. 料场开挖自然方量计算

$$V_{自}=(V_{运}/K_{松})(1+n')(1+n'') \tag{7-4}$$

式中，$V_{自}$为料场开挖自然方量，m^3；n' 为装土损失系数，以小数计；n'' 为开挖与运输损失所占的体积，为 0.05～0.10。

3. 料场开挖面积

$$\omega = V_{自} / h_{效} \tag{7-5}$$

式中，ω 为料场开挖面积，m^3；$h_{效}$为料场土料的有效开采深度，m。

（二）料场选择

选择料场应从土质、位置和贮量几个方面进行全面考察，合理选择使用。

1. 料场土质　土质好坏是决定料场取舍的前提条件。在施工前，应对土料场的地质成因、产状、埋深、贮量，以及土料的物理力学性能（密度、含水量、颗粒级配、内摩擦角、凝聚力等）进行全面勘探和测试，以便安排各部位所需的适宜土料。

2. 料场位置　料场的位置及高程应与大坝上料相适应，按运距短，有利于重车下坡的原则安排选择料场。运距短，重车下坡、空车上坡可降低机械能量消耗，提高效率。运输路线要上、下道分开，尽量减少交叉，坡度不宜过陡，以免引起交通事故。料场不宜距土坝太近，否则会与坝面作业相互干扰，造成窝工，延误工期，一般应距坝体轮廓线 300 m 以外。料场应选择在不同高程，做到“低料低用，高料高用”，以减少垂直运输。同时，在坝的左右岸、上下游最好都选有料场，以便在施工高峰时扩大土料作业面。

3. 料场贮量　料场要有主料场与备用料场。主料场应选择土质好、贮量大、距坝体近、容易开采的地方。当主料场土料过湿或有其他原因暂时不能开采时，可启用备用料场，以保证开采、填筑作业连续进行。主料场的土料贮备量应比设计总土方量多 50%～100%，备用料场贮备量应为设计总土方量的 20%～30%。

二、土料的开挖与运输

用于水土保持修筑的土坝，都建在宽度不大的山沟中，场地狭窄，不宜采用综合机械施工，一般采用人工开挖配合小平车或拖拉机直接运输土料上坝。

（一）土料开挖

在土料场取土前，应先将耕作表土、草皮、树根等杂物清除干净。大于拳头的土块不宜上坝，同时不准冻土、干土、腐殖土上坝。土壤含水量应达到设计要求，含水量较低的料场，应提前洒水和灌水。

取土场尽量避开坝轴线，一般不应溜土上坝，坝端虚土要清除干净，以免造成隐患。土料开挖顺序坚持先低后高、先近后远、先易后难的原则，做到高土高用，低土低用，缩短运距，避免爬坡。最终坝高以下的坝端严禁取土，防止挖后再填。

土料开挖有人工开挖、机械开挖、爆破法开挖等。人工开挖常用铁铣和羊镐分层挖取，每层高 1.0 m，层面略带斜坡，以利排除雨水。如果料场土质较坚硬，人工开挖困难，则可采用推土机开挖或爆破松动、人力装运的方式。推土机开挖可分台进行，推土机在上台阶挖土并推送台下，人在下台阶装车拉运。如采用爆破法，最好选择两个取土场，一个土场装运土料，另一个土场进行钻孔爆破，一个土场装运完毕后，互相交换场地继续工作，这样流水作业既安全，工效又高。

在有条件的地方，也可采用推土机开挖、人工装车、拖拉机拉运的方式。这种挖运配合的方式施工速度较快，但由于拖拉机不能倒车，转弯比较困难，装土和卸土需要有足够的场地供其调头转弯。

（二）土料运输

通常用平车、拖拉机、汽车等运输。小平车载重 3～5 kN，一人即可拉运上坝，适宜于运距不大于 1 km 的情况。平车运输道路宽度应大于 4 m，坡度不宜大于 2%。如上坝坡度过陡，人力不能直接运土上坝时，可用拉坡机牵引上坝。拉坡机拉车上坝，坡度不应陡于 1∶3～1∶5，爬高不宜大于 30 m。拖拉机适宜的运距为 2～5 km，双线路宽 5～5.5 m，最大爬坡为 9%，弯道半径不宜小于 50 m。

运土道路应减少交叉和重车上坡，尽量布置成循环形式，往来路线分开，避免陡坡和急转弯。

三、铺土与压实

（一）作业面划分

坝面施工的主要工序有铺土、平土、洒水或晾晒及压实等，如果用平碾施工则还有刨毛作业。坝面作业工序多、工种多，如施工组织不当，将造成窝工浪费，延误工期。所以，坝面作业应尽量组织流水作业施工（图 7-5）。

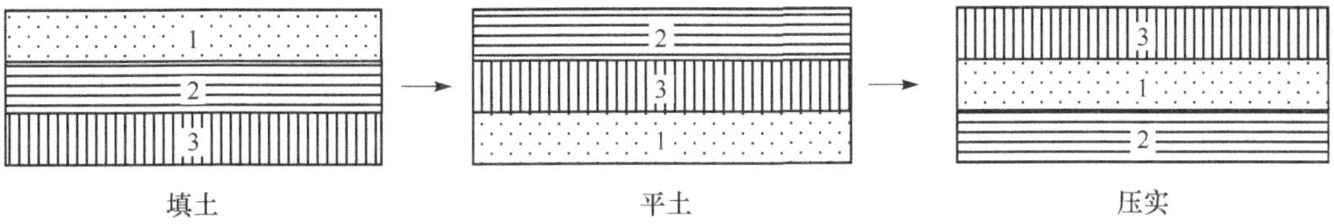

图 7-5　坝面流水作业示意图

坝面流水作业就是根据施工工序的数目，把工作面划分成若干区段，然后组织各工种专业队，依次进入各区段施工。各专业队按工序依次在各区段作业，对每一个专业队来说，则是不停歇地轮流在各区段完成本专业的工作。工作专业化，有利于技术熟练与提高；各专业队在各自的区段作业，可减少相互干扰，有利于坝面的施工。

作业面的划分应根据施工强度、铺土厚度计算选定。

1. 每日铺土面积

$$\omega_{日}=V/(h \cdot m) \tag{7-6}$$

式中，$\omega_{日}$为每天铺土面积，m^2；V 为施工进度计划规定的月上坝土方量，m^3/月；h 为铺土厚度，m；m 为每月工作天数。

2. 划分区段的数目

$$n=\omega/\omega_{日} \tag{7-7}$$

式中，ω 为坝面的作业面积，即施工高程处土坝的水平铺面面积，它随着坝高的上升而逐渐减少，m^2；n 为作业面上划分的区分段。

根据式（7-7）计算出的 n 值有以下两种可能性。

一是 n 值大于或等于施工工序的数目。这种情况即可按计算的作业面积 $\omega_{日}$把坝面划分成 n 个区段，进行流水作业。

二是 n 值小于施工工序的数目。这种情况就不能使所有专业队同时工作，必然造成窝工现象，显然不合理。为了保证施工的正常进行，就需要进行适当的调整，使 n 值等于或大于施工工序的数目。调整的方法是增大铺土厚度 h（但不能超过机械所能压实的厚度），或合并一些施工工序（如把铺土与平土合并，晾晒改在料场进行），或者缩短流水循环时间（如改为 8 h、6 h、4 h）。

坝面的作业区段必须顺坝轴线方向呈长条状布置，不可垂直坝轴方向区分划段，以免各区段间结合不良而造成出现贯穿土坝的渗水通道。

（二）铺土

填筑的土料要求均质，不含腐殖质土、石块、大土块、冻土块或草根、树枝等其他杂质。坝基为黏性土时，应先采取措施，使坝基表面含水量控制在设计要求范围内，然后铺土压实；若为砂性土基时，应先将坝基表面洒水压实，然后再铺土。土料含水量宜按最优含水量控制，通常要求在 15%～18%，一般不低于 14%。

铺土应沿平行于坝轴方向呈条形延伸铺土，厚度应均匀，压迹应重合 1/3。条形间横向接缝应错开，厚度应均匀，宽度应一次铺够，避免接缝。对于塑性心墙坝或斜墙坝铺筑时，其坝面应向上游倾斜 1%～2% 的坡度；对于均质坝应使坝面中部凸起，向上、下游各倾斜 1%～2% 的坡度，以便排除雨水。坝面凹凸不平，可导致雨后积水，影响施工。

塑性心墙坝施工时，应使土料与反滤料平起，其铺筑方法有先土后砂法与先砂后土法两种。先土后砂法是先铺压三层土料，再铺一层反滤料与土料平起（图 7-6A）。这种方法土面高于砂壳，土料是在无侧限情况下压实，易形成超坡和松土边。先砂后土法是在反滤料控制边线内堆设反滤料（图 7-6B）。为了保证反滤料有足够的厚度，每铺碾一层土料，随即再用反滤料填补因土料收坡留下的三角体。这种方法较先土后砂法质量高，松土边较少，采用得较多。

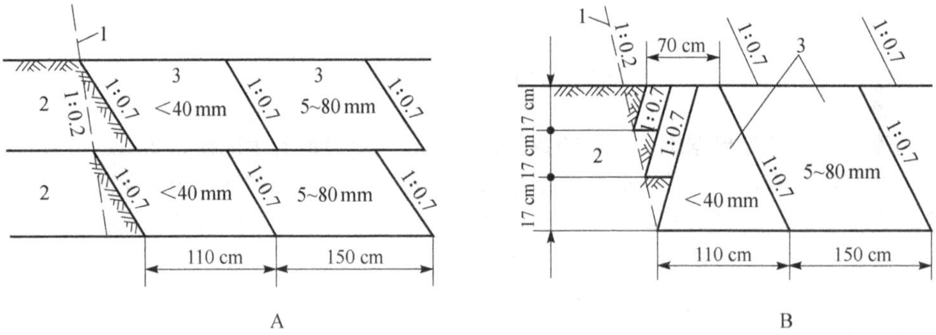

图 7-6　土砂平起施工示意图

A．先土后砂法；B．先砂后土法

1．心墙设计边界线；2．心墙；3．反滤料

铺土施工时，须严格按设计要求厚度铺土，使土料厚薄一致，以保证压实质量。人工夯实铺土厚度应以不超过 20 cm 为宜（夯实为 12～14 cm 即可），机械履带碾压铺土厚度 20～25 cm，羊脚碾碾压铺土厚度 20～30 cm。连续铺土压实的坝面需适当洒水湿润，并钩皮刨毛，以利上下层接合。越冬压实的坝面，须将冻层面挖开运走。冬季停工的土坝，坝面应铺一层松土。

坝体分段施工时，相邻施工段的作业面需均衡上升，若不可避免出现高差时，结合部位坡度应不陡于 1 : 3.0，高差应小于 5.0 m。坝体竣工时坝顶应达到计入总沉降量的高程。

（三）压实

压实是土坝填筑施工的关键作业。回填土的内摩擦力、凝聚力和抗渗性都随其密实程度的增大而提高。因此压实质量的好坏，将对土坝的防渗和稳定都产生很大的影响，在施工过程中必须严格控制压实质量。

1. 压实要求　坝体压实应根据土料性质、含水量和压实工具事先进行试验，确定铺土厚度与夯碾次数。在施工期间，每压实一层均需取样测定干容重和含水量，干容重标准数值一般要求不低于 1.55 t/m³。黏性土压实参数一般通过碾压试验确定，碾压方向与坝轴线平行，相邻两次碾压要有一定的重叠压宽，压迹应重合 1/3。非黏性土压实前应充分洒水，利用渗水压力减小颗粒间的摩擦，以增加压实效果。

采用 74～80 kW 功率的施工机械碾压时，每层铺土厚度不宜超过 25～30 cm。采用大型机械碾压时，其铺土厚度应根据土料性质、含水量、最大干密度、压实遍数、机械吨位等参数试验确定，压实度不低于 94%。

碾压应沿坝轴方向尽量平起填筑，以免造成过多的接缝，若不能平起时，需要仔细做好接缝处理，其横向（顺水流方向）接缝的接合坡度应不陡于 1：3。如高差大于 1 m 时，应挖结合槽。在每次铺土前要将上次已压实的土面适当洒水湿润刨毛，以利于上下两层结合。

与岸坡结合处 2.0 m 宽范围内可按垂直坝轴线方向碾压。不易压实的边角部位、机械碾压不到的地方、土坝与涵洞结合部位等，应采用人工或蛙式打夯机夯实，铺土厚度 10～15 cm，夯迹应重合 1/3。铺土前应对夯实表土刨毛、洒水。

2. 压实方式　土料压实有机械碾压和人工夯实两种。对于骨干坝应尽可能采用机械碾压，当坝面较窄或缺乏碾压设备时可采用人工夯实。大中型淤地坝应尽量使用履带式机械碾压，沿坝轴方向进行，用 1～2 挡低速碾压，碾压方式有回转法和进退错距法两种。

（1）回转法碾压　碾压路线如图 7-7A 所示，开始机械沿填土区段一侧，顺坝轴方向碾压，返回时沿区段中心线碾压，这样循环错距成螺旋形开行，两次错车碾迹重叠 10～15 cm。这种方式碾压效率高，适宜于大面积碾压工作，但在转弯处重复碾压次数多，易在四角转弯处形成土壤剪切破坏。

（2）进退错距法碾压　如图 7-7B 所示，从区段一侧顺坝轴线方向直线前进碾压，返回时错距开倒车，往返从一侧逐步向另一侧错距碾压，两次错车碾迹应重叠 10～15 cm。这种方式往返需换挡打倒车，效率较低，但它避免了两端的重复碾压，适宜于碾压较窄的区段。

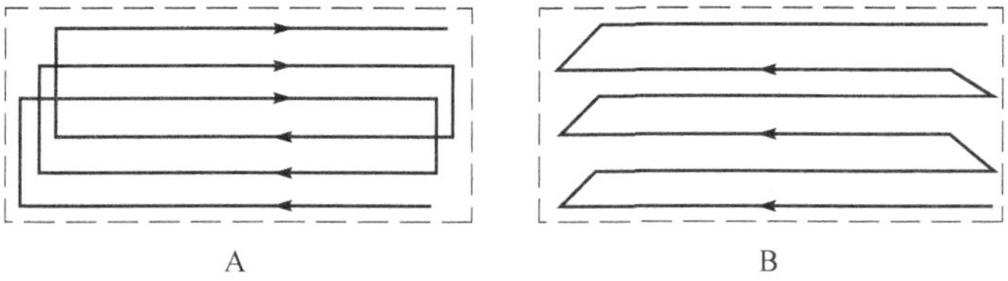

图 7-7　碾压方式

A．回转法；B．进退错距法

（3）人工夯实　应尽量使用石夯、铁夯和混凝土夯等，夯具质量要求 40～50 kg，夯实方法多为梅花套打法，夯迹应重合 1/3。

3. 压实工具与机械

（1）人工夯实工具　人工夯实工具有石磙碾、石片碾、木夯等。石磙碾即农村打场用的石磙，一般重 1.4～2.0 kN，直径约 0.4 m，高 0.5～0.6 m。石片碾用花岗岩石等坚硬石料加工制成，重约 0.4 kN，呈扁平圆柱体，石碾上部周边凿 4～6 个圆孔。木夯为直径 25～35 cm、高 100 cm 的原木，两侧设有扶手，下部钉 4 个铁环，打夯时由 6 人操作。

（2）压实机械

1）平碾：平碾由框架与滚筒组成，滚筒用钢板卷制而成，侧壁设有填料孔，可向桶内装填砂砾以增加滚筒质量。平碾压实的土层，表面结成光滑硬壳，影响层间结合和再压时力的传播，因而层内土壤上下压实密度悬殊。另外，平碾与土料接触面积大，单位压力小，每次压实的土层不厚，一般仅为 15～25 cm。平碾压实土层厚度不得超过 25 cm，压实后干容重不小于 1.55 t/m^3。

应用平碾压实土坝，须结合人工刨毛。每压实一层，需用三齿镢把光硬的表面刨松，然后再铺土继续压实，以利层间结合。由于人工刨毛工作量大，且与铺土运输工作互相干扰，往往造成窝工现象，因此黏性土的压实作业很少采用平碾进行压实。

2）羊脚碾：羊脚碾与平碾的区别是在滚筒表面安装形似羊脚的装置，机架上装有刮梳式清扫设备。

碾压土料时，羊脚贯入土中，首先把深层土压实，所以它可压实较厚的土层。羊脚拔出时，还有翻松土壤的作用，使碾压过后的表面出现一层松土，有利层间结合。为了减小羊脚翻松土层的深度，羊脚的高度与滚筒直径应保持适宜的比例关系，一般为 1∶8～1∶5。

羊脚碾适宜于黏性土的压实，这是因为羊脚的单位压力大，在土层中作用时间长，层间压实均匀，同时它又有翻松表土的作用，可省去刨毛的工序，大大减小劳动强度。碾压非黏性土时，随着羊脚向深层的插入，砂粒产生侧向移动，土层得不到压实，所以羊脚碾不宜用于砂性土的压实工作。

（四）碾压试验

为了使土料达到设计干容重，在填筑土坝前可根据土料性质、含水量情况，用选定的压实工具进行试验，以求得在铺土厚度一定的情况下，达到设计干容重所需要的夯实次数或碾压遍数。从经济效益考虑，施工时应进行最佳铺土厚度与夯实次数的试验。

碾压试验是为了合理地选择、确定土壤压实参数。土壤压实参数包括铺土厚度（h）、碾压遍数（n）、最优含水量（ω），其试验方法步骤如下。

1）选择场地：划分区段（图 7-8A），场地要平整，沿长度方向划分成 A、B、C、D 4 个区间，每一区间再分成 4 个区段，每段宽 3.5～4.0 m。

2）配制土料：把筑坝土料打碎分别调成含水量 $\omega_1=\omega_p-4\%$；$\omega_2=\omega_p-2\%$；$\omega_3=\omega_p$；$\omega_4=\omega_p+2\%$，ω_p 为土壤的塑限。

3）铺土压实：以某一种铺土厚度把各种不同含水量的土分别铺设在各自的区段内，进行碾压，并测定各种碾压次数时土壤的干密度，然后再按另一铺土厚度铺设碾压，测定干密度。

为了减少碾压次数，可先参照表 7-3 所列的经验数据，作为试验时的铺土厚度和压实遍数。

表 7-3 试验用压实遍数与铺土厚度参考表

压实机械	铺土厚度 /cm	黏性土压实遍数	压实机械	铺土厚度 /cm	黏性土压实遍数
10 t 平碾	16-20-24	4-6-8-10	58.5 kW 履带拖拉机	10-13-16	6-8-10-12
5 t 双联羊脚碾	19-23-27	8-11-14-18			

4）根据上述试验的数据，绘制干密度与含水率曲线（图 7-8B）。

5）绘制最优含水率与压实遍数及最大干密度与压实遍数曲线（图 7-8C）。

6）确定最合理的碾压方案。由图 7-8C 可知，满足某一设计干密度，有几组不同的铺土厚度（h）、碾压遍数（n）和最优含水率（ω），应当选择单位铺土厚度压实工作量最小（即 n/h 最小）的一组作为施工压实的参数，该组参数即最合理的碾压方案。

（五）土坝整坡

土坝施工期间，每夯压升高一层，应按设计坡比随时进行整坡，要求整个坝坡均匀一致。

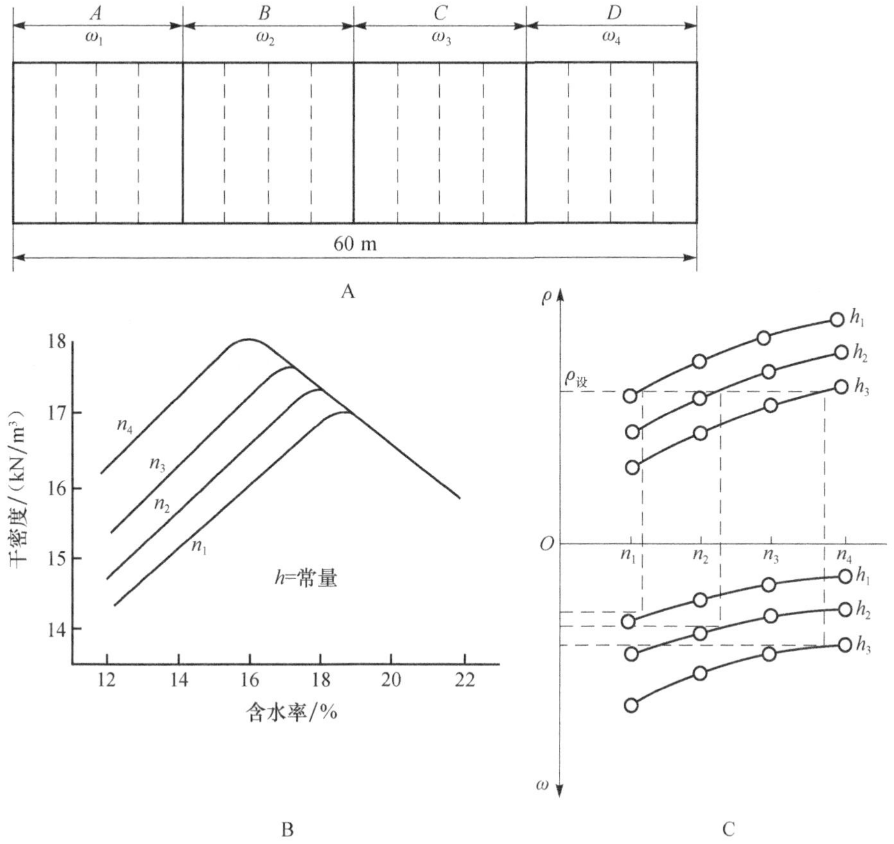

图 7-8 碾压试验示意图

A．实验场地划分；B．干密度与含水率曲线；C．最优含水率和最大干密度与压实遍数曲线

四、坝体排水

坝体排水的反滤层通常由三层组成：最里层紧贴土质坝体为粗砂、中间层为砾石、最外层为干砌块石。反滤层应在清基平整后铺筑，每层用料颗粒粒径应不超过邻层较小颗粒的 4～5 倍，最小的一层粒径应不小于 0.10 mm。铺筑时，细粒料应浇水略加夯打，并预留相当于层厚 5% 的沉降量。施工时间应选在非冻期。

（一）堆石棱体施工

棱体式反滤体作为下游坝坡的趾部，在坝体开始填筑时，同步进行修砌。施工时应先铺底面的反滤层，其上堆棱柱体，再铺斜向反滤层。棱柱体干砌块石砌筑时，应采用立架挂线法控制内外两侧坡度，每隔 10 m 立一根架桩，桩上定出相应标高，两桩之间挂线，砌筑时应自下而上，由内到外层层上升，接缝应相互交错牢固，不得有连续直缝现象，缝宽不得大于 3 cm，砌石的坡面、顶面必须平整且不得松动，然后用碎石填充面缝嵌紧找平。

（二）贴坡式排水施工

斜卧贴坡式反滤体可在下游坝坡完成后，铺砌在下游坝坡的趾部。施工时，应从坝坡由内向外，自下而上依次铺筑反滤层和干砌石至设计高度。

五、冬季施工

土坝不宜冬季施工，确需冬季施工的应注意以下问题。

1）要求取土场尽量选择在背风向阳处，采用立面开挖，实行挖、装、运、铺、压流水作业，不留间歇，防冻结。

2）尽可能采用爆破松土、机械碾压方法施工。夜间停工时应铺一层虚土，次日夯碾。

3）限制土壤含水量，一般砂壤土含水量不大于16%；轻、中粉质壤土及黏土不大于18%。

4）应采用重夯、重碾。夯重应在40 kg以上。

5）防止冻土块铺填。冻土块或含有冰雪的土料不应上坝。

6）连续5日平均温度低于−3℃时应停止施工。停工后，应在坝体作业面上采取覆土等保温措施。

第四节 水坠坝施工

水坠法是一种半人力机械化的筑坝方法，是以自流或提水的方式把水引向山坡土场，利用水流使土料湿化、崩解，搅拌成为浓度很大的泥浆，靠自重经输泥沟输送到坝面，经脱水固结形成密实坝体。水坠法把土料的开挖、运输、填筑压实等多道繁重的工序借助于水力来完成，从而大幅度提高了劳动工效，降低了工程造价，为筑坝技术开创了一条新路。

实践证明，水坠法筑坝工效高、速度快、成本低、方法简单，在淤地坝工程施工中应用得较多。

一、施工前准备工作

水坠坝施工前准备工作包括积蓄水源、选定土料场和设立泵站等工作。

（一）水源

水是修筑水坠坝的动力和媒介，必须保证有足够的冲填用水，一般情况下要求供水量约等于坝体冲填的总土方量。在干旱缺水地区缺乏常流水的沟道上修水坠坝时，应不失时机地拦蓄汛末径流和来春的消冰水。临时挡水坝的高度可根据施工阶段用水量确定。临时挡水坝可结合施工导流，用作导流围堰，也可作为坝体上游坡脚的一部分，前者蓄水与坝有一定距离，利于施工时坝体脱水固结；后者蓄水紧靠坝身，于坝体脱水不利，但省去了修建临时蓄水围堰。

如果沟道中有长流水，但流量小，不能满足冲填供水要求时，可采用平时蓄水、集中使用的办法，做到小水大用。

（二）土料场选择

土料场是决定水坠坝施工工效和坝体质量的重要因素之一。选择土料场时，应从土质、储量和位置几方面考虑确定。

料场的土质要具备湿化崩解速度快、黏粒含量少、透水性较大的特点。湿化崩解是指土块在水的浸透作用下，凝聚力被破坏，逐渐解体变成泥浆的过程。湿化崩解速度快的土料，适宜于修筑水坠坝。有关规范规定，把一个边长5 cm的立方体土块放在水中，有2/3崩解所需要的时间不超过10 min，即合格的土料。土料的黏粒含量不宜过多，黏粒含量在20%以下的轻粉质壤土（或砂壤土）与中粉质壤土（黄土）较为适宜。黏粒含量大于20%的红黏土，渗透系数小，脱水固结慢，若用于水坠坝冲填时，需在坝体内修专门排水设施或降低冲填速度，增加固结时间。有些岩石风化土（如花岗岩、砂岩风化残积土），黏粒含量虽然很高，但砂粒含量也高，其透水性较强，也可用于水坠坝填筑。

土料场的储量，应为坝体土方量的 2 倍左右。冲填土场的位置，宜高出设计坝高 20 m 以上，土厚坡陡，离坝要近。筑围埂用土场，最好在坝端附近，坡度平缓，上坝容易。上游坝肩附近，不宜布设土场，以保护其天然防渗层，防止绕坝渗漏。土料开采宜做到高土高用，低土低用，直线上坝。有条件的工程，溢洪道可结合坝体冲填或修筑围埂进行开挖，以节省用工。

（三）泵站

泵站布设的原则是：靠近土场，易于引水，机泵搬迁次数少；泵站地基要坚固，山坡地形利于管道敷设；施工期不被洪水淹没。

泵站的布置分为上游抽水和下游抽水两种形式。上游抽水是把泵站设置在坝的上游侧，具有管路短、扬程低的优点，但需有度汛防洪措施，以防库水位上升淹没泵站。对冲填方量大的大型工程，可采用两级抽水，把固定泵站设置在洪水位以上，在固定泵站下面再设置一级能适应水位涨落变化的浮动泵站，向固定泵站供水。下游抽水是把泵站布置在放水涵洞的出口处，这种形式不受库水位的影响，比较安全，但增加了水泵的扬程，耗能大。

水泵的装机型号与台数，应根据冲填流量和扬程选择确定。

水泵的设计流量按下式计算。

$$Q=AM/(3.6Kt) \tag{7-8}$$

式中，Q 为水泵的设计流量，L/s；A 为水泵有效工作系数，有备用装机时取 1.0，没有备用装机时取 1.2～1.3；M 为日上坝土方量，m^3，$M=V/T$（V 为最紧施工阶段所要完成的上坝土方量，m^3；T 为最紧施工阶段延续天数）；K 为设计泥浆土水体积比，一般要求 $K>2.3$；t 为水泵日有效工作小时数，h。

水坠坝冲填的流量 Q 不宜小于 8 L/s，水量太小携带不动更多的土料，泥浆稀，降低工效。

水泵所需的扬程用下式计算。

$$H=Z+h_{\omega}+h \tag{7-9}$$

式中，H 为水泵的总扬程，m；Z 为水面至出水口高差，即地形扬程，m；h_{ω} 为管道水头损失（包括局部水头损失和沿程水头损失），m；h 为水枪出口的最小压力水头，可按表 7-4 选取。

表 7-4　不同冲填土料所需水枪出口压力表

土质	原状土所需最小压力水头 /m	爆破松动所需最小压力水头 /m
砂土及砂壤土	7	4
轻粉质壤土	10	5
中粉质壤土	15	6

二、坝体冲填

（一）冲填方式

1. 冲填方式分类　水坠坝冲填方式较多，视分类方法而定。

1）依泥浆上坝形式，可分为一岸冲填与两岸冲填两种。

一岸冲填是在坝的一端山坡取土冲填筑坝。这种方式需用机械少，效率高，但稀泥浆易集中到彼岸，生成薄弱坝段。

两岸冲填是在坝的两端岸坡轮流取土冲填筑坝。这种方式需两套机械设备，且经常倒换场地及泥浆在坝面流动方向，较费工，但冲填均匀，质量高，适宜于大型淤地坝冲填作业。

2）据坝面畦块的数量，可分为单畦冲填与多畦轮流冲填。

单畦冲填，在坝面上不分畦块，冲填时先在坝面上、下淤边缘各筑一条围埂，拦挡泥浆，然后在整个坝面上进行冲填作业。多畦轮流冲填是用畦埂沿坝轴线方向将坝面分成若干个畦块，轮流向各畦块内冲填泥浆。

多畦轮流冲填，使每个畦块两次冲填之间有一定的间隔时间，泥浆能得到充分的固结，有利于坝体稳定，但筑埂多，效率较低，适宜于坝面较宽的冲填作业。

3）依冲填作业的连续性，分为连续冲填与间断冲填。

连续冲填是在一个畦块中，边加高围埂边进行冲填，不等下层泥浆充分固结（即冲填土达到稳定含水量，一般黄土稳定含水量为23%～26%）就冲填上层，不间断冲填升高。连续冲填，泥浆容易摊平，工效高，速度快，施工组织简单。

间断冲填是在同一畦块中冲冲停停，或者多畦轮流冲填。同一畦块，两次冲填的间隔时间称为相间周期。相间周期的长短视冲填土层脱水固结速度而定，一般以泥面能行人且表面又未形成硬壳时为宜。间断冲填容易控制质量，脱水均匀，但施工速度较慢。

2. 冲填方式选择　冲填方式应根据坝高、土质及土料分布情况综合考虑确定。

当河谷窄，且只有一岸土料场较好时，可选用一岸冲填方式；如果坝轴线较长，冲填方量大，两岸都有丰富适宜的土料，应选择两岸冲填方式。

当坝高低于20 m，坝基、岸坡排水条件较好，冲填土料黏性较小时，可采用单畦连续冲填方式；当坝高高于20 m，冲填土料黏粒含量高，坝体排水差时，可采用两畦或多畦冲填方式。在坝的较低部位和较高部位可不分畦，即单畦冲填。下部沟床窄，阻滑作用大，下游又有反滤排水棱体，排水条件也好，应采用单畦连续冲填以加快施工速度。上部坝面较窄，不易分畦，应采用单畦冲填，但要适当控制冲填速度。

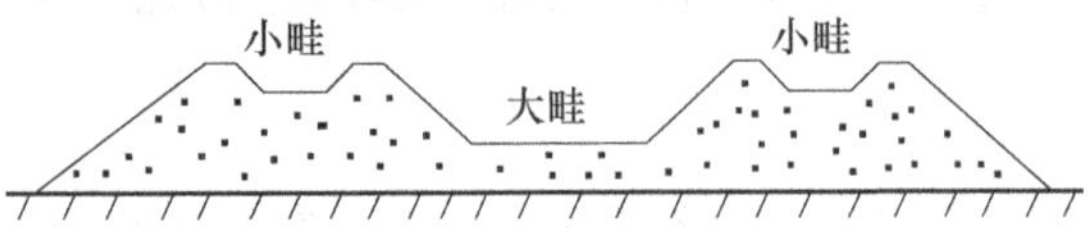

图7-9　一坝三畦冲填方式示意图

为了增强边埂阻滑能力，并利用侧向蒸发脱水固结，还可采用一坝三畦，两大一小，两高一低的冲填方式（图7-9）。在坝面两侧设两个小畦，中间留出一个大畦。先轮流冲填两侧的两个小畦，使其提前脱水固结，形成阻滑坝壳，再冲填中间大畦。

（二）造泥与输泥

1. 造泥方法　造泥方法有人工松土造泥、水枪冲土造泥和综合松土造泥等。人工松土造泥是用镢头在造泥沟沿岸土崖上刨土造泥。水枪冲土造泥是用水枪射流冲土造泥，采用斜向搜根自坍法，即水枪射流与采土面成斜交冲刷土崖下部，使土崖崩塌造泥。为了安全，水枪应距土崖5～7 m，崖高不宜大于5 m。综合松土造泥是用水枪冲土造泥，再辅以爆破松土或推土机开挖壅土，以增加泥浆浓度，提高冲填效率。人工松土造泥适宜于小型工程，即冲填方量不大的土坝。当工程量大，且土质比较松软时，可用水枪冲土造泥，这种方法简单，省工省械。当工程量大，且土质比较硬，水力松动困难时，可采用综合松土造泥。为保证泥浆浓度，可在造泥沟末端储备虚土，用人工向造泥沟送土，调整泥浆稀稠，使其浓度保持均匀一致。

水坠坝造泥沟长度应根据冲填土料的性质确定：冲填土料为砂土类时，造泥沟长度宜大于50 m；冲填土料为其他土料时，造泥沟长度宜大于70 m。造泥沟底纵比降可取10%～20%。

2. 泥浆质量控制　施工前应对筑坝土料进行以下试验：黏粒含量、塑性指数、崩解速度、渗透系数、有机质含量、水溶盐含量等。水坠坝填筑土料应符合表3-7的规定，有机质含量小于3%，水溶盐含量小于8%。

不同土料的起始含水率：砂土按25%～40%控制，砂壤土、壤土按39%～50%控制，花岗岩和砂岩风化残积土按 45%～55% 控制。相应稳定含水率：砂土按 15%～22% 控制，砂壤土、壤土按 23%～26% 控制，花岗岩和砂岩风化残积土按 23%～27% 控制。

在冲填过程中，按设计控制泥浆浓度，要始终保持高浓度合格泥浆。合格泥浆的含水率应是：轻、中粉质壤土不大于 41%，重粉质壤土不大于 43%。泥浆浓度是否符合要求，除经常测定其含水率外，还可通过观察加以判定。当泥浆流动时发出咕嘟咕嘟的沉闷响声，冲填面有皱纹时，则为合格泥浆；当泥浆流动时发出哗啦哗啦的响声，冲填面光滑发亮时，则泥浆过稀，不合格。

3. 输泥系统布置　输泥系统由造泥沟、输泥沟及出泥口组成（图 7-10）。造泥沟设在采土场，与等高线成斜交布置，其长度根据造泥需要确定，一般为 70～130 m。造泥沟纵比降为 15%～20%，断面保持窄深形式，且沿流程纵比降由缓变陡，断面逐渐加大，使水流有较大的挟沙能力。

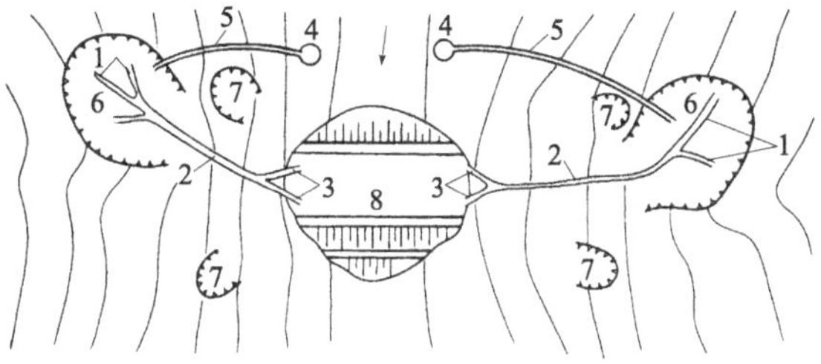

图 7-10　水坠坝施工布置图

1. 造泥沟；2. 输泥沟；3. 出泥口；4. 水泵；5. 水管；6. 土料场；7. 围埂取土场；8. 土坝

输泥沟是运输泥浆的渠道，上接造泥沟，下连出泥口。一般一条输泥沟可连多条造泥沟，以利输送泥浆。输泥沟末端可设多个出泥口，轮流向坝面各畦块冲填。

输泥沟断面呈窄深式，其尺寸根据泥浆流量而定，超高不小于 0.5 m。一般情况下，断面宜采用底宽 0.6～0.8 m、深 0.8～1.0 m。纵比降不宜缓于 20%，其中砂土宜采用 7%～10%，砂壤土、壤土宜采用 7%～20%。泥浆流量宜控制在 0.1～0.5 m^3/s。输泥沟沿途应设置 2～3 个落差不大于 1 m 的跌坎，以便泥浆中较大土块通过时，在自重作用下，互相撞击、破碎并掺和成均匀泥浆。

造泥沟与输泥沟的纵坡应保持均匀，中间不可夹有缓坡段，以免泥浆堵塞沟道。

输泥沟渠尾根据坝面宽度可设置 1～3 个出泥口，其与边埂的距离应大于 3 m，出泥口以上应设排水口。

（三）围埂与封顶

1. 围埂　冲填畦块的围埂分为边埂和中间埂。中间埂起挡泥作用，不必过宽，也无须拍打夯实，用踩坯倒土法进料修成虚土围埂。边埂起挡泥、阻滑和阻水作用，因此边埂的尺寸和质量都必须严格掌握。埂高应高于泥面 0.5 m，上下两层围埂叠压宽度不小于边埂底宽的 1/2。边埂顶宽的尺寸建议采用表 7-5 中数值。

表 7-5　边埂顶宽建议尺寸表

土质		坝高小于 15 m			坝高 15～30 m			坝高 30～40 m		
土质名称	黏粒含量	上部	中部	下部	上部	中部	下部	上部	中部	下部
砂质壤土	＜10%	3	3	3	3	3～5	4～5	4～5	5～7	6～8
壤土	10%～20%	3	4～5	3～5	3～5	6～8	6～10	8～10	10～12	10～15
黏土	20%～30%	3～4	5～8	5～8	4～8	8～15	15～20			

注：①表中建议数值适用于一般性透水地基，地基和坝基透水性良好，且为窄深河槽时，下部埂顶宽度采用较小值，不透水地基和坝肩吸水作用不良时，下部围埂尺寸适当加大。②采用表中尺寸时，冲填面上升速度控制在 0.25 m/ 天以下，冲填速度加大时应适当加宽围埂。③表中数字是指需要碾压或夯实的尺寸

2. 封顶　水坠坝的顶部需用碾压式填土覆盖以防坝面干裂，这叫封顶。封顶的时间不可过早，应在冲填面以下 5 m 内的泥浆含水率降到 30%（砂质壤土）或 35%（花岗岩、砂岩风化残积土）时为宜。封顶厚度一般为 2～3 m，封顶采用分层碾压（或夯实）法施工，其上升速度不应大于允许冲填上升速度，以免产生滑裂现象。

（四）冲填技术

冲填坝的施工应掌握早、稠、坚、排、匀 5 个要点。①早：及早动手。水坠法筑坝施工进度有一定限制，不能突击冲填上坝，所以必须早开工，防止汛期被动。②稠：稠泥上坝。稠泥浆含水率低，固结快，有利于坝体稳定和加快冲填速度。③坚：围埂坚固，挡泥阻滑。④排：加强排水，促进坝体泥浆固结。在施工过程中，应采取排水措施，加速坝体脱水固结，防止滑坡事故。⑤匀：冲填速度均匀。冲填时，应使泥浆均匀分布在坝面畦块，防止稀泥浆集中，避免形成薄弱环节。

水坠坝冲填施工时，应具体注意掌握以下基本要求。

1）施工前，应根据坝高、冲填土料性质、冲填方式等对坝面进行划畦。当坝高小于 15 m、冲填土料透水性较强、坝基透水条件较好时，宜采用一坝一畦、昼冲夜停的方法连续冲填；否则，宜采用一坝双畦或多畦轮冲的方法间歇冲填，畦与畦之间用中埂隔开。

2）砂壤土、壤土均质坝边埂宜采用分层碾压法填筑，外坡与坝坡保持一致，宽度应符合设计要求，上下两层边埂重叠部分的宽度应不小于埂底宽的 1/2，填筑质量应符合设计要求。砂土均质坝边埂宜采用淤泥拍筑。砂壤土和轻粉质壤土均质坝，当采用分畦间歇冲填施工时，边埂也可用淤泥拍筑。

3）按设计控制围埂宽度及质量。中埂宜采用虚土堆填，顶宽宜取 3.0～4.0 m，高度应超出冲填层 0.5～1.0 m，边坡宜取自然休止坡。

4）砂土、砂壤土宜采用人工松土造泥。轻粉质壤土和中粉质壤土宜采用水枪冲土造泥或机械供土造泥。中粉质壤土和重粉质壤土宜采用爆破松土、机械供土造泥。

5）坝体冲填宜采用两岸交替冲填方式。应按照设计要求控制冲填速度和泥浆浓度。对间歇冲填施工中形成的坝面硬壳应刨松后再继续冲填。

6）水坠坝日最大位移量应小于 15 mm，两日累积位移量应小于 20 mm；沉陷量应无突变现象。当坝坡位移量和沉陷量达到或超过上述要求时应立即停止坝体施工，待变形量趋于稳定且满足要求时方可恢复施工。

7）合理控制冲填速度。水坠坝允许冲填速度应符合表 7-6 的规定。

表 7-6　均质坝允许充填速度

项目	砂土	砂壤土	壤土			花岗岩和砂岩风化残积土		
			轻粉质	中粉质	中粉质	坝高分区（从底部起）		
						<1/3	1/3～2/3	>2/3
两日最大升高 /m	<1.0	<0.8	<0.6	<0.4	<0.3	<0.8	<0.5	<0.4
旬平均日充填速度 /(m/ 天)	0.3～0.5	0.2～0.25	0.15～0.2	0.1～0.15	0.07～0.1	0.2～0.3	0.15～0.2	0.1～0.15
月最大升高 /m	<7.0	<7.0	<5.5	<4.0	<3.0	<7.0	<5.0	<3.0

注：土料的黏粒含量在 20%～30% 时，可按《淤地坝技术规范》在坝体内设置砂井（沟）或聚乙烯微孔波纹管网状排水，允许冲填速度可取表中数值的 1.5 倍

8）停冲后，冲填体表面积水可采用虹吸管排水、机泵抽水、埋管排水等方法及时排除，将水流导出坝脚以外。埋管取出后，应按设计要求回填夯实。当冲填坝面局部积水无法排除时，可采用水中倒土法处理。

9）坝体采用碾压法封顶时，碾压施工应在冲填坝面以下 5 m 范围内的泥浆平均含水率小于土料的液限之后进行，封顶厚度宜取 2～3 m。坝体采用冲填法直接冲填到坝顶时，在坝顶高程 2～3 m 内，封顶冲填速度不超过坝体的平均冲填速度。

三、排水措施

水在造泥和输泥过程中起湿化、崩解土块和运送泥浆的作用。进入坝体以后，则成为影响坝体质量的主要因素。因此，还应采取措施，尽快排除坝内多余水分，以加快脱水固结，增强坝体的稳定性。

坝体排水措施有自然蒸发、表层排水和坝内排水等。

在北方干旱地区，每年春夏季节，气温高、雨量少、空气干燥多风，泥面蒸发作用显著。施工时应充分利用这一时机进行冲填，快速施工。

泥浆进入冲填坝面的畦块后，其表面常有清水析出，要及时排除，不可使其再渗入坝体。析出清水可采用虹吸或埋管自流排除。

当坝基为不透水地基或坝体较大，土料渗透能力差时，应设置坝体排水设施。坝体排水措施有反滤体、褥垫和砂井。反滤体设在坝的下游面坡脚，可与坝趾滤水结合，在施工时起坝体排水促使固结作用，运用期间起降低浸润线增强坝体稳定作用。有时为了加速坝体内排水，还采用在下游坝体内埋设盲管（有眼的塑料管）和反滤排水体连接。反滤体的规格尺寸可按坝趾排水体要求设计确定。排水褥垫是在不透水地基上修筑水坠坝时，为了加速坝体脱水固结，在其地基表面上铺设的排水设施。排水褥垫按反滤要求铺设，褥垫厚度 0.7～1.0 m，宽度约为坝基宽度的 1/2，其下游边与反滤体相连。当河谷开阔、地基不透水、冲填土料黏性大，且坝高超过 30 m 时，应设置砂井和砂沟进行坝体排水。砂沟、砂井的构造如图 7-11 和图 7-12 所示。

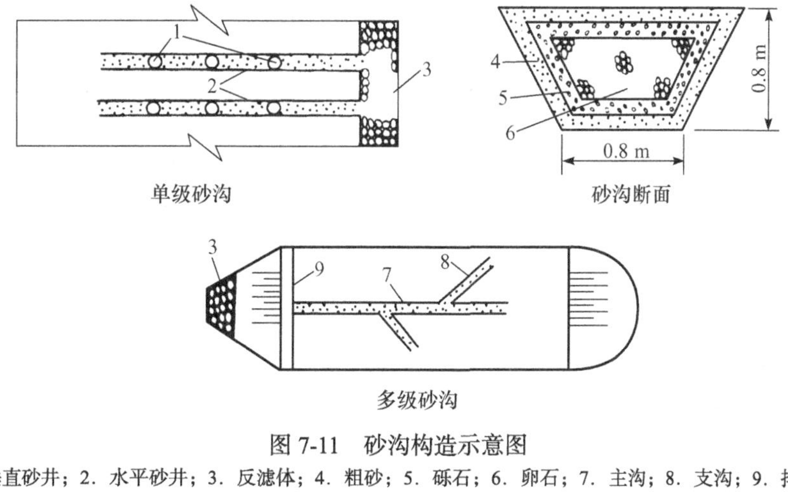

图 7-11 砂沟构造示意图

1. 垂直砂井；2. 水平砂井；3. 反滤体；4. 粗砂；5. 砾石；6. 卵石；7. 主沟；8. 支沟；9. 排水沟

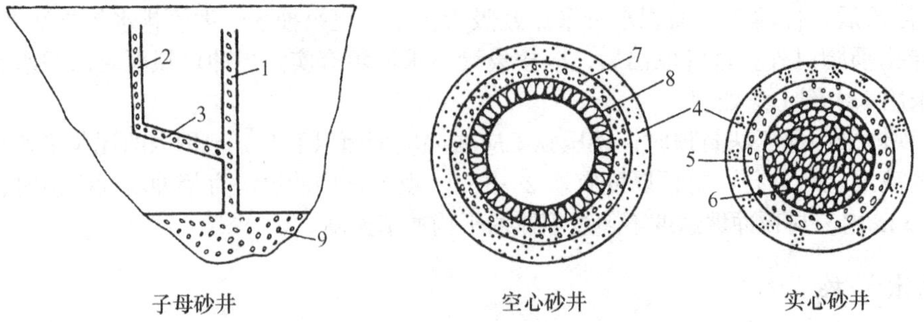

图 7-12　砂井构造示意图

1. 母砂井；2. 子砂井；3. 砂道；4. 粗砂；5. 砾石；6. 卵石；7. 砂砾石；8. 块石；9. 砂砾垫层

四、水坠坝冬季施工

水坠坝冬季施工多用浮水法。在输泥渠末端设 2～3 m 高的跌坎，使泥浆冲力增大潜入冰下，冰层浮在冲填池表面，随冲填泥浆的升高而升高。当气温连续多日下降到−15℃时，冰冻层若打不破，应停止冲填，并严禁在冰层上冲填。

第五节　放水建筑物和溢洪道施工

一、放水建筑物施工

（一）基础处理

岩石地基开挖，应先清除表层覆盖物，再用人工开凿和打眼放小炮相结合开挖，不宜放大炮。断层、破碎带应采用深挖充填方法处理。

（二）预制涵管施工

1. 管座砌筑　管座砌筑应根据预制涵管每节的长度，在两管接头处预留接缝套管位置。管座应采用 180° 或 90° 的支撑。凹槽在接口完成后，随即用混凝土浇筑。

2. 涵管安装　预制涵管应由一端依次逐节向另一端套装，接缝宽度不应大于 10 mm，接头缝隙应采取沥青麻刀填塞等止水措施。预制管如为平接，必须套有管箍，管箍与管之间用水泥石棉粉砂浆填实。

3. 防渗止水　涵管与土坝防渗体连接应设置截水环。涵管的地基处理，应在原状土夯实的基础上，夯填 20 cm 的 3∶7 灰土或水泥土，并浇筑 15～20 cm 的 C15 混凝土。

4. 回填土　管壁附近填筑土体应采用小木夯分层夯实，当填土超过管顶 1.0 m 后，再采用大夯或机械压实。

（三）涵洞砌筑施工

1. 涵洞砌筑

1）砌筑石料必须质地坚硬、形状方正、无裂缝，其表面应刷洗干净，砌前用水洒湿；砌筑用砂浆要调匀，砌筑时石块之间应灌满灰浆，不得留有空隙，以免由缝隙漏水。坐浆要均匀，然后灌浆。灌浆时要用瓦刀插捣，使孔隙填满灰浆；砌筑时石料上下两层竖缝必须错开，先砌“角石”，再砌“面石”，最后砌“腹石”。灰浆未凝固前，应将外露灰缝虚浆挖去，再用水泥砂浆勾缝，勾缝前先用水将接缝洒湿；砌体必须洒水养护最少 7 天，砌体未达到要求强度前，不得在其上方堆放重物或凿石块，以免砌体受振动而破坏。

2）砌筑基础和侧墙时，土质地基不坐浆，岩石基础应清基后坐浆。侧墙与底板应分开施工，先施工底板，在底板上施工侧墙。每层石料应大面向下，上下前后错缝，内外搭接，石块间应以砂浆黏接，砌缝应随时用灰浆或混凝土填实。侧墙砌筑前，先根据涵洞中线确定边线的位置。砌筑有斜面的侧墙时，应在其周围用样板挂线。起拱脚端与水平成一定角度，在涵台尚未砌到拱线之前，就应将石块逐渐砌成倾斜形状，以便使起拱线的斜度满足要求，外层预留 2 cm 的勾缝槽。砌筑应分层，每层应依次砌角石、面石，然后砌腹石。各砌层均应坐浆，随时铺浆随时砌筑，砂浆的稠度宜为 3～5 cm，砂浆饱满度不应小于 80%。

3）砌筑拱圈时，应以拱的全长和全厚同时由两端起拱线处对称向拱顶砌筑。相邻两行拱石的砌缝应错开，其相邻错缝距离不得小于 10 cm。必须保持拱的平顺曲线形状。当砂浆强度能承受住静荷载的应力时，才允许拆除支承架。

4）块石砌筑，石料的抗压强度不低于 2.5 MPa，在地震及严寒地区应不低于 3.0 MPa，应看样选料，修整边角，选择平整的大块石，经修整后用作面石，上下两层石块应骑缝，内外石块应交错搭接，石料摆放就位后，及时进行竖缝灌浆，并插捣密实。竖缝宽宜为 2～4 cm，平缝宽宜为 2～2.5 cm，竖缝宽度在 5 cm 以上时，应先填砂浆，后塞片石，填心石要根据自然形状，交错放置，尽量使石块缝隙最小。上下石块要上下错缝，内外搭接。不得采用外面侧立石块中间填心的砌法。

5）砌体应均衡上升。相邻段的砌筑高差不大于 1.0 m，每天砌筑高度不超过 1.2 m，分段砌筑时要留成踏步茬，不得留直茬。

6）浆砌石涵洞每 10～15 m 应留一伸缩缝，缝宽约 2 cm，缝内填塞沥青麻筋或沥青木板等材料。应考虑将伸缩缝与沉降缝合并设置。

7）水泥砂浆勾缝。勾缝前应将槽缝冲洗干净并保持封面湿润；勾缝顺序由上而下，先勾水平缝，后勾立缝；勾缝应采用水灰比 1∶1～1∶2 的细砂浆；清缝应在砌筑 24 h 后进行，缝宽不应小于砌缝宽度，缝深不小于缝宽的 2 倍；勾缝完成和砂浆终凝后，砌体表面应刷洗干净，及时采取洒水养护，养护时间不宜少于 21 天，避免碰撞和振动。

2. 回填土

1）涵洞砌筑完毕、接口和包砌砂浆达到标号后，开始回填土。填土前将杂物、石渣等清除干净，洞壁洒水润湿。回填土要干湿合适，每层铺土 15 cm，夯打密实，以保证土坝和洞壁紧密结合，不易漏水。

2）夯打时不要振动涵洞灰浆或将涵洞本身压坏。在涵洞两侧和洞顶 1.0 m 以内填土时，用单人夯或双人夯夯实；黏土回填 1.0 m 以上时，方能用大夯夯实。两侧要求平衡填高，干容重要求大于坝体设计值。靠近洞壁部位，填黏土含水量不应小于 20%，并用大锤夯捣，使回填土料挤满每个砌石缝隙。填土夯实时应在洞（管）壁上洒水，以利结合。

（四）竖井和卧管砌筑

浆砌石竖井和卧管的施工与浆砌石涵洞施工类同，但必须注意脚手架的架设与中线、边线控制，砌筑应逐层加高，并考虑砂浆的凝固时间。

卧管施工时注意放水孔大小要合乎标准，关闭时不要漏水。卧管消力池承受水流冲击力较大，因此基础要特别牢固，做好涵洞、卧管和消力池的接头。

卧管采用浆砌石和钢筋混凝土现浇结构。钢筋为 I 级 3 号圆钢，条件具备时可做拉力试验。混凝土的配合比要严格按照设计砂浆配料，水泥要量足，必要时进行称重配料。

由于淤地坝建设工地一般位于山沟，远离村庄，没有电源，因此混凝土多采用人工拌和。

拌和应在灰盘和钢板上进行。人工振捣时，铺料层厚度不大于 20 cm，捣固时要求出水分达到密实。浇筑好后用薄膜、草垫将混凝土体覆盖并洒水养护，养护期不得少于 14 天。

放水、泄洪工程陡坡和消力池段应在原基或灰土（水泥土）基础上，设置砂砾石（碎石）或微孔波纹管排水设施。砂砾石（碎石）垫层厚度 20 cm，相对密度不应小于 0.7；微孔波纹管材料管径和铺设间距应符合设计要求。

二、溢洪道施工

在溢洪道溢洪和泄水各部构件施工中，大部分需作料石（或块石）衬砌施工，也有的作混凝土施工。

（一）溢洪道施工基本要求

1）溢洪道过水断面必须按设计的宽度、深度、边坡施工。同时，要严格掌握溢洪道底高程，不能超高或降低。

2）土质山坡开挖溢洪道时，过水断面边坡不陡于 1∶1.5，过水断面以上山坡不陡于 1∶1.0。交接处要留平台，平台宽 1.0 m 左右。溢洪道上部的山坡应开挖排水沟，以保证安全。溢洪道开挖的土方应尽量上坝利用，在施工顺序安排上，要和土坝施工相对应进行。

3）岩石山坡上开挖溢洪道，应沿溢洪道轴线开槽，再逐步扩大到设计断面。不同风化程度岩石的稳定边坡比为：弱风化岩石 1∶0.5～1∶0.8；微风化岩石 1∶0.2～1∶0.5。

（二）浆砌石施工

1. 基础处理

1）地基开挖，应清除强风化岩石，按设计挖到弱风化或微风化基岩上。基岩边坡必须保证稳定。顺河方向的基面不能挖成向下游倾斜。

2）岸坡开挖，清除表面的覆盖物，并使利用的基岩面平整，坡度符合设计要求。

3）浆砌石坝坝基范围内的断层破碎带或软弱夹层，应根据所在的部位、形状、宽度、组成物的性质及对坝体安全的影响，采取措施处理。一般对规模不大而倾角较陡的断层破碎带，采用在表面加混凝土塞的方法处理。混凝土塞的深度，一般为破碎带宽度的 1.5～2.0 倍。若断层破碎带伸出坝基外时，应延长处理段到坝体以外 1.5～2.0 倍的处理深度。

2. 石料与砂浆准备

1）料石尺寸应基本一致，长 50～60 cm，宽 30～40 cm，厚 20～30 cm。浆砌前应将砌石表面的污泥、水锈等洗涮干净。

2）砂浆配制必须按设计的配合比调和，稠度应适中，过干不易捣实，过稀会降低质量。砂浆配合比如表 7-7 所示。

表 7-7　常用砂浆配合比参考值

砂浆名称	砂浆标号	水泥标号	体积配合比			每立方米砌体材料消耗量			
			水泥	砂	石灰	水泥 /kg	砂子 /m^3	石灰 /kg	片石 /m^3
水泥砂浆	M10	42.5	1	3	—	131	0.37	—	1.1
	M7.5	42.5	1	4	—	90	0.37	—	1.1
	M5	42.5	1	6	—	75	0.37	—	1.1
混合砂浆	M5	42.5	1	6.5	0.7	54	0.33	35	1.1
	M2.5	42.5	1	13.5	1	40	0.33	70	1.1
白灰砂浆	M1.0	—	—	3	1	—	0.33	70	1.1

3. 砌石要求

1）镶面石要一顶一顺间隔排列，上下层镶面石的竖缝应错开 8 cm 以上；腹石需要错开石块长度的 1/3～1/2；砌石缝宽度与石料形状有关，粗料石为 1.5～2.0 cm，块石为 3 cm，片石为 4 cm 左右。

2）迎水面镶面石应用 M5 号水泥砂浆砌筑；背水面面石可用 M2.5 号混合砂浆砌筑；填腹石可用 MU10 号白灰砂浆砌筑；表面勾缝宜用 M7.5 号水泥砂浆。

3）水泥砂浆砌石体应进行洒水养护（洒水次数根据气温、风力而定），表面用草袋覆盖，使砌体经常保持湿润状态。暂不加砌的，至少需养护 7 天。正在砌筑的表面，严禁敲打、震动。

4）砌筑方法应用挤浆法。先在基础表面铺一层厚 3 cm 的砂浆，将石料放在砂浆上，用脚踩或锤击，使之紧密结合，然后给竖缝灌灰浆，至缝深 2/3 后，向缝内挤片石，并用铁锤捣实，使砂浆与石块紧密结合。

（三）干砌块石施工

1）砌体要分层进行，层间竖缝要错开，每层以大块石为骨干，大面朝下。

2）不平稳部位应用小块石垫稳，不得有松动石块。

3）层面应经常用厚薄不同的石块调整高度，以便始终保持各层呈基本水平上升。

4）砌体应表里一致，不得以大块石砌外缘而内填碎石或河卵石；外砌石块要互压 1/2 以上，并用大块石封顶。

（四）混凝土施工

混凝土施工前应在混凝土设备检查的基础上，对混凝土施工配合比进行生产性试验，确定最佳投料顺序和拌和时间。混凝土施工步骤及要求如下。

1. 基础仓面清理 由人工撬凿处理松动块石，清运浮渣，清洗岩面，保持岩面湿润直至混凝土开仓。对新老混凝土接合面的已浇混凝土面层，由人工进行凿毛，用风水枪联合冲洗仓面至干净，待浇筑前保持仓面湿润。

2. 伸缩缝及止水施工 伸缩缝混凝土表面应平整、洁净，并按设计制作止水等预埋件、填塞缝隙。止水部位混凝土应充分振捣密实。

3. 钢筋制作与安装 钢筋应按照设计的型号和形状尺寸进行加工成型，并根据混凝土分仓情况，按编号挂牌分别堆存于钢筋场，施工前转运至现场。按照设计图纸进行钢筋安装，钢筋连接宜采用焊接或绑扎，以焊接为主，人工搭接为辅，人工绑扎固定，采用同标号砂浆垫块控制钢筋保护层，并在混凝土浇筑时进行维护。受力钢筋的连接接头应布置在应力较小处，错开布置。

4. 模板制作与安装 平面部位，宜采用木、钢模板，模板面涂刷保护性涂料。采用木背枋加拉钢筋的方式固定模板。异形模板应按设计制作。模板的架立由人工完成。

5. 混凝土浇筑 混凝土应分层连续浇筑并振实，分层高度为振捣器作用部分长度的 1.25 倍，最大不超过 50 cm，移动间距不大于 30 cm，振捣上一层时应插入下层 5 cm。每隔 10～15 m 设置沉降（伸缩）缝，按防渗要求设置止水措施和截水环，止水应防止变形和撕裂。

6. 混凝土养护 浇筑完成，混凝土初凝后，应及时采取洒水养护，养护时间不宜少于 28 天。

三、冬季施工

一般土石工程，不应在 0℃以下进行施工。如利用白天温度较高施工，而夜间气温降到 0℃以下时，施工中应采取防寒措施。

浆砌石或混凝土工程冬季施工，可采用以下措施。

（1）加热法　混凝土施工需有预热设施，先用热水拌和，再对骨料预热。块石温度保持在 0℃以上，砂浆温度保持在 10℃以上。

（2）暖棚法　棚内温度保持在 5℃以上。

（3）掺料法　在砂浆里掺入食盐或氯化钙。

第六节　安全文明施工

水土保持工程施工要以人为本，千万重视施工及人员的安全。施工前及施工过程中，应特别关注以下问题。

1）施工企业应具有安全生产许可证书，施工现场应制定安全生产制度、配备安全员并持证上岗。对施工人员进行安全教育，制定制度，加强安全检查。

2）工程施工中，制定的施工方案（实施细则），应包括安全管理措施和事故应急处理预案等内容。施工场地、主要交通道路应与施工营地、材料库房保持安全距离；施工现场电力设施布设应安全可靠，便于操作；配电线路的路径、走向和配电设备位置应避开施工开挖危险区和永久建筑物；各类场地的布设均应避开可能发生滑坡、崩塌、洪水淹没等危险地段。

3）施工过程中，应有人身安全防护措施，施工人员应佩戴安全帽，按照有关规定安全施工，脚手架应经常检查、维修和加固。

4）水坠坝在取土造泥和冲填坝面施工时，应对造泥沟、输泥渠、冲填池、坝坡、取土场随时监视险情，防止人员或工具掉入泥中，在输泥沟平稳段应设置几道绳索或木棍进行拦挡。

5）对重点工程（或新材料、新技术施工的工程）加强观测，根据工程规模和生产需要，观测土坝的沉陷、位移、裂缝、渗流。定期观测雨量、库水位、库内淤积、泄水流量、含沙量、库区塌岸。

6）爆破施工应符合现行有关规范的规定，必须按照爆破安全操作规程进行，并确定各项安全距离，见表 7-8。

表 7-8　爆破施工安全距离　　（单位：m）

爆破方法	洞室大爆破	大药包小洞室抛掷爆破	裸露药包	炮眼爆破及深洞法	药室法大口径松动爆破	扩大炮眼或深孔	炸倒建筑物或破坏基础	扩大药室
最小安全距离	400	400	300	200	200	100	100	50

7）汛期施工，应按照防汛预案做好防洪物资、报汛联系、夜间照明等准备工作。汛前检查防汛准备情况，并落实抢险队伍的组织和制度。暴雨洪水来临时，应有专人观测雨情和水情，检查坝体和溢洪道、泄水洞等建筑物的安全状况。

8）高空作业，脚手架必须经常检查、维修和加固。料、具妥善保管，现场作业要有防护准备。操作人员必须使用安全带，佩戴安全帽，材料不得自高空随手扔下。脚手架周围应布设安全网，身体不适或有病人员不得上架。大风或夜间停电、灯光暗淡时，施工人员应停止工作。

主要参考文献

蔡雪峰．2015．建筑工程施工组织管理．北京：高等教育出版社．

陈德亮．2008．水工建筑物．5 版．北京：中国水利水电出版社．

崔云鹏，蒋定生．1998．水土保持工程学．西安：陕西人民出版社．

范瑞瑜．2004．黄土高原坝系生态工程．郑州：黄河水利出版社．

高甲荣．1999．近自然治理——以景观生态学为基础的荒溪治理工程．北京林业大学学报，21（1）：80-85．

关君蔚．1995．水土保持原理．北京：中国林业出版社．

贺康宁，王治国，赵永军．2009．开发建设项目水土保持．北京：中国林业出版社．

胡培兴，杨维希，李梦先，等．2002．澳大利亚荒漠化状况及防治．中国林业，3（B）：36，38．

李春生，黄建文．2019．水利工程概预算．北京：中国水利水电出版社．

李荣华．2016．民国时期水土保持学的引进与环境治理思想的发展．鄱阳湖学刊，(6)：86-93，127．

李文银，王治国，蔡继清．1996．工矿区水土保持．北京：科学出版社．

李新虎，李瑞雪，魏朝富，等．2003．荒溪治理研究进展．水土保持学报，17（5）：36-38，171．

刘熙媛，徐东强．2017．土力学．北京：清华大学出版社．

鲁胜力．2002．日本的砂防．中国水土保持，(5)：8-10．

师银燕，朱坚真．2007．借鉴美国西部开发教训谈我国西部生态环境制度建设．中央民族大学学报（哲学社会科学版），(173)：61-65．

舒安平，费祥俊．2003．粘性泥石流运动流速与流量计算．泥沙研究，(3)：7-11．

宋传晓．2016．川口至大河家公路施工路基边坡生态治理．林业科技通讯，(10)：69-70．

唐克丽．2004．中国水土保持．北京：科学出版社．

王冬梅．2002．农地水土保持．北京：中国林业出版社．

王鸿．2005．长输管道水工保护工程施工技术手册．北京：中国计量出版社．

王礼先．2000．水土保持工程学．北京：中国林业出版社．

王秀茹，王云琦．2018．水土保持工程学．3 版．北京：中国林业出版社．

王治国，贺康宁，胡振华．2018．水土保持工程概预算．北京：中国林业出版社．

吴安良．1992．水利工程施工．北京：水利电力出版社．

吴持恭．2016．水力学．北京：高等教育出版社．

杨培岭，彭玉林．2017．水利工程概预算．北京：中国水利水电出版社．

余新晓，毕华兴．2013．水土保持学．3 版．北京：中国林业出版社．

张洪江，程金花．2019．土壤侵蚀原理．北京：科学出版社．

张科利，彭文英，张竹梅．2005．日本近 50 年来土壤侵蚀及水土保持研究评述．水土保持学报，19(2)：61-65．

张胜利，吴祥云．2012．水土保持工程学．北京：科学出版社．

张永兴．2008．边坡工程学．北京：中国建筑工业出版社．

赵明阶，何光春，王多垠．2003．边坡工程处治技术．北京：人民交通出版社．

赵永军．2007．开发建设项目水土保持．郑州：黄河水利出版社．

郑新民，王英顺．2006．水坠坝设计与施工．郑州：黄河水利出版社．

中国地质灾害防治工程行业协会．2018．泥石流防治工程设计规范（试行）(T/CAGHP 021—2018)．武汉：中国地质大学出版社．

中华人民共和国国家林业局．2015．中国荒漠化和沙化状况公报．http://www.forestry.gov.cn/main/58/content-832363.html[2021-07-21].

中华人民共和国国家质量监督检验检疫总局，中国国家标准化管理委员会．2008．水土保持综合治理技术规范（GB/T 1645 3.1～6—2008)．北京：中国标准出版社．

中华人民共和国交通运输部．2018．防波堤与护岸设计规范（JTS 154—2018)．北京：人民交通出版社．

中华人民共和国交通运输部．2020．防波堤与护岸施工规范（JTS 208—2020)．北京：人民交通出版社．

中华人民共和国水利部，中华人民共和国国家统计局．2013．第一次全国水利普查公报．http://www.mwr.gov.cn/sj/tjgb/dycqgslpcgb/201701/t20170122_790650.html[2021-06-23].

中华人民共和国水利部．2003a．水土保持工程概（估）算编制规定．郑州：黄河水利出版社．

中华人民共和国水利部．2003b．水土保持工程概算定额．郑州：黄河水利出版社．

中华人民共和国水利部．2007．水工挡土墙设计规范（SL 379—2007)．北京：中国水利水电出版社．

中华人民共和国水利部．2017．水利水电工程等级划分及洪水标准（SL 252—2017)．北京：中国水利水电出版社．

中华人民共和国水利部．2018．中国水土保持公报（2018年)．http://www.mwr.gov.cn/sj/tjgb/zgstbcgb/201908/t20190820_1353674.html[2021-05-18].

中华人民共和国水利部．2019．2018中国河流泥沙公报．http://www.mwr.gov.cn/sj/tjgb/zghlnsgb/201906/t20190618_1342326.html[2021-05-18].

中华人民共和国水利部．2020．淤地坝技术规范（SL/T 804—2020)．北京：中国水利水电出版社．

中华人民共和国住房和城乡建设部，中华人民共和国国家质量监督检验检疫总局．2012．河道整治设计规范（GB 50707—2011)．北京：中国计划出版社．

中华人民共和国住房和城乡建设部，中华人民共和国国家质量监督检验检疫总局．2014．防洪标准（GB 50201—2014)．北京：中国计划出版社．

中华人民共和国住房和城乡建设部，中华人民共和国国家质量监督检验检疫总局．2015．水土保持工程设计规范（GB 51018—2014)．北京：中国计划出版社．

中华人民共和国住房和城乡建设部．2013．堤防工程设计规范（GB 50286—2013)．北京：中国计划出版社．

朱首军，黄炎和．2013．开发建设项目水土保持．北京：科学出版社．

Golosov V, Belyaev V. 2013. The history and assessment of effectiveness of soil erosion control measures deployed in Russia. International Soil and Water Conservation Research, 1(2): 26-35.